U0150980

# MATLAB 2020
# 从入门到精通

刘成斌 等编著

机械工业出版社
China Machine Press

图书在版编目（CIP）数据

MATLAB 2020从入门到精通/刘成斌等编著. —北京：机械工业出版社，2020.12（2021.11重印）

ISBN 978-7-111-67017-9

Ⅰ.①M… Ⅱ.①刘… Ⅲ.①Matlab软件 Ⅳ.①TP317

中国版本图书馆CIP数据核字（2020）第247384号

　　本书以 MATLAB R2020a 版本的功能叙述为主，由浅入深地全面讲解 MATLAB 软件的知识。本书自始至终采用实例描述，内容完整且各章相对独立，是一本简明的 MATLAB 参考书。

　　本书涉及面广，涵盖一般用户需要使用的各种功能，并详细介绍 MATLAB 常用工具箱的用法。全书共分为 15 章，前 12 章主要介绍 MATLAB 的基础知识，包括数组及其操作、数值计算、数据分析、符号运算、关系运算与逻辑运算、函数、程序设计、数据图形可视化、句柄图形对象、Simulink 仿真等内容，后 3 章重点介绍 MATLAB 在图像处理、信号处理、小波分析中的运用。

　　本书内容翔实，实例丰富，既适合作为高等院校理工科学生的教学用书，也可作为广大科研人员、工程技术人员的参考用书。

# MATLAB 2020 从入门到精通

出版发行：机械工业出版社（北京市西城区百万庄大街 22 号　邮政编码：100037）
责任编辑：迟振春　　　　　　　　　　　　　　责任校对：周晓娟
印　　刷：北京捷迅佳彩印刷有限公司　　　　　版　　次：2021 年 11 月第 1 版第 2 次印刷
开　　本：188mm×260mm　1/16　　　　　　　印　　张：26.75
书　　号：ISBN 978-7-111-67017-9　　　　　　定　　价：99.00 元

客服电话：（010）88361066　88379833　68326294　　投稿热线：（010）88379604
华章网站：www.hzbook.com　　　　　　　　　　读者信箱：hzjsj@hzbook.com

# 前　言

MATLAB 是由 MATrix 和 LABoratory 两个词的前 3 个字母组合而成的。20 世纪 70 年代后期，时任美国新墨西哥大学计算机科学系主任的 Cleve Moler 教授为了减轻学生的编程负担，设计了一组调用 LINPACK 和 EISPACK 库程序的"通俗易用"的接口，即用 FORTRAN 编写的萌芽状态的 MATLAB。

MATLAB 以商品形式出现后，短短几年就以良好的开放性和运行的可靠性，使原先控制领域里的封闭式软件包纷纷被淘汰，而改成在 MATLAB 平台上重建。到 20 世纪 90 年代初期，在国际上 30 多个数学类科技应用软件中，MATLAB 在数值计算方面独占鳌头。

目前，MATLAB 已成为信号处理、通信原理、自动控制等专业的重要基础课程的首选实验平台，对于学生而言，最有效的学习途径是结合某一专业课程的学习掌握该软件的使用与编程。

## 本书特点

- 由浅入深，循序渐进：本书以初、中级读者为对象，从 MATLAB 基础讲起，再辅以 MATLAB 在工程中的算例，帮助读者尽快掌握 MATLAB。
- 步骤详尽，内容新颖：本书结合作者多年的 MATLAB 使用经验，详细讲解 MATLAB 软件的使用方法与技巧，在讲解过程中辅以相应的图片，使读者在阅读时一目了然，快速掌握所讲内容。
- 实例典型，轻松易学：学习实际应用算例的具体操作是掌握 MATLAB 的最好方式，本书通过各种算例，透彻、详尽地讲解 MATLAB 在各方面的应用。

## 本书内容

本书基于 MATLAB R2020a 版讲解 MATLAB 的基础知识和核心内容，前 12 章介绍基础知识，后 3 章关注综合应用。

| | |
|---|---|
| 第 1 章　初识 MATLAB | 第 9 章　程序设计 |
| 第 2 章　MATLAB 语言基础 | 第 10 章　数据图形可视化 |
| 第 3 章　数组及其操作 | 第 11 章　句柄图形对象 |
| 第 4 章　数值计算 | 第 12 章　Simulink 仿真系统 |
| 第 5 章　数据分析 | 第 13 章　MATLAB 与图像处理 |
| 第 6 章　符号运算 | 第 14 章　MATLAB 与信号处理 |
| 第 7 章　关系运算与逻辑运算 | 第 15 章　MATLAB 与小波分析 |
| 第 8 章　函数 | |

## 读者对象

本书适用于 MATLAB 初学者以及期望提高矩阵运算及仿真能力的读者，包括：

- 高等院校的教师和学生
- 广大科研人员
- 初学 MATLAB 的工程技术人员

- 相关培训机构的教师和学员
- MATLAB 爱好者

## 下载资源

本书涉及的源代码可以从华章网站（www.hzbook.com）下载（搜索到本书以后单击"资料下载"按钮，即可在本书页面上的"扩展资源"模块找到配套资源下载链接）。若下载有问题，请发送电子邮件到 booksaga@126.com，邮件主题为"MATLAB 2020 从入门到精通"。在学习过程中遇到与本书有关的技术问题时，可以发邮件到 book_hai@126.com，编者会尽快给予解答。

本书主要由刘成斌编写，另外张樱枝也参与了其中的审校工作。虽然在本书的编写过程中我们力求叙述准确、完善，但是限于水平，书中欠妥之处在所难免，敬请读者及各位同行批评指正。

最后感谢你购买本书，希望本书能成为你用 MATLAB 进行科学研究的启蒙者。

编　者
2020 年 9 月

# 目　　录

# 第1章

## 初识 MATLAB

本章主要介绍 MATLAB 软件的基本用途。MATLAB 是目前在国际上被广泛接受和使用的科学与工程计算软件。虽然 Cleve Moler 教授开发它的初衷是更简单、更快捷地进行矩阵运算，但是 MATLAB 现在的发展已经使其成为一种集数值运算、符号运算、数据可视化、图形界面设计、程序设计、仿真等多种功能于一体的集成软件。

本章介绍 MATLAB 的工作环境和 MATLAB 帮助系统，使读者初步熟悉 MATLAB 软件。

学习目标:

- ⌘ 了解 MATLAB 的特点
- ⌘ 掌握 MATLAB 的工作环境
- ⌘ 熟练掌握 MATLAB 图形窗口的用途
- ⌘ 了解 MATLAB 的帮助系统

## 1.1 MATLAB 简介

MATLAB 是一款著名的商业数学软件，集数值分析、矩阵计算、科学数据可视化以及非线性动态系统的建模和仿真等功能于一体，能够为用户提供丰富多样的计算工具，帮助用户快速分析算法与进行仿真测试，被广泛用于工程计算、控制设计、信号处理与通信、图像处理、信号检测、金融建模设计等领域。

MATLAB 有两种基本的数据运算量：数组和矩阵。单从形式上看，它们之间是不好区分的。每一个量可能被当作数组，也可能被当作矩阵，这要依所采用的运算法则或运算函数来定。

在 MATLAB 中，数组与矩阵的运算法则和运算函数是有区别的。不论是 MATLAB 的数组还是 MATLAB 的矩阵，都已经改变了一般高级语言中使用数组的方式和解决矩阵问题的方法。

在 MATLAB 中，矩阵运算是把矩阵视为一个整体来进行，基本上与线性代数的处理方法一致。矩阵的加、减、乘、除、乘幂、开方、指数、对数等运算都有一套专门的运算符或运算函数。

对于数组，不论是算术运算，还是关系或逻辑运算，甚至调用函数的运算，形式上都可以当作整体，有一套有别于矩阵、完整的运算符和运算函数，但实质上却是针对数组的每个元素进行的。

当 MATLAB 把矩阵（或数组）当作一个运算量后，可以兼容向量和标量。不仅如此，矩阵和数组中的元素可以用复数作为基本单元，也可以包含实数集。这些是 MATLAB 区别于其他高级语言的根本特点。以此为基础，MATLAB 还具有如下特色。

（1）语言简洁，编程效率高

因为 MATLAB 定义了专门用于矩阵运算的运算符，所以矩阵运算就像列出算式执行标量运算一样简单，而且这些运算符本身就能执行向量和标量的多种运算。

这些运算符可使一般高级语言中的循环结构变成一个简单的 MATLAB 语句，再结合 MATLAB 丰富的库函数可使程序变得相当简短，几条语句即可代替数十行 C 语言或 Fortran 语言代码的功能。

（2）交互性好，使用方便

在 MATLAB 的命令行窗口中，输入一条命令，立即就能看到该命令的执行结果，体现了良好的交互性。交互方式减少了编程和调试程序的工作量，给使用者带来了极大的方便。这是因为，不用像使用 C 语言和 Fortran 语言那样，首先编写源程序，然后对其进行编译、连接，待形成可执行文件后方可运行程序得出结果。

（3）强大的绘图能力，便于数据可视化

MATLAB 不仅能绘制多种不同坐标系中的二维曲线，还能绘制三维曲面，体现了强大的绘图能力。正是这种能力为数据的图形化表示（数据可视化）提供了有力工具，使数据的展示更加形象生动，有利于揭示数据间的内在关系。

（4）领域广泛的工具箱，便于众多学科直接使用

MATLAB 工具箱（函数库）可分为两类：功能性工具箱和学科性工具箱。功能性工具箱主要用来扩充其符号计算功能、图示建模功能、文字处理功能以及与硬件实时交互的功能。

学科性工具箱是专业性比较强的，如优化工具箱、统计工具箱、控制工具箱、通信工具箱、图像处理工具箱、小波工具箱等。

（5）开放性好，便于扩展

除内部函数外，MATLAB的其他文件都是公开、可读、可改的源文件，体现了MATLAB的开放性特点。用户可修改源文件和加入自己的文件，甚至构造自己的工具箱。

（6）文件I/O和外部引用程序接口

MATLAB 支持读入更大的文本文件，支持压缩格式的 MAT 文件，用户可以动态加载、删除或者重载 Java 类等。

## 1.2   MATLAB R2020a 的工作环境

为方便用户使用，安装完 MATLAB R2020a 后，需要将 MATLAB 的安装文件夹（默认路径为 C:\Program Files\Polyspace\R2020a\bin）里的 MATLAB.exe 应用程序添加为桌面快捷方式，双击快捷方式图标直接可以打开 MATLAB 操作界面。

### 1.2.1   操作界面简介

MATLAB R2020a 操作界面中包含大量的交互式界面，例如通用操作界面、工具包专业界面、帮助界面和演示界面等。这些交互式界面组合在一起构成 MATLAB 的默认操作界面。

启动 MATLAB 后的操作界面如图 1-1 所示。在默认情况下，MATLAB 的操作界面包含选项卡、当前文件夹、命令行窗口、工作区 4 个区域。

图 1-1   MATLAB 默认界面

选项卡在组成方式和内容上与一般应用软件基本相同，这里不再赘述，下面将会重点介绍命令行窗口、命令历史记录窗口、当前文件夹窗口。其中，命令历史记录窗口并不显示在默认窗口中。

### 1.2.2   命令行窗口

在 MATLAB 默认主界面的中间部分是命令行窗口。顾名思义，命令行窗口就是接收命令输入的窗口，实际上，可输入的对象除 MATLAB 命令之外，还包括函数、表达式、语句以及 M 文件名或 MEX 文件名等，为叙述方便，这些可输入的对象以下统称为语句。

MATLAB 的工作方式之一是：在命令行窗口中输入语句，然后由 MATLAB 逐句解释执行并在命令行窗口中给出结果。命令行窗口可显示除图形以外的所有运算结果。

可将命令行窗口从 MATLAB 主界面中分离出来，以便单独显示和操作，当然也可重新返回主界面中，其他窗口也有相同的行为。

分离命令行窗口的方法是在窗口右侧 🔽 按钮的下拉菜单中选择"取消停靠"命令，也可以直接用鼠标将命令行窗口拖离主界面，其结果如图 1-2 所示。若要将命令行窗口停靠在主界面中，则可选择下拉菜单中的"停靠"命令。

图 1-2　分离的命令行窗口

### 1. 命令提示符和语句颜色

在分离的命令行窗口中，每行语句前都有一个符号">> "，即命令提示符。在此符号后（也只能在此符号后）输入各种语句并按 Enter 键，方可被 MATLAB 接收和执行。执行的结果通常会直接显示在语句下方。

不同类型的语句用不同的颜色区分。在默认情况下，输入的命令、函数、表达式以及计算结果等采用黑色，字符串采用红色，if、for 等关键词采用蓝色，注释语句用绿色。

### 2. 语句的重复调用、编辑和重运行

在命令行窗口中，不但能编辑和运行当前输入的语句，而且对曾经输入的语句也有快捷的方法 进行重复调用、编辑和运行。重复调用和编辑的快捷方法是利用表 1-1 中所列的键盘按键。

表1-1　语句行用到的编辑键

| 键盘按键 | 键的用途 | 键盘按键 | 键的用途 |
| --- | --- | --- | --- |
| ↑ | 向上回调以前输入的语句行 | Home | 让光标跳到当前行的开头 |
| ↓ | 向下回调以前输入的语句行 | End | 让光标跳到当前行的末尾 |
| ← | 光标在当前行中左移一个字符 | Delete | 删除当前行光标后的字符 |
| → | 光标在当前行中右移一个字符 | Backspace | 删除当前行光标前的字符 |

其实这些按键与文字处理软件中的同一编辑键在功能上是大体一致的，不同点主要是在文字处理软件中针对整个文档使用，而在 MATLAB 命令行窗口中以行为单位。

### 3. 语句行中使用的标点符号

MATLAB 在输入语句时可能要用到表 1-2 所列的各种标点符号。

在向命令行窗口输入语句时，一定要在英文输入状态下输入，尤其是在刚输完汉字后初学者很容易忽视中英文输入状态的切换。

表1-2　MATLAB 语句中常用的标点符号

| 名　　　称 | 符　　　号 | 作　　用 |
|---|---|---|
| 空格 | | 变量分隔符；矩阵一行中各元素间的分隔符；程序语句关键词分隔符 |
| 逗号 | , | 分隔欲显示计算结果的各语句；变量分隔符；矩阵一行中各元素间的分隔符 |
| 点号 | . | 数值中的小数点；结构数组的域访问符 |
| 分号 | ; | 分隔不想显示计算结果的各语句；矩阵行与行的分隔符 |
| 冒号 | : | 用于生成一维数值数组；表示一维数组的全部元素或多维数组某一维的全部元素 |
| 百分号 | % | 注释语句说明符，凡在其后的字符均视为注释性内容而不被执行 |
| 单引号 | '' | 字符串标识符 |
| 圆括号 | () | 用于矩阵元素引用；用于函数输入变量列表；确定运算的先后次序 |
| 方括号 | [] | 向量和矩阵标识符；用于函数输出列表 |
| 花括号 | {} | 标识细胞数组 |
| 续行号 | ... | 长命令行需分行时连接下行用 |
| 赋值号 | = | 将表达式赋值给一个变量 |

### 4．命令行窗口中数值的显示格式

为了适应用户以不同格式显示计算结果的需要，MATLAB 设计了多种数值显示格式以供用户选用，如表 1-3 所示。其中，默认的显示格式是：数值为整数时，以整数显示；数值为实数时，以 short 格式显示；如果数值的有效数字超出了范围，则以科学记数法显示结果。

表1-3　命令行窗口中数据 e 的显示格式

| 格　　式 | 显示形式 | 格式效果说明 |
|---|---|---|
| short（默认） | 2.7183 | 保留 4 位小数，整数部分超过 3 位的小数用 short e 格式 |
| short e | 2.7183e+000 | 用 1 位整数和 4 位小数表示，倍数关系用科学记数法表示成十进制指数形式 |
| short g | 2.7183 | 保证 5 位有效数字，数字大小在 10 的正负 5 次幂之间时自动调整数位，超出幂次范围时用 short e 格式 |
| long | 2.71828182845905 | 14 位小数，最多 2 位整数，共 16 位十进制数，否则用 long e 格式表示 |
| long e | 2.718281828459046e+000 | 15 位小数的科学记数法表示 |
| long g | 2.71828182845905 | 保证 15 位有效数字，数字大小在 10 的+15 和–5 次幂之间时，自动调整数位，超出幂次范围时用 long e 格式 |
| rational | 1457/536 | 用分数有理数近似表示 |
| hex | 4005bf0a8b14576a | 十六进制表示 |
| + | + | 正数、负数和零分别用＋、－、空格表示 |
| bank | 2.72 | 限两位小数，用于表示元、角、分 |
| compact | 不留空行显示 | 在显示结果之间没有空行的压缩格式 |
| loose | 留空行显示 | 在显示结果之间有空行的稀疏格式 |

需要说明的是，表 1-3 中最后两个是用于控制屏幕显示格式的，而非数值显示格式。MATLAB 的所有数值均按 IEEE 浮点标准所规定的长型格式存储，显示的精度并不代表数值实际的存储精度，或者说数值参与运算的精度。

### 5．数值显示格式的设置方法

数值显示格式的设置方法有两种：

（1）单击"主页"选项卡→"环境"面板中的"预设"按钮 ⚙ 预设，在弹出的"预设项"窗口中选择"命令行窗口"进行显示格式设置，如图 1-3 所示。

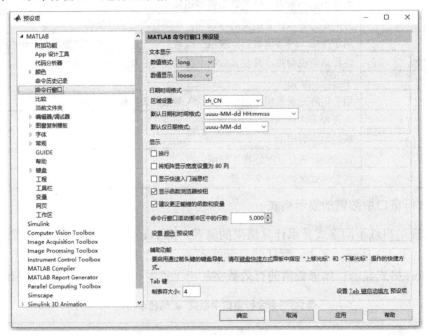

图 1-3 "预设项"窗口

（2）在命令行窗口中执行 format 命令，例如要用 long 格式时，在命令行窗口中输入 format long 语句即可。使用命令方便在程序设计时进行格式设置。

不仅数值显示格式可以自行设置，数字和文字的字体显示风格、大小、颜色也可由用户自行挑选。在"预设项"窗口左侧的格式对象树中选择要设置的对象，再配合相应的选项，便可对所选对象的风格、大小、颜色等进行设置。

### 6．命令行窗口清屏

当命令行窗口中执行过许多命令后，经常需要对命令行窗口进行清屏操作，通常有两种方法：

- 执行"主页"选项卡→"代码"面板中的"清除命令"下的"命令行窗口"按钮。
- 在提示符后直接输入 clc 语句。

两种方法都能清除命令行窗口中的显示内容，也仅仅是命令行窗口的显示内容，并不能清除工作区的显示内容。

### 1.2.3　命令历史记录窗口

　　命令历史记录窗口用来存放曾在命令行窗口中用过的语句，借用计算机的存储器来保存信息。其主要目的是方便用户追溯、查找曾经用过的语句，利用这些既有的资源节省编程时间。

　　在下面两种情况下优势体现得尤为明显：一是需要重复处理长的语句；二是在选择多行曾经用过的语句形成 M 文件时。

　　在命令行窗口中按键盘上的方向箭↑，即可弹出命令历史记录窗口，如同命令行窗口一样，对该窗口也可进行停靠、分离等操作，分离后的窗口如图 1-4 所示，从窗口中记录的时间来看，其中存放的正是曾经用过的语句。

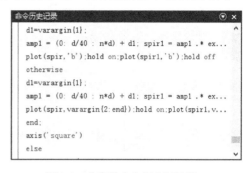

图 1-4　分离的命令历史记录窗口

　　对于命令历史记录窗口中的内容，可在选中的前提下将它们复制到当前正在工作的命令行窗口中，以供进一步修改或直接运行。

　　（1）复制、执行命令历史记录窗口中的命令

　　命令历史记录窗口的主要用途如表 1-4 所示，"操作方法"中提到的"选中"操作与在 Windows 中选中文件的方法相同，同样可以结合 Ctrl 键和 Shift 键使用。

表1-4　命令历史记录窗口的主要用途

| 功　　能 | 操作方法 |
|---|---|
| 复制单行或多行语句 | 选中单行或多行语句，执行"复制"命令，回到命令行窗口，执行"粘贴"命令即可实现复制 |
| 执行单行或多行语句 | 选中单行或多行语句，右击，弹出快捷菜单，执行该菜单中的"执行所选内容"命令，选中语句将在命令行窗口中运行，并给出相应结果。双击选择的语句行也可运行 |
| 把多行语句写成 M 文件 | 选中单行或多行语句，右击，弹出快捷菜单，执行该菜单中的"创建实时脚本"命令，利用随之打开的 M 文件编辑/调试器窗口，可将选中语句保存为 M 文件 |

　　用命令历史记录窗口完成所选语句的复制操作。

　　① 利用鼠标选中所需第一行。

　　② 按 Shift 键结合鼠标选择所需最后一行，连续多行即被选中。

　　③ 按 Ctrl+C 键，或在选中区域单击鼠标右键，执行快捷菜单中的"复制"命令。

　　④ 回到命令行窗口，在该窗口中执行快捷菜单中的"粘贴"命令，所选内容即被复制到命令行窗口中。其操作如图 1-5 所示。

　　用命令历史记录窗口执行所选语句。

　　① 用鼠标选中所需第一行。

　　② 按 Ctrl 键结合鼠标点选所需的行，不连续多行被选中。

　　③ 在选中的区域右击，弹出快捷菜单，选择"执行所选内容"命令，计算结果就会出现在命令行窗口中。

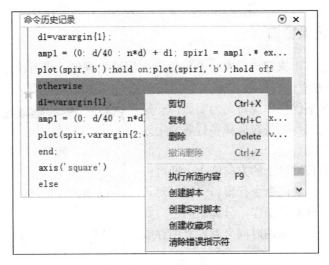

图 1-5　命令历史记录窗口中的选中与复制操作

（2）清除命令历史记录窗口中的内容

执行"主页"选项卡→"代码"面板中"清除命令"下的"命令历史记录"命令。

**提示** 当执行上述命令后，命令历史记录窗口中的当前内容就被完全清除了，以前的命令再不能被追溯和利用。

## 1.2.4　变量命名规则

在 MATLAB 的计算和编程过程中，变量和表达式都是最基础的元素。在 MATLAB 中为变量命名需满足下列规则。

（1）变量名称和函数名称有大小写之分。例如，对于变量名称 Mu 和 mu，MATLAB 会认为是不同的变量。MATLAB 内置函数名称不能用作变量名，譬如 exp 是内置的指数函数名称，如果用户输入 exp(0)，系统会得出结果 1，而如果用户输入 EXP(0)，MATLAB 会显示错误的提示信息"函数或变量 'EXP' 无法识别。"（见图 1-6）。

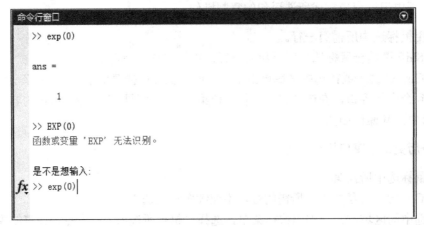

图 1-6　函数名称区分大小写

（2）变量名称的第一个字符必须是英文字符，譬如变量 5xf、_mat 等都是不合法的变量名称。

（3）变量名称中不可以包含空格或者标点符号，但是可以包含下划线，譬如变量名称 xf_mat 是合法的。

MATLAB 对于变量名称的限制较少，建议用户在设置变量名称时考虑变量的含义。例如，在 M 文件中，变量名称 outputname 比名称 a 更好理解。

在上面的变量名称规则中，没有限制用户使用 MATLAB 的预定义变量名称，根据经验，建议用户尽量不要使用 MATLAB 预先定义的变量名称。这是因为，在每次启动 MATLAB 时，系统就会自动产生这些变量，表 1-5 中列出了常见的预定义变量名称。

表1-5　MATLAB中的预定义变量

| 预定义变量 | 含　　义 |
| --- | --- |
| ans | 计算结果的默认名称 |
| eps | 计算机的零阈值 |
| Inf（inf） | 无穷大 |
| pi | 圆周率 |
| NaN（nan） | 表示结果或者变量不是数值 |

## 1.2.5　当前文件夹窗口和路径管理

MATLAB 利用当前文件夹窗口组织、管理、使用所有 MATLAB 文件和非 MATLAB 文件，例如新建、复制、删除、重命名文件夹和文件等。还可以利用该窗口打开、编辑和运行 M 程序文件以及载入 MAT 数据文件等。当前文件夹窗口如图 1-7 所示。

图 1-7　当前文件夹窗口

MATLAB 的当前目录是实施打开、装载、编辑和保存文件等操作时系统默认的文件夹。设置当前目录就是将此默认文件夹改成用户希望使用的文件夹，用来存放文件和数据。具体的设置方法有两种：

（1）在当前文件夹的目录设置区设置。该设置方法同 Windows 操作，不再赘述。

（2）用目录命令设置。命令语法格式如表 1-6 所示。

**表1-6　设置当前目录的常用命令**

| 目录命令 | 含　义 | 示　例 |
|---|---|---|
| cd | 显示当前目录 | cd |
| cd 文件夹名 | 设定当前目录为"文件夹名" | cd f:\matfiles |

用命令设置当前目录，为在程序中改变当前目录提供了方便，因为编写完成的程序通常用 M 文件存放，执行这些文件时即可存储到需要的位置。

## 1.2.6　搜索路径

MATLAB 中大量的函数和工具箱文件是存储在不同文件夹中的。用户建立的数据文件、命令和函数文件也是由用户存放在指定的文件夹中的。当需要调用这些函数或文件时，就需要找到它们所存放的文件夹。

路径其实就是给出存放某个待查函数和文件的文件夹名称。当然，这个文件夹名称应包括盘符和一级级嵌套的子文件夹名。

例如，现有一文件 t04_01.m 存放在 D 盘"MATLAB 文件"文件夹下的"Char04"子文件夹中，那么描述它的路径是 D:\MATLAB 文件\Char04。若要调用这个 M 文件，可在命令行窗口或程序中将其表达为 D:\MATLAB 文件\Char04\t04_01.m。

在使用时，这种书写过长，很不方便。MATLAB 为克服这一问题引入了搜索路径机制。搜索路径机制就是将一些可能要被用到的函数或文件的存放路径提前通知系统，而无须在执行和调用这些函数和文件时输入一长串的路径。

在 MATLAB 中，一个符号出现在程序语句里或命令行窗口的语句中可能有多种解读，它也许是一个变量、特殊常量、函数名、M 文件或 MEX 文件等，应该识别成什么，就涉及一个搜索顺序的问题。

如果在命令提示符">>"后输入符号 xt，或在程序语句中有一个符号 xt，那么 MATLAB 将试图按下列次序去搜索和识别：

（1）在 MATLAB 内存中进行搜索，看 xt 是否为工作区的变量或特殊常量，如果是，就将其当成变量或特殊常量来处理，不再往下展开搜索。

（2）上一步否定后，检查 xt 是否为 MATLAB 的内部函数，若是，则调用 xt 这个内部函数。

（3）上一步否定后，继续在当前目录中搜索是否有名为"xt.m"或"xt.mex"的文件，若存在，则将 xt 作为文件调用。

（4）上一步否定后，继续在 MATLAB 搜索路径的所有目录中搜索是否有名为"xt.m"或"xt.mex"的文件存在，若存在，则将 xt 作为文件调用。

（5）上述 4 步全搜索完后，若仍未发现 xt 这一符号的出处，则 MATLAB 发出错误信息。必须指出的是，这种搜索是以花费更多执行时间为代价的。

　　MATLAB 设置搜索路径的方法有两种：一种是用"设置路径"对话框；另一种是用命令。现将两种方案分述如下。

### 1．利用"设置路径"对话框设置搜索路径

　　在主界面中单击"主页"选项卡→"环境"面板中的"设置路径"按钮，弹出如图 1-8 所示的"设置路径"对话框。

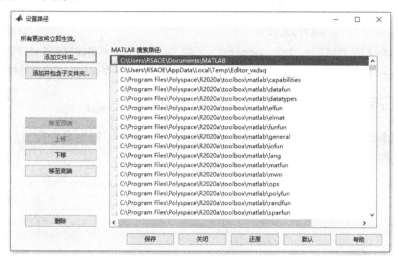

图 1-8　"设置路径"对话框

　　单击该对话框中的"添加文件夹"或"添加并包含子文件夹"按钮，都会弹出一个浏览文件夹的对话框，如图 1-9 所示。利用该对话框可以从树形目录结构中选择欲指定为搜索路径的文件夹。

图 1-9　浏览文件夹对话框

　　"添加文件夹"和"添加并包含子文件夹"两个按钮的不同之处在于，后者设置某个文件夹成为可搜索的路径后，其下级子文件夹将自动被加入搜索路径中。

### 2. 利用命令设置搜索路径

MATLAB 中将某一路径设置成可搜索路径的命令有两个：path 及 addpath。其中，path 用于查看或更改搜索路径，该路径存储在 pathdef.m 中。addpath 将指定的文件夹添加到当前 MATLAB 搜索路径的顶层。

下面以将路径 "F:\MATLAB 文件" 设置成可搜索路径为例进行说明。

用 path 和 addpath 命令设置搜索路径。

```
>> path(path,'F:\ MATLAB 文件');
>> addpath F:\ MATLAB 文件 - begin        %begin 意为将路径放在路径表的前面
>> addpath F:\ MATLAB 文件 - end          %end 意为将路径放在路径表的最后
```

## 1.2.7 工作区窗口和数组编辑器

在默认的情况下，工作区位于 MATLAB 操作界面的左侧。如同命令行窗口一样，也可对该窗口进行停靠、分离等操作，分离后的窗口如图 1-10 所示。

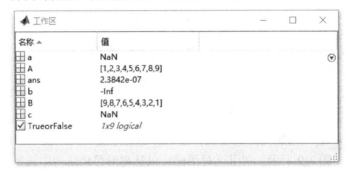

图 1-10 工作区窗口

工作区窗口拥有许多其他功能，例如内存变量的打印、保存、编辑、图形绘制等。这些操作都比较简单，只需要在工作区中选择相应的变量，单击鼠标右键，在弹出的快捷菜单中选择相应的菜单命令即可，如图 1-11 所示。

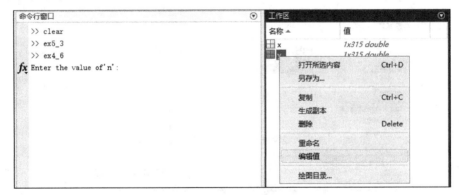

图 1-11 对变量进行操作的快捷菜单

在 MATLAB 中，数组和矩阵都是十分重要的基础变量，因此 MATLAB 专门提供了变量编辑器这个工具来编辑数据。

双击工作区窗口中的某个变量时，会在 MATLAB 主窗口中弹出如图 1-12 所示的变量编辑器。如同命令行窗口一样，变量编辑器也可从主窗口中分离，如图 1-13 所示。

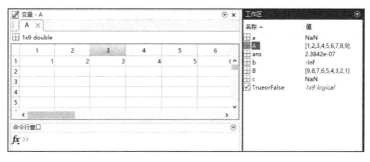

图 1-12　变量编辑器

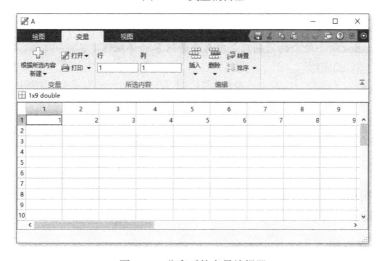

图 1-13　分离后的变量编辑器

在该编辑器中可以对变量及数组进行编辑操作，同时利用"绘图"选项卡下的功能命令可以很方便地绘制各种图形。

## 1.2.8　变量的编辑命令

在 MATLAB 中除了可以在工作区中编辑内存变量外，还可以在 MATLAB 的命令行窗口输入相应的命令，查看和删除内存中的变量。

【例 1-1】　在 MATLAB 命令行窗口中查看内存变量。

在命令行窗口中输入以下命令创建 A、i、j、k 四个变量，然后输入 who 和 whos 命令，查看内存变量的信息，如图 1-14 所示。

```
A(2,2,2)=1;
i=6;
j=12;
k=18;
who
whos
```

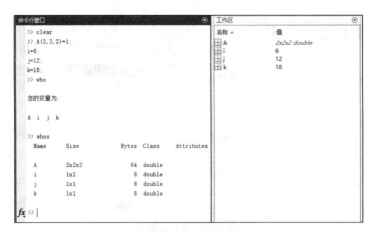

图 1-14    查看内存变量的信息

**注 意**    who 和 whos 两个命令的区别只是内存变量信息的详细程度。

**【例 1-2】**    继续例 1-1，在 MATLAB 命令行窗口中删除内存变量 k。

在命令行窗口中输入下面的命令：

```
clear k
who
```

与前面的示例相比，当运行 clear 命令后，将 k 变量从工作区删除，而且在工作区浏览器中也将该变量删除。

### 1.2.9  存取数据文件

MATLAB 提供了 save 和 load 命令来实现数据文件的存取。表 1-7 中列出了这两个命令的常见用法。

表1-7    MATLAB文件存取的命令

| 命 令 | 功 能 |
| --- | --- |
| save Filename | 将工作区中的所有变量保存到名为 Filename 的 MAT 文件中 |
| save Filename x y z | 将工作区中的 x、y、z 变量保存到名为 Filename 的 MAT 文件中 |
| save Filename –regecp pat1 pat2 | 将工作区中符合表达式要求的变量保存到名为 Filename 的 MAT 文件中 |
| load Filename | 将名为 Filename 的 MAT 文件中的所有变量读入内存 |
| load Filename x y z | 将名为 Filename 的 MAT 文件中的 x、y、z 变量读入内存 |
| load Filename –regecp pat1 pat2 | 将名为 Filename 的 MAT 文件中符合表达式要求的变量读入内存 |
| load Filename x y z -ASCII | 将名为 Filename 的 ASCII 文件中的 x、y、z 变量读入内存 |

表 1-7 中列出了常见的文件存取命令，用户可以根据需要选择相应的存取命令，对于一些较少见的存取命令，可以查阅帮助。

MATLAB 中除了可以在命令行窗口中输入相应的命令之外，也可以在工作区右上角的下拉菜单中选择相应的命令实现数据文件的存取，如图 1-15 所示。

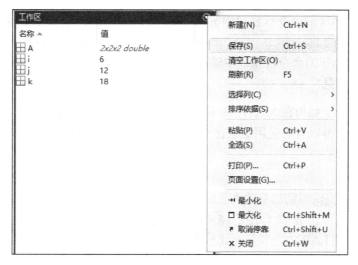

图 1-15　在工作区实现数据文件的存取

# 1.3　MATLAB R2020a 的帮助系统

MATLAB 为用户提供了丰富的帮助系统，可以帮助用户更好地了解和运用 MATLAB。本节将详细介绍 MATLAB 帮助系统的使用。

## 1.3.1　纯文本帮助

在 MATLAB 中，所有执行命令或者函数的 M 源文件都有较为详细的注释。这些注释是用纯文本的形式来表示的，一般包括函数的调用格式或者输入函数、输出结果的含义。下面用简单的例子来说明如何使用 MATLAB 的纯文本帮助。

【例 1-3】　在 MATLAB 中查阅帮助信息。

根据 MATLAB 的帮助系统，用户可以查阅不同范围的帮助信息，具体如下。

（1）在 MATLAB 的命令行窗口中输入 help help 命令，然后按 Enter 键，可以查阅如何在 MATLAB 中使用 help 命令，如图 1-16 所示。

界面中显示了如何在 MATLAB 中使用 help 命令的帮助信息，用户可以详细阅读此信息来学习如何使用 help 命令。

图 1-16　使用 help 命令的帮助信息

（2）在 MATLAB 的命令行窗口中输入 help 命令，然后按 Enter 键，可以查阅最近所使用命令主题的帮助信息。

（3）在 MATLAB 的命令行窗口中输入 help topic 命令，然后按 Enter 键，可以查阅关于该主题的所有帮助信息。

上面简单地演示了如何在 MATLAB 中使用 help 命令来获得各种函数、命令的帮助信息。在实际应用中，用户可以灵活使用这些命令来搜索所需的帮助信息。

### 1.3.2 帮助导航

在 MATLAB 中提供帮助信息的"帮助"交互界面主要由帮助导航器和帮助浏览器两个部分组成。这个帮助文件和 M 文件中的纯文本帮助无关，而是 MATLAB 专门设置的独立帮助系统。该系统对 MATLAB 的功能叙述比较全面、系统，而且界面友好，使用方便，是用户查找帮助信息的重要途径。

用户可以在操作界面中单击 ❓ 按钮，打开"帮助"交互界面，如图 1-17 所示。

图 1-17　"帮助"交互界面

### 1.3.3 示例帮助

在 MATLAB 中，各个工具包都有设计好的示例程序，对于初学者而言，这些示例对提高自己的 MATLAB 应用能力具有重要的作用。

在 MATLAB 的命令行窗口中输入 demo 命令，就可以进入关于示例程序的帮助窗口，如图 1-18 所示。用户可以打开实时脚本进行学习。

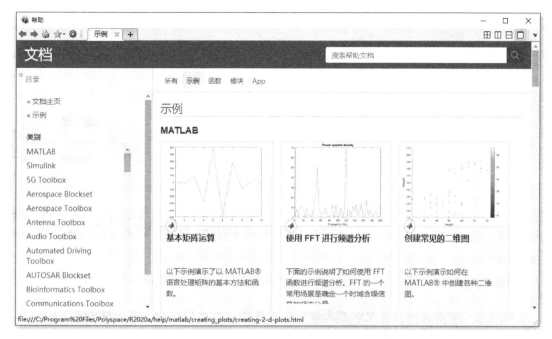

图 1-18　MATLAB 中的示例帮助

# 1.4　小　　结

　　MATLAB 是一种功能多样、高度集成、适合科学和工程计算的软件，同时又是一种高级程序设计语言。MATLAB 的主界面集成了命令行窗口、当前文件夹、工作区和选项卡等。它们既可单独使用，又可相互配合，为用户提供了十分灵活、方便的操作环境。通过本章的学习，用户能够对 MATLAB 有一个较为直观的印象。在后面的章节中，将详细介绍关于 MATLAB 的基础知识和基本操作方法。

# 第2章

# MATLAB 语言基础

数组是一种在高级语言中被广泛使用的构造型数据结构。与一般高级语言不同，在 MATLAB 中数组可作为一个独立的运算单位，直接进行类似简单变量的多种运算而无须采用循环结构，由此决定了数组在 MATLAB 中作为基本运算量的角色定位。

数组有一维、二维和多维之分，在 MATLAB 中有类似于简单变量的统一运算符号和运算函数。当一维数组按向量的规则实施运算时，它便是向量；当二维数组按矩阵的运算规则实施运算时，它便是矩阵。数组及矩阵的基本运算构成了 MATLAB 语言的基础。

学习目标:

&#8984; 了解 MATLAB 的数据类型

&#8984; 理解向量、矩阵、数组和表达式等基本概念

&#8984; 掌握向量、矩阵、数组的基本运算法则和运算函数的使用

## 2.1 基 本 概 念

数据类型、常量与变量是程序设计语言入门时必须引入的一些基本概念，MATLAB 虽是一个集多种功能于一体的集成软件，但就其语言部分而言，这些概念同样不可缺少。

本节除了引入这些概念之外，还将描述和说明向量、矩阵、数组、运算符、函数和表达式等更专业的概念。

### 2.1.1 MATLAB 数据类型概述

数据作为计算机处理的对象，在程序设计语言中分为多种类型，MATLAB 作为一种可编程的语言当然也不会例外。MATLAB 的主要数据类型如图 2-1 所示。

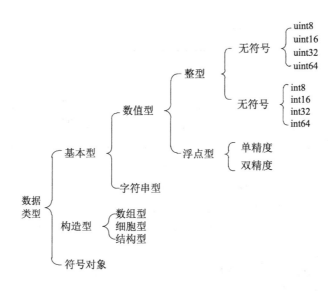

图 2-1　MATLAB 的主要数据类型

　　MATLAB 数值型数据划分成整型和浮点型的用意与 C 语言有所不同。MATLAB 的整型数据主要用于图像处理等特殊的应用问题，以便节省空间或提高运行速度。对一般数值运算，绝大多数情况下采用双精度浮点型的数据。

　　MATLAB 的构造型数据基本上与 C++的构造型数据相衔接，但它的数组却有更加广泛的含义和不同于一般语言的运算方法。

　　符号对象是 MATLAB 所特有的一种为符号运算而设置的数据类型。严格地说，它不是某一类型的数据，而是数组、矩阵、字符等多种形式及其组合，但它在 MATLAB 的工作区中又的确是一种独立的数据类型。

　　MATLAB 的数据类型在使用时有一个突出的特点，即在程序中引用不同数据类型的变量时，一般不用事先对变量的数据类型进行定义或说明，系统会依据变量被赋值的类型自动进行类型识别，这在高级语言中是极有特色的。

提　示

这样处理的好处是，在书写程序时可以随时引入新的变量而不用担心会出什么问题，这的确给应用带来了很大方便。缺点是有失严谨，会给搜索和确定一个符号是否为变量名带来更多的时间开销。

## 2.1.2　整数类型

　　MATLAB 中提供了 8 种内置的整数类型。表 2-1 中列出了它们存储占用的位数、能表示数值的范围和转换函数。

表2-1　MATLAB中的整数类型

| 整数类型 | 数值范围 | 转换函数 |
| --- | --- | --- |
| 有符号 8 位整数 | $-2^7 \sim 2^7-1$ | int8 |
| 无符号 8 位整数 | $0 \sim 2^8-1$ | uint8 |
| 有符号 16 位整数 | $-2^{15} \sim 2^{15}-1$ | int16 |

（续表）

| 整数类型 | 数值范围 | 转换函数 |
| --- | --- | --- |
| 无符号 16 位整数 | $0 \sim 2^{16}-1$ | uint16 |
| 有符号 32 位整数 | $-2^{31} \sim 2^{31}-1$ | int32 |
| 无符号 32 位整数 | $0 \sim 2^{32}-1$ | uint32 |
| 有符号 64 位整数 | $-2^{63} \sim 2^{63}-1$ | int64 |
| 无符号 64 位整数 | $0 \sim 2^{64}-1$ | uint64 |

不同的整数类型所占用的位数不同，因此所能表示的数值范围不同。在实际应用中，应该根据需要的数据范围选择合适的整数类型。有符号的整数类型用一位来表示正负，因此表示的数据范围和相应的无符号整数类型不同。

由于 MATLAB 中数值的默认存储类型是双精度浮点类型，因此必须通过表 2-1 中列出的转换函数将双精度浮点数值转换成指定的整数类型。

在转换中，MATLAB 默认将待转换数值转换为最近的整数，若小数部分正好为 0.5，那么 MATLAB 转换后的结果是绝对值较大的那个整数。另外，利用转换函数也可以将其他类型转换成指定的整数类型。

**【例 2-1】** 通过转换函数创建整数类型。

在命令行窗口输入：

```
>> x=105;y=105.49;z=105.5;
>> xx=int16(x)                    %把 double 型变量 x 强制转换成 int16 型
xx =
  int16
   105
>> yy=int32(y)
yy =
  int32
   105
>> zz=int32(z)
zz =
  int32
   106
```

MATLAB 中还有多种取整函数，可以用不同的策略把浮点小数转换成整数，如表 2-2 所示。

表2-2　MATLAB中的取整函数

| 函　　数 | 说　　明 | 举　　例 |
| --- | --- | --- |
| round(a) | 向最接近的整数取整<br>小数部分是 0.5 时向绝对值大的方向取整 | round(4.3)结果为 4<br>round(4.5)结果为 5 |
| fix(a) | 向 0 方向取整 | fix(4.3)结果为 4<br>fix(4.5)结果为 4 |

（续表）

| 函　　数 | 说　　明 | 举　　例 |
|---|---|---|
| floor(a) | 向不大于 a 的最接近整数取整 | floor(4.3)结果为 4<br>floor(4.5)结果为 4 |
| ceil(a) | 向不小于 a 的最接近整数取整 | ceil(4.3)结果为 5<br>ceil (4.5)结果为 5 |

数据类型参与的数学运算与 MATLAB 中默认的双精度浮点运算不同。当两个相同的整数类型数值进行运算时，结果仍然是这种整数类型；当一个整数类型数值与一个双精度浮点类型数值进行数学运算时，计算结果是整数类型，取整采用默认的四舍五入方式。

注　意

不同的整数类型数值不能进行数学运算，除非提前进行强制转换。

【例 2-2】　整数类型数值参与的运算。

在命令行窗口输入：

```
>> x=uint32(367.2)*uint32(20.3)
x =
  uint32
   7340
>> y=uint32(24.321)*359.63
y =
  uint32
   8631
>> z=uint32(24.321)*uint16(359.63)
```

错误使用 "*"，整数只能与同类型的整数或双精度标量值组合使用。

```
>> whos
  Name      Size          Bytes  Class      Attributes
  x         1x1               4  uint32
  y         1x1               4  uint32
```

前面介绍了不同的整数类型能够表示的数值范围不同。在数学运算中，运算结果超出相应的整数类型能够表示的范围时就会出现溢出错误,运算结果被置为该整数类型能够表示的最大值或最小值。

## 2.1.3　浮点数类型

MATLAB 中提供了单精度浮点数类型和双精度浮点数类型，它们在存储位宽、各数据位的用处、表示的数值范围、数值精度等方面都不同，如表 2-3 所示。

表2-3　MALTAB中单精度浮点数和双精度浮点数的比较

| 浮点类型 | 存储位宽 | 各数据位的用处 | 数值范围 | 转换函数 |
|---|---|---|---|---|
| 双精度 | 64 | 0~51 位表示小数部分<br>52~62 位表示指数部分<br>63 位表示符号（0 为正，1 为负） | −1.79769e+308~<br>2.22507e−308<br>2.22507e−308~<br>1.79769e+308 | double |
| 单精度 | 32 | 0~22 位表示小数部分<br>23~30 位表示指数部分<br>31 位表示符号（0 为正，1 为负） | −3.40282e+038~<br>−1.17549e−038<br>−1.17549e−038~<br>3.40282e+038 | single |

从表 2-3 可以看出，存储单精度浮点类型所用的位数少，因此内存占用上开支小，但从各数据位的用处来看，单精度浮点数能够表示的数值范围和数值精度都比双精度小。

和创建整数类型数值一样，创建浮点数类型也可以通过转换函数来实现。当然，MATLAB中默认的数值类型是双精度浮点类型。

**【例 2-3】**　浮点数转换函数的应用。

在命令行窗口输入：

```
>> x=5.4
x =
    5.4000
>> y=single(x)  %把 double 型的变量强制转换为 single 型
y =
  single
    5.4000
>> z=uint32(87563);
>> zz=double(z)
zz =
    87563
>> whos
  Name      Size            Bytes  Class     Attributes
  x         1x1                 8  double
  y         1x1                 4  single
  z         1x1                 4  uint32
  zz        1x1                 8  double
```

双精度浮点数参与运算时，返回值的类型依赖于参与运算的其他数据类型。双精度浮点数与逻辑型、字符型数据进行运算时，返回结果为双精度浮点类型，与整数型数据进行运算时返回结果为相应的整数类型，与单精度浮点型数据进行运算时返回单精度浮点型。单精度浮点型与逻辑型、字符型和任何浮点型进行运算时，返回结果都是单精度浮点型。

需要注意的是，单精度浮点型不能和整数型进行算术运算。

【例2-4】　浮点型数值参与的运算。

在命令行窗口输入：

```
>> x=uint32(240);y=single(32.345);z=12.356;
>> xy=x*y
```

错误使用 "*"，整数只能与同类型的整数或双精度标量值组合使用。

```
>> xz=x*z
xz =
 uint32
  2965
>> whos
  Name      Size          Bytes    Class      Attributes
  x         1x1              4     uint32
  xz        1x1              4     uint32
  y         1x1              4     single
  z         1x1              8     double
```

从表 2-3 可以看出，浮点数只占用一定的存储位宽，其中只有有限位分别用来存储指数部分和小数部分。因此，浮点类型能表示的实际数值是有限的，而且是离散的。

任何两个最接近的浮点数之间都有一个很微小的间隙，而所有处于这个间隙中的值都只能用这两个最接近的浮点数中的一个来表示。

MATLAB 中提供了浮点相对精度函数 eps，用于获取一个数值和它最接近的浮点数之间的间隙大小。

## 2.1.4　复数

复数是对实数的扩展，每一个复数包括实部和虚部两部分。MATLAB 中默认用字符 i 或者 j 表示虚部。创建复数可以直接输入或者利用 complex 函数。

MATLAB 中还有多种对复数操作的函数，如表 2-4 所示。

表2-4　MATLAB中复数相关运算函数

| 函　数 | 说　明 | 函　数 | 说　明 |
|---|---|---|---|
| real(z) | 返回复数 z 的实部 | imag(z) | 返回复数 z 的虚部 |
| abs(z) | 返回复数 z 的幅度 | angle(z) | 返回复数 z 的幅角 |
| conj(z) | 返回复数 z 的共轭复数 | complex(a,b) | 以 a 为实部、b 为虚部创建复数 |

【例2-5】　复数的创建和运算。

在命令行窗口输入：

```
>> a=2+3i
a =
  2.0000 + 3.0000i
>> x=rand(3)*5;
```

```
>> y=rand(3)*-8;
>> z=complex(x,y)              %用 complex 函数创建以 x 为实部、y 为虚部的复数
z =
   4.6700 - 2.2154i   3.7157 - 6.5877i   0.8559 - 7.6018i
   3.3937 - 0.3694i   1.9611 - 5.5586i   3.5302 - 0.2756i
   3.7887 - 0.7771i   3.2774 - 2.5368i   0.1592 - 3.5100i
>> whos
  Name      Size          Bytes  Class     Attributes
  a         1x1              16  double    complex
  x         3x3              72  double
  y         3x3              72  double
  z         3x3             144  double    complex
```

### 2.1.5 无穷量和非数值量

MATLAB 中用 Inf 和–Inf 分别代表正无穷和负无穷，用 NaN 表示非数值的值。正负无穷一般是由于 0 做了分母或者运算溢出，产生了超出双精度浮点数数值范围的结果；非数值量则是因为 0/0 或者 Inf/Inf 型的非正常运算产生的。

 两个 NaN 是不相等的。

除了运算造成这些异常结果外，MATLAB 也提供了专门的函数来创建这两种特别的量，读者可以用 Inf 函数和 NaN 函数分别创建指定数值类型的无穷量和非数值量，默认是双精度浮点类型。

【例 2-6】 无穷量和非数值量。
在命令行窗口输入：

```
>> x=1/0
x =
   Inf
>> y=log(0)
y =
  -Inf
>> z=0.0/0.0
z =
   NaN
```

### 2.1.6 数值类型的显示格式

MATLAB 提供了多种数值显示方式，可以通过 format 函数设置不同的数值显示方式，或者在 MATLAB 主界面中单击"主页"选项卡的"预设"按钮，在弹出的"预设项"对话框中选择"命令行窗口"进行设置。默认情况下，MATLAB 使用 5 位定点或浮点型显示格式。

表 2-5 列出了 MATLAB 中通过 format 函数提供的几种数值显示格式，并给出了示例。

表2-5　通过format函数设置数值显示格式

| 函数形式 | 说　明 | 举　例 |
| --- | --- | --- |
| format short | 5 位定点显示格式（默认） | 3.1416 |
| format short e | 5 位带指数浮点显示格式 | 3.1416e+000 |
| format long | 15 位浮点显示格式（单精度浮点数用 7 位） | 3.14159265358979 |
| format long e | 15 位带指数浮点显示格式（单精度浮点数用 7 位） | 3.141592653589793e+000 |
| format bank | 小数点后保留两位的显示格式 | 3.14 |
| format rat | 分数有理近似格式 | 355/113 |

format 函数和"预设项"对话框都只修改数值的显示格式，而 MATLAB 中的数值运算不受影响，按照双精度浮点运算进行。

在 MATLAB 编程中，经常需要临时改变数值显示格式，可以通过 get 和 set 函数来实现，下面举例加以说明。

【例 2-7】　通过 get 和 set 临时改变数值显示格式。

在命令行窗口输入：

```
>> origFormat=get(0,'format')
origFormat =
    'short'
>> format('rational')
>> rat_pi=pi
rat_pi =
    355/113
>> set(0,'format',origFormat)        %将数值显示格式重新设置为之前保存在变量 origFormat
中的值
>> get(0,'format')
ans =
    'short'
```

## 2.1.7　确定数值类型的函数

除了前面介绍的数值相关函数外，MATLAB 中还有很多用于确定数值类型的函数，如表 2-6 所示。

表2-6　MATLAB中确定数值类型的函数

| 函　数 | 用　法 | 说　明 |
| --- | --- | --- |
| class | class(A) | 返回变量 A 的类型名称 |
| isa | isa(A,'class_name') | 确定变量 A 是否为 class_name 表示的数据类型 |
| isnumeric | isnumeric(A) | 确定 A 是否为数值类型 |
| isinteger | isinteger(A) | 确定 A 是否为整数类型 |
| isfloat | isfloat(A) | 确定 A 是否为浮点类型 |

（续表）

| 函　　数 | 用　　法 | 说　　明 |
|---|---|---|
| isreal | isreal(A) | 确定 A 是否为实数 |
| isnan | isnan(A) | 确定 A 是否为非数值量 |
| isInf | isInf(A) | 确定 A 是否为无穷量 |
| isfinite | isfinite(A) | 确定 A 是否为有限数值 |

### 2.1.8　常量与变量

常量是程序语句中取不变值的那些量，比如在表达式 y=0.618*x 中就包含了一个数值常量 0.618；在表达式 s='Tomorrow and Tomorrow'中，单引号内的英文字符串 "Tomorrow and Tomorrow" 是一个字符串常量。

在 MATLAB 中，有一类常量是由系统默认给定一个符号来表示的，类似于 C 语言中的符号常量。例如，pi 代表圆周率 $\pi$ 这个常数，即 3.1415926…。这类常量如表 2-7 所示，有时又称为系统预定义的变量。

表2-7　MATLAB特殊常量表

| 常量符号 | 常量含义 |
|---|---|
| i 或 j | 虚数单位，定义为 $i^2=j^2=-1$ |
| Inf 或 inf | 正无穷大，由零做除数引入此常量 |
| NaN | 不定时，表示非数值量，产生于 0/0、$\infty/\infty$、0*$\infty$ 等运算 |
| pi | 圆周率 $\pi$ 的双精度表示 |
| eps | 容差变量，当某量的绝对值小于 eps 时，可以认为此量为零，即为浮点数的最小分辨率，PC 上此值为 $2^{-52}$ |
| realmin | 最小浮点数，$2^{-1022}$ |
| realmax | 最大浮点数，$2^{1023}$ |

变量是在程序运行中其值可以改变的量，由变量名来表示。在 MATLAB 中，变量的命名有自己的规则，可以归纳成如下几条：

- 变量名必须以字母开头，且只能由字母、数字或者下划线 3 类符号组成，不能含有空格和标点符号。
- 变量名区分字母的大小写。例如，"a" 和 "A" 是不同的变量。
- 变量名不能超过 63 个字符，第 63 个字符后的字符将被忽略。
- 关键字（如 if、while 等）不能作为变量名。
- 最好不要用特殊常量符号作为变量名。

### 2.1.9　标量、向量、矩阵与数组

标量、向量、矩阵和数组是 MATLAB 运算中涉及的一组基本运算量。它们各自的特点及相互间的关系如下：

（1）数组不是一个数学量，而是一个用于高级语言程序设计的概念。如果数组元素按一维线性方式组织在一起，那么就称其为一维数组。一维数组的数学原型是向量。

如果数组元素分行、列排成一个二维平面表格，那么就称其为二维数组。二维数组的数学原型是矩阵。

元素在排成二维数组的基础上再将多个行、列数分别相同的二维数组叠成一个立体表格，便形成了三维数组。以此类推，便有了多维数组的概念。

说明：在 MATLAB 中，数组的用法与一般高级语言不同，它不借助于循环，而是直接采用运算符，有自己独立的运算符和运算法则。

（2）矩阵是一个数学概念，一般高级语言并未将其作为基本的运算量，MATLAB 是一个例外。

一般高级语言是不认可将两个矩阵视为两个简单变量而直接进行加、减、乘、除运算的，要完成矩阵的四则运算必须借助于循环结构。

当 MATLAB 将矩阵作为基本运算量后，上述局面改变了。MATLAB 不是实现了矩阵的简单加、减、乘、除运算，而是将许多与矩阵相关的其他运算也大大简化了。

（3）向量是一个数学量，一般高级语言中也未引入，可将它视为矩阵的特例。从 MATLAB 的工作区可以看到：$n$ 维的行向量是一个 $1\times n$ 阶的矩阵，列向量则可当成 $n\times 1$ 阶的矩阵。

（4）标量的提法也是一个数学概念。在 MATLAB 中，一方面可将其视为一般高级语言的简单变量来处理，另一方面又可把它当成 $1\times 1$ 阶的矩阵。这一看法与矩阵作为 MATLAB 的基本运算量是一致的。

（5）在 MATLAB 中，二维数组和矩阵其实是数据结构形式相同的两种运算量。二维数组和矩阵的表示、建立、存储基本没有区别，区别只在于它们的运算符和运算法则不同。

例如，在命令行窗口中输入 a=[1 2;3 4]这个量，实际上它有两种可能的角色：矩阵 *a* 或二维数组 *a*。这就是说，单从形式上是不能完全区分矩阵和数组的，必须再看它使用什么运算符与其他量之间进行运算。

（6）数组的维和向量的维是两个完全不同的概念。数组的维是从数组元素排列后所形成的空间结构去定义的：线性结构是一维，平面结构是二维，立体结构是三维，还有四维以及多维。向量的维相当于一维数组中的元素个数。

## 2.1.10　字符串

字符串是 MATLAB 中另外一种形式的运算量，在 MATLAB 中字符串是用单引号来标示的，例如 S='I Have a Dream.'。

赋值号之后单引号内的字符即为字符串，而 S 是字符串变量。整个语句完成了将一个字符串常量赋值给一个字符串变量的操作。

在 MATLAB 中，字符串的存储是按其中字符的顺序单一存放的，且存放的是它们的 ASCII 码，由此看来字符串实际可视为一个字符数组，字符串中的每个字符则是这个数组的一个元素。

### 2.1.11 运算符

MATLAB 运算符可分为三大类，即算术运算符、关系运算符和逻辑运算符。下面分别给出它们的运算符和运算法则。

#### 1．算术运算符

算术运算根据所处理的对象可分为矩阵和数组算术运算两类。表 2-8 给出的是矩阵算术运算的运算符、名称、示例和使用说明。表 2-9 给出的是数组算术运算的运算符、名称、示例和使用说明。

表2-8　矩阵算术运算符

| 运　算　符 | 名　　称 | 示　　例 | 法则或使用说明 |
|---|---|---|---|
| + | 加 | C=A+B | 矩阵加法法则，即 C(i,j)=A(i,j)+B(i,j) |
| − | 减 | C=A−B | 矩阵减法法则，即 C(i,j)=A(i,j)−B(i,j) |
| * | 乘 | C=A*B | 矩阵乘法法则 |
| / | 右除 | C=A/B | 定义为线性方程组 X*B=A 的解，即 C=A/B= A*B−1 |
| \ | 左除 | C=A\B | 定义为线性方程组 A*X=B 的解，即 C=A\B= A−1*B |
| ^ | 乘幂 | C=A^B | A、B 其中一个为标量时有定义 |
| ' | 共轭转置 | B=A' | B 是 A 的共轭转置矩阵 |

表2-9　数组算术运算符

| 运　算　符 | 名　　称 | 示　　例 | 法则或使用说明 |
|---|---|---|---|
| .* | 数组乘 | C=A.*B | C(i,j)=A(i,j)*B(i,j) |
| ./ | 数组右除 | C=A./B | C(i,j)=A(i,j)/B(i,j) |
| .\ | 数组左除 | C=A.\B | C(i,j)=B(i,j)/A(i,j) |
| .^ | 数组乘幂 | C=A.^B | C(i,j)=A(i,j)^B(i,j) |
| .' | 转置 | A.' | 将数组的行摆放成列，复数元素不做共轭 |

针对以上运算符需要说明几点：

（1）矩阵的加、减、乘运算是严格按矩阵运算法则定义的，而矩阵的除法虽和矩阵求逆有关系，却分为了左除、右除，因此不是完全等价的。乘幂运算更是将标量幂扩展到矩阵可作为幂指数。总的来说，MATLAB 接受了线性代数已有的矩阵运算规则，但又不止于此。

（2）表 2-9 中并未定义数组的加、减法，是因为矩阵的加、减法与数组的加、减法相同，所以未做重复定义。

（3）不论是加、减、乘、除还是乘幂，数组的运算都是元素间的运算，即对应下标元素一对一的运算。

（4）多维数组的运算法则，可依元素按下标一一对应参与运算的原则对表 2-9 进行推广。

#### 2．关系运算符

MATLAB 关系运算符的使用如表 2-10 所示。

表2-10　关系运算符

| 运　算　符 | 名　称 | 示　例 | 法则或使用说明 |
|---|---|---|---|
| < | 小于 | A<B | （1）A、B 都是标量，结果是或为 1（真）或为 0（假）的标量 |
| <= | 小于等于 | A<=B | （2）A、B 中若一个为标量、一个为数组，则标量将与数组各元素逐一比较，结果为与运算数组行列相同的数组，其中各元素取值为 1 或 0 |
| > | 大于 | A>B | |
| >= | 大于等于 | A>=B | （3）A、B 均为数组时，必须行、列数分别相同，A 与 B 各对应元素相比较，结果为与 A 或 B 行列相同的数组，其中各元素取值为 1 或 0 |
| == | 恒等于 | A==B | |
| ~= | 不等于 | A~=B | （4）==和~=运算对参与比较的量同时比较实部和虚部，其他运算只比较实部 |

需要明确指出的是，MATLAB 的关系运算虽可看成矩阵的关系运算，但严格地讲把关系运算定义在数组基础之上更为合理。从表 2-10 所列的法则不难发现，关系运算是元素一对一的运算结果。数组的关系运算向下可兼容一般高级语言中所定义的标量关系运算。

### 3．逻辑运算符

逻辑运算在 MATLAB 中同样重要，为此 MATLAB 定义了自己的逻辑运算符，并设定了相应的逻辑运算法则，如表 2-11 所示。

表2-11　逻辑运算符

| 运　算　符 | 名　称 | 示　例 | 法则或使用说明 |
|---|---|---|---|
| & | 与 | A&B | （1）A、B 都为标量，结果是或为 1（真）或为 0（假）的标量 |
| \| | 或 | A\|B | （2）A、B 中若一个为标量、一个为数组，则标量将与数组各元素逐一做逻辑运算，结果为与运算数组行列相同的数组，其中各元素取值为 1 或 0 |
| ~ | 非 | ~A | |
| && | 先决与 | A&&B | （3）A、B 均为数组时，必须行、列数分别相同，A 与 B 各对应元素做逻辑运算，结果为与 A 或 B 行列相同的数组，其中各元素取值为 1 或 0 |
| \|\| | 先决或 | A\|\|B | （4）先决与、先决或只针对标量的运算 |

同样，MATLAB 的逻辑运算也是定义在数组基础之上的，向下可兼容一般高级语言中所定义的标量逻辑运算。为提高运算速度，MATLAB 还定义了针对标量的先决与和先决或运算。

先决与运算是当运算符的左边为 1（真）时，才继续与该符号右边的量做逻辑运算。先决或运算是当运算符的左边为 1（真）时，就不需要继续与该符号右边的量做逻辑运算了，会立即得出该逻辑运算的结果为 1（真）；否则，要继续与该符号右边的量进行运算。

### 4．运算符的优先级

和其他高级语言一样，当用多个运算符和运算量写出一个 MATLAB 表达式时，运算符的优先次序是一个必须明确的问题。表 2-12 列出了运算符的优先次序。

表2-12　MATLAB 运算符的优先次序

| 优先次序 | 运　算　符 |
|---|---|
| 高 | '（转置共轭）、^（矩阵乘幂）、.'（转置）、.^（数组乘幂） |
|  | ～（逻辑非） |
|  | *、/（右除）、\（左除）、.*（数组乘）、./（数组右除）、.\（数组左除） |
|  | +、-、:（冒号运算） |
|  | <、<=、>、>=、==（恒等于）、～=（不等于） |
|  | &（逻辑与） |
|  | \|（逻辑或） |
|  | &&（先决与） |
| 低 | \|\|（先决或） |

在表 2-12 中，从上到下优先次序为由高到低，同一行的各运算符具有相同的优先级，同时在同一级别中遵循有括号先进行括号运算的原则。

## 2.1.12　命令、函数、表达式和语句

有了常量、变量、数组和矩阵，再加上各种运算符即可编写出多种 MATLAB 的表达式和语句。在 MATLAB 的表达式或语句中，还有两类对象会时常出现，即命令和函数。

### 1. 命令

命令通常是一个动词，在第 1 章中已经有过接触，例如 clear 命令用于清除工作区。还有的命令在动词后会带有参数，例如 "addpath F:\MATLAB\M File-end" 命令用于添加新的搜索路径。在 MATLAB 中，命令与函数都组织在函数库里。general 就是一个专门的函数库，是用来存放通用命令的，其中一个命令也是一条语句。

### 2. 函数

对 MATLAB 而言，函数有相当特殊的意义，不仅仅是因为函数在 MATLAB 中应用面广，更在于函数很多。仅就 MATLAB 的基本部分而言，其所包括的函数类别就有 20 多种，而每一类中又有少则几个多则几十个函数。

基本部分之外，还有各种工具箱。工具箱实际上也是由一组组用于解决专门问题的函数构成的。不包括 MATLAB 网站上外挂的工具箱，目前 MATLAB 自带的工具箱就多达几十种，可见 MATLAB 函数之多。从某种意义上说，函数就代表了 MATLAB，MATLAB 全靠函数来解决问题。

一般的函数引用格式是：

函数名(参数 1，参数 2，…)

例如，引用正弦函数就书写成 sin(A)，A 是一个参数，既可以是一个标量，也可以是一个数组。对数组求正弦值是针对其中各元素求正弦，这是由数组的特征决定的。

### 3. 表达式

用多种运算符将常量、变量（含标量、向量、矩阵和数组等）、函数等多种运算对象连接起来构成的运算式子就是 MATLAB 的表达式。例如：

```
A+B&C-sin(A*pi)
```

就是一个表达式。试分析它与表达式(A+B)&C-sin(A*pi)有无区别。

### 4. 语句

在 MATLAB 中，表达式本身即可视为一个语句。典型的 MATLAB 语句是赋值语句，其一般的结构是：

变量名=表达式

例如，F=(A+B)&C-sin(A*pi)就是一个赋值语句。

除赋值语句外，MATLAB 还有函数调用语句、循环控制语句、条件分支语句等。这些语句将会在后面章节逐步介绍。

## 2.2　向　量　运　算

向量是高等数学、线性代数中讨论的概念，虽是一个数学的概念，但同时在力学、电磁学等许多领域中被广泛应用。电子信息学科的电磁场理论课程就以向量分析和场论作为其数学基础。

向量是一个有方向的量。在平面解析几何中，将它用坐标表示成从原点出发到平面上的一点$(a,b)$，数据对$(a,b)$称为一个二维向量。立体解析几何中，则用坐标表示成$(a,b,c)$，数据组$(a,b,c)$称为三维向量。线性代数推广了这一概念，提出了 $n$ 维向量，在线性代数中，$n$ 维向量用 $n$ 个元素的数据组表示。

MATLAB 讨论的向量以线性代数的向量为起点，多可达 $n$ 维抽象空间，少可应用到解决平面和空间的向量运算问题。下面首先讨论在 MATLAB 中如何生成向量。

### 2.2.1　向量的生成

在 MATLAB 中，生成向量主要有直接输入法、冒号表达式法和函数法 3 种。

#### 1. 直接输入法

在命令提示符之后直接输入一个向量，其格式是：向量名=[a1,a2,a3,...]。

【例 2-8】　直接法输入向量。
输入命令后其运行结果如下：

```
>> A=[2,3,4,5,6],B=[1;2;3;4;5],C=[4 5 6 7 8 9]
A =
    2    3    4    5    6
```

```
B =
    1
    2
    3
    4
    5
C =
    4    5    6    7    8    9
```

### 2. 冒号表达式法

利用冒号表达式 a1:step:an 也能生成向量，式中 a1 为向量的第一个元素，an 为向量最后一个元素的限定值，step 是变化步长，省略步长时系统默认为 1。

**【例 2-9】** 用冒号表达式生成向量。

输入命令后其运行结果如下：

```
>> A=1:2:10,B=1:10,C=10:-1:1,D=10:2:4,E=2:-1:10
A =
    1    3    4    7    9
B =
    1    2    3    4    5    6    7    8    9    10
C =
    10   9    8    7    6    5    4    3    2    1
D =
  空的 1×0 double 行向量
E =
  空的 1×0 double 行向量
```

试分析 D、E 不能生成的原因。

### 3. 函数法

有两个函数可用来直接生成向量：一个实现线性等分——linspace( )，另一个实现对数等分——logspace( )。

线性等分的通用格式为 A=linspace(a1,an,n)，其中 a1 是向量的首元素，an 是向量的尾元素，n 把 a1 至 an 之间的区间分成向量首尾之外的其他 n–2 个元素。省略 n 则默认生成 100 个元素的向量。

**【例 2-10】** 观察用线性等分函数生成向量的结果。

输入命令后其运行结果如下：

```
>> A=linspace(1,30,5)
A =
    1.0000    8.2500   15.5000   22.7500   30.0000
```

对数等分的通用格式为 A=logspace(a1,an,n)。其中 a1 是向量首元素的幂，即 A(1)=10a1；an 是向量尾元素的幂，即 A(n)=10an。n 是向量的维数。省略 n 则默认生成 50 个元素的对数等分向量。

**【例 2-11】**　观察用对数等分函数生成向量的结果。

输入命令后其运行结果如下：

```
>> A= logspace(0,4,5)
A =
           1          10         100        1000       10000
```

尽管用冒号表达式和线性等分函数都能生成线性等分向量，但在使用时有几点不同之处值得注意：

（1）an 在冒号表达式中，不一定恰好是向量的最后一个元素，只有当向量的倒数第二个元素加步长等于 an 时，an 才正好构成尾元素。如果一定要构成一个以 an 为尾元素的向量，那么最可靠的生成方法是用线性等分函数。

（2）在使用线性等分函数前，必须先确定生成向量的元素个数，但使用冒号表达式将依着步长和 an 的限制去生成向量，用不着考虑元素个数的多少。

实际应用时，同时限定尾元素和步长去生成向量，有时可能会出现矛盾，此时必须做出取舍。要么坚持步长优先，调整尾元素限制；要么坚持尾元素限制，去修改等分步长。

## 2.2.2　向量的加、减、乘、除运算

在 MATLAB 中，维数相同的行向量之间可以相加减，维数相同的列向量也可相加减，标量数值可以与向量直接相乘除。

**【例 2-12】**　向量的加、减、乘、除运算。

输入命令后其运行结果如下：

```
>> A=[1 2 3 4 5];B=3:7;C=linspace(2,4,3);
>> AT=A'; BT=B';
>> E1=A+B, E2=A-B, F=AT-BT, G1=3*A, G2=B/3, H=A+C
E1 =
     4     6     8    10    12
E2 =
    -2    -2    -2    -2    -2
F =
    -2
    -2
    -2
    -2
    -2
G1 =
     3     6     9    12    15
```

```
G2 =
    1.0000    1.3333    1.6667    2.0000    2.3333
```
矩阵维度必须一致

上述实例 H=A+C 显示了出错信息，表明维数不同的向量之间的加减运算是非法的。

### 2.2.3 向量的点积、叉积运算

向量的点积即数量积，叉积又称向量积或矢量积。点积、叉积甚至两者的混合积在场论中是极其基本的运算。MATLAB 是用函数实现向量点积、叉积运算的。下面举例说明向量的点积、叉积和混合积运算。

#### 1. 点积运算

点积运算（$A \cdot B$）的定义是参与运算的两个向量各对应位置上的元素相乘后再将各乘积相加。所以，向量点积的结果是一个标量，而非向量。

点积运算函数是 dot(A,B)，其中 A、B 是维数相同的两个向量。

【例 2-13】 向量点积运算。

输入命令后其运行结果如下：

```
>> A=1:10; B=linspace(1,10,10); AT=A';BT=B';
>> e=dot(A,B), f=dot(AT,BT)


e =
    385
f =
    385
```

#### 2. 叉积运算

在数学描述中，向量 $A$、$B$ 的叉积是一个新向量 $C$，$C$ 的方向垂直于 $A$ 与 $B$ 所确定的平面。

叉积运算的函数是 cross(A,B)，该函数计算的是 A、B 叉积后各分量的元素值，且 A、B 只能是三维向量。

【例 2-14】 合法向量叉积运算。

输入命令后其运行结果如下：

```
>> A=1:3, B=3:5
>> E=cross(A,B)


A =
    1    2    3
B =
    3    4    5
E =
   -2    4   -2
```

**【例 2-15】**　非法向量叉积运算（不是三维的向量做叉积运算）。

输入命令后其运行结果如下：

```
>> A=1:4,B=3:6,C=[1 2],D=[3 4]
>> E=cross(A,B),F=cross(C,D)

A =
     1     2     3     4
B =
     3     4     5     6
C =
     1     2
D =
     3     4
错误使用 cross
在获取交叉乘积的维度中，A 和 B 的长度必须为 3
```

### 3. 混合积运算

综合运用上述两个函数就可以实现点积和叉积的混合运算，该运算也只能发生在三维向量之间。

**【例 2-16】**　向量混合积示例。

输入命令后其运行结果如下：

```
>> A=[1 2 3],B=[3 3 4],C=[3 2 1]
>> D=dot(C,cross(A,B))

A =
     1     2     3
B =
     3     3     4
C =
     3     2     1
D =
     4
```

# 2.3 矩 阵 运 算

矩阵运算是 MATLAB 特别引入的。一般高级语言只定义了标量（语言中通常分为常量和变量）的各种运算，MATLAB 将此推广，把标量换成了矩阵，而标量则成了矩阵的元素或视为矩阵的特例。如此一来，MATLAB 既可用简单的方法解决原本复杂的矩阵运算问题，又可向下兼容处理标量运算。

本节在讨论矩阵运算之前先对矩阵元素的存储次序和表示方法进行说明。

## 2.3.1　矩阵元素的存储次序

假设有一个 $m×n$ 阶的矩阵 $A$，如果用符号 $i$ 表示它的行下标，用符号 $j$ 表示它的列下标，那么这个矩阵中第 $i$ 行第 $j$ 列的元素就可表示为 $A(i, j)$。

如果要将一个矩阵存储在计算机中，MATLAB 规定矩阵元素是按列的先后顺序存放，即存完第 1 列后再存第 2 列，以此类推。例如，有一个 3×4 阶的矩阵 $B$，若要把它存储在计算机中，其存储次序如表 2-13 所示。

表2-13　矩阵B的各元素存储次序

| 次　序 | 元　素 | 次　序 | 元　素 | 次　序 | 元　素 | 次　序 | 元　素 |
|---|---|---|---|---|---|---|---|
| 1 | $B(1,1)$ | 4 | $B(1,2)$ | 7 | $B(1,3)$ | 10 | $B(1,4)$ |
| 2 | $B(2,1)$ | 5 | $B(2,2)$ | 8 | $B(2,3)$ | 11 | $B(2,4)$ |
| 3 | $B(3,1)$ | 6 | $B(3,2)$ | 9 | $B(3,3)$ | 12 | $B(3,4)$ |

作为矩阵的特例，一维数组或者说向量元素是依其元素本身的先后次序进行存储的。必须指出，不是所有高级语言都这样规定矩阵（或数组）元素的存储次序，例如 C 语言就是按行的先后顺序来存放数组元素，即存完第 1 行后再存第 2 行，以此类推。记住这一点对正确使用高级语言的接口技术是十分有益的。

## 2.3.2　矩阵元素的表示及相关操作

弄清了矩阵元素的存储次序，现在来讨论矩阵元素的表示方法和应用。在 MATLAB 中，矩阵除了以矩阵名为单位整体被引用外，还可能涉及对矩阵元素的引用操作，所以矩阵元素的表示也是一个必须交代的问题。

### 1. 元素的下标表示法

矩阵元素的表示采用下标法。在 MATLAB 中有全下标方式和单下标方式两种方案，现分述如下：

（1）全下标方式：用行下标和列下标来标示矩阵中的一个元素，这是一个被普遍接受和采用的方法。对一个 $m×n$ 阶的矩阵 $A$，其第 $i$ 行第 $j$ 列的元素用全下标方式表示成 $A(i, j)$。

（2）单下标方式：将矩阵元素按存储次序的先后用单个数码顺序地连续编号。仍以 $m×n$ 阶的矩阵 $A$ 为例，全下标元素 $A(i, j)$ 对应的单下标表示便是 $A(s)$，其中 $s = (j-1)×m+i$。

必须指出，$i$、$j$、$s$ 这些下标符号不能只视为单数值下标，也可理解成用向量表示的一组下标。

【例 2-17】　元素的下标表示。

输入命令后其运行结果如下：

```
>> A=[1 2 3;6 5 4;8 7 9]
A =
     1     2     3
```

```
        6       5       4
        8       7       9
>> A(2,3),A(6)          %显示矩阵中全下标元素 A(2,3)和单下标元素 A(6)的值
ans =
     4
ans =
     7
>> A(1:2,3)            %显示矩阵 A 第 1、2 行第 3 列的元素值
ans =
     3
     4
>> A(6:8)             %显示矩阵 A 单下标第 6~8 号元素的值,此处是用一个向量表示一个下标区间
ans =
     7      3      4
```

**2. 矩阵元素的赋值**

矩阵元素的赋值有 3 种方式:全下标方式、单下标方式和全元素方式。必须声明,用后两种方式赋值的矩阵必须是被引用过的矩阵,否则系统会提示出错信息。

(1)全下标方式:在给矩阵的单个或多个元素赋值时,采用全下标方式接收。

**【例 2-18】** 全下标接收元素赋值。
输入命令后其运行结果如下:

```
>> clear all                %不要因工作区的已有内容干扰了后面的运算
>> A(1:2,1:3)=[1 1 1;1 1 1]  %可用一个矩阵给矩阵 A 的第 1、2 行第 1~3 列的全部元素赋值
为 1
A =
     1      1      1
     1      1      1
>> A(3,3)=2    %给原矩阵中并不存在的元素下标赋值会扩充矩阵阶数,注意补 0 的原则
A =
     1      1      1
     1      1      1
     0      0      2
```

(2)单下标方式:在给矩阵的单个或多个元素赋值时,采用单下标方式接收。

**【例 2-19】** 单下标接收元素赋值。
输入命令后其运行结果如下:

```
>> A(3:6)=[-1 1 1 -1]    %可用一个向量给单下标表示的连续多个矩阵元素赋值
A =
     1      1      1
     1      1      1
    -1     -1      2
```

```
>> A(3)=0;A(6)=0
A =
     1     1     1
     1     1     1
     0     0     2
```

（3）全元素方式：将矩阵 *B* 的所有元素全部赋值给矩阵 *A*，即 *A*(:)=*B*，不要求 *A*、*B* 同阶，只要求元素个数相等。

【例 2-20】 全元素方式赋值。

输入命令后其运行结果如下：

```
>>  A(:)=1:9  %将一个向量按列先后赋值给矩阵 A，A 在上例中已被引用
A =
     1     4     7
     2     5     8
     3     6     9
>> A(3,4)=16, B=[11 12 13;14 15 16;17 18 19;0 0 0]    % 扩充矩阵 A，生成 4×3 阶
矩阵 B
A =
     1     4     7     0
     2     5     8     0
     3     6     9    16
B =
    11    12    13
    14    15    16
    17    18    19
     0     0     0
>> A(:)=B
A =
    11     0    18    16
    14    12     0    19
    17    15    13     0
```

### 3. 矩阵元素的删除

在 MATLAB 中，可以用空矩阵（用[]表示）将矩阵中的单个元素、某行、某列、某矩阵子块及整个矩阵中的元素删除。

【例 2-21】 删除元素操作。

输入命令后其运行结果如下：

```
>> clear all
>> A(2:3,2:3)=[1 1;2 2] %生成一个新矩阵 A
A =
     0     0     0
     0     1     1
```

```
           0     2     2
>> A(2,:)=[]
A =
           0     0     0
           0     2     2
>> A(1:2)=[]
A =
           0     2     0     2
>> A=[]
A =
           []
```

### 2.3.3　矩阵的创建

在 MATLAB 中建立矩阵的方法很多，包括直接输入法、抽取法、拼接法、函数法、拼接函数和变形函数法、加载法以及 M 文件法等。

矩阵是 MATLAB 特别引入的量，在表达时必须给出一些相关的约定来与其他量区分：

- 矩阵的所有元素必须放在方括号（[]）内。
- 每行元素之间需用逗号或空格隔开。
- 矩阵的行与行之间用分号或回车符分隔。
- 元素可以是数值或表达式。

#### 1．直接输入法

在命令行提示符"＞＞"后直接输入一个矩阵的方法即是直接输入法。直接输入法对建立规模较小的矩阵是相当方便的，特别适用于在命令行窗口讨论问题的场合，也适用于在程序中给矩阵变量赋初值。

【例 2-22】　用直接输入法建立矩阵。

输入命令后其运行结果如下：

```
>> x=27;y=3;
>> A=[1 2 3;4 5 6];B=[2,3,4;7,8,9;12,2*6+1,14];
>> C=[3 4 5;7 8 x/y;10 11 12];
>> A,B,C

A =
     1     2     3
     4     5     6
B =
     2     3     4
     7     8     9
    12    13    14
```

```
C =
     3     4     5
     7     8     9
    10    11    12
```

### 2. 抽取法

抽取法是从大矩阵中抽取出需要的小矩阵（或子矩阵）。线性代数中分块矩阵就是一个从大矩阵中取出子矩阵块的典型实例。矩阵的抽取实质上是元素的抽取，用元素下标的向量表示从大矩阵中提取元素就能完成抽取过程。

（1）用全下标方式

【例2-23】 用全下标抽取法建立子矩阵。

输入命令后其运行结果如下：

```
>> clear
>> A=[1 2 3 4;5 6 7 8;9 10 11 12;13 14 15 16]
A =
     1     2     3     4
     5     6     7     8
     9    10    11    12
    13    14    15    16
>> B=A(1:3,2:3)          % 取矩阵 A 行数为 1～3、列数为 2～3 的元素构成子矩阵 B
B =
     2     3
     6     7
    10    11
>> C=A([1 3],[2 4])      %取矩阵 A 行数为 1、3，列数为 2、4 的元素构成子矩阵 C
C =
     2     4
    10    12
>> D=A(4,:)              %取矩阵 A 第 4 行、所有列，":"可表示所有行或列
D =
    13    14    15    16
>> E=A([2 4],end)        %取 2、4 行，最后列，用"end"表示某一维数中的最大值
E =
     8
    16
```

（2）用单下标方式

【例2-24】 用单下标抽取法建立子矩阵。

输入命令后其运行结果如下：

```
>> clear
>> A=[1 2 3 4;5 6 7 8;9 10 11 12;13 14 15 16]
```

```
A =
     1     2     3     4
     5     6     7     8
     9    10    11    12
    13    14    15    16
>> B=A([4:6;3 5 7;12:14])
B =
    13     2     6
     9     2    10
    15     4     8
```

本例是从矩阵 *A* 中取出单下标 4～6 的元素作为第 1 行，取单下标 3、5、7 这 3 个元素作为第 2 行，取单下标 12～14 的元素作为第 3 行，生成一个 3×3 阶新矩阵 *B*。

用 B=A([4:6;[3 5 7];12:14]) 的格式去抽取也是正确的，关键在于要抽取出矩阵，就必须在单下标引用中的最外层加上一对方括号，以满足 MATLAB 对矩阵的约定。

其中的分号不能少，若分号改成逗号，矩阵将变成向量，例如用 C=A([4:5,7,10:13]) 抽取，则结果为 C=[13 2 10 7 11 15 4]。

### 3．拼接法

行数与行数相同的小矩阵可在列方向扩展拼接成更大的矩阵。同理，列数与列数相同的小矩阵可在行方向扩展拼接成更大的矩阵。

**【例 2-25】**　小矩阵拼成大矩阵。

输入命令后其运行结果如下：

```
>> A=[1 2 3;4 5 6;7 8 9],B=[9 8;7 6;5 4],C=[4 5 6;7 8 9]
A =
     1     2     3
     4     5     6
     7     8     9
B =
     9     8
     7     6
     5     4
C =
     4     5     6
     7     8     9
>> E=[A B;B A] %行、列两个方向同时拼接，请留意行数、列数的匹配问题
E =
     1     2     3     9     8
     4     5     6     7     6
     7     8     9     5     4
     9     8     1     2     3
     7     6     4     5     6
```

```
         5    4    7    8    9
>> F=[A;C] %A、C 列数相同，沿行向扩展拼接
F =
     1    2    3
     4    5    6
     7    8    9
     4    5    6
     7    8    9
```

### 4. 函数法

MATLAB 有许多函数可以生成矩阵，大致可分为基本函数和特殊函数两类。基本函数主要生成一些常用的工具矩阵，如表 2-14 所示。

表2-14　常用的工具矩阵生成函数

| 函　　数 | 功　　能 |
|---|---|
| zeros(m,n) | 生成 m×n 阶的全 0 矩阵 |
| ones(m,n) | 生成 m×n 阶的全 1 矩阵 |
| rand(m,n) | 生成取值在 0～1 之间满足均匀分布的随机矩阵 |
| randn(m,n) | 生成满足正态分布的随机矩阵 |
| eye(m,n) | 生成 m×n 阶的单位矩阵 |

特殊函数则生成一些特殊矩阵，如希尔伯特矩阵、魔方矩阵、帕斯卡矩阵、范德蒙矩阵等，这些矩阵如表 2-15 所示。

表2-15　特殊矩阵生成函数

| 函　　数 | 功　　能 | 函　　数 | 功　　能 |
|---|---|---|---|
| compan | Companion 矩阵 | magic | 魔方矩阵 |
| gallery | Higham 测试矩阵 | pascal | 帕斯卡矩阵 |
| hadamard | Hadamard 矩阵 | rosser | 经典对称特征值测试矩阵 |
| hankel | Hankel 矩阵 | toeplitz | Toeplitz 矩阵 |
| hilb | Hilbert 矩阵 | vander | 范德蒙矩阵 |
| invhilb | 反 Hilbert 矩阵 | wilkinson | Wilkinson 特征值测试矩阵 |

在表 2-14 的常用工具矩阵生成函数中，除了 eye 外其他函数都能生成三维以上的多维数组，而 eye(m,n)可生成非方阵的单位阵。

**【例 2-26】** 用函数生成矩阵。
输入命令后其运行结果如下：

```
>> A=ones(3,4),B=eye(3,4),C=magic(3)
A =
     1    1    1    1
     1    1    1    1
     1    1    1    1
B =
```

```
     1     0     0     0
     0     1     0     0
     0     0     1     0
C =
     8     1     6
     3     5     7
     4     9     2
>> format rat;D=hilb(3),E=pascal(4)        %rat 的数值显示格式是将小数用分数表示
D =
     1            1/2          1/3
     1/2          1/3          1/4
     1/3          1/4          1/5
E =
     1            1            1            1
     1            2            3            4
     1            3            6            10
     1            4            10           20
```

$n$ 阶魔方矩阵的特点是每行、每列和两个对角线上的元素之和都等于$(n^3+n)/2$。例如，上例 $n$ 阶魔方矩阵每行、每列和两个对角线元素之和都为 15。

希尔伯特矩阵的元素在行、列方向和对角线上的分布规律是显而易见的，帕斯卡矩阵在其副对角线及其平行线上的变化规律实际上就是中国人称为杨辉三角而西方人称为帕斯卡三角的变化规律。

**5. 拼接函数和变形函数法**

拼接函数法是指用 cat 和 repmat 函数将多个或单个小矩阵沿行或列方向拼接成一个大矩阵。

cat 函数的使用格式是 cat(n,A1,A2,A3,…)。n 为 1 时，表示沿行方向拼接；n 为 2 时，表示沿列方向拼接；n 大于 2 时，拼接的是多维数组。repmat 函数的使用格式是 repmat(A,m,n…)，m 和 n 分别是沿行和列方向重复拼接矩阵 A 的次数。

**【例 2-27】** 用 cat 函数实现矩阵 $A_1$ 和 $A_2$ 分别沿行向和沿列向的拼接。
输入命令后其运行结果如下：

```
>> A1=[1 2 3;9 8 7;4 5 6]
A1 =
     1            2            3
     9            8            7
     4            5            6
>> A2=A1.'
A2 =
     1            9            4
     2            8            5
     3            7            6
>> cat(1,A1,A2,A1)
```

```
ans =
     1          2          3
     9          8          7
     4          5          6
     1          9          4
     2          8          5
     3          7          6
     1          2          3
     9          8          7
     4          5          6
>> cat(2,A1,A2)
ans =
     1    2    3    1    9    4
     9    8    7    2    8    5
     4    5    6    3    7    6
```

**【例 2-28】** 用 repmat 函数对矩阵 $A_1$ 实现沿行向和沿列向的拼接（续例 2-27）。
输入命令后其运行结果如下：

```
>> repmat(A1,2,2)
ans =
     1    2    3    1    2    3
     9    8    7    9    8    7
     4    5    6    4    5    6
     1    2    3    1    2    3
     9    8    7    9    8    7
     4    5    6    4    5    6
>> repmat(A1,2,1)
ans =
     1    2    3
     9    8    7
     4    5    6
     1    2    3
     9    8    7
     4    5    6
>> repmat(A1,1,3)
ans =
     1    2    3    1    2    3    1    2    3
     9    8    7    9    8    7    9    8    7
     4    5    6    4    5    6    4    5    6
```

变形函数法主要是把一个向量通过变形函数 reshape 变换成矩阵，当然也可将一个矩阵变换成一个新的与之阶数不同的矩阵。reshape 函数的使用格式是 reshape(A,m,n…)，m、n 分别是变形后新矩阵的行、列数。

**【例 2-29】**　用变形函数生成矩阵。

输入命令后其运行结果如下：

```
>> A=linspace(2,18,9)
A =
  2   4   6   8   10   12   14   16   18
>> B=reshape(A,3,3)          %注意新矩阵的排列方式，从中体会矩阵元素的存储次序
B =
      2              8              14
      4             10              16
      6             12              18
>> a=20:2:24;b=a.';
>> C=[B b],D=reshape(C,4,3)
C =
      2              8              14             20
      4             10              16             22
      6             12              18             24
D =
      2             10              18
      4             12              20
      6             14              22
      8             16              24
```

### 6．加载法

加载法是指将已经存放的.mat 文件读入 MATLAB 工作区中。加载前必须事先已保存了该.mat 文件且数据文件中的内容是所需的矩阵。

在用 MATLAB 编程解决实际问题时，可能需要将程序运行的中间结果用.mat 保存，以备后面的程序调用。这一调用过程实质上就是将数据（包括矩阵）加载到 MATLAB 内存空间以备当前程序使用。加载的方法包括：

（1）单击"主页"选项卡"变量"面板中的"导入数据"按钮。

（2）在命令行窗口中输入 load 命令。

**【例 2-30】**　利用外存数据文件加载矩阵。

输入命令后其运行结果如下：

```
>> A=[1 2 3];
>> save('matlab.mat','A')    %保存为数据文件
>> clear all
>> load matlab               %从外存中加载事先保存在可搜索路径中的数据文件 matlab.mat
>> who                       %询问加载的矩阵名称
你的变量为：
A
>> A                         %显示加载的矩阵内容
A =
    1   2   3
```

### 7. M 文件法

M 文件法和加载法其实十分相似，都是将事先保存在外存中的矩阵读入内存空间中，不同点在于加载法读入的是数据文件（.mat），而 M 文件法读入的是内容仅为矩阵的.m 文件。

M 文件一般是程序文件，其内容通常为命令或程序设计语句，但也可存放矩阵，因为给一个矩阵赋值本身就是一条语句。

在程序设计中，当矩阵的规模较大又要经常被引用时，可以先用直接输入法将某个矩阵准确无误地赋值给一个程序中会被反复引用的矩阵，且用 M 文件将其保存。每当用到该矩阵时，只需在程序中引用 M 文件即可。

## 2.3.4 矩阵的代数运算

矩阵的代数运算应包括线性代数中讨论的诸多方面，限于篇幅，本小节仅就一些常用的代数运算在 MATLAB 中的实现给予描述。

本小节所描述的代数运算包括求矩阵行列式的值、矩阵的加减乘除、矩阵的求逆、求矩阵的秩、求矩阵的特征值与特征向量、矩阵的乘幂与开方等。在 MATLAB 中有些运算是由运算符完成的，但更多的运算是由函数实现的。

### 1. 求矩阵行列式的值

求矩阵行列式的值由函数 det(A)实现。

【例 2-31】 求给定矩阵的行列式值。

输入命令后其运行结果如下：

```
>> A=[3 2 4;1 -1 5;2 -1 3],D1=det(A)
A =
     3     2     4
     1    -1     5
     2    -1     3
D1 =
    24
>> B=ones(3),D2=det(B),C=pascal(4),D3=det(C)
B =
     1     1     1
     1     1     1
     1     1     1
D2 =
     0
C =
     1     1     1     1
     1     2     3     4
     1     3     6    10
     1     4    10    20
D3 =
     1
```

## 2. 矩阵加法、减法、数乘与乘法

矩阵的加法、减法、数乘和乘法可用表 2-8 介绍的运算符来实现。

【例 2-32】　已知矩阵 $A = \begin{bmatrix} 1 & 3 \\ 2 & -1 \end{bmatrix}$, $B = \begin{bmatrix} 3 & 0 \\ 1 & 2 \end{bmatrix}$，求 $A+B$、$2A$、$2A-3B$、$AB$。

输入命令后其运行结果如下：

```
>> A=[1 3;2 -1];B=[3 0;1 2];
>> A+B
ans =
     4     3
     3     1
>> 2*A
ans =
     2     6
     4    -2
>> 2*A-3*B
ans =
    -7     6
     1    -8
>> A*B
ans =
     6     6
     5    -2
```

因为矩阵加减运算的规则是对应元素相加减，所以参与加减运算的矩阵必须是同阶矩阵。数与矩阵的加减乘除规则一目了然，但矩阵相乘有定义的前提是两个矩阵阶数相等。

## 3. 求矩阵的逆矩阵

在 MATLAB 中，求一个 $n$ 阶方阵的逆矩阵远比线性代数中介绍的方法来得简单，只需调用函数 inv(A)即可实现。

【例 2-33】　求矩阵 $A$ 的逆矩阵。

输入命令后其运行结果如下：

```
>>  A=[1 0 1;2 1 2;0 4 6]
A =
     1     0     1
     2     1     2
     0     4     6
>> format rat;A1=inv(A)
A1 =
      -1/3           2/3          -1/6
      -2             1             0
       4/3          -2/3           1/6
```

#### 4. 矩阵的除法

有了矩阵求逆运算后，线性代数中不再需要定义矩阵的除法运算。为了与其他高级语言中的标量运算保持一致，MATLAB 保留了除法运算，并规定了矩阵的除法运算法则，又因照顾到解不同线性代数方程组的需要，提出了左除和右除的概念。

左除即 A\B=inv(A)*B，右除即 A/B=A*inv(B)，相关运算符的定义参见表 2-8 的说明。

**【例 2-34】**    求下列线性方程组的解。

$$\begin{cases} x_1 + 4x_2 - 7x_3 + 6x_4 = 0 \\ 2x_2 + x_3 + x_4 = -8 \\ x_2 + x_3 + 3x_4 = -2 \\ x_1 + x_3 - x_4 = 1 \end{cases}$$

此方程可列成两种不同的矩阵方程形式。

一种是设 $X=[x_1;x_2;x_3;x_4]$ 为列向量，矩阵 $A$= [1 4 –7 6;0 2 1 1;0 1 1 3;1 0 1 –1]、$B$=[0;–8;–2;1] 为列向量，则方程形式为 $AX=B$，其求解过程用左除：

```
>> A=[1 4 -7 6;0 2 1 1;0 1 1 3;1 0 1 -1],B=[0;-8;-2;1],x=A\B
A =
     1         4        -7         6
     0         2         1         1
     0         1         1         3
     1         0         1        -1
B =
     0
    -8
    -2
     1
x =
     3
    -4
    -1
     1
>> inv(A)*B
ans =
     3
    -4
    -1
     1
```

由此可见，A\B 的确与 inv(A)*B 相等。

另一种是设 $X=[x_1;x_2;x_3;x_4]$ 为行向量，矩阵 $A$=[1 0 0 1;4 2 1 0;–7 1 1 1;6 1 3 –1]、$B$=[0 –8 –2 1]为行向量，则方程形式为 $XA=B$，其求解过程用右除：

```
>> A=[1 0 0 1;4 2 1 0;-7 1 1 1;6 1 3 -1],B=[0 -8 -2 1],x=B/A;
A =
     1     0     0     1
     4     2     1     0
    -7     1     1     1
     6     1     3    -1
B =
     0    -8    -2     1
>> B*inv(A)
ans =
     3    -4    -1     1
```

由此可见，**A/B** 的确与 **B*inv(A)** 相等。

本例用左除、右除法两种方案求解了同一线性方程组的解，计算结果证明两种除法都是准确可用的，区别只在于方程的书写形式不同。

**说明**：本例所求的是一个恰定方程组的解，对超定和欠定方程，MATLAB 矩阵除法同样能给出其解，限于篇幅，在此不做讨论。

#### 5. 求矩阵的秩

矩阵的秩是线性代数中一个重要的概念，描述了矩阵的一个数值特征。在 MATLAB 中求秩运算是由函数 rank(A)完成的。

**【例 2-35】**　求矩阵的秩。

输入命令后其运行结果如下：

```
>> B=[1 3 -9 3;0 1 -3 4;-2 -3 9 6], rb=rank(B)
B =
     1     3    -9     3
     0     1    -3     4
    -2    -3     9     6
rb =
     2
```

#### 6. 求矩阵的特征值与特征向量

矩阵的特征值与特征向量是在最优控制、经济管理等许多领域都会用到的重要数学概念。在 MATLAB 中，求矩阵 $A$ 的特征值和特征向量的数值解有两个函数可用：一个是[X,λ]=eig(A)，另一个是[X,λ]=eigs(A)。后者因采用迭代法求解，在规模上最多只能给出 6 个特征值和特征向量。

**【例 2-36】**　求矩阵 $A$ 的特征值和特征向量。

输入命令后其运行结果如下：

```
>> A=[1 -3 3;3 -5 3;6 -6 4], [X,Lamda]=eig(A)
A =
     1    -3     3
     3    -5     3
     6    -6     4
```

```
X =
   -0.4082   -0.8103    0.1933
   -0.4082   -0.3185   -0.5904
   -0.8165    0.4918   -0.7836
Lamda =
    4.0000         0         0
         0   -2.0000         0
         0         0   -2.0000
```

Lamda 用矩阵对角线方式给出了矩阵 $A$ 的特征值为 $\lambda_1=4$、$\lambda_2=\lambda_3=-2$。与这些特征值相应的特征向量则由 X 的各列来代表，X 的第 1 列是 $\lambda_1$ 的特征向量、第 2 列是 $\lambda_2$ 的，其余类推。

必须说明的是，矩阵 $A$ 的某个特征值对应的特征向量不是有限的，更不是唯一的，而是无穷的。所以，例了中的结果只是一个代表向量。有关知识可参阅线性代数教材。

### 7. 矩阵的乘幂与开方

在 MATLAB 中，矩阵的乘幂运算与线性代数相比已经做了扩充。在线性代数中，一个矩阵 $A$ 自己连乘数遍就构成了矩阵的乘方，例如 $A^3$。虽然 $3^A$ 这种形式在线性代数中没有明确定义，但 MATLAB 承认其合法性并可进行运算。矩阵的乘方有自己的运算符（＾）。

矩阵的开方运算也是 MATLAB 自己定义的，它的依据在于开方所得矩阵相乘正好等于被开方的矩阵。矩阵的开方运算由函数 sqrtm(A) 实现。

【例 2-37】 矩阵的乘幂与开方运算。

输入命令后其运行结果如下：

```
>> A=[1 -3 3;3 -5 3;6 -6 4];
>> A^3
ans =
    28   -36    36
    36   -44    36
    72   -72    64
```

本例中，矩阵 $A$ 的非整数次幂是依据其特征值和特征向量进行运算的，如果用 X 表示特征向量、Lamda 表示特征值，那么具体计算式是 A^p=Lamda*X.^p/Lamda。

需要强调的是，矩阵的乘幂和开方运算是以矩阵作为一个整体，而不是针对矩阵的每个元素施行的。

### 8. 矩阵的指数与对数

矩阵的指数与对数运算也是以矩阵为整体而非针对元素的运算。和标量运算一样，矩阵的指数与对数运算也是一对互逆的运算。也就是说，矩阵 $A$ 的指数运算可以用对数去验证，反之亦然。

矩阵指数运算的函数有多个，其中最常用的是 expm(A)；对数运算函数是 logm(A)。

【例 2-38】 矩阵的指数与对数运算。

输入命令后其运行结果如下：

```
>> A=[1 -1 1;2 -4 1;1 -5 3];
>> Ae=expm(A)
Ae =
    1.3719    -3.7025     4.4810
    0.3987    -2.3495     2.9241
   -2.5254    -7.6138     9.5555
>> Ael=logm(Ae)
Ael =
    1.0000    -1.0000     1.0000
    2.0000    -4.0000     1.0000
    1.0000    -5.0000     3.0000
```

### 9. 矩阵转置

在 MATLAB 中，矩阵的转置被分成共轭转置和非共轭转置两大类。就一般实矩阵而言，共轭转置与非共轭转置的效果没有区别，复矩阵则在转置的同时实现共轭。

单纯的转置运算可以用函数 transpose(Z)实现，不论是实矩阵还是复矩阵都只实现转置而不做共轭变换，具体情况见下例。

**【例 2-39】** 矩阵转置运算。

输入命令后其运行结果如下：

```
>> a=1:9;
>> A=reshape(a,3,3)
A =
    1     4     7
    2     5     8
    3     6     9
>> B=A'
B =
    1     2     3
    4     5     6
    7     8     9
>> Z=A+i*B
Z =
    1+1i      4+2i      7+3i
    2+4i      5+5i      8+6i
    3+7i      6+8i      9+9i
```

### 10. 矩阵的提取与翻转

矩阵的提取和翻转是针对矩阵的常见操作。在 MATLAB 中，这些操作都是由函数（见表 2-16）实现的。

表2-16 矩阵结构形式提取与翻转函数

| 函 数 | 功 能 |
|---|---|
| triu(A) | 提取矩阵 A 的右上三角元素，其余元素补 0 |
| tril(A) | 提取矩阵 A 的左下三角元素，其余元素补 0 |
| diag(A) | 提取矩阵 A 的对角线元素 |
| flipud(A) | 矩阵 A 沿水平轴上下翻转 |
| fliplr(A) | 矩阵 A 沿垂直轴左右翻转 |
| flipdim(A,dim) | 矩阵 A 沿特定轴翻转：dim=1，按行翻转；dim=2，按列翻转 |
| rot90(A) | 矩阵 A 整体逆时针旋转 90° |

【例 2-40】 矩阵提取与翻转。

输入命令后其运行结果如下：

```
>> a=linspace(1,23,12);
>> A=reshape(a,4,3)'
A =
        1            3            5            7
        9           11           13           15
       17           19           21           23
>> fliplr(A)
ans =
        7            5            3            1
       15           13           11            9
       23           21           19           17
>> flipdim(A,2)
ans =
        7            5            3            1
       15           13           11            9
       23           21           19           17
>> flipdim(A,1)
ans =
       17           19           21           23
        9           11           13           15
        1            3            5            7
>> triu(A)
ans =
        1            3            5            7
        0           11           13           15
        0            0           21           23
>> tril(A)
ans =
        1            0            0            0
        9           11            0            0
```

```
      17            19           21            0
>> diag(A)
ans =
    1
   11
   21
```

# 2.4　字符串运算

MATLAB 虽有字符串概念，但和 C 语言一样仍是将其视为一个一维字符数组。因此本节针对字符串的运算对字符数组也有效。

## 2.4.1　字符串变量与一维字符数组

当把某个字符串赋值给一个变量后，这个变量便因取得这一字符串而被 MATLAB 作为字符串变量来识别。更进一步，当观察 MATLAB 的工作区时，字符串变量的类型是字符数组（char array）。

从工作区去观察一个一维字符数组时，会发现它具有与字符串变量相同的数据类型。由此推知，字符串与一维字符数组在运算过程中是等价的。

### 1. 给字符串变量赋值

用一个赋值语句即可完成字符串变量的赋值操作，现举例如下。

【例 2-41】　将 3 个字符串分别赋值给 S1、S2、S3 这 3 个变量。
输入命令：

```
>> S1='go home',S2='go school',S3='go home or school'
```

其运行结果如下：

```
S1 =
    'go home'
S2 =
    'go school'
S3 =
    'go home or school'
```

### 2. 一维字符数组的生成

因为向量的生成方法就是一维数组的生成方法，而一维字符数组也是数组，与数值数组的不同是字符数组中的元素是一个个字符而非数值，所以原则上生成向量的方法就能生成字符数组。当然最常用的还是直接输入法。

**【例 2-42】** 用 3 种方法生成字符数组。

输入命令后其运行结果如下：

```
>> Sa=['I love my teacher, ' 'I' ' love truths '  'more profoundly.']
Sa =
    'I love my teacher, I love truths more profoundly. '
>> Sb=char('a':2:'r')
Sb =
    'acegikmoq'
>> Sc=char(linspace('e','t',10))
Sc =
    'efhjkmoprt'
```

在本例中，char( )是一个将数值转换成字符串的函数，后面章节将会继续讨论。另外，注意观察 Sa 在工作区中的各项数据，尤其是 size 的大小，不要以为它只有 4 个元素，并从中体会 Sa 作为一个字符数组的真正含义。

### 2.4.2 对字符串的操作

对字符串的操作主要由一组函数实现，这些函数中有求字符串长度和矩阵阶数的 length( ) 和 size( ) 以及字符串和数值相互转换的 double( ) 和 char( ) 等。

#### 1. 求字符串长度

length( ) 和 size( ) 虽然都能求字符串、数组或矩阵的大小，但用法上有所区别：length( ) 只从各维中挑出最大维的数值大小；size( ) 则以一个向量的形式给出所有维的数值大小。两者的关系是：length( )=max(size( ))。请仔细体会下面的示例。

**【例 2-43】** length( ) 和 size( ) 函数的用法。

输入命令后其运行结果如下：

```
>> Sa=['I love my teacher, ' 'I' ' love truths ' 'more profoundly.'];
>> length(Sa)
ans =
    50
>> size(Sa)
ans =
     1          50
```

#### 2. 字符串与一维数值数组的相互转换

字符串是由若干字符组成的，在 ASCII 码中每个字符又可对应一个数值编码，例如字符 A 对应 65。如此一来，字符串即可在一个一维数值数组之间找到某种对应关系。这就构成了字符串与数值数组之间可以相互转换的基础。

【例 2-44】　用 abs( )、double( )和 char( )、setstr( )实现字符串与数值数组的相互转换。
输入命令后其运行结果如下：

```
>> S1='I am nobody';
>> As1=abs(S1)
As1 =
    73  32  97  109  32  110  111  98  111  100  121
>> As2=double(S1)
As2 =
    73    32    97   109    32   110   111    98   111   100   121
>> char(As2)
ans =
    'I am nobody'
>> setstr(As2)
ans =
    'I am nobody'
```

### 3. 比较字符串

strcmp(S1,S2)是 MATLAB 的字符串比较函数，当 S1 与 S2 完全相同时，返回值为 1；否则，返回值为 0。

【例 2-45】　strcmp( )的用法。
输入命令后其运行结果如下：

```
>> S1= 'I am nobody';
>> S2= 'I am nobody.';
>> strcmp(S1,S2)
ans =
  logical
   0
>> strcmp(S1,S1)
ans =
  logical
   1
```

### 4. 查找字符串

findstr(S,s)是从某个长字符串 S 中查找子字符串 s 的函数。返回的结果值是子串在长串中的起始位置。

【例 2-46】　findstr( )的用法。
输入命令后其运行结果如下：

```
>> S='I believe that love is the greatest thing in the world.';
>> findstr(S,'love')
ans =
    16
```

#### 5. 显示字符串

disp( )是一个原样输出其中内容的函数，经常在程序中做提示说明用。

【例 2-47】 disp( )的用法。

输入命令后其运行结果如下：

```
>> disp('两串比较的结果是：'),Result=strcmp(S1,S1),disp('若为 1 则说明两串完全相同，
为 0 则不同。')
两串比较的结果是：
Result =
  Logical
    1
若为 1 则说明两串完全相同，为 0 则不同。
```

除了上面介绍的这些字符串操作函数外，相关的函数还有很多，限于篇幅，这里不再一一介绍，有需要时可通过 MATLAB 帮助获得相关主题的信息。

### 2.4.3 二维字符数组

二维字符数组其实就是由字符串纵向排列构成的数组。借用构造数值数组的方法，可以用直接输入法生成或连接函数法获得。下面用两个实例加以说明。

【例 2-48】 将 S1、S2、S3、S4 分别视为数组的 4 行，用直接输入法沿纵向构造二维字符数组。

输入命令后其运行结果如下：

```
>> S1='中';
>> S2='国';
>> S3='人民';
>> S4='好';
>> S=[S1, ' ';'S2,' ';S3;S4,' ']   %此法要求每行字符数相同，不够时要补齐空格
S =
  4×2 char 数组
    '中 '
    '国 '
    '人民'
    '好 '
>> S=[S1;S2;S3;S4]   %每行字符数不同时，系统提示出错
```

错误使用 vertcat，要串联的数组的维度不一致。

可以将字符串连接生成二维数组的函数有多个，在下例中主要介绍 char( )、strvcat( )和 str2mat( )这 3 个函数。

【例 2-49】 用 char( )、strvcat( )和 str2mat( )函数生成二维字符数组的示例。

输入命令后其运行结果如下：

```
>> S1a='I''m nobody,'; S1b=' who are you?';        %注意串中有单引号时的处理方法
>> S2='Are you nobody too?';
>> S3='Then there''s a pair of us.';                 %注意串中有单引号时的处理方法
>> SS1=char([S1a,S1b],S2,S3)
  3×26 char 数组
    'I'm nobody, who are you? '
    'Are you nobody too?       '
    'Then there's a pair of us.'
>> SS2=strvcat(strcat(S1a,S1b),S2,S3)
SS2 =
  3×26 char 数组
    'I'm nobody, who are you? '
    'Are you nobody too?       '
    'Then there's a pair of us.'
>> SS3=str2mat(strcat(S1a,S1b),S2,S3)
SS3 =
  3×26 char 数组
    'I'm nobody, who are you? '
    'Are you nobody too?       '
    'Then there's a pair of us.'
```

在例题中，strcat( )和 strvcat( )两个函数的区别在于，前者是将字符串沿横向连接成更长的字符串，后者是将字符串沿纵向连接成二维字符数组。

# 2.5　小　　结

常量、变量、函数、运算符和表达式是所有程序设计语言中必不可少的要件，MATLAB 也不例外。MATLAB 的特殊性在于对上述要件做了多方面的扩充或拓展。MATLAB 把向量、矩阵、数组当成基本的运算量，给它们定义了具有针对性的运算符和运算函数，使其在语言中的运算方法与数学上的处理方法更趋一致。

从字符串的许多运算或操作中不难看出，MATLAB 在许多方面与 C 语言非常相近，目的就是为了与 C 语言和其他高级语言保持良好的接口能力。

# 第3章

## 数组及其操作

在 MATLAB 内部任何数据类型都是按照数组的形式进行存储和运算的。这里说的数组是广义的，既可以只是一个元素，也可以是一行或一列元素，还可能是最普通的二维数组，抑或高维空间的多维数组；其元素也可以是任意数据类型，如数值型、逻辑型、字符串型等。MATLAB 中把超过两维的数组称为多维数组，多维数组实际上是一般的二维数组的扩展。

学习目标:

⌘ 理解一维、二维及多维数组的基本概念及其各种运算和操作

⌘ 掌握一维、二维及多维数组的各种运算和操作

## 3.1 MATLAB 中的数组

MATLAB 中的数组可以说无处不在，任何变量在 MATLAB 中都是以数组形式存储和运算的。按照数组元素个数和排列方式，MATLAB 中的数组可以分为:

- 没有元素的空数组（empty array）。
- 只有一个元素的标量（scalar），实际上是一行一列的数组。
- 只有一行或者一列元素的向量（vector），分别叫作行向量和列向量，也统称为一维数组。
- 普通的具有多行多列元素和二维数组。
- 超过二维的多维数组（具有行、列、页等多个维度）。

按照数组的存储方式 MATLAB 中的数组可以分为普通数组和稀疏数组（常称为稀疏矩阵）。稀疏矩阵适用于那些大部分元素为 0 只有少部分非零元素的数组的存储，主要是为了提高数据存储和运算的效率。

# 3.2　数组的创建

MATLAB 中一般使用方括号（[]）、逗号（，）或空格，以及分号（：）来创建数组，方括号中给出数组的所有元素,同一行中的元素间用逗号或空格分隔,不同行之间用分号分隔。

## 3.2.1　创建空数组

空数组是 MATLAB 中特殊的数组，它不含有任何元素。空数组可以用于数组声明、数组清空以及各种特殊的运算场合（如特殊的逻辑运算）。

创建空数组很简单，只需要把变量赋值为空的方括号即可。

【例 3-1】　创建空数组 A。

在命令行窗口输入：

```
>> A=[]
A =
    []
```

## 3.2.2　创建一维数组

一维数组包括行向量和列向量，是所有元素排列在一行或一列中的数组。实际上，一维数组可以看作二维数组在某一方向（行或列）尺寸退化为 1 的特殊形式。

创建一维行向量，只需要把所有用空格或逗号分隔的元素用方括号括起来即可；创建一维列向量，则需要在方括号括起来的元素之间用分号分隔。不过，更常用的办法是用转置运算符（'）把行向量转置为列向量。

【例 3-2】　创建行向量和列向量。

在命令行窗口输入：

```
>> A=[1 2 3]
A =
     1     2     3
>> B=[1;2;3]
B =
     1
     2
     3
```

很多时候要创建的一维数组实际上是一个等差数列，这时可以通过冒号来创建。例如：

```
Var=start_var:step:stop_var
```

表示创建一个一维行向量 Var，它的第一个元素是 start_var，然后依次递增（step 为正）

或递减（step 为负），直到向量中的最后一个元素与 stop_var 差的绝对值小于等于 step 的绝对值为止，当不指定 step 时，默认 step 等于 1。

和冒号功能类似的是 MATLAB 提供的 linspace 函数：

```
Var=linspace(start_var,stop_var,n)
```

表示创建一个一维行向量 Var，它的第一个元素是 start_var，最后一个元素是 stop_var，形成总共是 n 个元素的等差数列。不指定 n 时，默认 n 等于 100。注意，这和冒号是不同的，冒号创建等差一维数组时，stop_var 可能取不到。

一维列向量可以通过一维行向量的转置（'）得到。

**【例 3-3】** 创建一维等差数组。

在命令行窗口输入：

```
>> A=1:4
A =
    1    2    3    4
>> B=1:2:4
B =
    1    3
>> C=linspace(1,2,4)
C =
    1.0000   1.3333   1.6667   2.0000
```

类似 linspace 函数，MATLAB 中还有创建等比一维数组的 logspace 函数：

```
Var=logspace(start_var,stop_var,n)
```

表示产生从 10 start_var 到 10 stop_var 包含 n 个元素的等比一维数组 Var，不指定 n 时，默认 n 等于 50。

**【例 3-4】** 创建一维等比数组。

在命令行窗口输入：

```
>> A=logspace(0,log10(32),6)
A =
    1.0000   2.0000   4.0000   8.0000   16.0000   32.0000
```

创建一维数组可能用到方括号、逗号或空格、分号、冒号、函数 linspace 和 logspace 以及转置符号。

## 3.2.3 创建二维数组

常规创建二维数组的方法实际上和创建一维数组的方法类似，就是综合运用方括号、逗号、空格以及分号。

方括号把所有元素括起来，不同行元素之间用分号间隔。同一行元素之间用逗号或者空格间隔，按照逐行排列的方式顺序书写每个元素。

当然，在创建每一行或列元素的时候，可以利用冒号和函数的方法，只是要特别注意创建二维数组时要保证每一行（或每一列）具有相同数目的元素。

**【例 3-5】** 创建二维数组。
在命令行窗口输入：

```
>> A=[1 2 3;2 5 6;1 4 5]
A =
     1     2     3
     2     5     6
     1     4     5
>> B=[1:5;linspace(3,10,5);3 5 2 6 4]
B =
    1.0000    2.0000    3.0000    4.0000    5.0000
    3.0000    4.7500    6.5000    8.2500   10.0000
    3.0000    5.0000    2.0000    6.0000    4.0000
>> C=[[1:3];[linspace(2,3,3)];[3 5 6]]
C =
    1.0000    2.0000    3.0000
    2.0000    2.5000    3.0000
    3.0000    5.0000    6.0000
```

提 示

创建二维数组，也可以通过函数拼接一维数组，或者利用 MATLAB 内部函数直接创建特殊的二维数组，这些在本章后续内容中会逐步介绍。

### 3.2.4 创建三维数组

#### 1. 使用下标创建三维数组

在 MATLAB 中，习惯将二维数组的第一维称为"行"，第二维称为"列"；对于三维数组，其第三维则习惯性地称为"页"。

在 MATLAB 中，将三维或者三维以上的数组统称为高维数组。由于高维数组的形象思维比较困难，因此在本小节中将主要以三维数组为例来介绍如何创建高维数组。

**【例 3-6】** 使用下标引用的方法创建三维数组。
在 MATLAB 的窗口中输入下面的程序代码：

```
>> clear
>> A(3,3,2)=1;
>> for i=1:3
>> for j=1:3
>> for k=1:2
>> A(i,j,k)=i+j+k;
>> end
>> end
```

```
>> end
>> A(:,:,1)
ans =
        3      4      5
        4      5      6
        5      6      7
>> A(:,:,2)
ans =
        4      5      6
        5      6      7
        6      7      8
```

创建新的高维数组。在 MATLAB 的命令行窗口中输入下面的程序代码：

```
>> B(3,4,:)=2:5;
```

查看程序结果。在命令行窗口输入变量名称，可以得到下面的程序结果：

```
>> B(:,:,1)
ans =
        0      0      0      0
        0      0      0      0
        0      0      0      2
>> B(:,:,2)
ans =
        0      0      0      0
        0      0      0      0
        0      0      0      3
```

从上面的结果中可以看出，当使用下标的方法来创建高维数组的时候，需要使用各自对应的维度数值，没有指定的数值则在默认情况下为 0。

**2. 使用低维数组创建三维数组**

在本小节中，将介绍如何在 MATLAB 中使用低维数组创建三维数组。

**【例 3-7】** 使用低维数组来创建高维数组。

在 MATLAB 的命令行窗口中输入下面的程序代码：

```
>> D2=[1,2,3;4,5,6;7,8,9];
>> D3(:,:,1)=D2;
>> D3(:,:,2)=2*D2;
>> D3(:,:,3)=3*D2;
```

查看程序结果。在命令行窗口输入变量名称，可以得到下面的程序结果：

```
>> D3
D3(:,:,1) =
        1      2      3
```

```
          4      5      6
          7      8      9
D3(:,:,2) =
          2      4      6
          8     10     12
         14     16     18
D3(:,:,3) =
          3      6      9
         12     15     18
         21     24     27
```

从上面的结果中可以看出，由于三维数组中"包含"二维数组，因此可以通过二维数组来创建各种三维数组。

### 3. 使用创建函数创建三维数组

在本小节中，将介绍如何利用 MATLAB 的创建函数来创建三维数组。

【例 3-8】 使用函数来创建高维数组。

使用函数 cat( )来创建高维数组。在 MATLAB 的命令行窗口中输入下面的程序代码：

```
>> D2=[1,2,3,;4,5,6;7,8,9];
>> C=cat(3,D2,2*D2,3*D2);
```

查看程序结果。在命令行窗口输入变量名称，可以得到下面的程序结果：

```
>> C
C(:,:,1) =
          1      2      3
          4      5      6
          7      8      9
C(:,:,2) =
          2      4      6
          8     10     12
         14     16     18
C(:,:,3) =
          3      6      9
         12     15     18
         21     24     27
```

cat 函数的功能是连接数组，其调用格式为 C=cat(dim,A1,A2,A3,…)。其中，dim 表示创建数组的维度，A1,A2,A3 表示各维度上的数组。

使用 repmat 函数来创建数组。在 MATLAB 的命令行窗口中输入下面的程序代码：

```
>> D2=[1,2,3,;4,5,6;7,8,9];
>> D3=repmat(D2,2,3);
>> D4=repmat(D2,[1 2 3]);
```

查看程序结果。在命令行窗口输入变量名称，可以得到下面的程序结果：

```
>> D3
D3 =
     1     2     3     1     2     3     1     2     3
     4     5     6     4     5     6     4     5     6
     7     8     9     7     8     9     7     8     9
     1     2     3     1     2     3     1     2     3
     4     5     6     4     5     6     4     5     6
     7     8     9     7     8     9     7     8     9
>> D4
D4(:,:,1) =
     1     2     3     1     2     3
     4     5     6     4     5     6
     7     8     9     7     8     9
D4(:,:,2) =
     1     2     3     1     2     3
     4     5     6     4     5     6
     7     8     9     7     8     9
D4(:,:,3) =
     1     2     3     1     2     3
     4     5     6     4     5     6
     7     8     9     7     8     9
```

repmat 函数的功能在于复制并堆砌数组，其调用格式 B=repmat(A,[m n p…])中，A 表示复制的数组模块，第二个输入参数则表示该数组模块在各个维度上的复制个数。

使用 reshape 命令来创建数组。在 MATLAB 的命令行窗口中输入下面的程序代码：

```
>> D2=[1,2,3,4;5,6,7,8;9,10,11,12];
>> D3=reshape(D2,2,2,3);
>> D4=reshape(D2,2,3,2);
>> D5=reshape(D2,3,2,2);
```

查看程序结果。在命令行窗口输入变量名称，可以得到下面的程序结果：

```
>> D3
D3(:,:,1) =
     1     9
     5     2
D3(:,:,2) =
     6     3
    10     7
D3(:,:,3) =
    11     8
     4    12
```

```
>> D4
D4(:,:,1) =
     1    9    6
     5    2   10
D4(:,:,2) =
     3   11    8
     7    4   12
>> D5
D5(:,:,1) =
     1    2
     5    6
     9   10
D5(:,:,2) =
     3    4
     7    8
    11   12
```

reshape 命令的功能在于修改数组的大小，因此用户可以将二维数组通过该命令修改为三维数组，其调用格式为 B=reshape（A，[m n p …]），其中 A 是待重组的矩阵，后面输入的参数表示数组各维的维度。

## 3.2.5 创建低维标准数组

除了前面小节中介绍的方法外，MATLAB 还提供了多种命令来生成一些标准数组，用户可以直接使用这些命令来创建一些特殊的数组。在本小节中，将使用一些简单的例子来说明如何创建标准数组。

【例 3-9】 使用标准数组命令创建低维数组。
在 MATLAB 的命令行窗口中输入下面的程序代码：

```
>> A=zeros(3,2);
>> B=ones(2,4);
>> C=eye(4);
>> D=magic(5);
>> randn('state',0);
>> E=randn(1,2);
>> F=gallery(5);
```

查看程序结果。在命令行窗口输入变量名称，可以得到下面的程序结果：

```
>> A
A =
     0    0
     0    0
     0    0
>> B
```

```
B =
     1     1     1     1
     1     1     1     1
>> C
C =
     1     0     0     0
     0     1     0     0
     0     0     1     0
     0     0     0     1
>> D
D =
    17    24     1     8    15
    23     5     7    14    16
     4     6    13    20    22
    10    12    19    21     3
    11    18    25     2     9
>> E
E =
   -0.4326   -1.6656
>> F
F =
        -9        11       -21        63      -252
        70       -69       141      -421      1684
      -575       575     -1149      3451    -13801
      3891     -3891      7782    -23345     93365
      1024     -1024      2048     -6144     24572
```

并不是所有的标准数组命令都可以创建多种矩阵，例如 eye、magic 等就不能创建高维数组。同时，每个标准函数都有各自的参数要求，例如 gallery 中只能选择 3 或者 5。

### 3.2.6　创建高维标准数组

在本小节中，将介绍如何使用标准数组命令来创建高维标准数组。

**【例 3-10】**　使用标准数组命令创建高维数组。
在 MATLAB 的命令行窗口中输入下面的程序代码：

```
%设置随机数据器的初始条件
>> rand('state',1111);
>> D1=randn(2,3,5);
>> D2=ones(2,3,4);
```

查看程序结果。在命令行窗口输入变量名称，可以得到下面的程序结果：

```
>> D1
D1(:,:,1) =
    0.1253   -1.1465    1.1892
    0.2877    1.1909   -0.0376
D1(:,:,2) =
    0.3273   -0.1867   -0.5883
    0.1746    0.7258    2.1832
D1(:,:,3) =
   -0.1364    1.0668   -0.0956
    0.1139    0.0593   -0.8323
D1(:,:,4) =
    0.2944    0.7143   -0.6918
   -1.3362    1.6236    0.8580
D1(:,:,5) =
    1.2540   -1.4410   -0.3999
   -1.5937    0.5711    0.6900
>> D2
D2(:,:,1) =
    1    1    1
    1    1    1
D2(:,:,2) =
    1    1    1
    1    1    1
D2(:,:,3) =
    1    1    1
    1    1    1
D2(:,:,4) =
    1    1    1
    1    1    1
```

限于篇幅，这里就不细讲各种命令的详细参数和使用方法了，有需要的读者可自行阅读相应的帮助文件。

# 3.3　数组的属性

MATLAB 中提供了大量的函数，用于返回数组的各种属性，包括数组的排列结构、数组的尺寸大小、维度、数组数据类型，以及数组的内存占用情况等。

### 3.3.1 数组的结构

数组的结构指的是数组中元素的排列方式。MATLAB 中的数组实际上就分为本章介绍的几种。MATLAB 提供了多种测试函数：

- isempty 检测某个数组是否是空数组。
- isscalar 检测某个数组是否是单元素的标量数组。
- isvector 检测某个数组是否是具有一行或一列元素的一维向量数组。
- issparse 检测某个数组是否是稀疏矩阵。

这些测试函数都是以 is 开头然后紧跟检测内容的关键字。它们的返回结果为逻辑类型，返回 1 表示测试符合条件，返回 0 表示测试不符合条件。关于稀疏矩阵的测试，这里只用示例演示前几个数组结构的测试函数。

**【例 3-11】** 数组结构测试函数。
在命令行窗口输入：

```
>> A=32;
>> isscalar(A)
ans =
  logical
    1
>> B=1:5
B =
    1    2    3    4    5
>> isempty(B)
ans =
  logical
    0
>> isvector(B)
ans =
  logical
    1
```

### 3.3.2 数组的大小

数组的大小是数组的常用属性，是指数组在每一个方向上具有的元素个数。例如，对于含有 10 个元素的一维行向量数组，它在行的方向上（纵向）只有 1 个元素（1 行），在列的方向上（横向）有 10 个元素（10 列）。

MATLAB 中最常用的返回数组大小的是 size 函数。size 函数有多种用法。对于一个 $m$ 行 $n$ 列的数组 $A$，可以按以下两种方式使用 size 函数：

（1）d=size(A)：将数组 $A$ 的行列尺寸以一个行向量的形式返回给变量 $d$，即 $d=[m\ n]$。

（2）[a,b]=size(A)：将数组 $A$ 在行、列方向的尺寸返回给 $a$ 和 $b$，即 $a=m$，$b=n$。

length 函数常用于返回一维数组的长度。

（1）当 $A$ 是一维数组时，length(A)返回此一维数组的元素个数。

（2）当 $A$ 是普通二维数组时，length(A)返回 size(A)得到的两个数中较大的那个。

在 MATLAB 中，空数组被默认为行的方向和列的方向尺寸都为 0 的数组，如果自定义产生的多维空数组，则情况不同。

MATLAB 中还有返回数组元素总个数的函数 numel，对于 $m$ 行 $n$ 列的数组 $A$，numel(A)实际上返回 $mn$。

**【例 3-12】** 数组大小。

在命令行窗口输入：

```
>> A=[]
A =
    []
>> size(A)
ans =
    0    0
>> B=[1 2 3]
B =
    1    2    3
>> length(B)
ans =
    3
```

通过例题可以看出，MATLAB 通常把数组按照普通的二维数组对待，即使是没有元素的空数组，也有行和列两个方向，只不过在这两个方向上它的尺寸都是零；一维数组则是在行或者列中的一个方向的尺寸为 1；标量则在行和列两个方向上的尺寸都是 1。

## 3.3.3　数组的维度

通俗一点讲，数组的维度就是数组具有的方向。比如普通的二维数组，数组具有行的方向和列的方向，就是说数组具有两个方向，是一个二维数组。MATLAB 中还可以创建三维甚至更高维的数组。

对于空数组、标量和一维数组，MATLAB 还是当作普通二维数组对待的，因此它们都至少具有两个维度（至少具有行和列的方向）。特别的，用空白方括号产生的空数组是当作二维数组对待的，但在高维数组中也有空数组的概念，这时的空数组可以是只在任意一个维度上尺寸等于零的数组，相应地，此时的空数组就具有多个维度了。

MATLAB 中计算数组维度可以用函数 ndims。

ndims(A)返回结果实际上等于 length(size(A))。

**【例 3-13】** 数组维度。

在命令行窗口输入：

```
>> B=2
B =
    2
>> ndims(B)
ans =
    2
>> c=1:5
c =
    1    2    3    4    5
>> ndims(c)
ans =
    2
```

一般的非多维数组在 MATLAB 中都是当作二维数组处理的。

### 3.3.4　数组的数据类型

数组作为一种MATLAB的内部数据存储和运算结构,其元素可以是各种各样的数据类型。对应于不同的数据类型的元素,可以有数值数组(实数数组、浮点数值数组等)、字符数组、结构体数组等。MATLAB 中提供了测试一个数组是否是这些类型的数组的测试函数,如表 3-1 所示。

表3-1　数组数据类型测试函数

| 测试函数 | 说　明 |
| --- | --- |
| isnumeric | 测试一个数组是否是以数值型变量为元素的数组 |
| isreal | 测试一个数组是否是以实数数值型变量为元素的数组 |
| isfloat | 测试一个数组是否是以浮点数值型变量为元素的数组 |
| isinteger | 测试一个数组是否是以整数型变量为元素的数组 |
| islogical | 测试一个数组是否是以逻辑型变量为元素的数组 |
| ischar | 测试一个数组是否是以字符型变量为元素的数组 |
| isstruct | 测试一个数组是否是以结构体型变量为元素的数组 |

在表 3-1 中,所有的测试函数同样都是以 is 开头紧跟着一个测试内容的关键字,它们的返回结果依然是逻辑类型,返回 0 表示不符合测试条件,返回 1 表示符合测试条件。

【例 3-14】　数组数据类型测试函数。
在命令行窗口输入:

```
>> A=[1 2;3 5]
A =
    1    2
    3    5
>> isnumeric(A)
ans =
    1
```

```
>> isinteger(A)
ans =
     0
>> isreal(A)
ans =
     1
>> isfloat(A)
ans =
     1
```

本例中用几个整数赋值的数组 A 实际上每一个元素都是被当作双精度浮点数存储和运算的。因此，测试发现数组 A 是一个实数数组、浮点数数组，而不是整数数组，更不是字符数组。这些测试函数在本书的后续章节中还有涉及。

### 3.3.5　数组的内存占用

了解数组的内存占用情况，对于优化 MATLAB 代码的性能是重要的。用户可以通过 whos 命令查看当前工作区中所有变量或者指定变量的多种信息，包括变量名、数组大小、内存占用和数组元素的数据类型等。

【例 3-15】　数组的内存占用。

在命令行窗口输入：

```
>> A=[3 2 5]
A =
     3     2     5
>> whos
  Name      Size            Bytes  Class     Attributes
  A         1x3                24  double
```

不同数据类型的数组的单个元素，内存占用是不一样的，用户可以通过 whos 命令计算各种数据类型的变量占用内存的情况。

在例 3-15 中，1 行 3 列的双精度浮点型数组 A 占用内存 24 字节，那么每一个双精度浮点型的元素就占用了 8 个字节的内存空间。通过简单的 whos 命令，用户就可以了解 MATLAB 中各种数据类型的内存占用情况。

# 3.4　创建特殊数组

在矩阵代数领域，用户经常需要重建具有一定形式的特殊数组，MATLAB 提供了丰富的创建特殊数组的函数。

### 3.4.1　0-1 数组

顾名思义，0-1 数组就是所有元素不是 0 就是 1 的数组。在线性代数中，经常用到的 0-1 数组有：

- 所有元素都为 0 的全 0 数组。
- 所有元素都为 1 的全 1 数组。
- 只有主对角线元素为 1，其他位置元素全部为 0 的单位数组。

此外，还有一般的 0-1 数组。

在 MATLAB 中，有专门的函数可以创建这些标准数组。

**1. zeros(m,n)**

创建一个 $m$ 行 $n$ 列的全 0 数组，也可以用 zeros(size(A)) 创建一个和 $A$ 具有相同大小的全 0 数组。如果只指定一个数组 zeros(m)，则创建一个 $m$ 行 $m$ 列的全 0 数组。

**2. ones(m,n)**

ones(m,n) 和 ones(size(size(A))) 创建 $m$ 行 $n$ 列或者与 $A$ 尺寸相同的全 1 数组 ones(m) 创建一个 $m$ 行 $m$ 列的全 1 数组。

**3. eye**

用法和 zeros、ones 类似，不过创建的是指定大小的单位数组，即主对角线元素为 1、其他元素全为 0。

【例 3-16】　创建 0-1 数组。

在命令行窗口输入：

```
>> A=zeros(2)
A =
     0     0
     0     0
>> B=ones(2,3)
B =
     1     1     1
     1     1     1
>> c=eye(size(A))
c =
     1     0
     0     1
```

### 3.4.2　对角数数组

在有些情况下，需要创建对角线元素为指定值，其他元素都为 0 的对角数数组。这就要用到 diag 函数。

一般 diag 函数接受一个一维行向量数组为输入参数，将此向量的元素逐次排列在所指定的对角线上，其他位置则用 0 填充。

（1）diag(v)：创建一个对角数组，其主对角线元素依次对应于向量 $v$ 的元素。

（2）diag(v,k)：创建一个对角数组，其第 $K$ 条对角线元素对应于向量 $v$ 的元素。当 $K$ 大于 0 时，表示主对角线向右上角偏离 $K$ 个元素的位置的对角线；当 $K$ 小于 0 时，表示主对角线向左下角偏离 $K$ 个元素位置的对角线；当 $K$ 等于 0 时，和 diag(v)一样。

diag 函数也可以接受普通二维数组形式的输入参数，此时就不是创建对角数组了，而是从已知数组中提取对角元素组成一个一维数组。

（1）diag(X)提取二维数组 $X$ 的主对角线元素组成一维数组。

（2）diag(X, k)提取二维数组 $X$ 的第 $k$ 条对角线元素组成一维数组。

组合这两种方法很容易产生已知数组 $X$ 的指定对角线元素对应的对角数组，只需要通过组合命令 diag(diag(X, m), n)就可以提取 $X$ 的第 $m$ 条对角线元素，产生与此对应的第 $n$ 条对角线元素为提取的元素的对角数组。

**【例 3-17】** 创建对角数组。

在命令行窗口输入：

```
>> A=diag([1 2 3])
A =
    1    0    0
    0    2    0
    0    0    3
>> B=diag([1 2 3],2)
B =
    0    0    1    0    0
    0    0    0    2    0
    0    0    0    0    3
    0    0    0    0    0
    0    0    0    0    0
```

这种组合使用两次 diag 函数产生对角数组的方法是常用的，读者需要加以掌握。

## 3.4.3 随机数组

在各种分析领域随机数组都是很有用途的。MATLAB 中可以通过内部函数产生服从多种随机分布的随机数组，常用的有均匀分布和正态分布的随机数组。

（1）rand(m,n)可以产生 $m$ 行 $n$ 列的随机数组，其元素服从 0 到 1 的均匀分布。

（2）rand(size(A))产生和数组 $A$ 具有相同大小的、元素服从 0 到 1 均匀分布的随机数组。

（3）rand(m)产生元素服从 0 到 1 均匀分布的 $m$ 行 $m$ 列的随机数组。

randn 函数用于产生元素服从标准正态分布的随机数组，其用法和 rand 类似，此处不再赘述。

【例 3-18】　创建随机数组。

在命令行窗口输入：

```
>> A=rand(2)
A =
    0.9572    0.8003
    0.4854    0.1419
>> B=randn(size(A))
B =
   -0.1241    1.4090
    1.4897    1.4172
```

### 3.4.4　魔方数组

魔方数组也是一种比较常用的特殊数组，这种数组一定是正方形的（行方向上的元素个数与列方向上的相等），而且每一行、每一列的元素之和都相等。

MATLAB 可以通过 magic(n)创建 $n$ 行 $n$ 列的魔方数组。

【例 3-19】　创建随机数组。

在命令行窗口输入：

```
>> magic(3)
ans =
    8    1    6
    3    5    7
    4    9    2
```

读者可以自行验证在例 3-19 中创建的魔方数组中各行各列的算术都是相等的。

利用 MATLAB 函数，除了可以创建这些常用的标准数组外，也可以创建许多专门应用领域常用的特殊数组，这将在本书的后续章节中做进一步介绍。

# 3.5　数　组　操　作

前面讲解了 MATLAB 中数组的创建方法和基本属性，本节重点介绍在实际应用中最常用的一些数组操作方法。

### 3.5.1　数组的保存和装载

许多实际应用中的数组都是很庞大的，而且当操作步骤较多，不能在短期内完成，需要多次分时进行时，这些庞大的数组的保存和装载就是一个重要问题了，因为每次在进行操作前对数组进行声明和赋值需要很庞大的输入工作量，一个好的解决方法是将数组保存在文件中，每次需要时进行装载。

MATLAB 中提供了内置的把变量保存在文件中的方法，最简单易用的就是将数组变量保存为二进制的.mat 文件。用户可以通过 save 命令将工作区中指定的变量存储在.mat 文件中。

（1）save 命令的一般语法是：

```
save <filename> <var1> <var2>…<varN>
```

其作用是把 var1 var2…varN 指定的工作区变量存储在 filename 指定名称的.mat 文件中。通过 save 存储到.mat 文件中的数组变量在使用前可以用 load 命令装载到工作区。

（2）load 命令的一般语法是：

```
load <filename> <var1> <var2>…<varN>
```

其作用是把当前目录下存储在 filename.mat 文件中的 var1 var2…varN 指定的变量装载到 MATLAB 工作区中。

关于 save 和 load 在数据保存和装载方面的更详细的内容，读者可以参考本书后续章节。

## 3.5.2 数组索引和寻址

数组操作中最频繁遇到的就是对数组的某个具体位置上的元素进行访问和重新赋值。这涉及定位数组中元素的位置，也就是数组索引和寻址的问题。

MATLAB 中数组元素的索引方式包括数字索引和逻辑索引两种。

### 1. 数字索引方式

在 MATLAB 中，普通二维数组元素的数字索引方式可以分为两种：双下标（也叫全下标）索引和单下标索引。

双下标索引方式，就是用两个数字（自然数）来定位元素的位置。实际上就是用一个有序数对来表征元素位置，第一个数字指定元素所在的行位置，第二个数字指定元素所在的列。两个表示元素位置的索引数字之间用逗号分隔，并用圆括号括起来，紧跟在数组变量名后，就可以访问此数字索引指定的位置上的数组元素了。

例如，对于 3 行 2 列的数组 $A$，A(3,1)表示数组 $A$ 的第 3 行第 1 列的元素，A(1,2)表示数组 $A$ 的第 1 行第 2 列的元素。

相应地，单下标索引方式就是用一个数字来定位数组元素。实际上，单下标索引和双下标索引是一一对应的，对一个已知尺寸的数组，任一个单下标索引数字都可以转换成确定的双下标索引。对于 $m$ 行 $n$ 列的数组 $A$，A(x,y)实际上对应于 A((y–1)*m+x)。

例如，对于 3 行 2 列的数组 $A$，A(3,1)用单下标索引表示就是 A(3)，A(1,2)用单下标索引表示就是 A(4)。

MATLAB 中单下标索引方式实际上采用了列元素优先的原则，即对于 $m$ 行 $n$ 列的数组 $A$，第一列的元素的单下标索引依次为 A(1),A(2),A(3),…,A($m$)。第二列的元素的单下标索引依次为 A($m$+1),A($m$+2),A($m$+3),…,A(2$m$)，以此类推。

这两种数字索引方式中的数字索引也可以是一个数列，从而实现访问多个数组元素的目的，这通常可以通过运用冒号或一维数组来实现。

【例 3-20】 数组元素的索引与寻址。

在命令行窗口输入：

```
>> A=[4 2 5 6;3 1 7 0;12 45 78 23]  %创建数组
A =
     4     2     5     6
     3     1     7     0
    12    45    78    23
>> A(2,3)                %双下标索引访问数组第 2 行第 3 列元素
ans =
     7
>> A(7)=100              %对数组第 7 个元素（第 1 行第 3 列）重新赋值
A =
     4     2   100     6
     3     1     7     0
    12    45    78    23
```

通过例题可以看到，利用下标索引的方法，用户可以访问特定位置上的数组元素的值，或者对特定位置的数组元素重新赋值。

## 2. 单下标索引和双下标索引的转换

单下标索引和双下标索引之间可以通过 MATLAB 提供的函数进行转换。把双下标索引转换为单下标索引，需要用 sub2ind 命令，其语法为：

```
IND=sub2ind(siz,I,J)
```

其中，siz 是一个 1 行 2 列的数组，指定转换数组的行列尺寸，一般可以用 size(A) 来表示；I 和 J 分别是双下标索引中的两个数字；IND 为转换后的单下标数字。

把单下标索引转换为双下标索引，需要用 ind2sub 命令，其语法为：

```
[I,J]=sub2ind(siz,IND)
```

各变量意义同上。

【例 3-21】 单–双下标转换。

在命令行窗口输入：

```
>> A=rand(3,5)
A =
    0.7838    0.3387    0.8790    0.0337    0.1515
    0.9728    0.7827    0.1912    0.2670    0.3871
    0.6935    0.8811    0.6327    0.5830    0.9563
>> IND=sub2ind(size(A),2,4)
IND =
    11
>> A(IND)
```

```
ans =
    0.2670
>> [I,J]=ind2sub(size(A),13)
I =
    1
J =
    5
```

可以看到，sub2ind 函数和 ind2sub 函数实现了单-双下标的转换。需要注意的是，ind2sub
函数需要指定两个输出参数的接收变量。由于 MATLAB 中小写字母 i、j 默认是用作虚数单位
的，因此最好是不用小写字母 i、j 来接收转换后的下标数字。

### 3. 逻辑索引方式

除了这种双下标和单下标的数字索引外，MATLAB 中访问数组元素还可以通过逻辑索引
的方式，通常是通过比较关系运算产生一个满足比较关系的数组元素的索引数组（实际上是一
个由 0,1 组成的逻辑数组），然后利用这个索引数组来访问原数组并进行重新赋值等操作。

**【例 3-22】**　逻辑索引。
在命令行窗口输入：

```
>> A=rand(5)  %创建数组
A =
    0.9361    0.0274    0.9761    0.5472    0.2671
    0.4072    0.9601    0.1301    0.9298    0.5781
    0.3760    0.8276    0.2748    0.1007    0.5919
    0.6814    0.4917    0.1479    0.9494    0.6993
    0.6614    0.1682    0.3808    0.3846    0.1170
>> B=A>0.8  %通过比较关系运算产生逻辑索引
B =
  5×5 logical 数组
   1   0   1   0   0
   0   1   0   1   0
   0   1   0   0   0
   0   0   0   1   0
   0   0   0   0   0
>> A(B)=0   %通过逻辑索引访问原数组元素，并重新赋值
A =
         0    0.0274         0    0.5472    0.2671
    0.4072         0    0.1301         0    0.5781
    0.3760         0    0.2748    0.1007    0.5919
    0.6814    0.4917    0.1479         0    0.6993
    0.6614    0.1682    0.3808    0.3846    0.1170
```

### 3.5.3 数组的扩展和裁剪

在许多操作过程中需要对数组进行扩展或剪裁，数组扩展是指在超出数组现有尺寸的位置添加新元素；裁剪是指从现有数据中提取部分，产生一个新的小尺寸的数组。

#### 1. 数组编辑器

数组编辑器是 MATLAB 提供的对数组进行编辑的交互式图形界面工具。双击 MATLAB 默认界面下工作区下的某一变量，即可打开数组编辑器，从而进行数组元素的编辑。

数组编辑器界面类似于电子表格，每一个单元格就是一个数组元素。当单击超出数组当前尺寸的位置的单元格并输入数据赋值时，实际上就是在该位置添加数组元素，即进行了数组的扩展操作，如图 3-1 所示。

| | 1 | 2 | 3 | 4 | 5 | 6 | 7 | 8 |
|---|---|---|---|---|---|---|---|---|
| 1 | 0.1741 | 0.4296 | 0 | 0.5065 | 0.1180 | | | |
| 2 | 0.2236 | 0.6632 | 0.2922 | 0.3902 | 0.3483 | | | |
| 3 | 0.0632 | 0.0840 | 0.1394 | 0 | 0.3337 | | | |
| 4 | 0 | 0.0190 | 0 | 0.0277 | 0.6620 | | | |
| 5 | 0.1387 | 0.4000 | 0.1428 | 0.7368 | 0.0284 | | | |
| 6 | | | | | | | | |

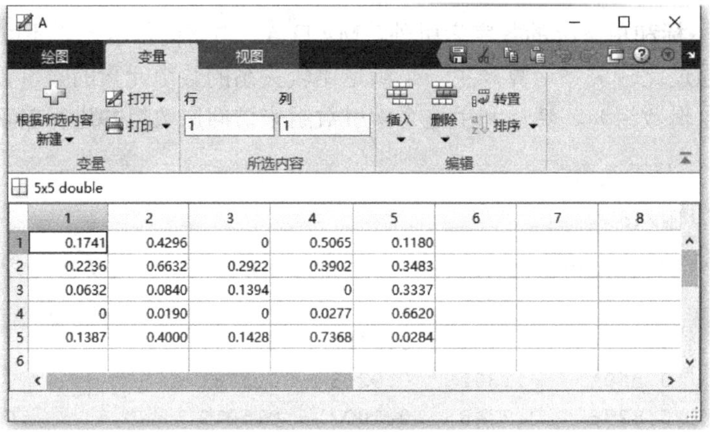

图 3-1 数组编辑器

（1）通过鼠标双击工作区下 5×5 的数组变量 *A*，打开数组 *A* 的编辑器。

（2）在第 6 行第 6 列的位置单击单元格并输入数值。然后在其他位置单击鼠标或者按下回车键，都可以使当前扩展操作即刻生效，数组 *A* 被扩展为 6 行 6 列的数组，原有元素不变，在第 6 行第 6 列的位置赋值 0.1111，其他扩展位置的上元素被默认赋值为 0，如图 3-2 所示。

| | 1 | 2 | 3 | 4 | 5 | 6 | 7 | 8 |
|---|---|---|---|---|---|---|---|---|
| 1 | 0.1741 | 0.4296 | 0 | 0.5065 | 0.1180 | 0 | | |
| 2 | 0.2236 | 0.6632 | 0.2922 | 0.3902 | 0.3483 | 0 | | |
| 3 | 0.0632 | 0.0840 | 0.1394 | 0 | 0.3337 | 0 | | |
| 4 | 0 | 0.0190 | 0 | 0.0277 | 0.6620 | 0 | | |
| 5 | 0.1387 | 0.4000 | 0.1428 | 0.7368 | 0.0284 | 0 | | |
| 6 | 0 | 0 | 0 | 0 | 0 | 0.1111 | | |

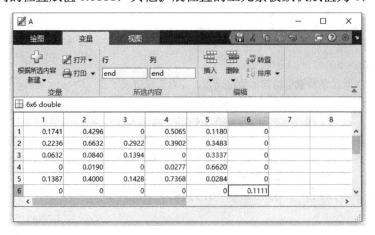

图 3-2 数组编辑器

（3）通过数组编辑器也可以裁剪数组，这主要是对数组行、列的删除操作，需要通过鼠标右键菜单来实现，在数组编辑器中单击某单元格后，单击鼠标右键，弹出如图 3-3 所示的菜单。

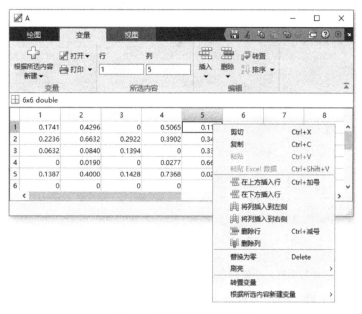

图 3-3 数组编辑器右键菜单

（4）在菜单中选择删除行或删除列命令，即可删除当前数组中选定位置元素所在的整行或者整列。通过多次重复执行删除行、列操作，可以实现对数组的裁剪。

数组编辑器使用简单，当对数组的扩展或裁剪操作比较复杂时，通过数组编辑器实现是比较低效的。本节后面内容将介绍如何通过 MATLAB 命令对数组进行扩展和裁剪。

**2. 数组扩展的 cat 函数**

MATLAB 中可以通过 cat 系列函数将多个小尺寸数组按照指定的连接方式组合成大尺寸的数组。这些函数包括 cat、horzcat 和 vertcat。

cat 函数可以按照指定的方向将多个数组连接成大尺寸数组。其基本语法格式为：

```
C=cat(dim,A1,A2,A3,A4,…)
```

dim 用于指定连接方向，对于两个数组的连接，cat(1,A,B)实际上相当于[A;B]，近似于把两个数组当作两个列元素连接。

horzcat(A1,A2,…)是作水平方向连接数组，相当于 cat(A1,A2,…)；vercat(A1,A2,…)是在垂直方向连接数组，相当于 cat(1,A1,A2,…)。

不管是哪个连接函数，都必须保证被操作的数组可以被连接，即在某个方向上尺寸一致，比如 horzcat 函数要求被连接的所有数组都具有相同的行数，而 vercat 函数要求被连接的所有数组都具有相同的列数。

**【例 3-23】** 通过 cat 函数扩展数组。

在命令行窗口输入：

```
>> A=rand(3,5)
A =
    0.0867    0.1879    0.8518    0.1513    0.3672
    0.5967    0.4041    0.6600    0.9520    0.1207
    0.6082    0.0891    0.9806    0.7966    0.4455
>> B=eye(3)
B =
    1    0    0
    0    1    0
    0    0    1
>> C=magic(5)
C =
    17    24     1     8    15
    23     5     7    14    16
     4     6    13    20    22
    10    12    19    21     3
    11    18    25     2     9
>> cat(1,A,B)    %列数不同，不能垂直连接
```

错误使用 cat，要串联的数组的维度不一致。

```
>> cat(2,A,B)    %行数相同，可以水平连接
ans =
    0.0867    0.1879    0.8518    0.1513    0.3672    1.0000         0         0
    0.5967    0.4041    0.6600    0.9520    0.1207         0    1.0000         0
    0.6082    0.0891    0.9806    0.7966    0.4455         0         0    1.0000
```

### 3. 块操作函数

MATLAB 中还有通过块操作实现数组扩展的函数。

（1）数组块状赋值函数repmat

repmat(A,m,n)可以将 $a$ 行 $b$ 列的元素 A 当作"单个元素"，扩展出 $m$ 行 $n$ 列个由此"单个元素"组成的扩展数组，实际上新产生的数组共有 $m\times a$ 行、$n\times b$ 列。

【例 3-24】 使用块状复制函数 repmat。

在命令行窗口输入：

```
>> A=eye(2)
A =
    1    0
    0    1
>> repmat(A,2,2)
ans =
    1    0    1    0
    0    1    0    1
    1    0    1    0
    0    1    0    1
```

（2）对角块生成函数blkdiag

blkdiag（A,B,…）将数组 *A*, *B* 等当作"单个元素"，安排在新数组的主对角位置，其他位置用零数组块进行填充。

【例 3-25】　使用对角块生成函数 blkdiag。

在命令行窗口输入：

```
>> A=eye(2)
A =
     1     0
     0     1
>> B=ones(2,3)
B =
     1     1     1
     1     1     1
>> blkdiag(A,B)
ans =
     1     0     0     0     0
     0     1     0     0     0
     0     0     1     1     1
     0     0     1     1     1
```

（3）块操作函数kron

kron(X,Y)把数组 *Y* 当作一个"元素块"，先复制扩展出 size(X)规模的元素块，然后每一个块元素与 *X* 相应位置的元素值相乘。

例如，对于 2 行 3 列的数组 *X* 和任意数组 *Y*，kron(X,Y)返回的数组相当于[X(1,1)\*Y X(1,2)\*Y X(1,3)\*Y;X(1,3)\*Y X(2,2)\*Y X(2,3)\*Y]。

【例 3-26】　使用块操作函数 kron。

在命令行窗口输入：

```
>> A=[0 1;1 2]
>> B=magic(2)
>> C=kron(A,B)
A =
     0     1
     1     2
B =
     1     3
     4     2
C =
     0     0     1     3
     0     0     4     2
     1     3     2     6
     4     2     8     4
```

（4）索引扩展

索引扩展是对数组进行扩展中最常用、最易用的方法。前面讲到索引寻址时，其中的数字索引有一定的范围限制，比如 $m$ 行 $n$ 列的数组 $A$，要索引寻址访问一个已有元素，通过单下标索引 $A(a)$ 访问就要求 $a \leqslant m$，$b \leqslant n$，因为 $A$ 只有 $m$ 行 $n$ 列。

索引扩展中使用的索引数字没有这些限制，相反，必须用超出上述限制的索引数字来指定当前数组尺寸外的一个位置，并对其进行赋值，以完成扩展操作。

通过索引扩展，一条语句只能增加一个元素，并同时在未指定的新添位置上默认赋值为 0。因此，要扩展多个元素就需要组合运用多条索引扩展语句，并且经常要通过索引寻址修改特定位置上被默认赋值为 0 的元素。

**【例 3-27】** 索引扩展。

在命令行窗口输入：

```
>> A=eye(3)
A =
    1    0    0
    0    1    0
    0    0    1
>> A(4,6)=25                    %索引扩展
A =
    1    0    0    0    0    0
    0    1    0    0    0    0
    0    0    1    0    0    0
    0    0    0    0    0   25
```

组合应用索引扩展和索引寻址重新赋值命令在数组的索引扩展中是经常会遇到的。

（5）通过冒号操作符裁剪数组

相对于数组扩展这种放大操作，数组的裁剪就是产生新的子数组的缩小操作，从已知的大数据集中挑出一个子集合，作为新的操作对象，这在各种应用领域都是常见的。

在 MATLAB 中，裁剪数组最常用的是冒号操作符。实际上，冒号操作符实现裁剪功能时，其意义和冒号用于创建一维数组的意义是一样的，都是实现一个递变效果。

例如，从 100 行 100 列的数组 A 中挑选偶数行偶数列的元素，相对位置不变地组成 50 行 50 列的新数组 B，只需要通过 B=A(2:2:100,2:2:100)就可以实现，实际上这是通过数组数字索引实现了部分数据的访问。

更一般的裁剪语法是：

```
B=A([a1,a2,a3,…], [b1,b2,b3,…])
```

表示提取数组 A 的 a1,a2,a3 等行和 b1,b2,b3 等列的元素组成子数组 B。

此外，冒号还有一个特别的用法。当通过数字索引访问数组元素时，如果某一索引位置上不是用数字表示，而是用冒号代替，则表示这一索引位置可以取所有可以取到的值。例如，对 5 行 3 列的数组 A，A(3,:)表示取 A 第三行的所有元素（从第 1 列到第 3 列），A(:,2)表示取 A 的第二列的所有元素（从第 1 行到第 5 行）。

**【例 3-28】** 数组裁剪。

在命令行窗口输入：

```
>> A=magic(8)
A =
    64     2     3    61    60     6     7    57
     9    55    54    12    13    51    50    16
    17    47    46    20    21    43    42    24
    40    26    27    37    36    30    31    33
    32    34    35    29    28    38    39    25
    41    23    22    44    45    19    18    48
    49    15    14    52    53    11    10    56
     8    58    59     5     4    62    63     1
>> A([1,3,5],3:7)          %提取数组A的第1、3、5行中3～7列的所有元素
ans =
     3    61    60     6     7
    46    20    21    43    42
    35    29    28    38    39
```

**（6）数组元素删除**

通过删除部分数组元素也可以实现数组的裁剪。删除数组元素很简单，只需要将该位置元素赋值为空方括号([])即可。一般配合冒号将数组的某些行、列元素删除。注意，进行删除时，索引结果必须是完整的行或完整的列，而不能是数组内部的块或单元格。

**【例 3-29】** 数组元素删除。

在命令行窗口输入：

```
>> A=magic(7)
A =
    30    39    48     1    10    19    28
    38    47     7     9    18    27    29
    46     6     8    17    26    35    37
     5    14    16    25    34    36    45
    13    15    24    33    42    44     4
    21    23    32    41    43     3    12
    22    31    40    49     2    11    20
>> A(1:3:8,:)=[ ]
A =
    38    47     7     9    18    27    29
    46     6     8    17    26    35    37
    13    15    24    33    42    44     4
    21    23    32    41    43     3    12
```

数组元素的部分删除是直接在原始数组上进行的，在实际应用中要考虑在数组元素删除前要不要先保存一个原始数组的备份，避免不小心造成对原始数据的破坏。另外，单独的一次

删除操作只能删除某些行或某些列，因此一般需要通过两条语句才能实现行、列两个方向的数组元素删除。

### 3.5.4 数组形状的改变

MATLAB 中有大量内部函数可以对数组进行改变形状的操作，包括数组转置、数组翻转，以及数组尺寸的调整。

#### 1. 数组转置

在 MATLAB 中进行数组转置最简单的是通过转置操作符（'）。需要注意的是：

- 对于有复数元素的数组，转置操作符（'）在变化数组形状的同时也会将复数元素转化为其共轭复数。
- 如果要对复数数组进行非共轭转置，可以通过点转置操作符（.'）实现。

共轭和非共轭转置也可以通过 MATLAB 函数完成：transpose 实现非共轭转置，功能等同于点转置操作符（.'）；ctranspose 实现共轭转置，功能等同于转置操作符（'）。当然，这几种方法对于实数数组转置结果是一样的。

【例 3-30】 数组转置。
在命令行窗口输入：

```
>> A=rand(2,4)
A =
    0.5570    0.4279    0.3983    0.4894
    0.2746    0.2577    0.7935    0.4057
>> A'
    0.5570    0.2746
    0.4279    0.2577
    0.3983    0.7935
    0.4894    0.4057
>> B=[2-i,3+4i,2,5i;6+i,4-i,2i,7]
B =
    2.0000 - 1.0000i    3.0000 + 4.0000i    2.0000 + 0.0000i    0.0000 + 5.0000i
    6.0000 + 1.0000i    4.0000 - 1.0000i    0.0000 + 2.0000i    7.0000 + 0.0000i
>> B'
ans =
    2.0000 + 1.0000i    6.0000 - 1.0000i
    3.0000 - 4.0000i    4.0000 + 1.0000i
    2.0000 + 0.0000i    0.0000 - 2.0000i
    0.0000 - 5.0000i    7.0000 + 0.0000i
>> B.'
ans =
    2.0000 - 1.0000i    6.0000 + 1.0000i
    3.0000 + 4.0000i    4.0000 - 1.0000i
```

```
      2.0000 + 0.0000i   0.0000 + 2.0000i
      0.0000 + 5.0000i   7.0000 + 0.0000i
>> transpose(B)
ans =
      2.0000 - 1.0000i   6.0000 + 1.0000i
      3.0000 + 4.0000i   4.0000 - 1.0000i
      2.0000 + 0.0000i   0.0000 + 2.0000i
      0.0000 + 5.0000i   7.0000 + 0.0000i
```

在实际使用中，由于操作符的简便性，经常会使用操作符而不是转置函数来实现转置。在复杂的嵌套运算中，转置函数可能是唯一的可用方法。所以，两类转置方式读者都要掌握。

**2. 数组翻转**

MATLAB 中数组翻转的函数如表 3-2 所示。

表3-2　数组翻转函数

| 函数及语法 | 说　　明 |
| --- | --- |
| fliplr(A) | 左右翻转数组 A |
| flipud(A) | 上下翻转数组 A |
| flipdim(A,k) | 按 k 指定的方向翻转数组。对于二维数组，k=1 相当于 flipud(A)；k=2 相当于 fliplr(A) |
| rot90(A,k) | 把 A 逆时针旋转 k+90 度，k 不指定时默认为 1 |

**【例 3-31】**　数组翻转。

在命令行窗口输入：

```
>> A=rand(4,6)
A =
      0.4068    0.7674    0.6169    0.9392    0.0377    0.4744
      0.1250    0.8217    0.6047    0.0521    0.5265    0.1788
      0.5669    0.9421    0.9212    0.0747    0.8195    0.2542
      0.4865    0.0804    0.8685    0.8776    0.3224    0.4506
>> flipud(A)
ans =
      0.4865    0.0804    0.8685    0.8776    0.3224    0.4506
      0.5669    0.9421    0.9212    0.0747    0.8195    0.2542
      0.1250    0.8217    0.6047    0.0521    0.5265    0.1788
      0.4068    0.7674    0.6169    0.9392    0.0377    0.4744
>> fliplr(A)
ans =
      0.4744    0.0377    0.9392    0.6169    0.7674    0.4068
      0.1788    0.5265    0.0521    0.6047    0.8217    0.1250
      0.2542    0.8195    0.0747    0.9212    0.9421    0.5669
      0.4506    0.3224    0.8776    0.8685    0.0804    0.4865
>> flipdim(A,2)
```

```
ans =
    0.4744    0.0377    0.9392    0.6169    0.7674    0.4068
    0.1788    0.5265    0.0521    0.6047    0.8217    0.1250
    0.2542    0.8195    0.0747    0.9212    0.9421    0.5669
    0.4506    0.3224    0.8776    0.8685    0.0804    0.4865
>> rot90(A,2)
ans =
    0.4506    0.3224    0.8776    0.8685    0.0804    0.4865
    0.2542    0.8195    0.0747    0.9212    0.9421    0.5669
    0.1788    0.5265    0.0521    0.6047    0.8217    0.1250
    0.4744    0.0377    0.9392    0.6169    0.7674    0.4068
>> rot90(A)
ans =
    0.4744    0.1788    0.2542    0.4506
    0.0377    0.5265    0.8195    0.3224
    0.9392    0.0521    0.0747    0.8776
    0.6169    0.6047    0.9212    0.8685
    0.7674    0.8217    0.9421    0.0804
    0.4068    0.1250    0.5669    0.4865
```

**3. 数组尺寸调整**

改变数组形状还有一个常用的函数 reshape，它可以把已知数组改变成指定的行列尺寸。

对于 $m$ 行 $n$ 列的数组 A，B=reshape(A,a,b)可以将其调整为 $a$ 行 $b$ 列的尺寸，并赋值为变量 B，这里必须满足 $m \times n = a \times b$。在尺寸调整前后，两个数组的单下标索引不变，即 $A(x)$ 必然等于 $B(x)$，只要 $x$ 是符合取值范围要求的单下标数字。也就是说，按照列优先原则把 $A$ 和 $B$ 的元素排列成一列，结果必然是一样的。

**【例 3-32】** 数组尺寸调整。

在命令行窗口输入：

```
>> A=rand(3,4)
A =
    0.1387    0.2296    0.3572    0.4118
    0.7995    0.7117    0.8503    0.2074
    0.8964    0.2262    0.8083    0.5150
>> reshape(A,2,6)
ans =
    0.1387    0.8964    0.7117    0.3572    0.8083    0.2074
    0.7995    0.2296    0.2262    0.8503    0.4118    0.5150
>> reshape(A,2,8)  %a*b 不等于 m*n 时会报错
错误使用 reshape
元素数不能更改。请使用 [] 作为大小输入之一，以自动计算该维度的适当大小。
```

## 3.5.5　数组运算

本节介绍数组的各种数学运算。

### 1. 数组－数组运算

最基本的就是数组和数组的加（+）、减（−）、乘（*）、乘方（^）等运算。注意，数组的加、减要求参与运算的两个数组具有相同的尺寸，而数组的乘法要求第一个数组的列数等于第二个数组的行数。

乘方运算在指数 $n$ 为自然数时相当于 $n$ 次自乘，这要求数组具有相同的行数和列数。关于指数为其他情况的乘方，本节不做讨论，读者可以参考有关高等代数书籍。

【例 3-33】　使用数组－数组运算。

在命令行窗口输入：

```
>> A=magic(4)
A =
    16     2     3    13
     5    11    10     8
     9     7     6    12
     4    14    15     1
>> B=eye(4)
B =
     1     0     0     0
     0     1     0     0
     0     0     1     0
     0     0     0     1
>> A+B
ans =
    17     2     3    13
     5    12    10     8
     9     7     7    12
     4    14    15     2
```

数组除法实际上是乘法的逆运算，相当于参与运算的一个数组和另一个数组的逆（或伪逆）数组相乘。MATLAB 中数组除法有左除(/)和右除(\)两种：

- A/B 相当于 A*inv(B)或 A*pinv(B)。
- A\B 相当于 inv(A)*B 或 pinv(A)*B。

其中，inv 是数组求逆函数，仅适用于行、列数相同的方形数组（线性代数中称为方阵）；pinv 是求数组广义逆的函数。关于逆矩阵和广义逆矩阵的知识，读者可参考有关的高等代数书籍。

【例 3-34】　使用数组除法。

在命令行窗口输入：

```
>> A=[3 5 6;2 1 4;2 5 6]
A =
    3    5    6
    2    1    4
    2    5    6
>> B=randn(3)
B =
    0.8156    0.6686    -0.0198
    0.7119    1.1908    -0.1567
    1.2902   -1.2025    -1.6041
>> A/B
ans =
   15.3974    -7.6593    -3.1821
   12.3814    -7.9953    -1.8653
   13.3717    -6.6012    -3.2605
>> A*inv(B)
ans =
   15.3974    -7.6593    -3.1821
   12.3814    -7.9953    -1.8653
   13.3717    -6.6012    -3.2605
>> pinv(A)*B
ans =
   -0.4746    1.8711    1.5843
   -0.0721   -0.3193    0.0615
    0.4333   -0.5580   -0.8467
```

## 2. 点运算

前面讲到的数组乘、除、乘方运算都是专门针对数组定义的运算。在有些情况下，用户可能希望对两个尺寸相同的数组进行元素对元素的乘、除，或者对数组的逐个元素进行乘方，这可以通过点运算实现。

A.*B 就可以实现两个同样尺寸的数组 $A$ 和数组 $B$ 对于元素的乘法；同样，A./B 或 A.\B 实现元素对元素的除法，A.^n 实现对逐个元素的乘方。

【例 3-35】 使用点运算。

在命令行窗口输入：

```
>> A=magic(4)
A =
   16    2    3   13
    5   11   10    8
    9    7    6   12
    4   14   15    1
>> B=ones(4)+4*eye(4)
```

```
B =
    5    1    1    1
    1    5    1    1
    1    1    5    1
    1    1    1    5
>> A.*B
ans =
   80    2    3   13
    5   55   10    8
    9    7   30   12
    4   14   15    5
>> B.*A              %对应的元素的乘法，因此和 A.*B 结果一样
ans =
   80    2    3   13
    5   55   10    8
    9    7   30   12
    4   14   15    5
>> A.\B              %以 A 的各个元素为分母、B 相对应的各个元素为分子，逐个元素做除法
ans =
   0.3125   0.5000   0.3333   0.0769
   0.2000   0.4545   0.1000   0.1250
   0.1111   0.1429   0.8333   0.0833
   0.2500   0.0714   0.0667   5.0000
```

特别要强调的是，许多 MATLAB 内置的运算函数（如 sqrt、exp、log、sin 等）都只能对数组进行逐个元素的相应运算。至于专门的数组的开方、指数等运算，都有专门的数组运算函数。

**3. 专门针对数组的运算函数**

在 MATLAB 中，专门针对数组的运算函数一般末尾都以 m 结尾（m 代表 matrix），如 sqrtm、expm 等，这些运算都是特别定义的数组运算，不同于针对单个数值的常规数学运算。这几个函数都要求参与运算的数组是行数和列数相等的方形数组。具体的运算方式可参考高等代数方面的书籍。

**【例 3-36】** 使用数组运算函数。
在命令行窗口输入：

```
>> A=magic(4)
A =
   16    2    3   13
    5   11   10    8
    9    7    6   12
    4   14   15    1
>> sqrt(A)
```

```
ans =
    4.0000    1.4142    1.7321    3.6056
    2.2361    3.3166    3.1623    2.8284
    3.0000    2.6458    2.4495    3.4641
    2.0000    3.7417    3.8730    1.0000
>> sqrtm(A)
ans =
    3.7584 - 0.2071i   -0.2271 + 0.4886i    0.3887 + 0.7700i    1.9110 - 1.0514i
    0.2745 - 0.0130i    2.3243 + 0.0306i    2.0076 + 0.0483i    1.2246 - 0.0659i
    1.3918 - 0.2331i    1.5060 + 0.5498i    1.4884 + 0.8666i    1.4447 - 1.1833i
    0.4063 + 0.4533i    2.2277 - 1.0691i    1.9463 - 1.6848i    1.2506 + 2.3006i
>> exp(A)
ans =
    1.0e+06 *
    8.8861    0.0000    0.0000    0.4424
    0.0001    0.0599    0.0220    0.0030
    0.0081    0.0011    0.0004    0.1628
    0.0001    1.2026    3.2690    0.0000
```

### 3.5.6 数组的查找

MATLAB 中的数组查找只有一个函数 find。它能够查找数组中的非零元素并返回其下标索引。find 配合各种关系运算和逻辑运算能够实现很多查找功能。find 函数有两种语法形式：

- a=find(A)：返回数组 $A$ 中非零元素的单下标索引。
- [a,b]=find(A)：返回数组 $A$ 中非零元素的双下标索引方式。

在实际应用中，经常通过多重逻辑嵌套产生逻辑数组，判断数组元素是否符合某种比较关系，然后用 find 函数查找这个逻辑数组中的非零元素，返回符合比较关系的元素的索引，从而实现元素访问。find 用于产生索引数组，间接实现最终的索引访问，因此经常不需要直接指定 find 函数的返回值。

【例 3-37】 使用数组查找函数 find。

在命令行窗口输入：

```
>> A=rand(3,5)
A =
    0.6787    0.3922    0.7060    0.0462    0.6948
    0.7577    0.6555    0.0318    0.0971    0.3171
    0.7431    0.1712    0.2769    0.8235    0.9502
>> A<0.5
ans =
    0    1    0    1    0
    0    0    1    1    1
    0    1    1    0    0
```

```
>> A>0.3
ans =
    1    1    1    0    1
    1    1    0    0    1
    1    0    0    1    1
>> (A>0.3)&(A<0.5)    %逻辑嵌套产生符合多个比较关系的逻辑数组
ans =
    0    1    0    0    0
    0    0    0    0    1
    0    0    0    0    0
>> find((A>0.3)&(A<0.5))    %逻辑数组中的非零元素，返回符合关系的元素索引
ans =
    4
    14
>> A(find((A>0.3)&(A<0.5)))    %实现元素访问
ans =
    0.3922
    0.3171
```

本例题一步一步地演示了 find 函数常见用法的具体使用过程。首先通过 rand 函数创建了待操作的随机数组 A，然后通过比较运算 A>0.3 和 A<0.5 返回分别满足某一比较关系的逻辑数组。在这些逻辑数组中，1 代表该位置元素复合比较关系，0 则代表不符合比较关系。然后通过逻辑运算（&）可以产生同时满足两个比较关系的逻辑数组，find 操作这个逻辑数组，返回数组中非零元素的下标索引（本例中返回单下标索引），实际上就是返回原数组中符合两个比较关系的元素的位置索引，然后利用 find 返回的下标索引寻址访问原来数组中符合比较关系的目标元素。

### 3.5.7　数组的排序

数组排序也是常用的数组操作，经常用在各种数据分析和处理中，MATLAB 中的排序函数是 sort。

sort 函数可以对数组按照升序或降序进行排列，并返回排序后的元素在原始数组中的索引位置。sort 函数有多种应用语法格式，都有重要的应用，如表 3-3 所示。

表3-3　sort函数的各种语法格式

| 函数语法 | 说　　明 |
| --- | --- |
| B=sort(A) | 对一维或二维数组进行升序排序，并返回排序后的数组<br>当 A 为二维数组时，则是对数组的每一列进行排序 |
| B=sort(A,dim) | 对数组指定的方向进行升序排列<br>dim=1 表示对每一列排序，dim=2 表示对每一行排序 |

可以看到，sort 都是对单独的一行或一列元素进行排序，即使对于二维数组也是单独对每一行每一列进行排序，因此返回的索引只是单下标形式，表征排序后的元素在原来行或列中的位置。

**【例 3-38】** 数组排序。

在命令行窗口输入：

```
>> A=rand(1,8)
A =
    0.0344    0.4387    0.3816    0.7655    0.7952    0.1869    0.4898    0.4456
>> sort(A)                        %按照默认的升序方式排列
ans =
    0.0344    0.1869    0.3816    0.4387    0.4456    0.4898    0.7655    0.7952
>> [B,J]=sort(A,'descend')        %降序排列并返回索引
B =
    0.7952    0.7655    0.4898    0.4456    0.4387    0.3816    0.1869    0.0344
J =
    5    4    7    8    2    3    6    1
>> A(J)                           %通过索引页可以产生降序排列的数组
ans =
    0.7952    0.7655    0.4898    0.4456    0.4387    0.3816    0.1869    0.0344
```

数组排序函数sort返回的索引表示在排序方向上排序后元素在原数组中的位置。对于一维数组，是单下标索引；对于二维数组，是双下标索引中的一个分量，因此不能简单地通过返回的索引值寻址产生排序的二维数组。

当然，利用这个索引结果通过复杂一点的方法也可以得到排序数组，比如在例3-38中就可以通过A(J)来产生排序数组。这种索引访问一般只用在对部分数据的处理上。

### 3.5.8　高维数组的降维

**【例 3-39】** 使用 squeeze 命令来撤销"孤维"，对高维数组进行降维。

在命令行窗口输入：

```
>> A=rand(2,3,3)
A(:,:,1) =
    0.1320    0.9561    0.0598
    0.9421    0.5752    0.2348
A(:,:,2) =
    0.3532    0.0154    0.1690
    0.8212    0.0430    0.6491
A(:,:,3) =
    0.7317    0.4509    0.2963
    0.6477    0.5470    0.7447
>> B=cat(4,A(:,:,1),A(:,:,2),A(:,:,3))
B(:,:,1,1) =
    0.1320    0.9561    0.0598
    0.9421    0.5752    0.2348
B(:,:,1,2) =
    0.3532    0.0154    0.1690
```

```
    0.8212    0.0430    0.6491
B(:,:,1,3) =
    0.7317    0.4509    0.2963
    0.6477    0.5470    0.7447
>> C=squeeze(B)
C(:,:,1) =
    0.1320    0.9561    0.0598
    0.9421    0.5752    0.2348
C(:,:,2) =
    0.3532    0.0154    0.1690
    0.8212    0.0430    0.6491
C(:,:,3) =
    0.7317    0.4509    0.2963
    0.6477    0.5470    0.7447
>> size_B=size(B)
size_B =
    2    3    1    3
>> size_C=size(C)
size_C =
    2    3    3
```

# 3.6　多维数组及其操作

在 MATLAB 中，超过两维的数组称为多维数组，实际上是一般的二维数组的扩展。本节将讲述 MATLAB 中多维数组的创建和操作。

## 3.6.1　多维数组的属性

MATLAB 中提供了多个函数，可以获得多维数组的尺寸、维度、占用内存和数据类型等多种属性，如表 3-4 所示。

表3-4　MATLAB中获取多维数组属性的函数

| 数组属性 | 函数用法 | 函数功能 |
| --- | --- | --- |
| 尺寸 | size(A) | 按照行-列-页的顺序，返回数组 A 每一维上的大小 |
| 维度 | ndims(A) | 返回数组 A 具有的维度值 |
| 内存占用/数据类型等 | whos | 返回当前工作区中各个变量的详细信息 |

【例 3-40】　通过 MATLAB 函数获取多维数组的属性。

在命令行窗口输入：

```
>> A=cat(4,[9 2;6 5],[7 1;8 4]);
>> size(A)                        %获取数组 A 的尺寸属性
```

```
ans =
     2     2     1     2
>> ndims(A)                    %获取数组 A 的维度属性
ans =
     4
>> whos
  Name       Size              Bytes  Class     Attributes
  A          2x2x1x2              64   double
  ans        1x1                   8   double
```

### 3.6.2 多维数组的操作

和二维数组类似，MATLAB 中也有大量对多维数组进行索引、重排和计算的函数。

#### 1. 多维数组的索引

MATLAB 中索引多维数组的方法包括多下标索引和单下标索引。

对于 $n$ 维数组可以用 $n$ 个下标索引访问到一个特定位置的元素，而使用数组或者冒号来代表其中某一维，则可以访问指定位置的多个元素。单下标索引方法只通过一个下标来定位多维数组中某个元素的位置。

只要注意到 MATLAB 中是按照行-列-页-……优先级逐渐降低的顺序把多维数组的所有元素线性存储起来，就可以知道一个特定的单下标对应的多维下标位置了。

【例 3-41】 对于多维数组的索引访问,其中 A 是一个随机生成的 $4\times5\times3$ 的多维数组。在命令行窗口输入:

```
>> A=randn(4,5,3)
A(:,:,1) =
   -1.3617    0.5528    0.6601   -0.3031    1.5270
    0.4550    1.0391   -0.0679    0.0230    0.4669
   -0.8487   -1.1176   -0.1952    0.0513   -0.2097
   -0.3349    1.2607   -0.2176    0.8261    0.6252
A(:,:,2) =
    0.1832    0.1352   -0.1623   -0.8757   -0.1922
   -1.0298    0.5152   -0.1461   -0.4838   -0.2741
    0.9492    0.2614   -0.5320   -0.7120    1.5301
    0.3071   -0.9415    1.6821   -1.1742   -0.2490
A(:,:,3) =
   -1.0642   -1.5062   -0.2612   -0.9480    0.0125
    1.6035   -0.4446    0.4434   -0.7411   -3.0292
    1.2347   -0.1559    0.3919   -0.5078   -0.4570
   -0.2296    0.2761   -1.2507   -0.3206    1.2424
>> A(3,2,2)  %访问 A 的第 3 行第 2 列第 2 页的元素
ans =
    0.2614
>> A(27)  %访问 A 的第 27 个元素（第 3 行第 2 列第 2 页的元素）
```

```
ans =
    0.2614
```

上例中，A(27)是通过单下标索引来访问多维数组 *A* 的元素。一维多维数组 *A* 有 3 页，每一页有 4×5=20 个元素，所以第 27 个元素在第二页上，而第一页的行方向上有 4 个元素，根据行-列-页优先原则，第 27 个元素代表的就是第二页第二列第三行的元素，即 A(27)相当于 A(3,2,2)。

**2. 多维数组的维度操作**

多维数组的维度操作包括对多维数组的形状的重排和维度的重新排序。

reshape 函数可以改变多维数组的形状，但操作前后 MATLAB 按照行-列-页-……优先级对多维数组进行线性存储的方式不变。许多多维数组在某一维度上只有一个元素，可以利用函数 squeeze 来消除这种单值维度。

**【例 3-42】**　利用函数 reshape 函数改变多维数组的形状。
在命令行窗口输入：

```
>> A =[1 4 7 10; 2 5 8 11;3 6 9 12]
>> B = reshape(A,2,6)
B =
    1    3    5    7    9   11
    2    4    6    8   10   12
>> B = reshape(A,2,[])
B =
    1    3    5    7    9   11
    2    4    6    8   10   12
```

permute 函数可以按照指定的顺序重新定义多维数组的维度顺序。需要注意的是，permute 重新定义后的多维数组是把原来在某一维度上的所有元素移动到新的维度上，这会改变多维数组线性存储的位置，和 reshape 是不同的。

ipermute 可以被看作是 permute 的逆函数，当 B=permute(A,dims)时，ipermute(B,dims)刚好返回多维数组 A。

**【例 3-43】**　对多维数组维度的重新排序。
在命令行窗口输入：

```
>> A=randn(3,3,2)
A(:,:,1) =
    0.4227   -1.2128    0.3271
   -1.6702    0.0662    1.0826
    0.4716    0.6524    1.0061
A(:,:,2) =
   -0.6509   -1.3218   -0.0549
    0.2571    0.9248    0.9111
   -0.9444    0.0000    0.5946
```

```
>> B=permute(A,[3 1 2])
B(:,:,1) =
     0.4227    -1.6702     0.4716
    -0.6509     0.2571    -0.9444
B(:,:,2) =
    -1.2128     0.0662     0.6524
    -1.3218     0.9248     0.0000
B(:,:,3) =
     0.3271     1.0826     1.0061
    -0.0549     0.9111     0.5946
>> ipermute(B,[3 1 2])
ans(:,:,1) =
     0.4227    -1.2128     0.3271
    -1.6702     0.0662     1.0826
     0.4716     0.6524     1.0061
ans(:,:,2) =
    -0.6509    -1.3218    -0.0549
     0.2571     0.9248     0.9111
    -0.9444     0.0000     0.5946
```

### 3. 多维数组参与数学计算

多维数组参与数学计算时，既可以针对某一维度的向量，也可以针对单个元素，或者针对某一特定页面上的二维数组。

- sum、mean 等函数可以对多维数组中第 1 个不为 1 的维度上的向量进行计算。
- sin、cos 等函数对多维数组中的每一个单独元素进行计算。
- eig 等针对二维数组的运算函数需要用指定的页面上的二维数组作为输入函数。

【例 3-44】 多维数组参与的数学运算。

在命令行窗口输入：

```
>> A=randn(2,5,2)
A(:,:,1) =
     0.3502     0.9298    -0.6904     1.1921    -0.0245
     1.2503     0.2398    -0.6516    -1.6118    -1.9488
A(:,:,2) =
     1.0205     0.0012    -2.4863    -2.1924     0.0799
     0.8617    -0.0708     0.5812    -2.3193    -0.9485
>> sum(A)
ans(:,:,1) =
     1.6005     1.1696    -1.3419    -0.4197    -1.9733
ans(:,:,2) =
     1.8822    -0.0697    -1.9051    -4.5117    -0.8685
>> sin(A)
```

```
ans(:,:,1) =
    0.3431    0.8015   -0.6368    0.9291   -0.0245
    0.9491    0.2375   -0.6064   -0.9992   -0.9294
ans(:,:,2) =
    0.8524    0.0012   -0.6094   -0.8129    0.0798
    0.7590   -0.0708    0.5490   -0.7327   -0.8125
>> eig(A(:,[1 2],1))
ans =
    1.3746
   -0.7846
```

# 3.7　小　　结

数组是 MATLAB 中各种变量存储和运算的通用数据结构。本章从对 MATLAB 中的数组进行分类概述入手，重点讲述了数组的创建、数组的属性和多种数组的操作方法，还介绍了 MATLAB 中创建和操作多维数组的方法。对于多维数组，MATLAB 中提供了类似于二维数组的操作方法，包括对数组形状、维度的重新调整，以及常用的数学计算。

这些内容是学习 MATLAB 必须熟练掌握的。对于这些基本函数的深入理解和熟练组合应用，会大大提高使用 MATLAB 的效率。

# 第4章

# 数 值 计 算

由于 MATLAB 的基本运算单元是数组，因此本章将从矩阵分析、线性代数的数值计算开始介绍，然后介绍函数的零点、数值积分、数理统计和分析等。在 MATLAB 中，数值运算主要是通过函数或者命令来实现的。

在 MATLAB 中所有的数据都是以矩阵的形式出现的，其对应的数值运算包括两种类型：一种是针对整个矩阵的数值运算，也就是矩阵运算，例如求解矩阵行列式的函数 det；另一种是针对矩阵中元素进行的运算函数，可以称为矩阵元素的运算，例如求解矩阵中每个元素的余弦函数 cos 等。

学习目标：

⌘  熟练掌握数组运算函数的使用
⌘  熟练掌握矩阵运算函数的使用
⌘  熟练掌握矩阵的特征值分解等方法
⌘  熟练掌握数值运算在 MATLAB 中的实现

## 4.1  矩 阵 分 析

矩阵分析是线性代数的重要内容，也是几乎所有 MATLAB 函数分析的基础。在 MATLAB 中，可以支持多种线性代数中定义的操作，正是其强大的矩阵运算能力才使其成为优秀的数值计算软件。

### 4.1.1  使用 norm 函数进行范数分析

根据线性代数的知识，对于线性空间中某个向量 $x = \{x_1, x_2, ..., x_n\}$，其对应的 $P$ 级范数的

定义为 $\|\boldsymbol{x}\|_p = (\sum_{i=1}^{n}|x_i|^p)^{1/p}$，其中的参数 $p=1,2,...,n$。同时，为了保证整个定义的完整性，定义范数数值 $\|\boldsymbol{x}\|_\infty = \max_{1<i<n}|x_i|$，$\|\boldsymbol{x}\|_{-\infty} = \max_{1<i<n}|x_i|$。

矩阵范数的定义是基于向量的范数而定义的，具体的表达式为：

$$\|\boldsymbol{A}\| = \max_{\forall x \neq 0}\frac{\|\boldsymbol{Ax}\|}{\|\boldsymbol{x}\|}$$

在实际应用中，比较常用的矩阵范数是 1、2 和 $\infty$ 阶范数，其对应的定义如下：

$$\|\boldsymbol{A}\|_1 = \max_{1<j<n}\sum_{i=1}^{n}|a_{ij}|, \quad \|\boldsymbol{A}\|_2 = \sqrt{S_{max}\{\boldsymbol{A}^\mathrm{T}\boldsymbol{A}\}} \text{ 和 } \|\boldsymbol{A}\|_\infty = \max_{1<j<n}\sum_{i=1}^{n}|a_{ij}|$$

在上面的定义式 $\|\boldsymbol{A}\|_2 = \sqrt{S_{max}\{\boldsymbol{A}^\mathrm{T}\boldsymbol{A}\}}$ 中，$S_{max}\{\boldsymbol{A}^\mathrm{T}\boldsymbol{A}\}$ 表示矩阵 $\boldsymbol{A}$ 的最大奇异值的平方。关于奇异值的定义将在后面章节中介绍。

在 MATLAB 中，求解向量和矩阵范数的命令如下：

- n=norm(A)计算向量或者矩阵的 2 阶范数。
- n=norm(A，p) 计算向量或者矩阵的 $p$ 阶范数。

在上面的命令 n=norm(A，p)中，p 可以选择任何大于 1 的实数，如果需要求解的是无穷阶范数，则可以将 p 设置为 inf 或者-inf。

【例 4-1】 根据定义和 norm 来分别求解向量的范数。

进行范数运算。执行"主页"选项卡"文件"面板下的"新建脚本"命令，打开 M 文件编辑器，在其中输入下面的程序代码：

```
clear
%输入向量
x=[1:6];
y=x.^2;
%使用定义求解各阶范数
N2=sqrt(sum(y) );
Ninf=max(abs(x));
Nvinf=min(abs(x));
%使用 norm 命令求解范数
n2=norm(x);
ninf=norm(x,inf);
nvinf=norm(x,-inf);
%输出求解的结果
disp('The method of definition;')
fprintf('The 2-norm is %6.4f\n',N2)
fprintf('The inf-norm is %6.4f\n',Ninf)
fprintf('The minusinf-norm is %6.4f\n',Nvinf)
fprintf('\n//---------------------//\n\n')
disp('The method of norm command:')
fprintf('The 2-norm is %6.4f\n',n2)
```

```
fprintf('The inf-norm is %6.4f\n',ninf)
fprintf('The minusinf-norm is %6.4f\n',nvinf)
```

在输入上面的代码后，将该程序保存为"normtest.m"文件。在 MATLAB 的命令行窗口输入"normtest"后，可以得到如下结果：

```
>> normtest
The method of definition;
The 2-norm is 9.5394
The inf-norm is 6.0000

The minusinf-norm is 1.0000
//----------------------//
The method of norm command:
The 2-norm is 9.5394
The inf-norm is 6.0000

The minusinf-norm is 1.0000
```

从上面的结果可以看出，根据范数定义得到的结果和 norm 命令得到的结果完全相同。通过上面的代码，读者可以更好地理解范数定义。

## 4.1.2 使用 normest 函数进行范数分析

当需要分析的矩阵比较大时，求解矩阵范数的时间就会比较长，因此当允许某个近似的范数满足某条件时，可以使用 normest 函数来求解范数。

在 MATLAB 的设计中，normest 函数主要是用来处理稀疏矩阵的，但是该命令也可以接受正常矩阵的输入，一般用来处理维数比较大的矩阵。

normest 函数的主要调用格式如下：

- nrm=normest(S) %估计矩阵 S 的 2 阶范数数值，默认的允许误差数值维为 1e–6。
- nrm=normest（S,to）%使用参数 to 作为允许的相对误差。

【例 4-2】 分别使用 norm 和 normest 命令来求解矩阵的范数。

在 MATLAB 命令行窗口中输入下面的命令：

```
W=wilkinson(90);
t1=clock;
W_norm=norm(W);
t2=clock;
t_norm=etime(t2,t1);
t3=clock;
W_normest=normest(W);
t4=clock;
t_normest=etime(t4,t3);
```

在上面的程序代码中，首先创建 wilkinson 高维矩阵，然后分别使用 norm 和 normest 命令求解矩阵的范数，并统计每个命令所使用的时间。

```
>> W_norm
W_norm =
   45.2462
>> t_norm
t_norm =
    0.0150
>> W_normest
W_normest =
   45.2459
>> t_normest
t_normest =
    0
```

从上面的结果中可以看出，两种方法得到的结果几乎相等，但在消耗的时间上 normest 命令明显要少于 norm 命令。

### 4.1.3 条件数分析

在线性代数中，描述线性方程 $Ax=b$ 的解对 $b$ 中的误差或不确定性的敏感度的度量就是矩阵 $A$ 的条件数，其对应的数学定义是：

$$k = \left\| A^{-1} \right\| \cdot \left\| A \right\|$$

根据基础的数学知识，矩阵的条件数总是大于等于 1。其中，正交矩阵的条件数为 1，奇异矩阵的条件数为 $\infty$，病态矩阵的条件数则比较大。

依据条件数，方程解的相对误差可以由下面的不等式来估计。

$$\frac{1}{k}\left(\frac{\delta b}{b}\right) \leqslant \frac{|\delta x|}{|x|} \leqslant k\left(\frac{\delta b}{b}\right)$$

在 MATLAB 中，求取矩阵 $X$ 的条件数的命令如下：

```
c=cond(X)                           %求矩阵 X 的条件数
```

【例 4-3】 以 MATLAB 产生的 Magic 和 Hilbert 矩阵为例，使用矩阵的条件数来分析对应的线性方程解的精度。

进行数值求解。在 MATLAB 的命令行窗口中输入下面的命令：

```
>> M=magic(3);
>> b=ones(3,1);                     %利用左除 M 求解近似解
>> x=M\b;
>> xinv=inv(M)*b;                   %计算实际相对误差
>> ndb=norm(M*x-b);
>> nb=norm(b);
```

```
>> ndx=norm(x-xinv);
>> nx=norm(x);
>> chu=ndx/nx;
>> cha=cond(M);              %计算最大可能的近似相对误差
>> chaa=k*eps;              %计算最大可能的相对误差
>> chaau=k*ndb/nb;
```

在上面的程序代码中，首先产生 Magic 矩阵，然后使用近似和解和准确解进行比较，得出计算误差。

在命令行窗口中输入计算的变量名称，得到的结果如下：

```
>> chu
chu =
    1.6997e-16
>> cha
cha =
     4.3301
>> chu
chu =
    1.6997e-16
>> chaa
chaa =
    9.6148e-16
>> chaau
chaau =
     0
```

从上面的结果可以看出，矩阵 **M** 的条件数为 4.3301，这种情况下引起的计算误差是很小的，其误差是完全可以接受的。

修改求解矩阵，重新计算求解的精度。在命令行窗口中输入下面的代码：

```
>> M=hilb(12);
>> b=ones(12,1);
>> x=M\b;
>> xinv=invhilb(12)*b;
>> ndb=norm(M*x-b);
>> nb=norm(b);
>> nbx=norm(x-xinv);
>> nx=norm(x);
>> chu=ndx/nx;
>> cha=cond(M);
>> chaa=k*eps;
>> chaau=k*ndb/nb;
```

在命令行窗口中输入计算的变量名称，得到的结果如下：

```
>> chu
cha =
   1.7462e+16
>> cha
er =
   2.3706e-26
>> chaa
erk1 =
   3.8773
>> chaau
erk2 =
   4.2174e+07
```

从上面的结果可以看出，该矩阵的条件数为 1.7462e+16，该矩阵在数学理论中就是高度病态的，这样会造成比较大的计算误差。

### 4.1.4 数值矩阵的行列式

在 MATLAB 中，求解矩阵行列式的命令比较简单，其调用格式如下：

```
d=det(x)
```

求解矩阵 $x$ 的行列式，如果输入的参数 $x$ 不是矩阵，而是一个常数，则该命令返回原来的常数。

【例 4-4】 求解矩阵的行列式。

在 MATLAB 命令行窗口输入下面命令：

```
for i=1:3
    S=rand(i+2);
    s(i)=det(S);
    disp('Matrix:');
    disp(S);
    disp('deter:');
    disp(num2str(s(i)));
end
```

在输入上面的代码后，将该程序保存为"det_test.m"文件。在 MATLAB 的命令行窗口输入"det_test"后可以得到如下结果：

```
>> det_test
Matrix:
    0.2904    0.4004    0.2655
    0.6171    0.1500    0.6669
    0.6441    0.0147    0.2779
```

```
deter:
0.089338
Matrix:
    0.6408    0.6576    0.9478    0.8563
    0.4619    0.3408    0.0931    0.7450
    0.0867    0.1381    0.6656    0.3217
    0.1916    0.6070    0.0898    0.6616
deter:
-0.065264
Matrix:
    0.8819    0.9836    0.1394    0.4857    0.3964
    0.7202    0.9239    0.8207    0.8491    0.4029
    0.8579    0.0484    0.4051    0.3683    0.1215
    0.7402    0.6871    0.7645    0.7481    0.8076
    0.1462    0.0572    0.9497    0.4851    0.3710
deter:
0.031617
```

在上面的程序代码中，首先使用 rand 命令产生随机矩阵，然后使用 det 命令来计算这些矩阵的行列式。

### 4.1.5 符号矩阵的行列式

需要说明的是，det 命令除了可以计算数值矩阵的行列式之外，还可以计算符号矩阵的行列式，下面举例说明。

**【例 4-5】** 求解符号矩阵的行列式。

在 MATLAB 命令行窗口输入下面的命令：

```
>> A = [1 2 3; 4 5 6; 7 8 9];
>> B=det(A);
```

运行得到如下结果：

```
>> A =
    1    2    3
    4    5    6
    7    8    9
>> B =
    6.6613e-16
```

从上面结果可以看出，使用 det 命令也可以求解符号矩阵的行列式。关于符号运算的其他命令，读者可以查看符号运算的章节。

### 4.1.6 化零矩阵

对于非满秩的矩阵 $A$，存在某矩阵 $B$，满足 $A \cdot B=0$，同时矩阵 $B$ 是一个正交矩阵，也就

是说 $A-1=A^T$，则矩阵 $B$ 被称为 $A$ 的化零矩阵。在 MATLAB 中，求解化零矩阵的命令为 null，其具体的调用格式如下：

```
B=null(A)          %返回矩阵 A 的化零矩阵，如果化零矩阵不存在则返回空矩阵
B=null(A,'r')      %返回有理数形式的化零矩阵
```

**【例 4-6】**　求解非满秩矩阵 $A$ 的化零矩阵。

在 MATLAB 命令行窗口输入下面的命令：

```
>> A = [1 2 3; 4 5 6; 7 8 9];
>> B=null(A)
B =
   -0.4082
    0.8165
   -0.4082
>> C=A*B
C =
   1.0e-15 *
   0.2220
   0.4441
   0.8882
```

求解有理数形式的化零矩阵，在 MATLAB 命令行窗口输入下面的命令：

```
>> BC=null(A,'r')
BC =
    1
   -2
    1
>> CB=A*BC
CB =
    0
    0
    0
```

## 4.2　线性方程组求解

线性方程组的求解不仅在工程技术领域涉及，而且在其他的许多领域也经常碰到，因此这是一个应用相当广泛的课题。

线性方程组的数值解法一般分为两类：一类是直接法，就是在没有舍入误差的情况下通过有限步四则运算求得方程组准确解。直接法主要包括矩阵相除法和消去法；另一类是迭代法，就是先给定一个解的初始值，然后按一定的法则逐步求出解的近似值。

### 4.2.1 直接法

#### 1. 矩阵相除法

在 MATLAB 中，线性方程组 $AX=B$ 的直接解法是用矩阵除来完成的，即 $X=A\backslash B$。若 $A$ 为 $m×n$ 的矩阵，当 $m=n$ 且 $A$ 可逆时，给出唯一解；当 $n>m$ 时，矩阵除给出方程的最小二乘解；当 $n<m$ 时，矩阵除给出方程的最小范数解。

【例 4-7】 求解下列线性方程组。

$$\begin{cases} \dfrac{1}{2}x_1 + \dfrac{1}{3}x_2 + x_2 = 1 \\ x_1 + \dfrac{5}{3}x_2 + 3x_2 = 3 \\ 2x_1 + \dfrac{4}{3}x_2 + 5x_2 = 2 \end{cases}$$

在命令行窗口输入：

```
>> a=[1/2 1/3 1;1 5/3 3;2 4/3 5];        %A 为 3×3 矩阵, n=m
>> b=[1;3;2];
>> c=a\b                          %因为 n=m，且 A 可逆，给出唯一解
c =
    4
    3
   -2
```

由此得知方程组的解为 $x_1 = 4, x_2 = 3, x_3 = -2$。

【例 4-8】 求解下列线性方程组。

$$\begin{cases} x_1 - x_2 + x_3 - x_4 = 1 \\ x_1 - x_2 - x_3 + x_4 = 0 \\ x_1 - x_2 - 2x_3 + 2x_4 = -0.5 \end{cases}$$

在命令行窗口输入：

```
>> a=[1 -1 1 -1;1 -1 -1 1;1 -1 -2 2 ];    %A 为 3×4 矩阵, n>m
>> b=[1;0;-0.5];
>> c=a\b                          %因为 n>m，矩阵除给出方程的最小二乘解
c =
        0
  -0.5000
   0.5000
        0
```

**【例4-9】** 求解下列线性方程组。

$$\begin{cases} \dfrac{1}{2}x_1 + \dfrac{1}{3}x_2 + x_3 = 1 \\ x_1 + \dfrac{5}{3}x_2 + 3x_3 = 3 \\ 2x_1 + \dfrac{4}{3}x_2 + 5x_3 = 2 \\ x_1 + \dfrac{2}{3}x_2 + x_3 = 2 \end{cases}$$

在命令行窗口输入：

```
>> a=[1/2 1/3 1;1 5/3 3;2 4/3 5;1 2/3 1];        %A 为 4×3 矩阵，n<m
>> b=[1;3;2;2];
>> c=a\b                                %因为 n<m，矩阵除给出方程的最小范数解
c =
    1.1930
    2.3158
   -0.6842
```

**2. 消去法**

方程的个数和未知数个数不相等，用消去法。将增广矩阵（由[**A B**]构成）化为简化阶梯形，若系数矩阵的秩不等于增广矩阵的秩，则方程组无解；若两者的秩相等，则方程组有解，方程组的解就是行简化阶梯形所对应的方程组的解。

**【例4-10】** 求解下列线性方程组。

$$\begin{cases} x_1 - x_2 + x_3 - x_4 = 1 \\ x_1 - x_2 - x_3 + x_4 = 0 \\ x_1 - x_2 - 2x_3 - 2x_4 = -0.5 \end{cases}$$

在命令行窗口输入：

```
>> a=[1 -1 1 -1 1;1 -1 -1 1 0;1 -1 -2 2 -0.5]; %为增广矩阵，由[A B]构成
>> rref(a)
ans =
    1.0000   -1.0000         0         0    0.5000
         0         0    1.0000   -1.0000    0.5000
         0         0         0         0         0
```

由结果看出，$x_2$、$x_4$ 为自由未知量，方程组的通解为：$x_1 = x_2 + 0.5$，$x_3 = x_4 + 0.5$。

## 4.2.2 迭代法

迭代法是指用某种极限过程去逐步逼近线性方程组的精确解的过程，迭代法是解大型稀疏矩阵方程组的重要方法。相比较于 Gauss 消去法、列主元消去法、平方根法来说，迭代法具有求解速度快的特点，在计算机上计算尤为方便。

迭代法解线性方程组的基本思想是：先任取一组近似解初值 $X^{(0)}=(x_1^0, x_2^0, \ldots, x_n^0)^T$，然后按照某种迭代规则（或称迭代函数），由 $X^{(0)}$ 计算新的近似解 $X^{(1)}=(x_1^1, x_2^1, \ldots, x_n^1)^T$，类似地，由 $X^{(1)}$ 依次得到 $X^{(2)}, X^{(3)}, \ldots, X^{(k)}$。当 $\{X^{(k)}\}$ 收敛时，有 $\lim_{x\to\infty} X^{(k)} = X^*$，其中 $X^*$ 为原方程组的解向量。

在线性方程组中常用的迭代解法主要有 Jacobi 迭代法、Gauss-Seidel 迭代法、SOR（超松弛）迭代法等。下面分别进行讨论。

### 1. Jacobi 迭代法

设线性方程组为 $AX=B$，则 Jacobi 迭代法的迭代公式如下：

$$x^{(0)} = (x_1^0, x_2^0, \ldots, x_n^0)' \text{（初始向量）}$$

$$x_i^{(k+1)} = (b_i - \sum_{\substack{j=1 \\ j\neq i}}^{n} a_{ij} x_j^{(k)})/a_{ii} \quad (i=1,2,\ldots,n; k=0,1,2,\ldots)$$

据此，自定义一个函数 jacobi 实现 Jacobi 迭代法：

```
function tx=jacobi (A,b,imax,x0;tol)
%利用jacobi迭代法解线性方程组AX=b，迭代初值为x0，迭代次数由imax提供，精确度由tol提供
del=10^-10;                    %主对角的元素不能太小，必须大于 del
tx=[x0] ; n=length(x0);
for i=1:n
    dg=A(i,i);
    if abs(dg)< del
        disp('diagonal element is too small');
        return
    end
end
for k = 1:imax                 %Jacobi 迭代法的运算循环体开始
for i = 1:n
    sm=b(i) ;
    for j = 1:n
        if j~=i
            sm = sm -A(i,j)*x0(j) ;
        end
    end
    for j
        x(i)=sm/A(i,i);        %本次迭代得到的近似解
    end
    tx=[tx ;x] ;               %将本次迭代得到的近似解存入变量tx中
    if norm(x-x0)<tol
        return
    else
        x0=x ;
    end
end
end                            %Jacobi 迭代法的运算循环体结束
```

## 2. Gauss-Seidel 迭代法

将线性方程组 **AX=B** 写成如下格式：

$$x^{(0)} = (x_1^0, x_2^0, ..., x_n^0)' \text{（初始向量）}$$

$$x_i^{(k+1)} = (b_i - \sum_{j=1}^{i-1} a_{ij} x_j^{(k+1)} - \sum_{j=i+1}^{i-1} a_{ij} x_j^{(k)})/a_{ii} (i=1,2,...,n; k=0,1,2,...)$$

其中 $k$ 是迭代次数。据此，同样可以自定义一个函数 gseidel 实现 Gauss-Seidel 迭代法：

```
function tx= gseidel( A,b,imax,x0,tol)
%利用 Gauss-Seidel 迭代法解线性方程组 AX=b，迭代初值为 x0，迭代次数由 imax 提供，
%精确度由 tol 提供
del=10^-10;                %主对角的元素不能太小，必须大于 del
tx=[x0]; n=length(x0);
for i=1:n
    dg=A(i,i);
    if abs(dg)< del
        disp('diagonal element is too small'); return
    end
end
for k = 1:imax              %Gauss-Seidel 迭代法的运算循环体开始
    x=x0;
    for i = 1:n
        sm=b(i);
        for j = 1:n
            if j~=i
                sm = sm -A(i,j)*x(j);
            end
        end
        x(i)=sm/A(i,i);
    end
    tx=[tx;x];              %将本次迭代得到的近似解存入变量 tx 中
    if norm(x-x0)<tol
        return
    else
        x0=x;
    end
end                        %Gauss-Seidel 迭代法的运算循环体结束
```

## 3. SOR（超松弛）迭代法

超松弛迭代法是目前解大型线性方程组的一种最常用的方法，是 Gauss-Seidel 迭代法的一种加速方法。迭代公式为：

$$
\begin{cases}
x_i^{(k+1)} = (1-\omega)x_i^{(k)} + \dfrac{\omega}{a_{ii}}[b_i - \sum_{j=1}^{i-1} a_{ij}x_j^{(k+1)} - \sum_{j=i+1}^{n} a_{ij}x_j^{(k)}] (i=1,2,...,n) \\
\boldsymbol{X}^{(0)} = (x_1^0, x_2^0, ..., x_n^0)^{\mathrm{T}} (k=1,2,...)
\end{cases}
$$

其中，参数 $\omega$ 称作松弛因子；若 $\omega=1$，它就是 Gauss-Seidel 迭代法。实现 SOR 迭代法的自定义函数 sor 代码为：

```
function tx = sor( A,b,imax,x0,tol,w)
%利用 Gauss-Seidel 迭代法解线性方程组 AX=b，迭代初值为 x0，迭代次数由 imax 提供，
%精确度由 tol 提供，w 为松弛因子
del=10^-10;                          %主对角的元素不能太小，必须大于 del
tx=[x0] ; n=length(x0);
for i=1:n
    dg=A(i,i);
    if abs(dg)< del
        disp('diagonal element is too small');
        return
    end
end
for k = 1:imax                       %SOR 迭代法的运算循环体开始
    x=x0 ;
    for i = 1:n
        sm=b(i);
        for j = 1:n
            if j~=i
                sm = sm -A(i,j)*x(j);
            end
        end
        x(i)=sm/A(i,i);              %本次迭代得到的近似解
        x(i)=w*x(i)+(1-w)*x0(i);
    end
    tx=[tx;x];                       %将本次迭代得到的近似解存入变量 tx 中
    if norm(x-x0)<tol
        return
    else
        x0=x;
    end
end                                  %SOR 迭代法的运算循环体结束
```

若参数 $\omega$ 选择得当，SOR 迭代法收敛速度比 Gauss-Seidel 迭代法更快。

在 MATLAB 中，利用函数 solve 也可解决线性方程（组）和非线性方程（组）的求解问题。

# 4.3 矩 阵 分 解

矩阵分析是线性代数的重要内容，也是几乎所有 MATLAB 函数的分析基础。在 MATLAB2010a 中，可以支持多种线性代数中定义的操作，正是其强大的矩阵运算能力才使得 MATLAB 成为优秀的数值计算软件。

在 MATLAB 中，线性方程组的求解主要基于 3 种基本的矩阵分解：Cholesky 分解、LU 分解、QR 分解。对于这些分解，MATLAB 都提供了对应的函数。除了上面介绍的几种分解之外，本节还将介绍奇异值分解和舒尔求解两种比较常见的分解。

## 4.3.1 Cholesky 分解

Cholesky 分解是把一个对此的正定矩阵 $A$ 分解为一个上三角矩阵 $B$ 和其转置矩阵的乘积，对应的表达式为 $A=B^{T}*B$。从理论的角度来看，并不是所有的对称矩阵都可以进行 Cholesky 分解，需要进行 Cholesky 分解的矩阵必须是正定的。

在 MATLAB 中，进行 Cholesky 分解的是 chol 命令：

```
B=chol(X)
```

其中，$X$ 是对称的正定矩阵，$B$ 是上三角矩阵，使得 $A=B^{T}*B$。如果矩阵 $X$ 是非正定矩阵，该命令会返回错误信息；

```
[B,n]=chol(X)
```

该命令返回两个参数，并不返回错误信息。当 $X$ 是正定矩阵时，返回的矩阵 $B$ 是上三角矩阵，而且满足等式 $X=B^{T}*B$，同时返回参数 $n=0$；当 $X$ 不是正定矩阵时，返回的参数 $p$ 是正整数，$B$ 是三角矩阵，且矩阵阶数是 $n-1$，并且满足等式 $X(1:n-1,1:n-1)=B^{T}*B$。

对对称正定矩阵进行分解在矩阵理论中是十分重要的，可以首先对该对称正定进行 Cholesky 分解，然后经过处理得到线性方程的解，这些内容将在后面的步骤中通过实例介绍。

【例 4-11】 对对称正定矩阵进行 Cholesky 分解。
在 MATLAB 命令行窗口输入下面的命令：

```
>> n=5;
>> X=pascal(n);
>> B=chol(X);
>> A=chol(X);
>> B=transpose(A)*A;
>> X
X =
    1    1    1    1    1
    1    2    3    4    5
    1    3    6   10   15
    1    4   10   20   35
```

```
    1     5    15    35    70
>> A
A =
    1     1     1     1     1
    0     1     2     3     4
    0     0     1     3     6
    0     0     0     1     4
    0     0     0     0     1
>> B
B =
    1     1     1     1     1
    1     2     3     4     5
    1     3     6    10    15
    1     4    10    20    35
    1     5    15    35    70
```

从上面的结果可以看出，$A$ 是上三角矩阵，同时满足等式 $B=A^T A=X$，表明上面的 Cholesky 分解过程成功。

### 4.3.2 使用 Cholesky 分解求解方程组

【例 4-12】 使用 Cholesky 分解来求解线性方程组。

在命令行窗口输入下面的命令：

```
>> A=pascal(4);
>> b=[2;5;13;9];
>> x=A\b;
>> R=chol(A);
>> Rt=transpose(R);
>> xr=R\(Rt\b);
>> x
x =
   21
  -58
   56
  -17
>> xr
xr =
   21
  -58
   56
  -17
```

从上面的结果可以看出，使用 Cholesky 分解求解得到的线性方程组的数值解与使用左除得到的结果完全相同。其对应的数学原理如下：

对应线性方程组 $Ax=b$，其中 $A$ 是对称的正定矩阵，其 $A=R^TR$，则根据上面的定义，线性方程组可以转换为 $R^TRx=b$，该方程组的数值为 $x=R\backslash(R^T\backslash b)$。

### 4.3.3 不完全 Cholesky 分解

对于稀疏矩阵，MATLAB 提供 Cholinc 命令来做不完全的 Cholesky 分解，该命令的另外一个重要功能是求解实数半正定矩阵的 Cholesky 分解，其具体的调用格式如下：

（1）R=cholinc(X,droptol)，其中参数 X 和 R 的含义和 chol 命令中的含义相同，droptol 表示不完全 Cholesky 分解的丢失容限，当该参数为 0 时则属于完全 Cholesky 分解。

（2）R=cholinc(X,options)，其中参数 options 用来设置该命令的相关参数，具体地讲 options 是一个结构体，包含 droptol、michol 和 rdiag 三个参数。

（3）R=cholinc(X, '0')完全 Cholesky 分解。

（4）[R,p]=cholinc(X, '0')和命令 chol(X)相同。

（5）R=cholinc(X, 'inf')采用 Cholesky-Infinity 方法来进行分解，但是可以用来处理实数半正定分解。

【例 4-13】 使用 cholinc 命令对矩阵进行 Cholesky 分解。

在 MATLAB 命令行窗口中输入下面的命令：

```
>> A20=sparse(hilb(20));
>> [B,p]=chol(A20);
>> Binf=cholinc(A20,'inf');
>> Bfull=full(Binf(14:end,14:end));
```

在命令行窗口输入计算的变量名称，可以得到如下结果：

```
Bfull =
   Inf     0     0     0     0     0     0
     0   Inf     0     0     0     0     0
     0     0   Inf     0     0     0     0
     0     0     0   Inf     0     0     0
     0     0     0     0   Inf     0     0
     0     0     0     0     0   Inf     0
     0     0     0     0     0     0   Inf
```

检验是否满足分解条件。在命令行窗口输入如下命令：

```
>> A=full(A20(14:end,14:end));
>> A20B=Bfull*Rfull;
>> A
A =
    0.0370    0.0357    0.0345    0.0333    0.0323    0.0313    0.0303
    0.0357    0.0345    0.0333    0.0323    0.0313    0.0303    0.0294
    0.0345    0.0333    0.0323    0.0313    0.0303    0.0294    0.0286
    0.0333    0.0323    0.0313    0.0303    0.0294    0.0286    0.0278
```

```
    0.0323    0.0313    0.0303    0.0294    0.0286    0.0278    0.0270
    0.0313    0.0303    0.0294    0.0286    0.0278    0.0270    0.0263
    0.0303    0.0294    0.0286    0.0278    0.0270    0.0263    0.0256
>> A20B
A20B =
  Inf   NaN   NaN   NaN   NaN   NaN   NaN
  NaN   Inf   NaN   NaN   NaN   NaN   NaN
  NaN   NaN   Inf   NaN   NaN   NaN   NaN
  NaN   NaN   NaN   Inf   NaN   NaN   NaN
  NaN   NaN   NaN   NaN   Inf   NaN   NaN
  NaN   NaN   NaN   NaN   NaN   Inf   NaN
  NaN   NaN   NaN   NaN   NaN   NaN   Inf
```

从上面的结果可以看出，尽管 cholinc 命令可以求解得到分解结果，但是该分解结果并不能保证开始的等式关系。

### 4.3.4 LU 分解

LU 分解又称为高斯消去法。它可以将任意一个方阵 $A$ 分解为一个"心理"下三角矩阵 $L$ 和一个上三角矩阵 $U$ 的乘积，也就是 $A=LU$。其中，"心理"下三角矩阵的定义为下三角矩阵和置换矩阵的乘积。

在 MATLAB 中，求解 LU 分解的命令为 lu，其主要调用格式如下：

（1）[L,U]=lu(X)，其中 $X$ 是任意方阵，$L$ 是"心理"下三角矩阵，$U$ 是上三角矩阵，这三个变量满足条件式为 $X=LU$。

（2）[L,U,P]= lu(X)，其中 $X$ 是任意方阵，$L$ 是"心理"下三角矩阵，$U$ 是上三角矩阵，$P$ 是置换矩阵，满足的条件式为 $PX=LU$。

（3）Y=lu(X)，其中 $X$ 是任意方阵，把上三角矩阵和下三角矩阵合并在矩阵 $Y$ 中给出，满足的等式为 $Y=L+U-I$，该命令将损失置换矩阵 $P$ 的信息。

【例 4-14】 使用 lu 命令对矩阵进行 LU 分解。

在 MATLAB 命令行窗口中输入下面的命令：

```
>> A=[-1 8 -5;9 -1 2;2 -5 7];
>> [L1,U1]=lu(A);
>> A1=L1*U1;
>> x=inv(A);
>> x1=inv(U1)*inv(L1);
>> d=det(A);
>> d1=det(L1)*det(U1);
```

在命令行窗口输入计算的变量名称，可以得到如下结果：

```
>> L1
L1 =
   -0.1111    1.0000         0
```

```
   1.0000        0          0
   0.2222    -0.6056    1.0000
>> U1
U1 =
   9.0000    -1.0000     2.0000
        0     7.8889    -4.7778
        0          0     3.6620
>> A1
A1 =
   -1      8     -5
    9     -1      2
    2     -5      7
>> x
x =
   -0.0115     0.1192    -0.0423
    0.2269    -0.0115     0.1654
    0.1654    -0.0423     0.2731
>> x1
x1 =
   -0.0115     0.1192    -0.0423
    0.2269    -0.0115     0.1654
    0.1654    -0.0423     0.2731
>> d
d =
  -260
>> d1
d1 =
  -260
```

从上面的结果可以看出，方阵 LU 分解满足下面的等式条件：

`A=LU,U-1L-1=A-1,det(A)=det(L)det(U)`

## 4.3.5　不完全 LU 分解

对于稀疏矩阵，MATLAB 提供函数 luinc 来进行不完全的 LU 分解。其调用格式如下：

`[L,U]=luinc(X,droptol)`

命令中参数 X 的含义和 lu 命令中的含义相同，其中 droptol 表示不完全 LU 分解的丢失容限，当该参数为 0 时，属于完全 LU 分解。

- [L,U]=luinc(X,options)，参数 options 设置关于 LU 分解的各种参数。
- [L,U]=luinc(X, '0')，0 级不完全 LU 分解。
- [L,U,P]=luinc(X, '0')，0 级不完全 LU 分解。

【例 4-15】 使用 lunic 命令对稀疏矩阵进行 LU 分解。

在 MATLAB 命令行窗口中输入下面的命令：

```
>> D=[1 3 5;2 1 3;2 3 3;3 4 1;4 2 4;4 3 3];
>> LU=lu(D);
>> subplot(1,2,1);
>> spy(D);
>> title('D')
>> subplot(1,2,2);
>> spy(LU);
>> title('LU')
```

输入上面的程序代码后，可以得到如图 4-1 所示的图形。

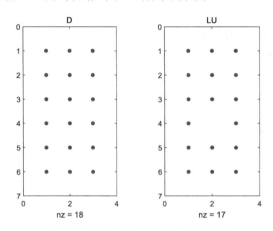

图 4-1　稀疏矩阵和 LU 分解结果图形

加载的系数矩阵维度比较大，如果直接使用数据查看，很难看出或者分解出矩阵的性质。在上面的实例中，使用 spy 命令来查看矩阵的属性。

### 4.3.6　QR 分解

矩阵的正交分解又被称为 QR 分解，也就是将一个 $m \times n$ 的矩阵 $A$ 分解为一个正交矩阵 $Q$ 和一个上三角矩阵 $R$ 的乘积，也就是说 $A = QR$。

在 MATLAB 中，进行 QR 分解的命令为 qr，其调用格式如下：

- [Q,R]=qr(A)，矩阵 $R$ 和矩阵 $A$ 大小相同，$Q$ 是正交矩阵，满足等式 $A = QR$。该调用方式适用于满矩阵和稀疏矩阵。
- [Q,R]=qr(A,0)，比较经济类型的 QR 分解。假设矩阵 $A$ 是一个 $m \times n$ 的矩阵，其中 $m > n$，则命令将只计算前 $n$ 列的元素，返回的矩阵 $R$ 是 $n \times n$ 矩阵；如果 $m \leqslant n$，该命令和上面的命令 [Q,R]=qr(A) 相等，该调用方式适用于满矩阵和稀疏矩阵。
- [Q,R,E]=qr(A)，$Q$ 是正交矩阵，$R$ 是上三角矩阵，$E$ 是置换矩阵，满足条件关系式 $A \cdot E = Q \cdot R$，该调用方式适用于满矩阵。

【例 4-16】 使用 qr 命令对矩阵进行 QR 分解。

在 MATLAB 命令行窗口中输入下面的命令：

```
>> H=magic(4);
>> [Q,R]=qr(H);
>> A=Q*R;
```

在命令行窗口输入计算的变量名称，可以得到如下结果：

```
>> A
A =
   16.0000    2.0000    3.0000   13.0000
    5.0000   11.0000   10.0000    8.0000
    9.0000    7.0000    6.0000   12.0000
    4.0000   14.0000   15.0000    1.0000
>> Q
Q =
   -0.8230    0.4186    0.3123   -0.2236
   -0.2572   -0.5155   -0.4671   -0.6708
   -0.4629   -0.1305   -0.5645    0.6708
   -0.2057   -0.7363    0.6046    0.2236
>> R
R =
  -19.4422  -10.5955  -10.9041  -18.5164
        0  -16.0541  -15.7259   -0.9848
        0         0    1.9486   -5.8458
        0         0         0    0.0000
>> A
A =
   16.0000    2.0000    3.0000   13.0000
    5.0000   11.0000   10.0000    8.0000
    9.0000    7.0000    6.0000   12.0000
    4.0000   14.0000   15.0000    1.0000
```

从上面的结果可以看出，矩阵 $R$ 是上三角矩阵，同时满足 $A=QR$，在下面的步骤中将证明 $Q$ 矩阵是正交矩阵。

```
>> dQ=det(Q);
>> for i=1:4
H=Q(:,i);
for j=(i+1):4
M=Q(:,j);
N=H'*M;
disp(num2str(N))
end
end
```

得到的结果如下：

```
dQ
   -1.0000
N=
-5.5511e-17
0
-2.7756e-17
-2.2204e-16
-1.9429e-16
2.7756e-16
```

### 4.3.7 处理 QR 分解结果

在 MATLAB 中，除了提供 qr 命令之外，还提供了 qrdelete 和 qrinsert 命令来处理矩阵运算的 QR 分解。

其中，qrdelete 的功能是删除 QR 分解得到矩阵的行或者列；qrinsert 的功能则是插入 QR 分解得到矩阵的行或者列。

下面以 qrdelete 命令为例来说明如何调用命令：

- [Q1,R1]=qrdelete(O,R,j)返回矩阵 A1 的 QR 分解结果，其中 A1 是矩阵 $A$ 删除第 $j$ 列得到的结果，而矩阵 $A=QR$。
- [Q1,R1]=qrdelete(O,R,j,'col')计算结果和[Q1,R1]=qrdelete(O,R,j)相同。
- [Q1,R1]=qrdelete(O,R,j,'row')返回矩阵 A1 的 QR 分解结果，其中 A1 结果是矩阵 $A$ 删除第 $j$ 行的数据得到的结果，而矩阵 $A=QR$。

### 4.3.8 奇异值分解

奇异值分解在矩阵分析中有着重要的地位，对于任意矩阵 $A \in C^{m \times n}$，存在酉矩阵，$U=[u^1,u^2,...,u^n]$, $V=[v^1,v^2,...,v^n]$，使得：

$$U^t AV = \text{diag}(\sigma_1, \sigma_2, ..., \sigma_p)$$

其中，参数 $\sigma_1 \geqslant \sigma_2 \geqslant ... \geqslant \sigma_p$，$P=\min\{m,n\}$。在上面的式子中，$\{\sigma_i, u_i, v_i\}$ 分别是矩阵 $A$ 的第 $i$ 个奇异值、左奇异值和右奇异值，它们的组合就称为奇异值分解三对组。

在 MATLAB 中，计算奇异值分解的命令如下：

- [U,S,V]=svd(X)，奇异值分解。
- [U,S,V]=svd(X,0)，比较经济的奇异值分解。
- s=svds(A,K,0)，向量 $s$ 中包含矩阵 $A$ 分解得到的 $k$ 个最小奇异值。
- [U,S,V]=svds(A,K,0)，给出 $A$ 的 $k$ 个最大奇异值分解结果。

【例 4-17】 对矩阵进行奇异值分解。

在 MATLAB 命令行窗口中输入下面的命令：

```
>> D=[1 3 5;2 1 3;2 3 3];
>> [U,S,V]=svd(D);
>> U
U =
   -0.7098    0.6667   -0.2273
   -0.4315   -0.6667   -0.6078
   -0.5567   -0.3333    0.7609
>> S
S =
    8.2188         0         0
         0    1.4142         0
         0         0    1.2045
>> V
V =
   -0.3268   -0.9428    0.0655
   -0.5148    0.2357    0.8243
   -0.7925    0.2357   -0.5624
```

使用最经济的方法来进行分解：

```
>> D=[1 3 5;2 1 3;2 3 3];
>> [U,S,V]=svd(D,0);
>> U
U =
   -0.7098    0.6667   -0.2273
   -0.4315   -0.6667   -0.6078
   -0.5567   -0.3333    0.7609
>> S
S =
    8.2188         0         0
         0    1.4142         0
         0         0    1.2045
>> V
V =
   -0.3268   -0.9428    0.0655
   -0.5148    0.2357    0.8243
   -0.7925    0.2357   -0.5624
```

# 4.4　特征值分析

在线性代数的理论中，对应 $n \times n$ 方阵 $A$，其特征值 $\lambda$ 和特征向量 $x$ 满足下面的等式：

$$Ax = \lambda x$$

在上面的等式中，$\lambda$是一个标量，$x$是一个向量。把矩阵$A$的$n$个特征值放置在矩阵的对角线上就可以组成一个矩阵$D$，也就是$D=\text{diag}(\lambda_1, \lambda_2,..., \lambda_n)$，然后将各特征值对应的特征向量按照对应次序排列，作为矩阵$V$的数据列。如果该矩阵$V$是可逆的，则关于特征值的问题可以描述为：

$$A \cdot V=V \cdot D \Rightarrow A=V \cdot D \cdot V^{-1}$$

在 MATLAB 中，提供了多种关于矩阵特征值处理的函数，用户可以使用这些函数来分析矩阵特征值的多种内容，下面分小节详细分析。

## 4.4.1 特征值和特征向量

在 MATLAB 中，求解矩阵特征值和特征向量的数值运算方法为：对矩阵进行一系列的House-holder 变换，产生一个准上三角矩阵，然后使用 OR 法迭代进行对角化。对于一般读者来讲，可以不用了解这些计算原理。关于矩阵的特征值和特征向量的命令比较简单，具体的调用格式如下：

- d=eig(A)，仅计算矩阵$A$的特征值，并且以向量的形式输出。
- [V,0]=eig(A)，计算矩阵$A$的特征向量矩阵$V$和特征值对角阵$D$，满足等式$AV=VD$。
- [V,D]=eig(A,'nobalance')，当矩阵$A$中有截断误差数量级相差不大时，该指令更加精确。
- [V,D]=eig(A,B)，计算矩阵$A$的广义特征向量矩阵$V$和广义特征值对角阵$D$，满足等式$AV=BVD$。
- d=eigs(A,K,sigma)，计算稀疏矩阵$A$的$k$个由 sigma 指定的特征向量和特征值，关于参数 sigma 的取值，请查看相应的帮助文件。

当只需要了解矩阵的特征值时，推荐使用第一条命令，这样可以节约系统的资源，同时可以有效地得到结果。

【例 4-18】 对基础矩阵求解矩阵的特征值和特征向量。
对矩阵进行特征值分析。在 MATLAB 命令行窗口中输入下面的命令：

```
>> A=pascal(3);
>> [V D]=eig(A);
>> V
V =
  -0.5438   -0.8165    0.1938
   0.7812   -0.4082    0.4722
  -0.3065    0.4082    0.8599
>> D
D =
   0.1270        0         0
        0   1.0000         0
        0        0    7.8730
```

检测分析得到的结果。在 MATLAB 命令行窗口中输入下面的命令：

```
>> dV=det(V);
>> B=A*V-V*D;
>> dV
dV =
    1.0000
>> B
B =
  1.0e-14 *
    0.0236    0.0111    0.0222
    0.0916   -0.0167   -0.0444
```

从上面的结果可以看出，$V$ 矩阵的行列式为 1，是可逆矩阵，同时求解得到的矩阵结果满足等式 $AV=VD$。

### 4.4.2 求稀疏矩阵的特征值和特征向量

【例 4-19】 用 eigs 命令来求取稀疏矩阵的特征值和特征向量。

生成稀疏矩阵，并求取特征值。在 MATLAB 命令行窗口中输入下面的命令：

```
>> A=delsq(numgrid('C',10));
>> e=eig(full(A));
>> [dum,ind]=sort(abs(e));
>> dlm=eigs(A);
>> dsm=eigs(A,6,'sm');
>> dsmt=sort(dsm);
>> subplot(2,1,1)
>> plot(dlm,'r+')
>> hold on
>> plot(e(ind(end:-1:end-5)),'rs')
>> hold off
%为每个绘制的数据序列创建一个带有描述性标签的图例
>> legend('eigs(A)','eig(full(A))')
>> set(gca,'XLim',[0.5 6.5])
>> grid
>> subplot(2,1,2)
>> plot(dsmt,'r+')
>> hold on
>> plot(e(ind(1:6)),'rs')
>> hold off
>> legend('eigs(A,6,"sm")','eig(full(A))')
>> grid
>> set(gca,'XLim',[0.5 6.5])
```

查看图形，如图 4-2 所示。

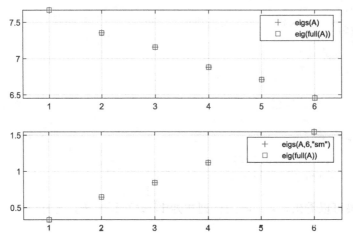

图 4-2 计算的图形结果

### 4.4.3 特征值问题的条件数

在前面的章节中介绍过，如果在 MATLAB 中求解代数方程的条件数，这个命令不能用来求解矩阵的特征值对扰动的灵敏度。矩阵特征值条件数定义是对矩阵的每个特征值进行的，其具体的定义如下：

$$C_i = \frac{1}{\cos\theta(v_i, v_j)}$$

在上面的等式中，$v_i$、$v_j$ 分别是特征值 $\lambda$ 所对应的左特征行向量和右特征列向量。其中，$\theta(\cdot, \cdot)$ 表示的是两个向量的夹角。

在 MATLAB 中，计算特征值条件数的命令如下：

- C=condeig(A)，向量 C 中包含了矩阵 A 中关于各特征值的条件数。
- [V,D,s]=condeig(A)，相当于[V,D]=eig(A)和 C=condeig(A)的组合。

【例 4-20】 使用命令分别求解方程组的条件数和特征值。

在 MATLAB 命令行窗口中输入下面的命令：

```
>> A=magic(5);
>> c=cond(A);
>> cg=condeig(A);
```

查看求解结果：

```
>> c
c =
    5.4618
>> cg
cg =
    1.0000
    1.0575
```

```
     1.0593
     1.0575
     1.0593
```

从上面的结果来看方程的条件数很大，但是矩阵特征值的条件数比较小，表明方程的条件数和对应矩阵特征值条件数是不等的。

重新计算新的矩阵，进行分析。在 MATLAB 的命令行窗口输入下面的命令：

```
>> A=eye(5,5);
>> A(3,2)=1;
>> A(2,5)=1;
>> c=cond(A);
>> cg=condeig(A);
>> A
A =
     1     0     0     0     0
     0     1     0     0     1
     0     1     1     0     0
     0     0     0     1     0
     0     0     0     0     1
>> c
c =
     4.0489
>> cg
cg =
   1.0e+31 *
     0.0000
     0.0000
     2.0282
     0.0000
     2.0282
```

从上面的结果可以看出，在上面的例子中方程组的条件数很小，而对应的特征值条件数的两个分量相当大。

## 4.4.4 特征值的复数问题

理论上，即使是实数矩阵，对应的特征值也可能是复数。在实际应用中，经常需要将一对共轭复数特征值转换为一个实数块，为此 MATLAB 提供了下面的命令：

```
[VR,DR]=cdf2rdf(VC,DC)      %把复数对角形转换成实数对角形
[VC,DC]=cdf2rdf(VR,DR)      %把复数对角形转换成实数对角形
```

在上面的命令参数中，DC 表示含有复数的特征值对角阵，VC 表示对应的特征向量矩阵；DR 表示含有实数的特征值对角阵，VR 表示对应的特征向量矩阵。

【例 4-21】 对矩阵的复数特征值进行分析。

在 MATLAB 命令行窗口中输入下面的命令：

```
>> A=[2 -2 3;0 4 7;3 -7 1];
>> [VC,DC]=eig(A);
>> [VR,DR]=cdf2rdf(VC,DC);
>> AR=VR*DR/VR;
>> AC=VC*DC/VC;
```

查看求解的结果：

```
>> VC
VC =
 -0.9074 + 0.0000i   0.2356 I 0.2977i   0.2356 - 0.2977i
 -0.3771 + 0.0000i   0.6840 + 0.0000i   0.6840 + 0.0000i
  0.1856 + 0.0000i  -0.0760 + 0.6183i  -0.0760 - 0.6183i

>> DC
DC =
  0.5553 + 0.0000i   0.0000 + 0.0000i   0.0000 + 0.0000i
  0.0000 + 0.0000i   3.2223 + 6.3275i   0.0000 + 0.0000i
  0.0000 + 0.0000i   0.0000 + 0.0000i   3.2223 - 6.3275i

>> VR
VR =
 -0.9074    0.2356    0.2977
 -0.3771    0.6840         0
  0.1856   -0.0760    0.6183
>> DR
DR =
  0.5553         0         0
       0    3.2223    6.3275
       0   -6.3275    3.2223
>> AC
AC =
  2.0000 + 0.0000i  -2.0000 - 0.0000i   3.0000 - 0.0000i
  0.0000 + 0.0000i   4.0000 + 0.0000i   7.0000 + 0.0000i
  3.0000 + 0.0000i  -7.0000 - 0.0000i   1.0000 - 0.0000i

>> AR
AR =
  2.0000   -2.0000    3.0000
  0.0000    4.0000    7.0000
  3.0000   -7.0000    1.0000
```

# 4.5 函数的零点

对应某任意函数，在求解范围之内可能有零点，也可能没有零点；可能只有一个零点，也可能有多个甚至无数个零点。因此，这就给程序求解函数的零点增加了很大的难度。没有可以求解所有函数零点的通用的求解命令。本节将简单讨论一元函数和多元函数的零点求解问题。

## 4.5.1 一元函数的零点

在所有函数中，一元函数是最简单的，同时也是可以使用 MATLAB 提供的图形绘制命令来实现可视化的。因此，在本小节中将首先讨论一元函数零点的求取方法。

在 MATLAB 中，求解一元函数零点的命令是 fzero，其调用格式如下：

- x=fzero(fun,x0)，参数 fun 表示一元函数，x0 表示求解的初始数值。
- [x,fval,exitflag,output]=fzero(fun,x0,options)，参数 options 的含义是指优化迭代所采用的参数选项，该参数和后面章节中需要讲解的 fsolve、fminbnd 等命令中的 options 都是相同的"模块"；在输出参数中，fval 表示对应的函数值，exitflag 表示程序退出的类型，output 反映优化学习的变量。

【例 4-22】 求函数 $f(x)=x^2\sin x-x+1$ 在数值区间[–2,3]中的零点。

在 MATLAB 命令行窗口中输入下面的命令：

```
clear
%计算函数数值
x=[-2:0.1:3];
y=sin(x).*x.^2-x+1;
%绘制函数图形
plot(x,y,'r','Linewidth',1.5)
hold on
%添加水平线
s=line([-2,4],[0,0]);
%设置直线的宽度和颜色
set(s,'LineWidth',1.5)
set(s,'color','k')
%设置坐标轴刻度
set(gca,'Xtick',[-3:0.5:4])
%添加图形标题和坐标轴名称
title('zero')
grid
xlabel('x')
ylabel('f(x)')
```

查看图形，如图 4-3 所示。

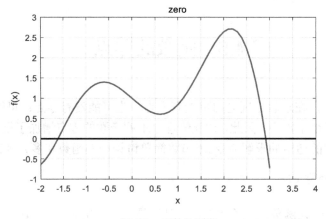

图 4-3　函数的图形

之所以在求解函数零点之前需要绘制函数的图形，是为了在后面的步骤中使用 fzero 命令时更好地选择初始数值。

求解函数的零点。在 MATLAB 命令行窗口中输入下面的命令：

```
f=@(x)(x.^2.*sin(x)-x+1);
[x1,f1,exitflag1]=fzero(f,-2);
[x2,f2,exitflag2]=fzero(f,-1);
[x3,f3,exitflag3]=fzero(f,3.5);
x=[x1;x2;x3]';
f=[f1;f2;f3]';
```

查看求解结果：

```
>> x
x =
  -1.6194   -1.6194    2.9142
>> f
f =
  1.0e-15 *
  -0.4441   -0.4441   -0.8882
```

从上面的结果可以看出，函数在[-2,3]范围内的 3 个零点数值解为-1.6194、-1.6194、2.9142。

### 4.5.2 多元函数的零点

一般来讲，多元函数的零点问题比一元函数的零点问题更难解决，但是当零点大致位置和性质比较好预测时，也可以使用数值方法来搜索精确的零点。

在 MATLAB 中，求解多元函数的命令是 fsolve，具体的调用格式如下：

- x=fsolve(fun,x0)，解非线性方程组的数值解。
- [x,fval,exitflag,output]=fsolve (fun,x0,options)，完整格式，参数含义可以参考上面的函数。

【例 4-23】 求二元方程组 $\begin{cases} 2x_1 - x_2 = \mathrm{e}^{-x_1} \\ -x_1 + 2x_2 = \mathrm{e}^{-x_2} \end{cases}$ 的零点。

在 MATLAB 命令行窗口中输入下面的命令：

```
clear
%创建三维图形的数据网格
x=[-5:0.1:5];
y=x;
[X,Y]=meshgrid(x,y);
%计算三维函数的数值
Z=2*X-Y-exp(-1*X);
%绘制曲面图
surf(X,Y,Z)
%设置照明属性
shading interp
%添加水平的颜色条
colorbar horiz
%设置图形的坐标轴刻度属性
set(gca,'Ztick',[-180:40:20]);
set(gca,'ZLim',[-170 20]);
%设置透明属性
alphamap('rampdown')
colormap hot
%添加图形标题和坐标轴名称
title('zero')
xlabel('x')
ylabel('y')
zlabel('z')
```

查看图形，如图 4-4 所示。

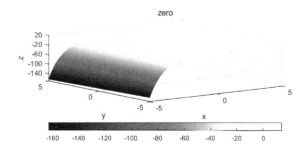

图 4-4　函数的图形

求解二元函数的零点，在 M 文件编辑器中输入以下程序：

```
f=@(x)([2*x(1)-x(2)-exp(-x(1)); -x(1)+2*x(2)-exp(-x(2))]);
```

```
y=fsolve(f,[-4 4]);
```

得到：

```
>> y
y =
    0.5671    0.5671
>> f(y)
ans =
   1.0e-09 *
   -0.2007
   -0.3403
```

从上面的结果中可以看出，由于原来的二元函数是对称的，因此所求解的未知数结果是相等的。由于在上面的实例中设置了显示迭代，因此在上面的结果中显示各优化信息。

# 4.6 数 值 积 分

微积分是高等数学的重要知识，在工程实践中微积分有着十分广泛的应用，因此如何通过计算机实现微积分是十分重要的。

在 MATLAB 中，用户可以使用多种方法来实现微积分的运算，数值积分、符号积分、样条积分等。在本章中，将主要介绍数值积分和样条积分，并辅以介绍符号积分和 Simulink 积分的方法。

## 4.6.1 一元函数的数值积分

在 MATLAB 中，对一元函数进行数值积分的命令是 quad 和 quadl。一般来讲，quadl 比 quad 命令更加有效，它们的主要功能在于计算闭型数值积分，其对应的详细调用格式如下：

- q=quad(fun,a,b,tol,trace)，采用递推自适应 Simpson 法计算积分。
- q = quadl(fun,a,b,tol,trace)，采用递推自适应 Lobatto 法计算积分。

下面详细介绍上面函数中参数的含义。

- fun: 被积函数，可以是字符串、内联函数、M 函数文件名称的函数句柄。被积函数中一般用 x 作为自变量。
- a,b: 被积函数的上限和下限，必须都是确定的数值。
- tol: 标量，控制绝对误差，默认的数值精度是 $10^{-6}$。
- trace: 如果该输入变量的数值不是零，则随积分的进程逐点绘制被积函数。

在更为完整的调用命令 q= quadl(fun,a,b,tol,trace,p1,p1,...)中，p1 和 p2 表示通过程序内被积函数传递的参数。

【例 4-24】 求解积分 $\int_0^{4\pi} \sqrt{\cos(2t)^2 + 3\sin(t)^2}\, \mathrm{d}t$ 的数值。

分析参数方程。根据微积分的基础知识，上面积分的数值实际上是某曲线的长度，该函数对应的参数方程如下：

$$\begin{cases} x(t) = \sin(t), y(t) = \cos(t) \\ z(t) = t \end{cases}$$

绘制函数图形，如图 4-5 所示。

```
t=0:0.1:4*pi;
h=plot3(sin(2*t),cos(t),t);
set(h,'LineWidth',1.5)
grid on
```

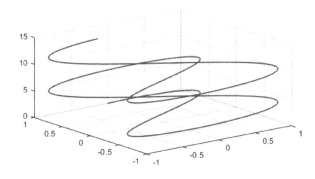

图 4-5　函数的图形

编写被积函数的 M 文件：

```
f=@(x)(cos(2*t).^2+3*sin(t).^2);
```

使用 quad 和 quadl 命令来求解数值积分：

```
e1=quad(f,0,2*pi);
e2=quadl(f,0,2*pi);
```

得到：

```
>> e1
e1 =
   12.5664
>> e2
e2 =
   12.5664
```

设置积分的求解属性，重新求解数值积分：

```
e3=quad(f,0,2*pi,1.e-3,1);
e4=quadl(f,0,2*pi,1.e-3,1);
```

得到：

```
>> e3
e3 =
   12.5663
>> e4
e4 =
   12.5664
```

从上面的结果可以看出，当用户设置比较小的误差时，使用 quad 和 quadl 命令求解得到的结果精度才有所区别。

### 4.6.2　矩形区域的多重数值积分

多重数值积分可以认为是一元函数积分的推广和延伸，但是情况比一元函数要复杂，在本小节中将主要介绍如何在 MATLAB 中计算二重数值积分。

在 MATLAB 中，计算二重数值积分的命令为 dblquad，具体调用格式如下：

```
q = dblquad(fun,xmin,xmax,ymin,ymax,tol,method)
```

在上面的参数中，fun 表示积分函数，xmin、xmax 表示变量 $x$ 的上、下限，ymin、ymax 表示变量 $y$ 的上、下限，tol 表示积分绝对误差，默认数值为 $10^{-4}$，method 表示积分方法的选项，默认选项为@quad，用户可以选择@quadl 或者自己定义的积分函数句柄。

【例 4-25】　求解积分 $\int_0^\pi \int_0^{2\pi} (y\sin(x) + x\cos(y))\mathrm{d}x\mathrm{d}y$ 的数值。

求解积分数值。在 MATLAB 的命令行窗口输入下面的代码：

```
integrnd=@(x,y)y*sin(x)+x*cos(y);
xmin=pi;
xmax=2*pi;
ymin=0;
ymax=pi;
result=dblquad(integrnd,xmin,xmax,ymin,ymax)
```

查看求解结果：

```
>> result
result =
   -9.8696
```

### 4.6.3　变量区域的多重数值积分

在前面介绍的内容中都有固定数值的二重积分运算方法，但是在实际应用中，二重积分并不都是矩形计算区域，在计算区域中会包含变量表达式。也就是说，积分区域可以表示成下面的情况：

$$R = \{(x,y) \mid a \leqslant x \leqslant b, c(x) \leqslant y \leqslant d(x)\}$$

用户需要求解的积分表达式为:

$$I = \iint_R f(x,y)\mathrm{d}x\mathrm{d}y = \int_a^b \{\int_{c(x)}^{d(x)} f(x,y)\mathrm{d}y\}\mathrm{d}x$$

对于上面的积分表达式, 进行数值计算的表达式为:

$$I(a,b,c(x),d(x)) = \sum_{m=1}^M W_m \sum_{n=1}^N V_n f(x_m, y_{m,n})$$

在上面的表达式中, $w_m$、$v_n$ 表示的是权重, 取决于一维积分方法。
在本小节中, 将使用一个简单的例子说明如何计算二重数值积分。

【例 4-26】 求解积分 $I = \int_{-1}^1 \int_0^{\sqrt{1-x^2}} \sqrt{1-x^2-y^2}\mathrm{d}y\mathrm{d}x$ 的数值。

编写一维数值积分的 M 文件。

```
function INTF=smpsns_fxy(f,x,c,d,N)
%函数 f(x,y)的一维数值积分数值
%对应的积分区域是 Ry={c<=y<+d}
%当用户没有输入函数中的 N 参数时, 默认值为 100
if nargin<5
    N=100;
end
%当参数 c=d 或者参数 N=0 时, 返回积分数值为 0
if abs(d-c)<eps|N<=0
    INTF=0;
    return;
end
%如果参数 N 是奇数, 则将其加 1, 变成偶数
if mod(N,2)~=0
    N=N+1;
end
%计算单位高度数值
h=(d-c)/N;
%计算节点的 Y 轴坐标轴
y=c+[0:N]*h;
%计算节点的积分函数数值
fxy=feval(f,x,y);
%确定积分的限制范围
fxy(find(fxy==inf))=realmax;
fxy(find(fxy==-inf))=-realmax;
%计算奇数和偶数的节点 x 坐标数值
kodd=2:2:N;
keven=3:2:N-1;
%根据积分公式得出积分数值
INTF=h/3*(fxy(1)+fxy(N+1)+4*sum(fxy(kodd))+2*sum(fxy(keven)));
```

在输入上面的程序代码后，将代码保存为"smpsns_fxy.m"文件。编写二重积分的 M 文件。

```
function INTFxy=int2s(f,a,b,c,d,M,N)
%被积函数 f(x,y)的二重积分数值
%积分区域为 R={(x,y)|a<=x<=b,c(x)<=y<=d(x)}
%使用的积分方法是 Simpson 法则
if ceil(M)~=floor(M)
    hx=M;
    M=ceil((b-a)/hx);
end
if mod(M,2)~=0
    M=M+1;
end
hx=(b-a)/M;
m=1:M+1;
x=a+(m-1)*hx;
%判断参数 c 是否是数值：如果 c 是数值，就将积分限制设置为数值 c；
%如果 c 不是数值，就将积分限制设置为函数表达式。
if isnumeric(c)
    cx(m)=c;
else
    cx(m)=feval(c,x(m));
end
%判断参数 d 是否是数值：如果 d 是数值，就将积分限制设置为数值 d；
%如果 d 不是数值，就将积分限制设置为积分表达式。
if isnumeric(d)
    dx(m)=d;
else
    dx(m)=feval(d,x(m));
end
%重复和参数 M 类似的操作
if ceil(N)~=floor(N)
    hy=N;
    Nx(m)=ceil((dx(m)-cx(m))/hy);
    ind=find(mod(Nx(m),2)~=0);
    Nx(ind)=Nx(ind)+1;
else
    if mod(N,2)~=0
        N=N+1;
    end
    Nx(m)=N;
end
%根据 Simpson 法则计算各个节点的数值
for m=1:M+1
```

```
     sx(m)=smpsns_fxy(f,x(m),cx(m),dx(m),Nx(m));
end
kodd=2:2:M;
keven=3:2:M-1;
%计算积分数值
INTFxy=hx/3*(sx(1)+sx(M+1)+4*sum(sx(kodd))+2*sum(sx(keven)));
```

在输入上面的程序代码后，将代码保存为"int2s.m"文件。

计算二重积分：

```
x=[-1:0.05:1];
y=[0:0.05:1];
[X,Y]=meshgrid(x,y);
f510=inline('sqrt(max(1-x.*x-y.*y,0))','x','y');
z=f510(X,Y);
d=inline('sqrt(max(1-x.*x,0))','x');
b=1;
a=-1;
c=0;
Vs1=int2s(f510,a,b,c,d,100,100);
error1=Vs1-pi/3;
Vs2=int2s(f510,a,b,c,d,0.01,0.01);
error2=Vs2-pi/3;
```

查看求解结果：

```
>> Vs1
Vs1 =
    1.0470
>> Vs2
Vs2 =
    1.0470
>> error1
error1 =
  -1.5315e-04
>> error2
error2 =
  -1.9685e-04
```

绘制函数图形，如图 4-6 所示。

```
>> surf(X,Y,z)
```

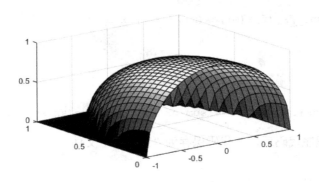

图 4-6　函数的图形

# 4.7　概率论与数理统计

本节将主要介绍在 MATLAB 中运用概率论和数理统计的方法，包括概率分布、数理统计等。在每个小节中主要介绍如何在 MATLAB 中运用相关的知识，而对应具体的背景知识，请读者查看对应的书籍。

## 4.7.1　双变量的概率分布

概率分布是概率论和数理统计的基础知识。在 MATLAB 中，提供处理常见概率分布的各种命令，包括二项分布、泊松分布等概率分布。这些内容比较简单，在本小节就不详细展开介绍了，感兴趣的读者可以查阅相应的帮助文件。

在本小节中，将主要介绍如何在 MATLAB 中处理双变量或者多变量的概率分布的情况。首先介绍如何处理双变量 t 分布。

根据基础的概率知识，描述双变量 t 分布的重要参数是线性相关矩阵 $k$ 和自由度 $\eta$。下面举例说明如何在 MATLAB 中显示多元分布的图形。

【例 4-27】　在 MATLAB 中使用图形来显示双变量 t 分布，其中两个变量服从的分布分别为 t(1) 和 t(5)。也就是说，两个变量的自由度分别为 1 和 5。下面使用图形显示在两个变量线性相关矩阵 $k$ 的不同取值下的分布情况。

绘制二元概率分布的图形。在 MATLAB 的命令行窗口中输入下面的代码：

```
%设置分布参数，n 代表数据点个数，nu 表示自由度，相关系数矩阵为[1 0.8; 0.8 1]
n=500;
nu=1;
T=mvtrnd([1 0.8;0.8 1],nu,n);
U=tcdf(T,nu);
%绘制数据点的图形，并设置图形的属性
subplot(2,2,1);
plot(U(:,1),U(:,2))
T=mvtrnd([1 0.1;0.1 1],nu,n);
```

```
U=tcdf(T,nu);
%绘制数据点的图形，并设置图形的属性
subplot(2,2,2);
plot(U(:,1),U(:,2))
T=mvtrnd([1 -0.1;-0.1 1],nu,n);
U=tcdf(T,nu);
%绘制数据点的图形，并设置图形的属性
subplot(2,2,3);
plot(U(:,1),U(:,2))
T=mvtrnd([1 -0.8;-0.8 1],nu,n);
U=tcdf(T,nu);
%绘制数据点的图形，并设置图形的属性
subplot(2,2,4);
plot(U(:,1),U(:,2))
```

在输入程序代码后得到如图 4-7 所示的图形。针对上面的程序代码，相关说明如下：

- 在上面的程序代码中，mvtrnd 命令的功能是从多元 t 分布中产生随机数据矩阵，关于具体的用法，读者可以查看对应的帮助文件。
- tcdf 命令的功能是产生 t 分布的累积概率数值，具体的用法请查阅相应的帮助文件。

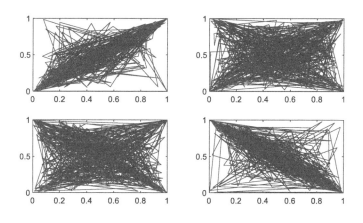

图 4-7　函数的图形

## 4.7.2　不同概率分布

在 MATLAB 中，除了绘制两个相同分布变量之外，还可以绘制两个不同随机分布的变量的数据分布图。

【例 4-28】　两个相关随机变量的分布服从 Gamma 分布和 t 分布，两个变量相互独立，且具体的随机变量参数为 Gamma(2,1) 和 t(5)，在 MATLAB 中绘制两个变量的数据分布图形。

绘制二元概率分布的图形。

```
>> subplot(1,1,1);
%设置概率分布的参数
```

```
n=1000;
r=0.7;
nu=1;
%产生多元 t 分布的随机数值矩阵
T=mvtrnd([1 r;r 1],nu,n);
%计算 t 分布数值的累积概率分布数值
U=tcdf(T,nu);
%产生两个概率分布的数值
A=[gaminv(U(:,1),2,1) tinv(U(:,2),5)];
%计算两个直方图的数值
[n1,ctr1]=hist(A(:,1),20);
[n2,ctr2]=hist(A(:,2),20);
%绘制图形
subplot(2,2,2);
plot(A(:,1),A(:,2),'.');
axis([0 15 -10 10]);
h1=gca;

subplot(2,2,4);bar(ctr1,-n1,1);
axis([0 15 -max(n1)*1.1 0]);
axis('off');
h2=gca;
subplot(2,2,1);barh(ctr2,-n2,1);
axis([-max(n2)*1.1 0 -10 10]);
axis('off');
h3=gca;

set(h1,'Position',[0.35 0.35 0.55 0.55]);
set(h2,'Position',[0.35 0.1 0.55 0.15]);
set(h3,'Position',[0.1 0.35 0.15 0.55]);
colormap([0.8 0.8 1]);
```

查看图形，如图 4-8 所示。

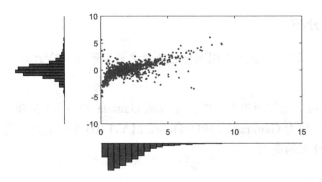

图 4-8  函数的图形

## 4.7.3 数据分布分析

在实际应用中，用户经常需要根据有限的试验数据推测该样本所满足的数据分布情况，在本小节中，将使用一个简单的实例来演示如何在 MATLAB 中推测数据的分布情况。

【例 4-29】 通过命令产生满足 t 分布的多元变量，然后使用自定义的概率密度函数来推测两个变量满足的多元正态分布 $N(\mu_1, \mu_2, \sigma_1, \sigma_2)$，其中参数分别表示均值和标准方差，然后绘制图形来验证这种推测是否正确。

绘制二元概率分布图形。

```
%产生随机数据
x=[trnd(20,1,50) trnd(4,1,100)+3];
%设置混合概率密度函数
pdf_normmlxture=@(x,p,mu1,mu2,sigma1,sigma2)…
    p*normpdf(x,mu1,sigma1)+(1-p)*normpdf(x,mu2,sigma2);
%设置参数的数值
pstart=0.5;
mustart=quantile(x,[0.25 0.75]);
sigmastart=sqrt(var(x)-0.25*diff(mustart.^2));
start=[pstart mustart sigmastart sigmastart];
%设置参数上下限
lb=[0 -Inf -Inf 0 0];
ub=[1 Inf Inf Inf Inf];
%设置求解的属性
options=statset('MaxIter',300,'MaxFunEvals',600);
paramEsts=mle(x,'pdf',pdf_normmlxture,'start',start,…
    'lower',lb,'upper',ub,'option',options);
%绘制基础数据的直方图
bins=-2.5:0.5:7.5;
h=bar(bins,histc(x,bins)/(length(x)*0.5),'histc');
set(h,'FaceColor',[0.9 0.9 0.9]);
xgrid=linspace(1.1*min(x),1.1*max(x),200);
%绘制概率密封度图形
pdfgrid=pdf_normmlxture(xgrid,paramEsts(1),paramEsts(2),…
    paramEsts(3),paramEsts(4),paramEsts(5));
hold on;
plot(xgrid,pdfgrid);
```

查看图形，如图 4-9 所示。

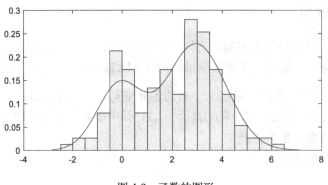

图 4-9  函数的图形

# 4.8  小    结

由于在 MATLAB 中所有的数据都以矩阵的形式出现，因此 MATLAB 的基本运算单元是数组。矩阵分析是线性代数的重要内容，也是几乎所有 MATLAB 函数分析的基础。

在本章中，依次向读者介绍了矩阵分析、矩阵分解、特征值计算、数值积分和数理统计等内容。这些内容是 MATLAB 进行数值运算的重要部分，其中关于矩阵的分析和运算是其他操作的基础，希望读者可以熟练掌握。

# 第5章

# 数 据 分 析

　　数据分析和处理在各个领域有着广泛的应用，尤其是在数学、物理等科学领域和工程领域的实际应用中，会经常遇到进行数据分析的情况。例如，在工程领域根据有限的已知数据对未知数据进行推测时经常需要用到数据插值和拟合，在信号工程领域则经常需要用到傅里叶变换工具。

　　MATLAB 可以处理有估值和没有估值的多项式，还有一些强大的数值分析命令，如求零值和最小值。MATLAB 中还有数据集合的插值、曲线拟合的命令和函数。

　　学习目标:

⌘　了解各种命令的使用和内在关系

⌘　掌握数据插值和拟合的方法

⌘　熟练掌握傅里叶变换

⌘　学习处理类似优化和微分方程问题

# 5.1 插 值

　　插值是指在所给的基准数据情况下，研究如何平滑地估算出基准数据之间其他点的函数数值。每当其他点上函数值获取的代价比较高时，插值就会发挥作用。

　　在数字信号处理和图像处理中，插值是极其常用的方法。MATLAB 提供了大量的插值函数。在 MATLAB 中，插值函数保存在 MATLAB 工具箱的 polyfun 子目录下。下面对一维插值、二维插值、样条插值和高维插值分别进行介绍。

## 5.1.1　一维插值命令及实例

　　一维插值是进行数据分析的重要方法，在 MATLAB 中，一维插值有基于多项式的插值和基于快速傅里叶的插值两种类型。一维插值就是对一维函数 $y = f(x)$ 进行插值。

在 MATLAB 中，一维多项式插值采用函数 interp1( )进行实现。函数 interp1( )使用多项式技术，用多项式函数通过提供的数据点来计算目标插值点上的插值函数值，该命令对数据点之间计算内插值。它找出一元函数 $f(x)$ 在中间点的数值。其中函数 $f(x)$ 由所给数据决定。各个参量之间的关系示意图如图 5-1 所示。

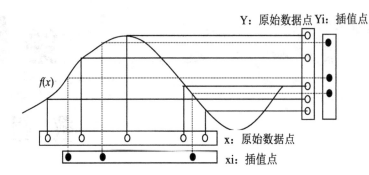

图 5-1　数据点与插值点关系示意图

其调用格式如下：

```
yi = interp1(x,Y,xi)      %返回插值向量 yi，每一元素对应于参量 xi，同时由向量 x 与 Y 的内
                          %插值决定。参量 x 指定数据 Y 的点。若 Y 为一个矩阵，则按 Y 的每
                          %列计算。yi 是阶数为 length(xi)*size(Y,2)的输出矩阵

yi = interp1(Y,xi)        %假定 x=1:N，其中 N 为向量 Y 的长度，或者为矩阵 Y 的行数

yi = interp1(x,Y,xi,method)  %用指定的算法计算插值
```

一维插值可以采用的方法如下：

- 临近点插值（Nearest neighbor interpolation）：设置 method ='nearest'，这种插值方法在已知数据的最邻近点设置插值点，对插值点的数采用四舍五入的方法。对超出范围的点将返回一个 NaN（Not a Number）。
- 线性插值（Linear interpolation）：设置 method = 'linear'，该方法采用直线连接相邻的两点，为 MATLAB 系统中采用的默认方法。对超出范围的点将返回 NaN。
- 三次样条插值（Cubic spline interpolation）：设置 method = 'spline'，该方法采用三次样条函数来获得插值点。
- 分段三次 Hermite 插值（Piecewise cubic Hermite interpolation）：设置 method ='pchip'。
- 三次多项式插值：设置 method ='cubic'，与分段三次 Hermite 插值相同。

MATLAB 5 中使用的是三次多项式插值：设置 method = 'v5cubic'，使用一个三次多项式函数对已知数据进行拟合。

对于超出 x 范围的 xi 分量，使用方法'nearest'、'linear'、'v5cubic'的插值算法，相应地将返回 NaN。对于其他方法，interp1 将对超出的分量执行外插值算法。

```
yi = interp1(x,Y,xi,method,'extrap')   %对于超出 x 范围的 xi 中的分量将执行特殊的
                                       %外插值法 extrap
```

```
yi = interp1(x,Y,xi,method,extrapval)    %确定超出 x 范围的 xi 中的分量的外插值
                                         %extrapval，其值通常取 NaN 或 0
```

**【例 5-1】** 已知当 x=0:0.3:3 时函数 $y=(x^2-4x+2)\cdot\sin(x)$ 的值，对 xi=0:0.01:3 采用不同的方法进行插值。

其实现的 MATLAB 代码如下：

```
x=0:0.3:3;
y=(x.^2-4*x+2).*sin(x);
xi=0:0.01:3;                                %要插值的数据
yi_nearest=interp1(x,y,xi,'nearest');      %临近点插值
yi_linear=interp1(x,y,xi);                 %默认为线性插值
yi_spine=interp1(x,y,xi,'spine');          %三次样条插值
yi_pchip=interp1(x,y,xi,'pchip');          %分段三次 Hermite 插值
yi_v5cubic=interp1(x,y,xi,'v5cubic');      %MATLAB 5 中三次多项式插值
figure;                                    %画图显示
hold on;
subplot(231);
plot(x,y,'ro');                            %绘制数据点
title('已知数据点');
subplot(232);
plot(x,y,'ro',xi,yi_nearest,'b-');         %绘制临近点插值的结果
title('临近点插值');
subplot(233);
plot(x,y,'ro',xi,yi_linear,'b-');          %绘制线性插值的结果
title('线性插值');
subplot(234);
plot(x,y,'ro',xi,yi_spine,'b-');           %绘制三次样条插值的结果
title('三次样条插值');
subplot(235);
plot(x,y,'ro',xi,yi_pchip,'b-');           %绘制分段三次 Hermite 插值的结果
title('分段三次 Hermite 插值');
subplot(236);
plot(x,y,'ro',xi,yi_v5cubic,'b-');         %绘制三次多项式插值的结果
title('三次多项式插值');
```

运行程序后，对数据采用不同的插值方法，输出结果如图 5-2 所示。由图 5-2 可以看出，采用临近点插值时数据的平滑性最差，得到的数据不连续。

选择插值方法时主要考虑的因素有运算时间、占用计算机内存和插值的光滑程度。下面对临近点插值、线性插值、三次样条插值和分段三次 Hermite 插值进行比较，如表 5-1 所示。

临近点插值的速度最快，但是得到的数据不连续，其他方法得到的数据都连续。三次样条插值的速度最慢，可以得到最光滑的结果，是最常用的插值方法。

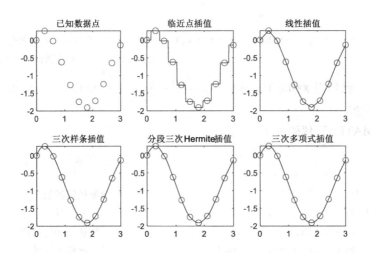

图 5-2 一维多项式插值

表5-1 不同插值方法进行比较

| 插值方法 | 运算时间 | 占用计算机内存 | 光滑程度 |
|---|---|---|---|
| 临近点插值 | 快 | 少 | 差 |
| 线性插值 | 稍长 | 较多 | 稍好 |
| 三次样条插值 | 最长 | 较多 | 最好 |
| 三次 Hermite 插值 | 较长 | 多 | 较好 |

在上面的小节中多次使用到了 MATLAB 中关于 M 文件中的基础知识来实现各种插值方法的功能。关于 M 文件的使用方法，请读者自行查看相应的章节。

## 5.1.2 二维插值命令及实例

二维插值主要用于图像处理和数据的可视化，其基本思想与一维插值相同，对函数 $y = f(x,y)$ 进行插值。在 MATLAB 中，采用函数 interp2( ) 进行二维插值，其调用格式如下：

```
ZI = interp2(X,Y,Z,XI,YI)   %返回矩阵 ZI，其元素包含对应于参量 XI 与 YI（可以是向量、
                            %或同型矩阵）的元素，即 Zi(i,j)←[Xi(i,j),yi(i,j)]。
                            %用户可以输入行向量和列向量 Xi 与 Yi，此时输出向量 Zi 与
                            %矩阵 meshgrid(xi,yi) 是同型的，同时取决于由输入矩阵 X、
                            %Y 与 Z 确定的二维函数 Z=f(X,Y)。参量 X 与 Y 必须是单调的，
                            %且具有相同的划分格式，就像由命令 meshgrid 生成的一样。
                            %若 Xi 与 Yi 中有在 X 与 Y 范围之外的点，则相应地返回
                            %NaN（Not a Number）

ZI = interp2(Z,XI,YI)   %默认，X=1:n、Y=1:m，其中[m,n]=size(Z)，再按第一种情形
                        %进行计算

ZI = interp2(Z,n)   %作 n 次递归计算，在 Z 的每两个元素之间插入它们的二维插值，这样
                    %Z 的阶数将不断增加。interp2(Z)等价于 interp2(z,1)
```

```
ZI = interp2(X,Y,Z,XI,YI,method)    %用指定的算法method计算二维插值
```

二维插值可以采用的方法如下：

- 'linear': 双线性插值算法（默认算法）。
- 'nearest': 最临近插值。
- 'spline': 三次样条插值。
- 'cubic': 双三次插值。

【例 5-2】 二维插值函数实例分析，分别采用'nearest'、'linear'、'spline'和'cubic'进行二维插值，并绘制三维表面图。

其实现的 MATLAB 代码如下：

```
[x,y]=meshgrid(-5:1:5);                          %原始数据
z=peaks(x,y);
[xi,yi]=meshgrid(-5:0.8:5);                      %插值数据
zi_nearest=interp2(x,y,z,xi,yi,'nearest');       %临近点插值
zi_linear=interp2(x,y,z,xi,yi);                  %系统默认为线性插值
zi_spline=interp2(x,y,z,xi,yi,'spline');         %三次样条插值
zi_cubic=interp2(x,y,z,xi,yi,'cubic');           %三次多项插值
figure;                                          %数据显示
hold on;
subplot(321);
surf(x,y,z);                                     %绘制原始数据点
title('原始数据');
subplot(322);
surf(xi,yi,zi_nearest);                          %绘制临近点插值的结果
title('临近点插值');
subplot(323);
surf(xi,yi,zi_linear);                           %绘制线性插值的结果
title('线性插值');
subplot(324);
surf(xi,yi,zi_spline);                           %绘制三次样条插值的结果
title('三次样条插值');
subplot(325);
surf(xi,yi,zi_cubic);                            %绘制三次多项式插值的结果
title('三次多项式插值');
```

运行程序后，输出的结果如图 5-3 所示。

输出结果分别采用临近点插值、线性插值、三次样条插值和三次多项式插值。在二维插值中已知数据（x, y）必须是栅格格式，一般采用函数 meshgrid( )产生，例如本程序中采用[x, y] = meshgrid(-4:0.8:4)来产生数据（x, y）。

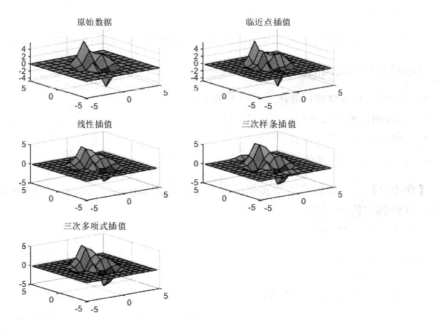

图 5-3 二维插值

另外，函数 interp2( ) 要求数据（x, y）必须是严格单调的，即单调增加或单调减少。如果数据（x, y）在平面上的分布不是等间距 r，函数 interp2( ) 会通过变换将其转换为等间距；如果数据（x, y）已经是等间距的，yi 可以在 method 参数的前面加星号'*'来提高插值的速度，例如, 参数'cubic'变为'*cubic'。

### 5.1.3 样条插值

在 MATLAB 中，三次样条插值可以采用函数 spline( )，调用格式如下：

```
yy = spline(x,y,xx)
```

对于给定的离散的测量数据 $x,y$（称为断点），寻找一个三项多项式 $y = p(x)$，以逼近每对数据$(x,y)$间的曲线。由于过两点$(x_i, y_i)$和$(x_{i+1}, y_{i+1})$只能确定一条直线，而通过一点的三次多项式曲线有无穷多条，为使通过中间断点的三次多项式曲线具有唯一性，需要增加两个条件（因为三次多项式有 4 个系数）：

- 三次多项式在点$(x_i, y_i)$处有：$P_i'(x_i) = P_i''(x_i)$。
- 三次多项式在点$(x_{i+1}, y_{i+1})$处有：$P_i'(x_{i+1}) = P_i''(x_{i+1})$。

为了使三项多项式具有良好的解析性，还需要增加如下条件：

- $p(x)$在点$(x_i, y_i)$处的斜率是连续的（为了使三次多项式具有良好的解析性，加上的条件）。
- $p(x)$在点$(x_i, y_i)$处的曲率是连续的。

对于第一个和最后一个多项式，人为地规定如下条件：

$$p_1'''(x) = p_2'''(x) \text{ 和 } p_n'''(x) = p_{n-1}'''(x)$$

上述两个条件称为非结点（not-a-knot）条件。综合上述内容，可知对数据拟合的三次样条函数 $p(x)$ 是一个分段的三次多项式：

$$p(x) = \begin{cases} p_1(x) & x_1 \leqslant x \leqslant x_2 \\ p_2(x) & x_2 \leqslant x \leqslant x_3 \\ \cdots & \cdots \\ p_n(x) & x_n \leqslant x \leqslant x_{n+1} \end{cases}, \quad \text{其中每段 } p_i(x) \text{ 都是三次多项式}$$

该命令用三次样条插值计算出由向量 $x$ 与 $y$ 确定的一元函数 $y=f(x)$ 在点 xx 处的值。若参量 $y$ 是一个矩阵，则以 $y$ 的每一列和 $x$ 配对，再分别计算由它们确定的函数在点 xx 处的值，则 yy 是一个阶数为 length(xx)*size(y,2) 的矩阵。

```
pp = spline(x,y)
```

返回由向量 $x$ 与 $y$ 确定的分段样条多项式的系数矩阵 pp，可用于命令 ppval、unmkpp 的计算。

【例 5-3】 对离散地分布在 $y=\exp(x)\sin(x)$ 函数曲线上的数据点进行样条插值计算。
输入如下代码：

```
>> x = [0 2 4 5 8 12 12.8 17.2 19.9 20];
>> y = exp(x).*sin(x);
>> xx = 0:.25:20;
>> yy = spline(x,y,xx);
>> plot(x,y,'o',xx,yy)
```

插值图形结果如图 5-4 所示。

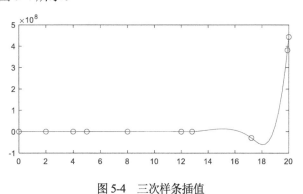

图 5-4 三次样条插值

# 5.2 曲线拟合

在科学和工程领域，曲线拟合的主要功能是寻求平滑的曲线来最好地表现带有噪声的测量数据，从这些测量数据中寻求两个函数变量之间的关系或者变化趋势，最后得到曲线拟合的函数表达式 $y=f(x)$。

从 5.1 节中可以看出,使用多项式进行数据拟合会出现数据振荡,而 Spline 插值的方法可以得到很好的平滑效果,但是关于该插值方法有太多的参数,不适合曲线拟合的方法。

同时,由于在进行曲线拟合的时候认为所有测量数据中已经包含噪声,因此最后的拟合曲线并不要求通过每一个已知数据点,衡量拟合数据的标准则是整体数据拟合的误差最小。

一般情况下,MATLAB 的曲线拟合方法用的是"最小方差"函数,其中方差的数值是拟合曲线和已知数据之间的垂直距离。

本节将介绍几种比较常见的曲线拟合方法,最后将介绍 MATLAB 提供的界面操作方法。

## 5.2.1 多项式拟合

在 MATLAB 中,函数 polyfit( )采用最小二乘法对给定的数据进行多项式拟合,得到该多项式的系数。该函数的调用方式如下:

```
polyfit(x,y,n)
```

找到次数为 $n$ 的多项式系数,对于数据集合{(xi, yi)},满足差的平方和最小。

```
[p,E]=polyfit(x,y,n)
```

返回同上的多项式 $p$ 和矩阵 $E$。多项式系数在向量 $p$ 中,矩阵 $E$ 在 polyval 函数中用来计算误差。

【例 5-4】 某数据的横坐标为 $x$=[0.2 0.3 0.5 0.6 0.8 0.9 1.2 1.3 1.5 1.8],纵坐标为 $y$=[1 2 3 5 6 7 6 5 4 1],对该数据进行多项式拟合。

代码如下:

```
x=[0.2 0.3 0.5 0.6 0.8 0.9 1.2 1.3 1.5 1.8];
y=[1 2 3 5 6 7 6 5 4 1];
p5=polyfit(x,y,5);                 %5 阶多项式拟合
y5=polyval(p5,x);
p5=vpa(poly2sym(p5),5)             %显示 5 阶多项式
p9=polyfit(x,y,9);                 %9 阶多项式拟合
y9=polyval(p9,x);
figure;                            %画图显示
plot(x,y,'bo');
hold on;
plot(x,y5,'r:');
plot(x,y9,'g--');
legend('原始数据','5 阶多项式拟合','9 阶多项式拟合');
xlabel('x');
ylabel('y');
```

运行程序后,得到的 5 阶多项式如下:

```
p5 =
    - 10.041*x^5 + 58.244*x^4 - 124.54*x^3 + 110.79*x^2 - 31.838*x + 4.0393
```

运行程序后, 得到的输出结果如图 5-5 所示。由图 5-5 可以看出, 使用 5 次多项式拟合时, 得到的结果比较差。

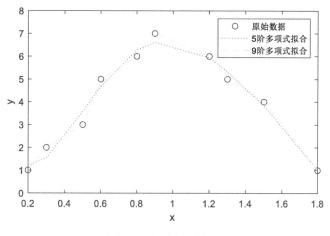

图 5-5 多项式曲线拟合

当采用 9 次多项式拟合时, 得到的结果与原始数据符合得比较好。当使用函数 polyfit( ) 进行拟合时, 多项式的阶次最大不超过 length(x)-1。

## 5.2.2 加权最小方差拟合原理及实例

加权最小方差（WLS）就是根据基础数据本身各自的准确度不同, 在拟合的时候给每个数据以不同的加权数值。这种方法比前面所介绍的单纯最小方差方法要更加符合拟合的初衷。

对应 $n$ 阶多项式的拟合公式, 所需要求解的拟合系数需要求解线性方程组, 其中线性方程组的系数矩阵和需要求解的拟合系数矩阵分别为：

$$A = \begin{bmatrix} x_1^N & \cdots & x_1 \cdots 1 \\ x_2^N & \cdots & x_2 \cdots 1 \\ \vdots & & \vdots \\ x_m^N & \cdots & x_m \cdots 1 \end{bmatrix}, \quad \theta = \begin{bmatrix} \theta_n \\ \theta_{n-1} \\ \vdots \\ \theta_1 \end{bmatrix}$$

使用加权最小方差方法求解得到拟合系数为：

$$\theta_m^n = \begin{bmatrix} \theta_{mn}^n \\ \theta_{mn-1}^n \\ \vdots \\ \theta_1^n \end{bmatrix} = [A^{\mathrm{T}} M A]^{-1} A^{\mathrm{T}} M y$$

其对应的加权最小方差为表达式 $J_m = [A\theta - y]^{\mathrm{T}} W [A\theta - y]$。

【例 5-5】 根据 WLS 数据拟合方法自行编写使用 WLS 方法拟合数据的 M 函数, 然后使用 WLS 方法进行数据拟合。

在 M 文件编辑器中输入下面的程序代码：

```
function [th,err,yi]=polyfits(x,y,N,xi,r)
%x,y为数据点系列，N为多项式拟合的系统，r为加权系数的逆矩阵
M=length(x);
x=x(:);
y=y(:);
%判断调用函数的格式
if nargin==4
%当调用函数的格式为（x,y,N,r）
if length(xi)==M
    r=xi;
    xi=x;
%调用函数的格式为(x,y,N,xi)
else
    r=1;
end
%调用函数的格式为(x,y,N)
else if nargin==3
    xi=x;
    r=1;
end
%求解系数矩阵
A(:,N+1)=ones(M,1);
for n=N:-1:1
A(:,n)=A(:,n+1).*x;
end
if length(r)==M
    for m=1:M
        A(m,:)=A(m,:)/r(m);
        y(m)=y(m)/r(m);
    end
end
%计算拟合系数
th=(A\y)';
ye=polyval(th,x);
err=norm(y-ye)/norm(y);
yi=polyval(th,xi);
```

将上面的代码保存为"polyfits.m"文件。

使用上面的程序代码对基础数据进行 LS 多项式拟合。在 MATLAB 的命令行窗口中输入下面的程序代码：

```
x=[-3:1:3]';
y=[1.1650  0.0751  -0.6965  0.0591  0.6268  0.3516  1.6961]';
[x,i]=sort(x);
y=y(i);
```

```
xi=min(x)+[0:100]/100*(max(x)-min(x));
for i=1:4
    N=2*i-1;
    [th,err,yi]=polyfits(x,y,N,xi);
    subplot(2,2,i)
    plot(x,y,'o')
    hold on
    plot(xi,yi,'-')
    grid on
end
```

得到的拟合结果如图 5-6 所示。

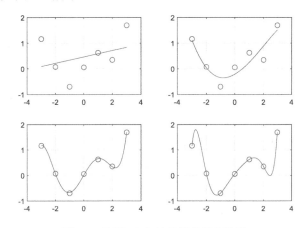

图 5-6　使用 LS 方法求解的拟合结果

从上面的例子可以看出，LS 方法其实是 WLS 方法的一种特例，相当于将每个基础数据的准确度都设为 1，但是自行编写的 M 文件和默认的命令结果不同，请仔细比较。

# 5.3　曲线拟合图形界面

在 MATLAB 中，为用户提供曲线拟合图形界面，用户可以在该界面上直接进行曲线拟合。在该界面中，用户可以实现多种曲线拟合、绘制拟合残余等多种功能。最后，该界面还可以将拟合结果和估计数值保存到 MATLAB 的工作区中。

## 5.3.1　曲线拟合窗口

为了方便用户使用，MATLAB 中提供了曲线拟合的图形用户窗口，在使用该工具时，首先将需要拟合的数据采用函数 plot( )画图，其 MATLAB 代码如下：

```
x=[-3:1:3];
y=[1.1650  0.0751  -0.6965 0.0591 0.6268 0.3516 1.6961];
plot(x,y,'o')
```

该程序运行后，得到 Figure 图形用户窗口，如图 5-7 所示。

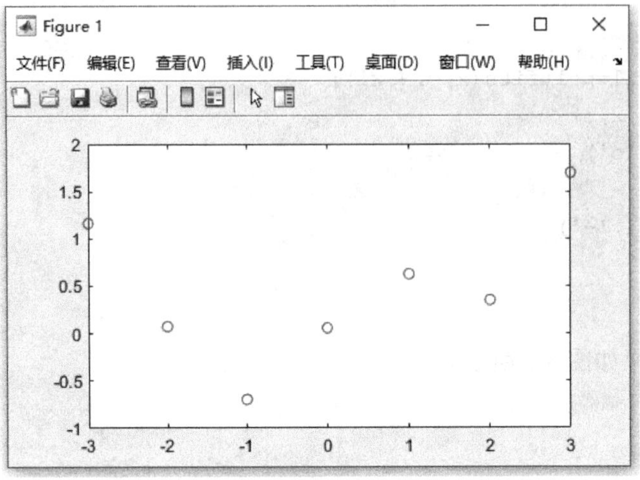

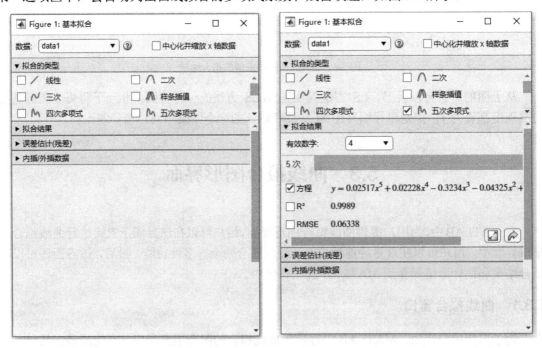

图 5-7　Figure 窗口

在图形用户窗口中，选择"工具"|"基本拟合"命令，弹出基本拟合对话框，如图 5-8 所示。

在基本拟合对话框"拟合的类型"选项区中，勾选"五次多项式"复选框；在"拟合结果"选项区中，会自动列出曲线拟合的多项式系数和残留误差，如图 5-9 所示。

图 5-8　基本拟合对话框　　　　　　　　　　　图 5-9　选择 5 阶多项式拟合

同时，在 Figure 图形用户窗口中会把拟合曲线绘制出来，如图 5-10 所示。

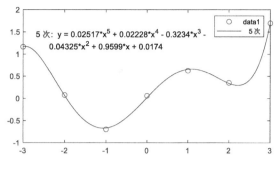

图 5-10 拟合后的曲线

## 5.3.2 绘制拟合残差图形

在基本拟合对话框中，既可以选择残差图形的绘图样式，也可以选择绘制残差图形的位置。

继续上面的操作，绘制拟合残差图形，并显示残差的标准差。在基本拟合对话框"误差估计（残差）"选项区中的"绘图样式"下拉列表中选择"条形图"，在"绘图位置"下拉列表中选择"子图"，并选中"显示残差 RMSE"复选框，如图 5-11 所示。

查看绘制的结果。当选择上面的选项后，MATLAB 会在原始图形的下方绘制残差图形，并在图形中显示残差的标准差，如图 5-12 所示。

图 5-11 显示拟合残差及其标准差

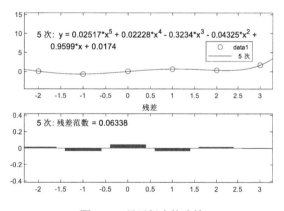

图 5-12 显示拟合的残差

## 5.3.3 进行数据预测

继续上面的操作，对数据进行预测。在基本拟合对话框的"内插/外插数据"选项区"X="文本框中输入"10:15"，在其下面的选项框中会显示预测的数据。

选中"绘制计算的数据"复选框，将预测的结果显示在图形中，如图 5-13 所示。查看绘制结果，如图 5-14 所示。

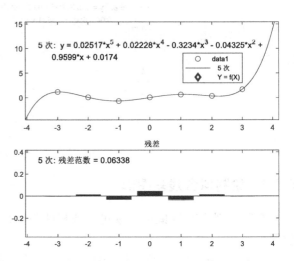

图 5-13　预测数据　　　　　　　　　　　图 5-14　显示预测数据的图形

　　保存预测的数据。单击"内插/外插数据"选项区中的"将数据导入工作区"按钮 🖉，打开如图 5-15 所示的"将结果保存到工作区"窗口，在其中设置保存数据选项，然后单击"确定"按钮，保存预测的数据。

图 5-15　保存预测数据

　　上面的例子比较简单，基本演示了如何使用曲线拟合曲线界面的方法，读者可以根据实际情况选择不同的拟合参数，完成其他的拟合工作。

# 5.4　傅里叶分析

　　傅里叶分析在信号处理领域有着广泛的应用，在现实生活中大部分信号都包含多个不同频率组建，这些信号组建频率会随着时间的变化而变化。

　　傅里叶变化是用来分析周期或者非周期信号的频率特性的数学工具。从时间角度来看，傅里叶分析包括连续时间和离散时间的 Fourier 变换。

## 5.4.1　离散傅里叶变换

　　离散傅里叶变换（Discrete Fourier Transform，DFT）是离散时间傅里叶变换（DTFT）的

特例（有时作为后者的近似）。DTFT 在时域上离散，在频域上则是周期的。DTFT 可以被看作是傅里叶级数的逆变换。

离散傅里叶变换是指傅里叶变换在时域和频域上都呈离散的形式，将信号的时域采样变换为 DTFT 的频域采样。

在形式上，变换两端（时域和频域上）的序列是有限长的；实际上，这两组序列都应当被认为是离散周期信号的主值序列。即使对有限长的离散信号作 DFT，也应当将其看作是周期延拓的变换。在实际应用中通常采用快速傅里叶变换计算 DFT。

定义一个有限长序列 $x(n)$，长为 $N$：

$$x(n) = \begin{cases} x(n) & 0 \leqslant n \leqslant N-1 \\ 0 & \text{其余} n \end{cases} \quad \text{（只有 } n=0 \sim N-1 \text{ 个点上有非零值，其余为零）}$$

为了利用周期序列的特性，假定周期序列 $\tilde{x}(n)$ 是由有限长序列 $x(n)$ 以周期为 $N$ 延拓而成的，它们的关系为：

$$\begin{cases} \tilde{x}(n) = \sum_{r=-\infty}^{\infty} x(n+rN) \\ x(n) = \begin{cases} \tilde{x}(n) & 0 \leqslant n \leqslant N-1 \\ 0 & \text{其余} n \end{cases} \end{cases}$$

对于周期序列 $\tilde{x}(n)$，定义其第一个周期 $n=0 \sim N-1$ 为 $\tilde{x}(n)$ 的"主值区间"，主值区间上的序列为主值序列 $x(n)$。$x(n)$ 与 $\tilde{x}(n)$ 的关系可描述为：

$$\begin{cases} \tilde{x}(n) \text{是} x(n) \text{的周期延拓} \\ x(n) \text{是} \tilde{x}(n) \text{的"主值序列"} \end{cases}$$

下面给出离散傅里叶变换的变换对：

对于 $N$ 点序列 $\{\tilde{x}[n]\}$（$0 \leqslant n \leqslant N$），它的离散傅里叶变换（DFT）为

$$\tilde{x}[n] = \sum_{n=0}^{N-1} e^{-i\frac{2\pi}{N}nk} x[n] \qquad k=0,1,...,N-1$$

通常以符号 $F$ 表示这一变换，即

$$\hat{x} = Fx$$

离散傅里叶变换的逆变换（IDFT）为：

$$x[n] = \frac{1}{N} \sum_{k=0}^{N-1} e^{i\frac{2\pi}{N}nk} \hat{x}[k] \qquad n=0,1,...,N-1$$

可以记为：

$$x = F^{-1}\hat{x}$$

实际上，DFT 和 IDFT 变换式中和式前面的归一化系数并不重要。在上面的定义中，DFT 和 IDFT 前的系数分别是 1 和 $1/N$，有时会将这两个系数都改成 $1/\sqrt{N}$。

关于上面的两种傅里叶变换，MATLAB 提供了 FFT 和 IFFT 命令来求解。FFT 是指快速傅里叶变换，即使用快速的算法来计算上面两种傅里叶变换。其相应的调用命令如下：

- fft(x): 进行向量 $x$ 的离散傅里叶变换。如果 $x$ 的长度是 2 的幂，则用快速傅里叶变换 FFT。注意，变换没有规格化。
- fft(x,n): 得到一个长度为 $n$ 的向量。它的元素是 $x$ 中前 $n$ 个元素离散傅里叶变换值。如果 $x$ 有 $m<n$ 个元素，则令最后的 $m+1,...,n$ 元素等于零。
- fft(A): 求矩阵 $A$ 的列离散傅里叶变换矩阵。
- fft(A,n,dim): 求多维数组 $A$ 中 dim 维内列离散傅里叶变换矩阵。
- ifft(x): 求向量 $x$ 的离散逆傅里叶变换。用因子 $1/n$ 进行规格化，$n$ 为向量的长度。也可像 fft 命令一样对矩阵或者固定长度的向量进行变换。

【例 5-6】 使用 FFT 从包含噪声信号在内的信号信息中寻找组成信号的主要频率。

产生原始信号，并绘制信号图形。

```
t=0:0.01:6;
x=sin(2*pi*5*t)-cos(pi*15*t);
y=x+2*randn(size(t));
plot(100*t(1:50),y(1:50))
grid
```

查看原始信号的图形，如图 5-16 所示。

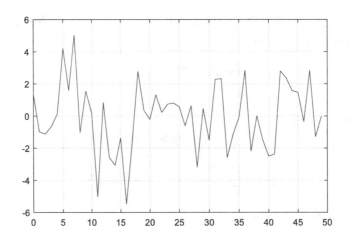

图 5-16 原始噪声信号

对信号进行傅里叶变换：

```
Y=fft(y,512);
Py=Y.*conj(Y)/512;
f=1000*(1:257)/512;
fy=f(1:257);
Pyy=Py(1:257);
plot(fy,Pyy)
```

查看信号转换图形，如图 5-17 所示。

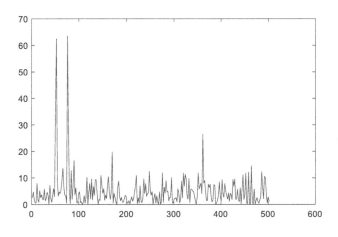

图 5-17 经过傅里叶变换的信号

## 5.4.2 FFT 和 DFT

前面曾经提过，MATLAB 通过 FFT 方法来实现离散 Fourier 变换（DFT），该命令对应的是快速计算算法。为了让读者更加直观地了解 FFT 算法相对于 DFT 算法的优势，在本小节中将使用一个简单的例子来进行说明。

**【例 5-7】** 分别使用 FFT 和 DFT 方法来进行 Fourier 变换，比较两者的优劣。
在命令行窗口中输入下面的程序代码：

```
N=2^10;
n=[0:N-1];
x=sin(2*pi*200/N*n)+2*cos(2*pi*300/N*n);
tic
%使用 DFT 方法
for k=0:N-1
    X(k+1)=x*exp(-j*2*pi*k*n/N).';
end
k=[0:N-1];
%使用 IDET 方法
for n=0:N-1
    xx(n+1)=X*exp(j*2*pi*k*n/N).';
end
time_IDFT=toc;
subplot(2,1,1)
plot(k,abs(X))
title('DET')
grid
hold on
tic
```

```
%使用 FET 方法
x1=fft(xx);
%使用 IFFT 方法
xx1=ifft(x1);
time_IFFT=toc;
subplot(2,1,2)
plot(k,abs(x1))
title('FFT')
grid
hold on
tic
```

得到的结果如图 5-18 所示。

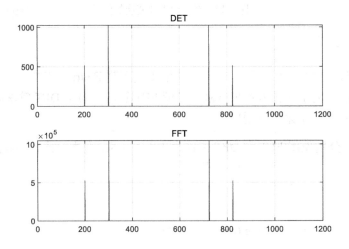

图 5-18　两种变换方法得到的结果

比较两个方法的计算时间：

```
t1=['time DFT' num2str(time_IDFT)];
t2=['time FFT' num2str(time_IFFT)];
time=strvcat(t1,t2)
disp(time)
```

程序允许结果如下：

```
time =
  2×17 char 数组
    'time DFT0.08988  '
    'time FFT0.0007276'
time DFT0.08988
time FFT0.0007276
```

# 5.5　微　分　方　程

常微分方程在很多学科领域内有着重要的应用，自动控制、各种电子学装置的设计、弹道的计算、飞机和导弹飞行的稳定性研究、化学反应过程中稳定性的研究等问题都可以化为求常微分方程的解或者研究解的性质的问题。

MATLAB 提供了多种数值求解常微分方程的命令，可以用于求解多种关于常微分方程的问题。本节将使用具体的例子来介绍这些问题的求解方法。

## 5.5.1　常微分方程的数值解

在 MATLAB 中，函数 ode45、ode23、ode113、ode15s、ode23s、ode23t、ode23tb 多用于求常微分方程（ODE）组初值问题的数值解。这些函数的调用方式如下：

- solver 为命令 ode45、ode23、ode113、ode15s、ode23s、ode23t、ode23tb 之一。
- odefun 为显式常微分方程 y'=f(t,y)，或为包含一混合矩阵的方程 M(t,y)*y'=f(t,y)。
- 命令 ode23 只能求解常数混合矩阵的问题；命令 ode23t 与 ode15s 可以求解奇异矩阵的问题。
- tspan 积分区间（求解区间）的向量 tspan=[t0,tf]。要获得问题在其他指定时间点 t0,t1,t2 上的解，则令 tspan=[t0,t1,t2,...,tf]（要求是单调的）。
- Y0：包含初始条件的向量。
- options：用命令 odeset 设置的可选积分参数。
- p1,p2,...：传递给函数 odefun 的可选参数。
- [T,Y] = solver(odefun,tspan,y0)：在区间 tspan=[t0,tf] 上，从 t0 到 tf，用初始条件 y0 求解显式微分方程 y'=f(t,y)。对于标量 t 与列向量 y，函数 f=odefun(t,y) 必须返回一个 f(t,y) 的列向量 f。解矩阵 Y 中的每一行对应于返回的时间列向量 T 中的一个时间点。要获得问题在其他指定时间点 t0,t1,t2,... 上的解，则令 tspan=[t0,t1,t2,...,tf]（要求是单调的）。
- [T,Y] = solver(odefun,tspan,y0,options)：用参数 options（用命令 odeset 生成）设置属性（代替了默认的积分参数），再进行操作。常用的属性包括相对误差值 RelTol（默认值为 1e-3）与绝对误差向量 AbsTol（默认每一个元素为 1e-6）。
- [T,Y] =solver(odefun,tspan,y0,options,p1,p2...)：将参数 p1,p2,p3,... 等传递给函数 odefun，再进行计算。若没有参数设置，则令 options=[]。

### 1. 求解具体 ODE 的基本过程

（1）根据问题所属学科中的规律、定律、公式，用微分方程与初始条件进行描述。

$$F\big(y,y',y'',...,y(n),t\big) = 0$$
$$y(0)=y_0,y'(0)=y_1,...,y(n-1)(0)=y_n-1$$
$$y=\big[y;y(1);y(2);...,y(m-1)\big]$$

$n$ 与 $m$ 可以不等。

（2）运用数学中的变量替换：$y_n = y(n-1), y_n - 1 = y(n-2), \dots, y_2 = y_1 = y$，把高阶（大于 2 阶）的方程（组）写成一阶微分方程组：

$$y' = \begin{bmatrix} y_1' \\ y_2' \\ \vdots \\ y_n' \end{bmatrix} = \begin{bmatrix} f_1(t,y) \\ f_2(t,y) \\ \vdots \\ f_n(t,y) \end{bmatrix}, \quad y_0 = \begin{bmatrix} y_1(0) \\ y_2(0) \\ \vdots \\ y_n(0) \end{bmatrix} = \begin{bmatrix} y_0 \\ y_1 \\ \vdots \\ y_n \end{bmatrix}$$

（3）根据（1）与（2）的结果，编写能计算导数的 M 函数文件 odefile。

（4）将文件 odefile 与初始条件传递给求解器 Solver 中的一个，运行后就可得到 ODE 在指定时间区间上的解列向量 **y**（其中包含 **y** 及不同阶的导数）。

**2. 求解器 Solver 与方程组的关系表**

求解器 Solver 与方程组的关系表如表 5-2 所示。

表5-2　求解器Solver与方程组的关系表

| 函数指令 | | 含　义 | 函　　数 | | 含　义 |
|---|---|---|---|---|---|
| 求解器 Solver | ode23 | 普通 2、3 阶法解 ODE | | odefile | 包含 ODE 的文件 |
| | ode23s | 低阶法解刚性 ODE | 选项 | odeset | 创建、更改 Solver 选项 |
| | ode23t | 解适度刚性 ODE | | odeget | 读取 Solver 的设置值 |
| | ode23tb | 低阶法解刚性 ODE | 输出 | odeplot | ODE 的时间序列图 |
| | ode45 | 普通 4、5 阶法解 ODE | | odephas2 | ODE 的二维相平面图 |
| | ode15s | 变阶法解刚性 ODE | | odephas3 | ODE 的三维相平面图 |
| | ode113 | 普通变阶法解 ODE | | odeprint | 在命令行窗口输出结果 |

**3. 求解器 Solver 的特点**

因为没有一种算法可以有效地解决所有的 ODE 问题，为此 MATLAB 提供了多种求解器 Solver，对于不同的 ODE 问题，采用不同的 Solver（见表 5-3）。

表5-3　不同求解器Solver的特点

| 求解器 Solver | ODE 类型 | 特　　点 | 说　　明 |
|---|---|---|---|
| ode45 | 非刚性 | 一步算法；4、5 阶 Runge-Kutta 方程；累计截断误差达 $(\triangle x)^3$ | 大部分场合的首选算法 |
| ode23 | 非刚性 | 一步算法；2、3 阶 Runge-Kutta 方程；累计截断误差达 $(\triangle x)^3$ | 使用于精度较低的情形 |
| ode113 | 非刚性 | 多步法；Adams 算法；高低精度均可到 $10^{-3} \sim 10^{-6}$ | 计算时间比 ode45 短 |
| ode23t | 适度刚性 | 采用梯形算法 | 适度刚性情形 |
| ode15s | 刚性 | 多步法；Gear's 反向数值微分；精度中等 | 当 ode45 失效时，可尝试使用 |
| ode23s | 刚性 | 一步法；2 阶 Rosebrock 算法；低精度 | 当精度较低时，计算时间比 ode15s 短 |
| ode23tb | 刚性 | 梯形算法；低精度 | 当精度较低时，计算时间比 ode15s 短 |

#### 4. Solver 中 options 的属性

在计算过程中，用户可以对求解指令 solver 中的具体执行参数进行设置（如绝对误差、相对误差、步长等），如表 5-4 所示。

表5-4　Solver中options的属性

| 属 性 名 | 取　值 | 含　义 |
|---|---|---|
| AbsTol | 有效值：正实数或向量<br>默认值：1e–6 | 绝对误差对应于解向量中的所有元素；向量则分别对应于解向量中的每一个分量 |
| RelTol | 有效值：正实数<br>默认值：1e–3 | 相对误差对应于解向量中的所有元素。在每步（第 $k$ 步）计算过程中，误差估计为：<br>e(k)<=max(RelTol*abs(y(k)),AbsTol(k)) |
| NormControl | 有效值：on、off<br>默认值：off | 为 'on' 时，控制解向量范数的相对误差，使每步计算中满足：norm(e)<=max(RelTol*norm(y),AbsTol) |
| Events | 有效值：on、off | 为 'on' 时，返回相应的事件记录 |
| OutputFcn | 有效值：odeplot、odephas2、odephas3、odeprint<br>默认值：odeplot | 若无输出参量，则 Solver 将执行下面的操作之一：<br>● 画出解向量中各元素随时间的变化<br>● 画出解向量中前两个分量构成的相平面图<br>● 画出解向量中前三个分量构成的三维相空间图<br>● 随计算过程显示解向量 |
| OutputSel | 有效值：正整数向量<br>默认值：[] | 若不使用默认设置，则 OutputFcn 所表现的是那些正整数指定的解向量中的分量的曲线或数据。若为默认值，则默认地按上面的情形进行操作 |
| Refine | 有效值：正整数 k>1<br>默认值：k = 1 | 若 k>1，则增加每个积分步中的数据点记录，使解曲线更加光滑 |
| Jacobian | 有效值：on、off<br>默认值：off | 为 'on' 时，返回相应的 ode 函数的 Jacobi 矩阵 |
| Jpattern | 有效值：on、off<br>默认值：off | 为 'on' 时，返回相应的 ode 函数的稀疏 Jacobi 矩阵 |
| Mass | 有效值：none、M、M(t)、M(t,y)<br>默认值：none | M：不随时间变化的常数矩阵<br>M(t)：随时间变化的矩阵<br>M(t,y)：随时间、地点变化的矩阵 |
| MaxStep | 有效值：正实数<br>默认值：tspans/10 | 最大积分步长 |

【例 5-8】　求解描述振荡器的经典的 VerderPol 微分方程 $\dfrac{\mathrm{d}^2 y}{\mathrm{d}t^2} - \mu(1-y^2)\dfrac{\mathrm{d}y}{\mathrm{d}t} + 1 = 0$。

首先分析：

$y(0) = 1$，$y'(0) = 0$

令 $x_1 = y$，$x_2 = \mathrm{d}y/\mathrm{d}x$，则：

$\mathrm{d}x_1/\mathrm{d}t = x_2$　　　　$\mathrm{d}x_2/\mathrm{d}t = \mu(1-x_2)-x_1$

编写函数文件 verderpol.m：

```
function xprime = verderpol(t,x)
global MU
xprime = [x(2);MU*(1-x(1)^2)*x(2)-x(1)];
```

再在命令行窗口中执行：

```
>> global MU
>> MU = 7;
>> Y0=[1;0];
>> [t,x] = ode45('verderpol',40,Y0);
>> x1=x(:,1);x2=x(:,2);
>> plot(t,x1,t,x2)
```

图形结果如图 5-19 所示。

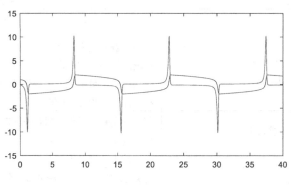

图 5-19　VerderPol 微分方程图

## 5.5.2　偏微分方程的数值解

MATLAB提供了一个专门用于求解偏微分方程的工具箱——PDE Toolbox（Partial Differential Equation Toolbox）。

下面仅提供一些简单、经典的偏微分方程，如椭圆形、双曲型、抛物型等少数的偏微分方程，并给出求解方法。用户可以从中了解其解题基本方法，从而解决相类似的问题。

MATLAB 能解决的偏微分类型有以下几种。

### 1. Poisson 方程

Poisson 方程是特殊的椭圆形方程：

$$\begin{cases} -\nabla^2 u = 1 \\ u\,|_{\partial G} = 0 \end{cases}, \quad G = \left\{ (x, y \mid x^2 + y^2 \leqslant 1) \right\}$$

即 $c = 1$，$a = 0$，$f = -1$。

Poisson 的解析解为：$u = \dfrac{1 - x^2 - y^2}{4}$。在下面的计算中，用求得的数值解与精确解进行比较，看误差如何。

方程求解过程如下:

```
% 问题输入
c = 1; a = 0; f = 1;                    %方程的输入,给 c,a,f 赋值即可
g = 'circleg';                          %区域 G,内部已经定义为 circleg
b = 'circleb1';                         %u 在区域 G 的边界上的条件,内部已经定义好
[p,e,t] = initmesh(g,'hmax',1);         %对单位圆进行网格化,对求解区域 G 作剖分,
                                        %且是三角分划:

% 迭代求解
error = []; err = 1;
while err > 0.001,
[p,e,t]=refinemesh('circleg',p,e,t);
u=assempde('circleb1',p,e,t,1,0,1);
exact=-(p(1,:).^2+p(2,:).^2-1)/4;
err=norm(u-exact',inf);
error=[error,err];
end
```

结果显示:

```
subplot(2,2,1),pdemesh(p,e,t)           %结果显示
title('数值解')
subplot(2,2,2),pdesurf(p,t,u)           %精确解显示
title('精确解')
subplot(2,2,3),pdesurf(p,t,u-exact')    %与精确解的误差
title('计算误差')
```

得到的结果图形如图 5-20 所示。

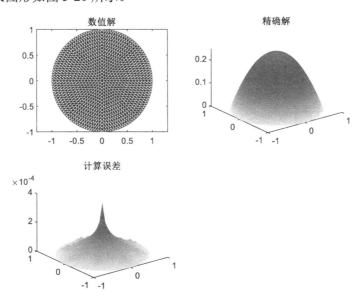

图 5-20　Poisson 方程图

### 2. 双曲型偏微分方程

MATLAB 能求解的类型为：

$$d\frac{\partial^2 u}{\partial t^2} - \nabla \cdot (c\nabla u) + au = f$$

其中，$u = u(x,y,z)$，$(x,y,z) \in G$，$d = d(x,y,z) \in C^0(G)$，$a \geq 0$，$a \in C^0(\partial G)$，$f \in L_2(G)$。

传递问题：$\begin{cases} \dfrac{\partial^2 u}{\partial t^2} - \left(\dfrac{\partial^2 u}{\partial x^2} + \dfrac{\partial^2 u}{\partial y^2} + \dfrac{\partial^2 u}{\partial z^2}\right) = 0 \\ u\big|_{t=0} = 0 \\ \dfrac{\partial u}{\partial t}\big|_{t=0} = 0 \end{cases}$，$G = \{(x,y,z)\mid 0 \leq x,y,z \leq 1\}$

即 $c = 1$，$a = 0$，$f = 0$，$d = 1$。

方程求解如下：

```
% 问题输入
c = 1; a = 0; f = 0; d = 1;          % 输入方程的系数
g = 'squareg';                        % 输入方形区域 G，内部已经定义好
b = 'squareb3';                       % 输入边界条件，即初始条件

[p,e,t] = initmesh('squareg');  % 对单位矩形 G 进行网格化

% 定解条件和求解时间点
x = p(1,:)'; y = p(2,:)';
u0 = atan(cos(pi/2*x));
ut0 = 3*sin(pi*x).*exp(sin(pi/2.*y));
n = 31;
tlist = linspace(0,5,n);

uu = hyperbolic(u0, ut0,tlist,b,p,e,t,c,a,f,d);          % 求解
```

结果显示计算过程中的信息。

```
428 个成功步骤
62 次失败尝试
982 次函数计算
1 个偏导数
142 次 LU 分解
981 个线性方程组解
```

对求解过程进行动画显示。

```
delta=-1:0.1:1;
[uxy,tn,a2,a3]=tri2grid(p,t,uu(:,1),delta,delta);
gp=[tn;a2;a3];
```

```
umax=max(max(uu));
umin=min(min(uu));
newplot;M=moviein(n);
for i=1:n,
    pdeplot(p,e,t,'xydata',uu(:,i),'zdata',uu(:,i),'mesh','off','xygrid',
'on','gridparam',gp, …
    'colorbar','off','zstyle','continuous');
    axis([-1 1 -1 1 umin umax]);
    caxis([umin umax]);
    M(:,i)=getframe;
end
movie(M,5)
```

图 5-21 所示为动画过程中的一个状态。

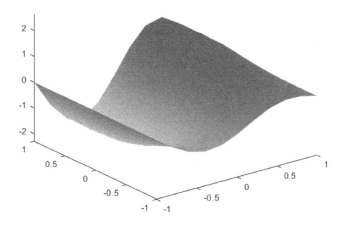

图 5-21　波动方程动画中的一个状态

### 3. 抛物型偏微分方程

MATLAB 能求解的类型为：

$$d\frac{\partial^2 u}{\partial t^2} - \nabla \cdot (c\nabla u) + au = f$$

其中，$u = u(x,y,z)$，$(x,y,z) \in G$，$d = d(x,y,z) \in C^0(G)$，$a \geqslant 0$，$a \in C^0(\partial G)$，$f \in L_2(G)$

传递问题：
$$\begin{cases} \dfrac{\partial^2 u}{\partial t^2} - \left( \dfrac{\partial^2 u}{\partial x^2} + \dfrac{\partial^2 u}{\partial y^2} + \dfrac{\partial^2 u}{\partial z^2} \right) = 0 \\ \left. u \right|_{t=0} = 0 \\ \left. \dfrac{\partial u}{\partial t} \right|_{t=0} = 0 \end{cases}, \quad G = \{(x,y,z) \mid 0 \leqslant x,y,z \leqslant 1\}$$

即 $c = 1$，$a = 0$，$f = 0$，$d = 1$。

方程求解如下：

```
% 问题的输入
c = 1; a = 0; f = 1; d = 1;          %输入方程的系数
g = 'squareg';                        %输入方形区域 G
b = 'squareb1';                       %输入边界条件
 [p,e,t] = initmesh(g);               % 对单位矩形的网格化

% 定解条件和求解的时间点
u0 = zeros(size(p, 2), 1);
ix = find(sqrt(p(1, :).^2+p(2, :).^2) < 0.4);
u0(ix) = ones(size(ix));
nframes = 20;
tlist=linspace(0,0.1,nframes);   % 在时间[0, 0.1]内20个点上计算，生成20帧
u1 = parabolic(u0, tlist, b, p, e, t, c, a, f, d);      % 求解方程
```

结果显示计算过程中的信息：

```
75 个成功步骤
1 次失败尝试
154 次函数计算
1 个偏导数
17 次 LU 分解
153 个线性方程组解
```

对求解过程进行动画显示：

```
x = linspace(-1,1,31); y = x;
newplot;
Mv = moviein(nframes);
umax=max(max(u1));
umin=min(min(u1));
for j=1:nframes
   u=tri2grid(p,t,u1(:,j),x,y);
i=find(isnan(u));
u(i)=zeros(size(i));
   surf(x,y,u);caxis([umin umax]);colormap(cool),axis([-1 1 -1 1 0 1]);
   Mv(:,j) = getframe;
end
movie(Mv,10)
```

图 5-22 是动画过程中的瞬间状态。

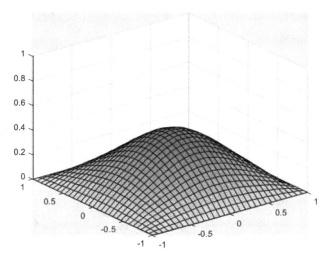

图 5-22　热传导方程动画瞬间状态图

# 5.6　小　　结

数据分析和处理在各个领域有着广泛的应用，尤其是在数学、物理等科学领域和工程领域的实际应用中会经常遇到进行数据分析的情况。

在本章中，依次向读者介绍了如何使用 MATLAB 来进行常见的数据分析：数据插值、曲线拟合、傅里叶变换、微分方程等。这些应用相对于前面章节的内容而言更加复杂，涉及的数学原理也比较深入，因此建议读者在阅读本章内容的时候能够结合数学原理一起理解。

# 第6章

## 符 号 运 算

MATLAB 除了能够处理数值运算之外，还可以进行各种符号运算。在 MATLAB 中，进行符号运算可以用推理解析的方式进行，避免数值运算带来的截断误差，同时符号运算可以得到正确的封闭解。在 MATLAB 中，符号运算实质上属于数值运算的补充部分，并不算是 MATLAB 的核心内容。但是，关于符号运算的命令、符号运算结果的图形显示、运算程序的编写或者帮助系统等都是十分完整和便捷的。

学习目标:

⌘ 理解符号运算的基本概念

⌘ 熟练运用符号表达式和函数

⌘ 掌握符号矩阵及其运算

⌘ 熟练掌握符号方程求解

## 6.1 符号运算的基本概念

科学与工程技术中的数值运算固然重要，但是自然科学理论分析中各种各样的公式、关系式及其推导就是符号运算要解决的问题。它与数值运算一样，都是科学计算研究的重要内容。MATLAB 数值运算的对象是数值，而 MATLAB 符号运算的对象是非数值的符号对象。符号对象就是代表非数值的符号字符串。

通过 MATLAB 的符号运算功能可以求科学计算中符号数学问题的符号解析表达精确解，这在自然科学与工程计算的理论分析中有着极其重要的作用与实用价值。

### 6.1.1 符号对象

符号对象（symbolic object）是 Symbolic Math Toolbox 定义的一种新的数据类型（sym 类

型），用来存储代表非数值的字符符号（通常是大写或小写的英文字母及字符串）。符号对象可以是符号常量（符号形式的数）、符号变量、符号函数以及各种符号表达式（符号数学表达式、符号方程与符号矩阵）等。

在 MATLAB 中，符号对象可利用函数 sym( )、syms( )来建立，并可利用函数 class( )来测试建立的操作对象为何种类型、是否为符号对象类型（sym 类型）。下面就来介绍函数 sym( )、syms( )、class( )的调用格式和功能。

## 6.1.2 创建符号对象的函数 sym( )、syms( )与 class( )

在一个 MATLAB 程序中，作为符号对象的符号常量、符号变量、符号函数以及符号表达式首先得用函数 sym( )、syms( )加以规定来创建。

### 1. 函数 sym( )的调用格式

**格式 1**　　S=sym(A)

**格式 2**　　S=sym('A')

在这两种格式中，由 A 来建立一个符号对象 S，其类型为 sym 类型。如果 A（不带单引号）是一个数字（值）、数值矩阵或数值表达式，则输出是将数值对象转换成的符号对象。如果 A（带单引号）是一个字符串，则输出是将字符串转换成的符号对象。

**格式 3**　　S=sym(A,flag)

功能同 S=sym(A)，只不过转换成的符号对象应符合 flag 格式。flag 可取以下选项：

- 'd'——最接近的十进制浮点精确表示。
- 'e'——带估计误差（数值计算时）的有理表示。
- 'f'——十六进制浮点表示。
- 'r'——默认设置，是最接近有理表示的形式。这种形式是指用两个正整数 p、q 构成的 p/q、p*pi/q、sqrt(p)、2^p、10^q 表示的形式之一。

**格式 4**　　S=sym('A',flag)

功能同 S=sym('A')，只不过转换成的符号对象应按照 flag 指定的要求。flag 可取以下"限定性"选项：

- 'positive'——限定 A 为正的实型符号变量。
- 'real'——限定 A 为实型符号变量。
- 'unreal'——限定 A 为非实型符号变量。

### 2. 函数 syms( )的调用格式

```
syms s1 s2 s3 flag;
```

功能是建立 3（多）个符号对象 s1、s2、s3，建立的对象应按 flag 指定的要求，同上。

### 3. 函数 class( )的调用格式

```
str=class(object)
```

功能是返回指代数据对象类型的字符串。数据对象类型如表 6-1 所示。

表6-1 数据对象类型

| 类 型 | 说 明 |
|---|---|
| cell | CELL 数组 |
| char | 字符数组 |
| double | 双精度浮点数值类型 |
| int8 | 8 位带符号整型数组 |
| int16 | 16 位带符号整型数组 |
| int32 | 32 位带符号整型数组 |
| sparse | 实（或复）稀疏矩阵 |
| struct | 结构数组 |
| unint8 | 8 位不带符号整型数组 |
| unint16 | 16 位不带符号整型数组 |
| unint32 | 32 位不带符号整型数组 |
| &lt;class_name&gt; | 用户定义的对象类型 |
| &lt;java_class&gt; | Java 对象的 Java 类型 |
| sym | 符号对象类型 |

### 6.1.3 符号常量

符号常量是一种符号对象。数值常量如果作为函数 sym( )的输入参量，就建立了一个符号对象——符号常量，即看上去的一个数值量，但它已是一个符号对象了。创建的符号对象可以用 class( )函数来检测其数据类型。请看以下示例。

【例 6-1】 对数值量 1/8 创建符号对象并检测数据类型。

用以下 MATLAB 语句来创建符号对象并检测数据类型：

```
clear
a=1/8;
b='1/8';
c=sym(1/8);
d=sym('1/8');
classa=class(a)
classb=class(b)
classc=class(c)
classd=class(d)
```

语句执行结果：

```
classa =
    'double'
classb =
    'char'
```

```
classc =
    'sym'
classd =
    'sym'
```

其中，a 是双精度浮点数值类型，b 是字符类型，c 与 d 都是符号对象类型。

## 6.1.4 符号变量

变量是程序设计语言的基本元素之一。在 MATLAB 数值运算中，变量是内容可变的数据。在 MATLAB 符号运算中，符号变量是内容可变的符号对象。符号变量通常是指一个或几个特定的字符，不是指符号表达式，虽然可以将一个符号表达式赋值给一个符号变量。

- 符号变量有时也叫作自由变量。符号变量与 MATLAB 数值运算的数值变量的命名规则相同。
- 变量名可以由英文字母、数字和下划线组成。
  - ➢ 变量名应以英文字母开头。
  - ➢ 组成变量名的字符不大于 31 个。
  - ➢ MATLAB 区分大小写英文字母。

在 MATLAB 中，可以用函数 sym( ) 或 syms( ) 来建立符号变量。

【例 6-2】 用函数 sym( ) 与 syms( ) 建立符号变量 α、β、γ。
用函数 sym( ) 来创建符号对象并检测数据的类型：

```
clear
a=sym('alpha');
b=sym('beta');
c=sym('gama');
classa=class(a)
classb=class(b)
classc=class(c)
```

执行语句后，检测数据对象 α、β、γ 均为符号对象类型。

```
classa =
    'sym'
classb =
    'sym'
classc =
    'sym'
```

用函数 syms( ) 来创建符号对象并检测数据的类型：

```
syms alpha beta gama;
classa=class(alpha)
classb=class(beta)
classg=class(gama)
```

执行语句后，检测数据对象 α、β、γ 也是符号对象类型：

```
classa =
    'sym'
classb =
    'sym'
classg =
    'sym'
```

### 6.1.5  符号表达式、符号函数与符号方程

表达式也是程序设计语言的基本元素之一。在 MATLAB 数值运算中，数字表达式是由常量、数值变量、数值函数或数值矩阵用运算符连接而成的数学关系式。在 MATLAB 符号运算中，符号表达式是由符号常量、符号变量、符号函数用运算符或专用函数连接而成的符号对象。

符号表达式有两类：符号函数与符号方程。符号函数不带等号，而符号方程是带等号的。在 MATLAB 中，同样用函数 sym( ) 来建立符号表达式。

【例 6-3】　用函数 sym( ) 与 syms( ) 建立符号函数 f1、f2、f3、f4 并检测符号对象的类型。

用函数 syms( ) 与 sym( ) 来创建符号函数并检测数据的类型：

```
clear
syms n x T w z wc p;
f1=n*x^n/x;
classf1=class(f1)
f2=sym(log(T)^2*T+p);
classf2=class(f2)
 f3=sym(w+sin(a*z));
classf3=class(f3)
f4=pi+atan(T*wc);
classf4=class(f4)
```

执行语句后，检测符号函数均为符号对象类型：

```
classf1 =
    'sym'
classf2 =
    'sym'
classf3 =
    'sym'
classf4 =
    'sym'
```

【例 6-4】　用函数 sym( ) 建立符号方程 e1、e2、e3、e4 并检测符号对象的类型。

用函数 sym( ) 来创建符号方程并检测数据的类型：

```
clear
syms a b c x y t p Dy
```

```
e1=sym(a*x^2+b*x+c==0);
classe1=class(e1)
e2=sym(log(t)^2*t==p);
classe2=class(e2)
e3=sym(sin(x)^2+cos(x)==0);
classe3=class(e3)
e4=sym(Dy-y==x);
classe4=class(e4)
```

执行语句后，检测符号方程均为符号对象类型：

```
classe1 =
    'sym'
classe2 =
    'sym'
classe3 =
    'sym'
classe4 =
    'sym'
```

## 6.1.6 函数 symvar( )

在微积分、函数表达式化简、解方程中，确定自变量是必不可少的。在不指定自变量的情况下，按照数学习惯，自变量通常都是小写英文字母，并且为字母表末尾的几个，如 t、w、x、y、z 等。

在 MATLAB 中，可以用函数 symvar( )按这种数学习惯来确定一个符号表达式中的自变量，这对于按照特定要求进行某种计算是非常有实用价值的。

函数 symvar( )的调用格式为：

**格式 1**  symvar(f,n)

这种格式的功能是按数学习惯确定符号函数 f 中的 n 个自变量。当指定的 n 为 1 时，从符号函数 f 中找出在字母表中与 x 最近的字母；如果有两个字母与 x 的距离相等，则取较后的一个。当输入参数 n 省略时，函数将给出 f 中所有的符号变量。

**格式 2**  symvar(e,n)

这种格式的功能是按数学习惯确定符号方程 e 中的 n 个自变量，其余功能同上。

【例 6-5】 用函数 symvar( )确定符号函数 f1、f2 中的自变量。
用以下 MATLAB 语句来确定符号函数 f1、f2 中的自变量：

```
clear
syms k m n w y z;
f1=n*y^n+m*y+w;
ans1=symvar(f1,1)
f2=m*y+n*log(z)+exp(k*y*z);
ans2=symvar(f2,2)
```

执行结果如下：

```
ans1 =
    y
ans2 =
    [ y, z]
```

【例 6-6】　用函数 symvar( )确定符号方程 e1、e2 中的自变量。

用以下 MATLAB 语句来确定符号方程 e1、e2 中的自变量：

```
syms a b c x p q t w;
e1=sym(a*x^2+b*x+c==0);
ans1= symvar (e1,1)
e2=sym(w*(sin(p*t+q))==0);
ans2= symvar (e2)
```

执行结果如下：

```
ans1 =
    x
ans2 =
    [ p, q, t, w]
```

## 6.1.7　数组、矩阵与符号矩阵

### 1．数组

数组（array）是由一组复数排成的长方形阵列（实数可视为复数的虚部为零的特例）。对于 MATLAB，在线性代数范畴之外，数组也是进行数值计算的基本处理单元。

一行多列的数组是行向量；一列多行的数组是列向量；数组可以是二维的"矩形"，也可以是三维的，甚至可以是多维的。多行多列的"矩形"数组与数学中的矩阵从外观形式与数据结构上看没有什么区别。

在 MATLAB 中定义了一套数组运算规则及运算符，但数组运算是 MATLAB 软件所定义的规则，是为了管理数据方便、操作简单、指令形式自然、程序简单易读与运算高效。MATLAB 中的大量数值计算是以数组形式进行的。在 MATLAB 中，凡是涉及线性代数范畴的问题，其运算都是以矩阵作为基本运算单元的。

### 2．矩阵

线性代数中矩阵是这样定义的，即有 $m \times n$ 个数 $a_{ij}$（$i = 1, 2, \ldots, m$，$j = 1, 2, \ldots, n$）的数组，将其排成如下格式（用方括号括起来）：

$$A = \begin{bmatrix} a_{11} & \cdots & a_{1n} \\ \vdots & & \vdots \\ a_{m1} & \cdots & a_{mn} \end{bmatrix}$$

矩阵作为一个整体，可以当作一个抽象的量，且是 *m* 行 *n* 列。横向每一行所有元素依次序排列为行向量，纵向每一列所有元素依次序排列为列向量。请特别注意，数组用方括号括起来后已作为一个抽象的特殊量——矩阵。

在线性代数中，矩阵有特定的数学含义，并且有其自身严格的运算规则。矩阵概念是线性代数范畴内特有的。在 MATLAB 中，也定义了矩阵运算规则及运算符。MATLAB 中的矩阵运算规则与线性代数中的矩阵运算规则相同。

MATLAB 既支持数组的运算也支持矩阵的运算，但数组的运算与矩阵的运算有很大的差别。在 MATLAB 中，数组的所有运算都是对被运算数组中的每个元素平等地执行同样的操作。矩阵运算是从把矩阵整体当作一个特殊的量这个基点出发，依照线性代数的规则来进行的运算。

### 3. 符号矩阵

元素是符号对象（非数值符号的字符符号（符号变量）与符号形式的数（符号常量））的矩阵叫作符号矩阵。符号矩阵既可以构成符号矩阵函数（不带等号），也可以构成符号矩阵方程（带等号），它们都是符号表达式。

数值矩阵与符号矩阵的 MATLAB 表达式的书写特点是：矩阵必须用一对方括号括起来，行之间用分号分隔，一行的元素之间用逗号或空格分隔。有关符号矩阵的运算及其应用将在后面予以介绍，这里只举一例说明符号矩阵的创建。

【例 6-7】 用函数 sym( ) 建立符号矩阵函数 m1、m2 与符号矩阵方程 m3 并检测符号对象的类型。

用函数 sym( ) 来创建符号矩阵 m1、m2、m3 并检测符号对象的类型：

```
syms a b c d ab bc cd de ef fg h i j x
m1=sym([ab bc cd;de ef fg;h i j]);
clam1=class(m1)
m2=sym([1 12 ; 23 34]);
clam2=class(m2)
m3=sym([a b;c d]*x==0);
clam3=class(m3)
```

执行结果如下：

```
clam1 =
    'sym'
clam2 =
    'sym'
clam3 =
    'sym'
```

# 6.2 符号运算的基本内容

除符号对象的加、减、乘、除、乘幂、开方基本运算外，本节将介绍的几个函数在符号运算中非常重要，因为它们极具实用价值。

## 6.2.1 符号变量代换及其函数 subs( )

使用函数 subs( )实现符号变量代换。其函数调用格式为：

```
subs (S, old, new)
```

这种格式的功能是将符号表达式 S 中的 old 变量替换为 new。old 一定是符号表达式 S 中的符号变量，而 new 可以是符号变量、符号常量、双精度数值与数值数组等。

```
subs (S, new)
```

这种格式的功能是用 new 置换符号表达式 S 中的自变量，其他同上。

【例 6-8】 已知 $f = ax^n + by + k$，试对其进行符号变量替换（$a = \sin t$、$b = \ln w$、$k = ce^{-dt}$）、符号常量替换（$n = 5$、$k = p$）与数值数组替换（$k = 1{:}1{:}4$）。

用以下 MATLAB 程序进行符号变量、符号常量与数值数组替换：

```
syms a b c d k n x y w t;
f=a*x^n+b*y+k
f1=subs(f,[a b],[sin(t) log(w)])
f2=subs(f,[a b k],[sin(t) log(w) c*exp(-d*t)])
f3=subs(f,[n k],[5 pi])
f4=subs(f1,k,1:4)
```

程序运行结果如下：

```
f =
    k + a*x^n + b*y
f1 =
    k + x^n*sin(t) + y*log(w)
f2 =
    c*exp(-d*t) + x^n*sin(t) + y*log(w)
f3 =
    a*x^5 + pi + b*y
f4 =
    [ x^n*sin(t) + y*log(w) + 1, x^n*sin(t) + y*log(w) + 2, x^n*sin(t) + y*log(w)
+ 3, x^n*sin(t) + y*log(w) + 4]
```

若要对符号表达式进行两个变量的数值数组替换，可以用循环程序来实现，不必使用函数 subs( )。这样简单、明了且高效。

**【例 6-9】**　　已知 $f = a\sin x + k$，试求当 $a = 1{:}1{:}2$ 时函数 $f$ 的值。

用以下 MATLAB 程序进行求值：

```
syms a k;
f=a*sin(x)+k;
for a=1:2;
    for x=0:pi/6:pi/3;
        f1=a*sin(x)+k
    end
end
```

程序运行第一组（$a = 1$）的结果：

```
f1 =
   k
f1 =
   k + 1/2
f1 =
   k + 3^(1/2)/2
```

程序运行第二组（$a = 2$）的结果：

```
f1 =
   k
f1 =
   k + 1
f1 =
   k + 3^(1/2)
```

## 6.2.2　将符号对象转换为数值对象的函数

大多数 MATLAB 符号运算的目的是计算表达式的数值解，所以需要将符号表达式的解析解转换为数值解。当要得到双精度数值解时，可使用函数 double( )；当要得到指定精度的精确数值解时，可联合使用 digits( ) 与 vpa( ) 两个函数来实现解析解的数值转换。

（1）函数 double( )

double(C)：将符号常量 C 转换为双精度数值。

（2）函数 digits( )

要得到指定精度的数值解时，使用函数 digits( ) 设置精度，其函数调用格式为：

```
digits(D)
```

功能是设置有效数字个数为 D 的近似解精度。

（3）函数 vpa( )

使用函数 vpa( ) 精确计算表达式的值。其函数调用格式有两种：

```
R=vpa ( E )
```

这种格式必须与函数 digits（D）连用，在其设置下求得符号表达式 E 设定精度的数值解，请注意，返回的数值解为符号对象类型。

```
R=vpa ( E, D )
```

这种格式的功能是求得符号表达式 E 的 D 位精度的数值解，返回的数值解也是符号对象类型。

（4）函数eval( )

使用函数 eval( )将符号对象转换为数值形式，其函数调用格式为：

```
N=eval (E)
```

这种格式的功能是将不含变量的符号表达式 E 转换为 double 双精度浮点数值形式，其效果与 N=double( sym(E) )相同。

【**例 6-10**】 计算 $c_1 = \sqrt{2}\ln 7$、$c_2 = \pi \sin\dfrac{\pi}{5}e^{1.3}$、$c_3 = e^{\sqrt{8}\pi}$ 3 个符号常量的值，并将结果转换为双精度型数值。

用以下 MATLAB 程序进行双精度数值转换：

```
syms c1 c2 c3;
c1=sym(sqrt(2)*log(7));
c2=sym(pi*sin(pi/5)*exp(1.3));
c3=sym(exp(pi*sqrt(8)));
ans1=double(c1)
ans2=double(c2)
ans3=double(c3)
class(ans1)
class(ans2)
class(ans3)
```

程序运行结果如下：

```
ans1 =
    2.7519
ans2 =
    6.7757
ans3 =
    7.2283e+003
ans =
    'double'
ans =
    'double'
ans =
    'double'
```

即 $c_1 = \sqrt{2}\ln 7 = 2.7519$ 、 $c_2 = \pi \sin\dfrac{\pi}{5}e^{1.3} = 6.7757$ 、 $c_3 = e^{\sqrt{8}\pi} = 7.2283e+003$，并且它们都是双精度型数值。

**【例 6-11】** 计算 $c_1 = e^{\sqrt{79}\pi}$ 符号常量的值，并将结果转换为指定精度 8 位与 18 位的精确数值解。

用以下 MATLAB 程序进行数值转换：

```
c=sym(exp(pi*sqrt(79)));
c1=double(c)
ans1=class(c1)
c2=vpa(c1,8)
ans2=class(c2)
digits 18
c3=vpa(c1)
ans3=class(c3)
c4=eval(c3)
ans4=class(c4)
```

程序运行结果如下：

```
c1 =
    1.3392e+012
ans1 =
    'double'
c2 =
    .13391903e13
ans2 =
    'sym'
c3 =
    1339190288739.15283
ans3 =
    'sym'
c4 =
    1.3392e+012
ans4 =
    double
```

## 6.2.3  符号表达式的化简

在 MATLAB 中，提供了多个对符号表达式进行化简的函数，诸如因式分解、同类项合并、符号表达式的展开、符号表达式的化简与通分等，它们都是表达式的恒等变换。

### 1. 函数 factor( )

符号表达式因式分解的函数 factor( )的调用格式为：

```
factor(E)
```

这是一种恒等变换，格式的功能是对符号表达式 E 进行因式分解，如果 E 包含的所有元素为整数，则计算其最佳因式分解式。对于大于 252 的整数的分解，可使用语句 factor(sym('N'))。

**【例 6-12】** 已知 $f = x^3 + x^2 - x - 1$，试对其因式分解。

用以下 MATLAB 语句进行因式分解：

```
syms x;
f=x^3+x^2-x-1;
f1=factor(f)
```

语句执行结果如下：

```
f1 =
    [ x - 1, x + 1, x + 1]
```

即 $f = x^3 + x^2 - x - 1 = (x-1) \cdot (x+1)^2$。

### 2. 函数 expand( )

符号表达式展开的函数 expand( )的调用格式为：

```
expand(E)
```

功能是将符号表达式 $E$ 展开，这种恒等变换常用在多项表达式、三角函数、指数函数与对数函数的展开中。

**【例 6-13】** 已知 $f = (x + y)^3$，试将其展开。

用以下 MATLAB 语句进行展开：

```
syms x y;
f=(x+y)^3;
f1=expand(f)
```

语句执行结果如下：

```
f1 =
    x^3+3*x^2*y+3*x*y^2+y^3
```

即 $f = (x + y)^3 = x^3 + 3x^2 y + 3xy^2 + y^3$。

### 3. 函数 collect( )

符号表达式同类项合并函数 collect( )的调用格式有两种：

```
collect (E, v)
```

这是一种恒等变换，格式的功能是将符号表达式 $E$ 中的 $v$ 的同幂项系数合并。

```
collect ( E)
```

这种格式的功能是将符号表达式 $E$ 中由函数 symvar( )确定的默认变量的系数合并。

【例 6-14】 已知 $f = -axe^{-cx} + be^{-cx}$ 。试对其同类项进行合并。

用以下 MATLAB 程序对同类项进行合并：

```
syms a b c x;
f=-a*x*exp(-c*x)+b*exp(-c*x);
f1=collect(f,exp(-c*x))
```

语句执行结果如下：

```
f1 =
    (b - a*x)*exp(-c*x)
```

即 $f = -axe^{-cx} + be^{-cx} = (b - ax)e^{-cx}$ 。

### 4. 函数 simplify( )

符号表达式化简函数 simplify( ) 的调用格式为：

```
simplify(E)
```

功能是将符号表达式 $E$ 运用多种恒等式变换进行综合化简。

【例 6-15】 试对 $e_1 = \sin^2 x + \cos^2 x$ 与 $e_2 = e^{c \cdot \ln(\alpha + \beta)}$ 进行综合化简。

用以下 MATLAB 语句进行综合化简：

```
syms x n c alph beta;
e10=sin(x)^2+cos(x)^2;
e1=simplify(e10)
e20=exp(c*log(alph+beta));
e2=simplify(e20)
```

语句执行结果如下：

```
e1 =
    1
e2 =
    (alph+beta)^c
```

即 $e_1 = \sin^2 x + \cos^2 x = 1$ 和 $e_2 = e^{c \cdot \ln(\alpha + \beta)} = (\alpha + \beta)^c$ 。

### 5. 函数 numden( )

符号表达式通分函数 numden( ) 的调用格式为：

```
[N, D]=numden(E)
```

这是一种恒等变换，功能是将符号表达式 $E$ 通分，分别返回 $E$ 通分后的分子 $N$ 与分母 $D$，并且转换成分子与分母都是整系数的最佳多项式形式。只需要再计算 $N/D$ 即可求得符号表达式 $E$ 通分的结果。若无等号左边的输出参数，则仅返回 $E$ 通分后的分子 $N$。请看以下示例。

【例 6-16】 已知 $f = \dfrac{x}{ky} + \dfrac{y}{px}$ ，试对其进行通分。

用以下 MATLAB 语句对同类项进行合并：

```
syms k p x y;
f=x/(k*y)+y/(p*x);
[n,d]=numden(f)
f1=n/d
numden(f)
```

语句执行结果如下：

```
n =
    p*x^2 + k*y^2
d =
    k*p*x*y
f1 =
    (p*x^2 + k*y^2)/(k*p*x*y)
ans =
    p*x^2 + k*y^2
```

即 $f = \dfrac{x}{ky} + \dfrac{y}{px} = \dfrac{px^2 + ky^2}{kpxy}$ ，当无等号左边的输出参数时仅返回通分后的分子 $N$。

### 6．函数 horner( )

对符号表达式进行嵌套型分解的函数 horner( )的调用格式为：

```
horner(E)
```

这是一种恒等变换，功能是将符号表达式 $E$ 转换成嵌套型表达式。

【例 6-17】 已知 $f = -ax^4 + bx^3 - cx^2 + x + d$ ，试将其转换成嵌套型表达式。

用以下 MATLAB 语句将其转换成嵌套型表达式：

```
syms a b c d x;
f=-a*x^4+b*x^3-c*x^2+x+d;
f1=horner(f)
```

语句执行结果如下：

```
f1 =
    d - x*(x*(c - x*(b - a*x)) - 1)
```

即 $f = -ax^4 + bx^3 - cx^2 + x + d = d - x(x(c - x(b - ax)) - 1)$ 。

## 6.2.4 其他符号运算函数

### 1. 函数 char( )

将数值对象、符号对象转换为字符对象的函数 char( )的调用格式为：

```
char(S)
```

功能是将数值对象或符号对象 S 转换为字符对象。

【例 6-18】 试将数值对象 $c = 123456$ 与符号对象 $f = x + y + z$ 转换成字符对象。
用以下 MATLAB 语句进行转换：

```
syms a b c x y z;
c=123456;
ans1=class(c)
c1=char(sym(c))
ans2=class(c1)
f=sym(x+y+z);
ans3=class(f)
f1=char(f)
ans4=class(f1)
```

语句执行结果如下：

```
ans1 =
    'double'
c1 =
    '123456'
ans2 =
    'char'
ans3 =
    'sym'
f1 =
    'x + y + z'
ans4 =
    'char'
```

原数值对象与符号对象均转换成字符对象。

### 2. 函数 pretty( )

以习惯的方式显示符号表达式的函数 pretty( )的调用格式为：

```
pretty( E)
```

以习惯的"书写"方式显示符号表达式 $E$（包括符号矩阵）。

【例6-19】 试将MATLAB符号表达式 $f=a*x/b+c/(d*y)$ 与 $f_1=\mathrm{sqrt}(b\wedge2-4*a*c)$ 以习惯的"书写"方式显示。

用以下MATLAB语句进行"书写"显示：

```
syms a b c d x y;
f=a*x/b+c/(d*y);
f1=sqrt(b^2-4*a*c);
pretty(f)
pretty(f1)
```

语句执行结果如下：

```
  c    a x
 --- + ---
 d y    b
     2
 sqrt(b  - 4 a c)
```

即 $f = \dfrac{ax}{b} + \dfrac{c}{dy}$ 与 $f_1 = \sqrt{b^2 - 4ac}$。

### 3. 函数 clear

清除MATLAB工作区中的命令 clear 的调用格式为：

```
clear
```

这是一个不带输入参数的命令，其功能是清除MATLAB工作区中保存的变量与函数，通常置于程序之首，以免原来MATLAB工作区中保存的变量与函数影响新的程序。

## 6.2.5 两种特定的符号运算函数

MATLAB两种特定的符号函数运算是指复合函数运算与反函数运算。

### 1. 复合函数的运算与函数 compose( )

设 $z$ 是 $y$（自变量）的函数 $z=f(y)$，而 $y$ 又是 $x$（自变量）的函数 $y=j(x)$，则 $z$ 对 $x$ 的函数 $z=f(j(x))$ 叫作 $z$ 对 $x$ 的复合函数。求 $z$ 对 $x$ 的复合函数 $z=f(j(x))$ 的过程叫作复合函数运算。

MATLAB求复合函数的命令为 compose( )，调用格式有以下6种。

**格式1** compose(f, g)

这种格式的功能是当 $f=f(x)$ 与 $g=g(y)$ 时返回复合函数 $f(g(y))$，即用 $g=g(y)$ 代入 $f(x)$ 中的 $x$，且 $x$ 为函数 symvar( ) 确定的 $f$ 的自变量，$y$ 为 symvar( ) 确定 $g$ 的自变量。

**格式2** compose(f,g,z)

这种格式的功能是当 $f=f(x)$ 与 $g=g(y)$ 时返回以 $z$ 为自变量的复合函数 $f(g(z))$，即用 $g=g(y)$ 代入 $f(x)$ 中的 $x$，且将 $g(y)$ 中的自变量 $y$ 改换为 $z$。

**格式 3** compose(f,g,x,z)

这种格式的功能同格式 2 的功能。

**格式 4** compose(f,g,t,z)

这种格式的功能是当 $f=f(t)$ 与 $g=g(y)$ 时返回以 $z$ 为自变量的复合函数 $f(g(z))$，即用 $g=g(y)$ 代入 $f(t)$ 中的 $t$，且将 $g(y)$ 中的自变量 $y$ 改换为 $z$。

**格式 5** compose(f,h,x,y,z)

这种格式的功能同格式 2 与格式 3 的功能。

**格式 6** compose( f, g, t, u, z)

这种格式的功能是当 $f=f(t)$ 与 $g=g(u)$ 时返回以 $z$ 为自变量的复合函数 $f(g(z))$，即用 $g=g(u)$ 代入 $f(t)$ 中的 $t$，且 $g(u)$ 中的自变量 $u$ 改换为 $z$。

**【例 6-20】** 已知 $f=\ln\left(\dfrac{x}{t}\right)$ 与 $g=u\times\cos y$，求复合函数 $f(\varphi(x))$ 与 $f(g(z))$。

用以下 MATLAB 程序计算其复合函数：

```
syms f g t u x y z;
f=log(x/t);
g=u*cos(y);
cfg=compose(f,g)
cfgt=compose(f,g,z)
cfgxz=compose(f,g,x,z)
cfgtz=compose(f,g,t,z)
cfgxyz=compose(f,g,x,y,z)
cfgxyz=compose(f,g,t,u,z)
```

程序运行结果如下：

```
cfg =
    log((u*cos(y))/t)
cfgt =
    log((u*cos(z))/t)
cfgxz =
    log((u*cos(z))/t)
cfgtz =
    log(x/(u*cos(z)))
cfgxyz =
    log((u*cos(z))/t)
cfgxyz =
    log(x/(z*cos(y)))
```

**2. 反函数的运算与函数 finverse( )**

设 $y$ 是 $x$（自变量）的函数 $y=f(x)$，若将 $y$ 当作自变量、$x$ 当作函数，则函数 $x=j(y)$ 叫作函数 $f(x)$ 的反函数，而 $f(x)$ 叫作直接函数。在同一坐标系中，直接函数 $y=f(x)$ 与反函数 $x=j(y)$ 表示同一图形。通常把 $x$ 当作自变量，而把 $y$ 当作函数，故反函数 $x=j(y)$ 写为 $y=j(x)$。

MATLAB 提供的求反函数的函数为 finverse( )。其函数调用格式有以下 2 种：

**格式 1**　g=finverse (f, v)

这种格式的功能是求符号函数 $f$ 的自变量为 $v$ 的反函数 $g$。

**格式 2**　g=finverse (f)

这种格式的功能是求符号函数 $f$ 的反函数 $g$，符号函数表达式 $f$ 有单变量 $x$，函数 $g$ 也是符号函数，并且有 $g(f(x))=x$。

**【例 6-21】**　求函数 $y=ax+b$ 的反函数。

（1）数学分析

有 $y=ax+b$，经恒等变换 $y-b=ax$，得 $x=\dfrac{-(b-y)}{a}$。若换写 $x$ 作自变量、$y$ 作函数，则 $y=\dfrac{-(b-y)}{a}$。

（2）求 $y=ax+b$ 的反函数的 MATLAB 实现

```
syms a b x y;
y=a*x+b
g=finverse(y)
compose(y,g)
```

语句执行结果如下：

```
y =
    b + a*x
g =
    -(b-x)/a
ans =
    x
```

即 $y=ax+b$ 的反函数为 $y=\dfrac{-(b-y)}{a}$，且 $g(f(x))=x$。

# 6.3　符号微积分运算及应用

微分学是微积分的重要组成部分。它的基本概念是导数与微分。其中导数是曲线切线的斜率，反映函数相对于自变量变化的速度；微分则表明当自变量有微小变化时函数大体上变化多少。积分是微分的逆运算。

求给定函数为导函数的原函数的运算是不定积分——积分学的第一个基本问题。被积函数在积分的上下限区间的计算问题是定积分——积分学的第二个基本问题，该问题已由牛顿-莱布尼茨公式解决。微积分学是高等数学重要的基本内容。

## 6.3.1 符号极限运算

众所周知，微积分中导数的定义是通过极限给出的，即极限概念是数学分析或高等数学最基本的概念，所以极限运算就是微积分运算的前提与基础。

函数极限的概念及其运算在高等数学中已经学过，在此介绍 MATLAB 符号极限运算的函数 limit( )。函数 limit( ) 的调用格式有以下 5 种。

### 1. limit(F,x,a)

这种格式用来实现计算符号函数或符号表达式 $F$ 当变量 $x^{®}a$ 条件下的极限值。

【例 6-22】 试证明 $\lim\limits_{x\to\infty}\left(1+\dfrac{1}{n}\right)^n = e$ 和 $\lim\limits_{x\to\infty}\left(\dfrac{2x+3}{2x+1}\right)^{x+1} = e$。

（1）可以运行以下 MATLAB 语句来证明：

```
syms n
limit((1+(1/n))^n,n,inf)
```

语句运行结果如下：

```
ans =
    exp(1)
```

$\lim\limits_{x\to\infty}\left(1+\dfrac{1}{n}\right)^n = e$ 得证。

（2）可以运行以下 MATLAB 语句来证明：

```
syms x;
limit(((2*x+3)/(2*x+1))^(x+1),x,inf)
```

语句运行结果如下：

```
ans =
    exp(1)
```

$\lim\limits_{x\to\infty}\left(\dfrac{2x+3}{2x+1}\right)^{x+1} = e$ 得证。

### 2. limit(F,a)

这种格式用来实现计算符号函数或符号表达式 $F$ 中由函数symvar( )返回的独立变量趋向于 $a$ 时的极限值。

【例 6-23】 试求 $\lim\limits_{x\to a}\dfrac{\sqrt[m]{x}-\sqrt[m]{a}}{x-a}$ 与 $\lim\limits_{x\to a}\dfrac{\sin x - \sin a}{x-a}$。

可以运行以下 MATLAB 语句来计算：

```
syms x m a
limit(((x^(1/m)-a^(1/m))/(x-a)),a)
```

语句运行结果如下：

```
ans =
    a^(1/m - 1)/m
```

即 $\lim\limits_{x \to a} \dfrac{\sqrt[m]{x} - \sqrt[m]{a}}{x - a} = \dfrac{\frac{1}{m}\sqrt[m]{a}}{m}$。

可以运行以下 MATLAB 语句来计算：

```
syms x a
limit(((sin(x)-sin(a))/(x-a)),a)
```

语句运行结果如下：

```
ans =
    cos(a)
```

即 $\lim\limits_{x \to a} \dfrac{\sin x - \sin a}{x - a} = \cos a$。

### 3. limit(F)

这种格式用来实现计算符号函数或符号表达式 $F$ 在 $x=0$ 时的极限。

【例 6-24】 试求 $\lim\limits_{x \to 0} \dfrac{\sin x}{x}$ 与 $\lim\limits_{x \to 0} \dfrac{\tan(2x)}{\sin(5x)}$。

可以运行以下 MATLAB 语句来计算：

```
syms x
limit(sin(x)/x)
```

语句运行结果如下：

```
ans =
    1
```

即 $\lim\limits_{x \to 0} \dfrac{\sin x}{x} = 1$。

可以运行以下 MATLAB 语句来计算：

```
syms x
c=limit(tan(2*x)/sin(5*x))
```

语句运行结果如下：

```
c =
    2/5
```

即 $\lim\limits_{x \to 0} \dfrac{\tan(2x)}{\sin(5x)} = \dfrac{2}{5}$。

4. limit(F,x,a,'right')

这种格式用来实现计算符号函数或符号表达式 $F$ 在 $x^®a$（从右趋向于 $a$）条件下的极限值。

5. limit(F,x,a,'left')

这种格式用来实现计算符号函数或符号表达式 $F$ 在 $x^®a$（从左趋向于 $a$）条件下的极限值。

【例 6-25】 试求 $\lim\limits_{x \to a+0} \dfrac{\sqrt{x}-\sqrt{a}+\sqrt{x-a}}{\sqrt{x^2-a^2}}$ 和 $\lim\limits_{x \to a-0} \dfrac{\sqrt{x}-\sqrt{a}+\sqrt{x-a}}{\sqrt{x^2-a^2}}$。

可以运行以下 MATLAB 语句来计算右极限：

```
syms x a
c=limit(((sqrt(x)-sqrt(a)+sqrt(x-a))/sqrt(x^2-a^2)),x,a, 'right');
c=collect(c)
```

语句运行结果为：

```
c =
    1/(2*a)^(1/2)
```

即 $\lim\limits_{x \to a+0} \dfrac{\sqrt{x}-\sqrt{a}+\sqrt{x-a}}{\sqrt{x^2-a^2}} = \dfrac{1}{\sqrt{2a}}$。

可以运行以下 MATLAB 语句来计算左极限：

```
syms x a
c=limit(((sqrt(x)-sqrt(a)+sqrt(x-a))/sqrt(x^2-a^2)),x,a, 'left');
c=collect(c)
```

语句运行结果为：

```
c =
    1i/(-2*a)^(1/2)
```

即 $\lim\limits_{x \to a-0} \dfrac{\sqrt{x}-\sqrt{a}+\sqrt{x-a}}{\sqrt{x^2-a^2}} = 0 + \dfrac{1}{\sqrt{-2a}} j$。

## 6.3.2 符号微分运算

微分运算是高等数学中除极限运算外最重要的基本内容。MATLAB 的符号微分运算实际上是计算函数的导（函）数。MATLAB 系统提供的函数 diff( ) 不仅可求函数的一阶导数，还可计算函数的高阶导数与偏导数。函数 diff( ) 的调用格式有以下 3 种：

（1）dfvn=diff(f,'v',n)

这种格式的功能是对符号表达式或函数 $f$ 按指定的自变量 $v$ 计算其 $n$ 阶导（函）数。函数可以有左端的返回变量，也可以没有。

（2）dfn=diff(f,n)

这种格式的功能是对符号表达式或函数 $f$ 按 symvar( ) 命令确定的自变量计算其 $n$ 阶导（函）数。函数可以有左端的返回变量，也可以没有。

（3）df=diff(f)

这种格式的功能是对符号表达式或函数 $f$ 按 symvar( )命令确定的自变量计算其一阶导（函）数（函数默认 $n=1$）。函数可以有左端的返回变量，也可以没有。

从以上 diff( )函数的调用格式可知，计算函数的高阶导数很容易通过输入参数 n 的值来实现；对于求多元函数的偏导数，除开指定的自变量外的其他变量均当作常数处理就可以了。

必须指出，以上几种格式中的函数 $f$ 若为矩阵时，求导时则对元素逐个进行，且自变量定义在整个矩阵上。请看以下示例。

**【例 6-26】** 已知函数 $f = \begin{bmatrix} a & t^5 \\ t\sin(x) & \ln(x) \end{bmatrix}$，试求 $\dfrac{\mathrm{d}f}{\mathrm{d}x}$、$\dfrac{\mathrm{d}^2 f}{\mathrm{d}t^2}$ 与 $\dfrac{\mathrm{d}^2 f}{\mathrm{d}x\mathrm{d}t}$。

用以下 MATLAB 语句进行计算：

```
syms a t x;
f=[a t^5;t*sin(x) log(x)];
df=diff(f)
dfdt2=diff(f,t,2)
dfdxdt=diff(diff(f,x),t)
```

语句执行结果为：

```
df =
    [        0,   0]
    [ t*cos(x), 1/x]
dfdt2 =
    [ 0,  20*t^3]
    [ 0,       0]
dfdxdt =
    [      0, 0]
    [ cos(x), 0]
```

即 $\dfrac{\mathrm{d}f}{\mathrm{d}x} = \begin{bmatrix} 0 & 0 \\ t\cos(x) & 1/x \end{bmatrix}$，$\dfrac{\mathrm{d}^2 f}{\mathrm{d}t^2} = \begin{bmatrix} 0 & 20t^3 \\ 0 & 0 \end{bmatrix}$，$\dfrac{\mathrm{d}^2 f}{\mathrm{d}x\mathrm{d}t} = \begin{bmatrix} 0 & 0 \\ \cos(x) & 0 \end{bmatrix}$。

### 6.3.3　符号积分运算

函数的积分是微分的逆运算，即由已知导（函）数求原函数的过程。函数的积分有不定积分与定积分两种运算。

在定积分中，若是积分区间为无穷或被积函数在积分区间上有无穷不连续点但积分存在或收敛者叫作广义积分。

MATLAB 系统提供的函数 int( )不仅可计算函数的不定积分，还可计算函数的定积分以及广义积分。函数 int( )的调用格式有以下 4 种：

（1）int(S)

这种格式的功能是计算符号函数或表达式 $S$ 对函数 symvar( )返回的符号变量的不定积分。如果 $S$ 为常数，则积分针对 $x$。函数可以有左端的返回变量，也可以没有。

（2）int(S,v)

这种格式的功能是计算符号函数或表达式 S 对指定的符号变量 v 的不定积分。函数可以有左端的返回变量，也可以没有。

（3）int(S,v,a,b)

这种格式的功能是计算符号函数或表达式 S 对指定的符号变量 v 从下限 a 到上限 b 的定积分。函数可以有左端的返回变量，也可以没有。

积分下限 a 与积分上限 b 都是有限数的定积分叫作常义积分。

（4）int(S,a,b)

这种格式的功能是计算符号函数或表达式 S 对函数 symvar( )返回的符号变量从 a 到 b 的定积分。函数可以有左端的返回变量，也可以没有。

需要注意的是，MATLAB的函数int( )计算的函数不定积分没有积分常数这一部分；在高等数学中有分部积分、换元积分、分解成部分分式的积分等各种积分方法，在MATLAB中都用函数int( )来计算。一般来说，多次使用int( )时计算的是重积分；积分下限 a 或积分上限 b 或上下限 a、b 均为无穷大时，计算的是广义积分。广义积分是相对于常义积分而言的。

请看以下各示例。

【例 6-27】 已知导函数 $\dfrac{\mathrm{d}f}{\mathrm{d}x} = \begin{bmatrix} x\cos x & \mathrm{e}^x \sin x \\ x\ln x & \ln x \end{bmatrix}$，试求原函数 $f(x)$。

用以下 MATLAB 语句进行计算：

```
syms x;
dfdx=[x*cos(x) exp(x)*sin(x);x*log(x) log(x)];
f=int(dfdx)
```

语句执行结果为：

```
f =
    [     cos(x) + x*sin(x), -(exp(x)*(cos(x) - sin(x)))/2]
    [ (x^2*(log(x) - 1/2))/2,              x*(log(x) - 1)]
```

即 $f(x) = \begin{bmatrix} \cos(x) + x\sin(x) & -(\exp(x)(\cos(x)-\sin(x)))/2 \\ (x^2(\log(x)-1/2))/2 & x(\log(x)-1) \end{bmatrix}$。

# 6.4 符号矩阵及其运算

前面介绍了符号微积分的运算，本节继续介绍符号矩阵的运算操作。

## 6.4.1 符号矩阵的建立与访问

### 1. 符号矩阵的建立

（1）定义矩阵的元素为符号对象，然后用创建矩阵的连接算子——方括号括起来成为符号矩阵。每行内的元素间用逗号或空格分开，行与行之间用分号隔开。

**【例 6-28】** 创建符号矩阵示例一。

用以下 MATLAB 语句创建符号矩阵：

```
syms a11 a12 a13 a21 a22 a23 a31 a32 a33;
A=[a11 a12 a13; a21 a22 a23; a31 a32 a33]
```

语句执行后得到符号矩阵 *A*：

```
A =
    [ a11, a12, a13]
    [ a21, a22, a23]
    [ a31, a32, a33]
```

（2）定义整个矩阵为符号对象。矩阵元素可以是任何不带等号的符号表达式或数值表达式，各符号表达式的长度可以不同；矩阵每行内的元素间用逗号或空格分隔；行与行之间用分号隔开。

**【例 6-29】** 创建符号矩阵示例二。

用以下 MATLAB 语句创建符号矩阵：

```
syms a b c d e f g h k
P=sym([a b c;d e f;g h k])
Q=sym([1 2 3;4 5 6;7 8 9])
S=P+Q*j
```

语句执行后得到符号矩阵 *P*、*Q* 和 *S*：

```
P =
    [ a, b, c]
    [ d, e, f]
    [ g, h, k]
Q =
    [ 1, 2, 3]
    [ 4, 5, 6]
    [ 7, 8, 9]
S =
    [ a+i, b+2*i, c+3*i]
    [ d+4*i, e+5*i, f+6*i]
    [ g+7*i, h+8*i, k+9*i]
```

**说明**：使用函数 sym( )定义整个矩阵为符号对象时，作为函数输入参量的矩阵方括号[ ]两端必须加英文输入状态下的单引号"'"。

（3）用子矩阵创建矩阵。在 MATLAB 的符号运算中，利用连接算子——方括号[ ]可将小矩阵连接为一个大矩阵。

**【例 6-30】** 利用方括号[ ]（连接算子）将小矩阵连接成大矩阵示例。

用以下 MATLAB 语句创建大矩阵：

```
syms p q x y;A=sym([a b;c d]);
A1=A+p
A2=A-q
A3=A*x
A4=A/y
G1=[A A3;A1 A4]
G2=[A1 A2;A3 A4]
```

当指令运行后可生成矩阵：

```
A1 =
    [ a+p, b+p]
    [ c+p, d+p]
A2 =
    [ a-q, b-q]
    [ c-q, d-q]
A3 =
    [ x*a, x*b]
    [ x*c, x*d]
A4 =
    [ a/y, b/y]
    [ c/y, d/y]
G1 =
    [ a, b, x*a, x*b]
    [ c, d, x*c, x*d]
    [ a+p, b+p, a/y, b/y]
    [ c+p, d+p, c/y, d/y]
G2 =
    [ a+p, b+p, a-q, b-q]
    [ c+p, d+p, c-q, d-q]
    [ x*a, x*b, a/y, b/y]
    [ x*c, x*d, c/y, d/y]
```

由上可见，4 个 2×2 的子矩阵可组成一个 4×4 的大矩阵。

#### 2. 符号矩阵的访问

符号矩阵的访问是针对矩阵的行或列与矩阵元素进行的。矩阵元素的标识或定位地址的通用双下标格式如下：

```
A(r,c)
```

其中，r 为行号，c 为列号。有了元素的标识方法，矩阵元素的访问与赋值常用的相关指令格式如表 6-2 所示。

表6-2  矩阵访问与赋值常用的相关指令格式

| 指令格式 | 指令功能 |
|---|---|
| A(r,c) | 由矩阵 $A$ 中 $r$ 指定行、$c$ 指定列的元素组成的子数组 |
| A(r,:) | 由矩阵 $A$ 中 $r$ 指定行对应的所有列的元素组成的子数组 |
| A(:,c) | 由矩阵 $A$ 中 $c$ 指定列对应的所有行的元素组成的子数组 |
| A(:) | 由矩阵 $A$ 的各个列按从左到右的次序首尾相接的"一维长列"子数组 |
| A(i) | "一维长列"子数组的第 $i$ 个元素 |
| A(r,c)=Sa | 对矩阵 $A$ 赋值,Sa 也必须为 Sa(r,c) |
| A(:)=D(:) | 矩阵全元素赋值,保持 $A$ 的行宽、列长不变,$A$、$D$ 两个矩阵的元素总数应相同,但行宽、列长可不同 |

数组是由一组复数排成的长方形阵列。对于发展了的 MATLAB,在线性代数范畴之外,数组也是进行数值计算的基本处理单元。

一行多列的数组是行向量;一列多行的数组是列向量;数组可以是二维的"矩形",也可以是三维的,甚至可以是多维的。多行多列的"矩形"数组与线性代数中的矩阵从外观形式与数据结构上看没有什么区别。

【例 6-31】  矩阵元素的标识与访问示例。
在 MATLAB 命令行窗口中输入以下语句:

```
>> syms a11 a12 a13 a21 a22 a23 a31 a32 a33;
>> A=sym([a11 a12 a13; a21 a22 a23; a31 a32 a33]);
```

(1)查询 $A$ 数组的行号为 2、列号为 3 的元素。

```
>> A(2,3)
```

语句执行后得到:

```
ans =
    a23
```

(2)查询 $A$ 数组第三行所有的元素。

```
>> A(3,:)
```

语句执行后得到:

```
ans =
    [ a31, a32, a33]
```

(3)查询 $A$ 数组第二列转置后所有的元素。

```
>> (A(:,2))>> (A(:,2))'
```

语句执行后得到:

```
ans =
    [ a12]
```

```
    [ a22]
    [ a32]
ans =
    [ conj(a12), conj(a22), conj(a32)]
```

（4）查询 $A$ 数组按列拉长转置后所有的元素。

```
>> B=(A(:))'
>> C=(A(:)).'
```

语句执行后得到：

```
B =
    [ conj(a11), conj(a21), conj(a31), conj(a12), conj(a22), conj(a32),
conj(a13), conj(a23), conj(a33)]
    C =
    [ a11, a21, a31, a12, a22, a32, a13, a23, a33]
```

在 MATLAB 中，数组的转置与矩阵的转置是不同的。用运算符 "'" 定义的矩阵转置是其元素的共轭转置；运算符 ".'" 定义的数组的转置是其元素的非共轭转置。

（5）查询 "一维长列" 数组的第 6 个元素。

```
>> A(6)
```

语句执行后得到：

```
ans =
    a32
```

（6）查询原 $A$ 矩阵所有的元素。

```
>> A
```

语句执行后得到：

```
A =
    [ a11, a12, a13]
    [ a21, a22, a23]
    [ a31, a32, a33]
```

（7）创建 $P$ 矩阵，并将所有的元素赋值给矩阵 $A$。

```
>> syms p;
P=sym([p p p ;p p p;p p p]);
A=P
```

语句执行后得到：

```
A =
    [ p, p, p]
    [ p, p, p]
    [ p, p, p]
```

（8）创建 *T* 数组所有的元素，以数组全元素赋值方式对矩阵 *A* 赋值。

```
>> syms t;
T=sym([t t t t t t t t]);
A(:)=T(:)
```

语句执行后得到：

```
A =
   [ t, t, t]
   [ t, t, t]
   [ t, t, t]
```

### 6.4.2　符号矩阵的基本运算

符号矩阵基本运算的规则是把矩阵当作一个整体，依照线性代数的规则进行运算。

#### 1．符号矩阵的加减运算

矩阵加减运算的条件是两个矩阵的行数与列数分别相同即为同型矩阵，其运算规则是矩阵相应元素的加减运算。需要指出，标量与矩阵间也可以进行加减运算，其规则是标量与矩阵的每一个元素进行加减操作。

【例 6-32】　符号矩阵的加减运算示例。

用以下 MATLAB 语句对符号矩阵进行加减运算：

```
syms a11 a12 a13 a21 a22 a23 a31 a32 a33;
syms b11 b12 b13 b21 b22 b23 b31 b32 b33;
syms x y;
A=sym([a11 a12 a13; a21 a22 a23; a31 a32 a33]);
B=sym([b11 b12 b13; b21 b22 b23; b31 b32 b33]);
P=A+(5+8j)
Q=A-(x+y*j)
S=A+B
```

执行结果为：

```
P =
   [ a11 + 5 + 8i, a12 + 5 + 8i, a13 + 5 + 8i]
   [ a21 + 5 + 8i, a22 + 5 + 8i, a23 + 5 + 8i]
   [ a31 + 5 + 8i, a32 + 5 + 8i, a33 + 5 + 8i]
Q =
   [ a11 - x - y*1i, a12 - x - y*1i, a13 - x - y*1i]
   [ a21 - x - y*1i, a22 - x - y*1i, a23 - x - y*1i]
   [ a31 - x - y*1i, a32 - x - y*1i, a33 - x - y*1i]
S =
   [ a11 + b11, a12 + b12, a13 + b13]
   [ a21 + b21, a22 + b22, a23 + b23]
   [ a31 + b31, a32 + b32, a33 + b33]
```

在 MATLAB 里,维数为 1×1 的数组叫作标量。MATLAB 里的数值元素是复数,所以一个标量就有一个复数。

### 2. 符号矩阵的乘法运算

矩阵与标量间可以进行乘法运算,并且两个矩阵相乘必须服从数学中矩阵叉乘的条件与规则。

(1)符号矩阵与标量的乘法运算:矩阵与一个标量之间的乘法运算是指该矩阵的每个元素与这个标量分别进行乘法运算。矩阵与一个标量相乘符合交换律。

【例 6-33】 标量与矩阵之间的乘法运算示例。

用以下 MATLAB 语句对符号矩阵与标量之间进行乘法运算:

```
syms a b c d e f g h i k;
s=5;
P=sym([a b c;d e f;g h i]);
sP=s*P
Ps=P*s
kP=k*P
Pk=P*k
```

执行结果为:

```
sP =
    [ 5*a, 5*b, 5*c]
    [ 5*d, 5*e, 5*f]
    [ 5*g, 5*h, 5*i]
Ps =
    [ 5*a, 5*b, 5*c]
    [ 5*d, 5*e, 5*f]
    [ 5*g, 5*h, 5*i]
kP =
    [ a*k, b*k, c*k]
    [ d*k, e*k, f*k]
    [ g*k, h*k, i*k]
Pk =
    [ a*k, b*k, c*k]
    [ d*k, e*k, f*k]
    [ g*k, h*k, i*k]
```

运算结果表明:

- 与矩阵相乘的标量既可以是数值对象也可以是符号对象。
- 由 $s×P=P×s$ 与 $k×P=P×k$ 可知,矩阵与一个标量相乘符合交换律。

(2)符号矩阵的乘法运算:两个矩阵相乘的条件是左矩阵的列数必须等于右矩阵的行数,两个矩阵相乘必须服从线性代数中矩阵叉乘的规则。

【例 6-34】　符号矩阵的乘法运算示例。

用以下 MATLAB 语句对符号矩阵进行乘法运算：

```
syms a11 a12 a21 a22  b11 b12 b21 b22;
A=sym([a11 a12; a21 a22])
B=sym([b11 b12; b21 b22])
AB=A*B
BA=B*A
```

执行结果为：

```
A =
    [ a11, a12]
    [ a21, a22]
B =
    [ b11, b12]
    [ b21, b22]
AB =
    [ a11*b11 + a12*b21, a11*b12 + a12*b22]
    [ a21*b11 + a22*b21, a21*b12 + a22*b22]
BA =
    [ a11*b11 + a21*b12, b11*a12 + b12*a22]
    [ b21*a11 + b22*a21, a12*b21 + a22*b22]
```

运算结果表明：

- 矩阵的乘法规则是左行元素依次乘右列元素之和作为不同行元素，行元素依次乘不同列元素之和作为不同列元素。
- $A \times B \neq B \times A$，即矩阵乘法不满足交换律。

### 3．符号矩阵的除法运算

两个矩阵相除的条件是两个矩阵均为方阵，且两方阵的阶数相等。矩阵除法运算有左除与右除之分，即运算符号"\\"和"/"所指代的运算。其运算规则是：A\B=inv(A)*B，A/B=A*inv(B)。

【例 6-35】　符号矩阵与数值矩阵的除法运算示例。

（1）用以下 MATLAB 语句对符号矩阵进行除法运算：

```
syms a11 a12 a21 a22  b11 b12 b21 b22;
A=sym([a11 a12; a21 a22]);
B=sym([b11 b12; b21 b22]);
C1=A\B
[C2]= simplify (inv(A)*B)
D1=A/B
[D2]= simplify (A*inv(B))
```

执行结果为：

```
   C1 =
      [ -(a12*b21 - a22*b11)/(a11*a22 - a12*a21), -(a12*b22 - a22*b12)/(a11*a22
- a12*a21)]
      [  (a11*b21 - a21*b11)/(a11*a22 - a12*a21),  (a11*b22 - a21*b12)/(a11*a22
- a12*a21)]
   C2 =
      [ -(a12*b21 - a22*b11)/(a11*a22 - a12*a21), -(a12*b22 - a22*b12)/(a11*a22
- a12*a21)]
      [  (a11*b21 - a21*b11)/(a11*a22 - a12*a21),  (a11*b22 - a21*b12)/(a11*a22
- a12*a21)]
   D1 =
      [ (a11*b22 - a12*b21)/(b11*b22 - b12*b21), -(a11*b12 - a12*b11)/(b11*b22
- b12*b21)]
      [ (a21*b22 - a22*b21)/(b11*b22 - b12*b21), -(a21*b12 - a22*b11)/(b11*b22
- b12*b21)]
   D2 =
      [ (a11*b22 - a12*b21)/(b11*b22 - b12*b21), -(a11*b12 - a12*b11)/(b11*b22
- b12*b21)]
      [ (a21*b22 - a22*b21)/(b11*b22 - b12*b21), -(a21*b12 - a22*b11)/(b11*b22
- b12*b21)]
```

由运算结果可知:

```
C1 = C2
D1 = D2
```

验证了上述运算规则。

（2）用以下 MATLAB 语句对数值矩阵进行除法运算。

求 C/D，在命令行窗口中输入:

```
C=[1 2 3;4 5 6;7 8 9];
D=[1 0 0;0 2 0;0 0 3];
P1=C/D
P2=C*inv(D)
```

执行结果为:

```
P1 =
    1.0000    1.0000    1.0000
    4.0000    2.5000    2.0000
    7.0000    4.0000    3.0000
P2 =
    1.0000    1.0000    1.0000
    4.0000    2.5000    2.0000
    7.0000    4.0000    3.0000
```

求 C\D，在命令行窗口中输入:

```
C=[2 2 3;4 5 6;7 8 9];
D=[5 0 0;0 4 0;0 0 3];
Q1=C\D
Q2=inv(C)*D
```

执行结果为:

```
Q1 =
    5.0000    -8.0000     3.0000
  -10.0000     4.0000    -0.0000
    5.0000     2.6667    -2.0000
Q2 =
    5.0000    -8.0000     3.0000
  -10.0000     4.0000    -0.0000
    5.0000     2.6667    -2.0000
```

由运算结果可知,数值矩阵的除法也符合上述符号矩阵运算规则。

### 4. 符号矩阵的乘方运算

在 MATLAB 的符号运算中定义了矩阵的整数乘方运算,其运算规则是矩阵 $A$ 的 $b$ 次乘方 $A^b$ 是矩阵 $A$ 自乘 $b$ 次。

**【例 6-36】** 符号矩阵的乘方运算示例。

用以下 MATLAB 语句对符号矩阵进行乘方运算:

```
A=sym([a11 a12; a21 a22]);
b=2;
C1=A^b
C2=A*A
```

语句执行结果为:

```
C1 =
    [   a11^2 + a12*a21, a11*a12 + a12*a22]
    [ a11*a21 + a21*a22,   a22^2 + a12*a21]
C2 =
    [   a11^2 + a12*a21, a11*a12 + a12*a22]
    [ a11*a21 + a21*a22,   a22^2 + a12*a21]
```

由运算结果可知 C1 = C2,验证了上述运算规则。

### 5. 符号矩阵的指数运算

在 MATLAB 的符号运算中定义了符号矩阵的指数运算,由函数 exp( )来实现。

**【例 6-37】** 符号矩阵的指数运算示例。

用以下 MATLAB 语句对符号矩阵进行指数运算:

```
A=sym([a11 a12; a21 a22]);
B=exp(A)
```

执行结果为：

```
B =
    [ exp(a11), exp(a12)]
    [ exp(a21), exp(a22)]
```

由运算结果可知，符号矩阵的指数运算规则是得到一个与原矩阵行列数相同的矩阵，以 e 为底、以矩阵的每一个元素作指数进行运算的结果作为新矩阵的对应元素。

### 6.4.3 符号矩阵的微分与积分

矩阵的微分与积分是将通常函数的微分与积分概念推广到矩阵的结果。如果矩阵 $A=\left(a_{ij}\right)_{m\times n}$ 的每个元素都是变量 $t$ 的函数，即

$$A=\begin{bmatrix} a_{11}(t) & \cdots & a_{1n}(t) \\ \vdots & & \vdots \\ a_{m1}(t) & \cdots & a_{mn}(t) \end{bmatrix}$$

则称 $A$ 为一个函数矩阵，记为 $A(t)$。若 $t\in[a,b]$，则称 $A(t)$ 定义在 $[a,b]$ 上；若每个元素 $a_{ij}(t)$ 在 $[a,b]$ 上连续、可微、可积，则称 $A(t)$ 在 $[a,b]$ 上连续、可微、可积，并定义函数矩阵的导数：

$$\frac{\mathrm{d}A}{\mathrm{d}t}=\begin{bmatrix} \dfrac{\mathrm{d}}{\mathrm{d}t}a_{11}(t) & \cdots & \dfrac{\mathrm{d}}{\mathrm{d}t}a_{1n}(t) \\ \vdots & & \vdots \\ \dfrac{\mathrm{d}}{\mathrm{d}t}a_{m1}(t) & \cdots & \dfrac{\mathrm{d}}{\mathrm{d}t}a_{mn}(t) \end{bmatrix}$$

以及函数矩阵的积分：

$$\int A\mathrm{d}t=\begin{bmatrix} \int a_{11}(t)\mathrm{d}t & \cdots & \int a_{1n}(t)\mathrm{d}t \\ \vdots & & \vdots \\ \int a_{m1}(t)\mathrm{d}t & \cdots & \int a_{mn}(t)\mathrm{d}t \end{bmatrix}$$

【例 6-38】 已知符号矩阵 $A=\begin{bmatrix} a_{11}(t) & a_{12}(t) \\ a_{21}(t) & a_{22}(t) \end{bmatrix}$ 与数值矩阵 $B=\begin{bmatrix} 2t & \sin(t) \\ \mathrm{e}^t & \ln(t) \end{bmatrix}$，试计算 $\dfrac{\mathrm{d}A}{\mathrm{d}t}$ 与 $\dfrac{\mathrm{d}B}{\mathrm{d}t}$。

（1）用以下 MATLAB 语句计算符号矩阵的微分：

```
syms t a11(t) a12(t) a21(t) a22(t);
A= sym( [ a11(t) a12(t) ; a21(t) a22(t) ]) ;
dA=diff(A,'t')
```

执行结果为：

```
A =
    [ a11(t), a12(t)]
```

```
    [ a21(t), a22(t)]
dA =
    [ diff(a11(t),t), diff(a12(t),t)]
    [ diff(a21(t),t), diff(a22(t),t)]
```

（2）用以下 MATLAB 语句计算数值矩阵的微分：

```
syms t a11 a12 a21 a22;
a11=2*t;a12=sin(t);a21=exp(t);a22=log(t);
A=[a11 a12;a21 a22];
B=subs(A,[a11 a12 a21 a22],[a11 a12 a21 a22])
dB=diff(B, 't')
```

执行结果为：

```
B =
    [ 2*t, sin(t)]
    [ exp(t), log(t)]
dB =
    [ 2, cos(t)]
    [ exp(t), 1/t]
```

### 6.4.4 符号矩阵的 Laplace 变换

矩阵的 Laplace 变换是将通常函数的 Laplace 变换概念推广到矩阵的结果。设函数矩阵 $A(t)$ 的每个元素 $a_{ij}(t)$ 在 $t \geq 0$ 有定义，而且积分在 $s$ 的某一域内收敛，则称 $L[A(t)] = \int_0^\infty A(t)e^{-st}dt$ 为函数矩阵 $A(t)$ 的 Laplace 变换。

**【例 6-39】** 已知矩阵 $p = \begin{bmatrix} At & e^{at} \\ \sin(\omega t) & \delta(t) \end{bmatrix}$，试计算 $P$ 的 Laplace 变换 $L[P(t)]$。

用以下 MATLAB 语句计算矩阵的 Laplace 变换：

```
syms t s A a omega;
f=sym(dirac(t));
P=[A*t exp(a*t); sin(omega*t) f]
Q=laplace(P)
```

执行结果为：

```
P =
    [         A*t, exp(a*t)]
    [ sin(omega*t), dirac(t)]
Q =
    [              A/s^2, -1/(a - s)]
    [ omega/(omega^2 + s^2),         1]
```

# 6.5  符号方程求解

在初等数学中主要有代数方程与超越方程。能够通过有限次的代数运算（加、减、乘、除、乘方、开方）求解的方程叫代数方程；不能够通过有限次的代数运算求解的方程叫超越方程。超越方程有指数方程、对数方程与三角方程。在高等数学里主要有微分方程。

虽然方程的种类繁多，但用 MATLAB 符号方程解算的函数来求解方程，其函数的调用格式简明而精炼，求解过程很简单，使用也很方便。

## 6.5.1  符号代数方程求解

众所周知，MATLAB 的函数是已经设计好的子程序。需要特别强调的是，函数的执行过程是看不到的，也就是方程如何变形的情况，变形中是否有引起增根或遗根的可能，需要对原方程进行校验。

符号代数方程求解函数 solve( )的调用格式如下：

```
solve(eqn1, eqn2,..., eqnN, v1, v2,..., vN)
```

功能是对 eqn1, eqn2,..., eqnN 方程组关于指定变量 v1, v2,..., vN 联立求解，函数无输出参数。函数的输入参数 eqn1, eqn2,..., eqnN 是字符串表达的方程（eqn1=0, eqn2=0, ..., eqnN=0 等），或是字符串表达式（将等式等号右边的非零项部分移项到左边后得到的没有等号的左端表达式）；v1,v2,...,vN 是对方程组求解的指定变量。

方程组的多个方程之间用英文输入状态下的逗号","加以分隔，这种调用格式有输出参数的形式为：

```
S=solve(eqn1, eqn2,…, eqnN, v1, v2,…, vN)
```

函数输出参数 S 是一个"构架数组"。如果要显示求解结果，就必须执行 Sv1,Sv2,...,Svn。这是最规范的推荐格式，使用最为广泛。函数输出参数也可以不采用构架数组的形式，而直接用指定变量行向量的形式。函数 solve( )的调用格式为：

```
[v1,v2,…,vN]=solve(eqn1,eqn2,…,eqnN,v1,v2,…,vN)
```

【例6-40】  对于以下联立方程组：

$$\begin{cases} y^2 - z^2 = x^2 \\ y + z = a \\ x^2 - bx = c \end{cases}$$

求 $a$=1、$b$=2、$c$=3 时的 $x$、$y$、$z$。

根据函数 solve( )的调用格式的要求，求方程组的解的 MATLAB 语句段如下：

```
syms x y z a b c;
a=1;b=2;c=3;
eq1=y^2-z^2-x^2
```

```
eq2=y+z-a
eq3=x^2-b*x-c
```

运行结果为：

```
eq1 =
    - x^2 + y^2 - z^2
eq2 =
    y + z - 1
eq3 =
    x^2 - 2*x - 3
```

再执行以下 MATLAB 语句：

```
[x,y,z] = solve( y^2-z^2-x^2, y+z-1, x^2-2*x-3, x, y, z )
```

运行结果为：

```
x =
    -1
    3
y =
    1
    5
z =
    0
    -4
```

即方程组的解有两组：当 $x_1$=-1 时，$y_1$=1，$z_1$=0；当 $x_2$=3 时，$y_2$=5，$z_2$=4。
经验算，两组 $x_1, y_1, z_1$ 与 $x_2, y_2, z_2$ 均为方程组的解。

## 6.5.2  符号微分方程求解

### 1. 有关微分方程及其求解的基本概念

凡表示未知函数与未知函数的导数以及自变量之间的关系的方程叫作微分方程。如果在一个微分方程中出现的未知函数只含有一个自变量，那么这个方程叫作常微分方程。如果在一个微分方程中出现有多元函数的偏导数，那么这个方程叫作偏微分方程。

微分方程中所出现的未知函数的最高阶导数的阶数叫作微分方程的阶。找出这样的函数，把该函数代入微分方程能使该方程成为恒等式，这个函数叫作该微分方程的解。如果微分方程的解中含有相互独立的任意常数，且任意常数的个数与微分方程的阶数相同，这样的解就叫作微分方程的通解。

由于通解中含有任意常数，因此它还不能完全确定地反映某一客观事物的规律性。要完全确定地反映某一客观事物的规律性，就必须确定这些常数的值。为此，要根据实际问题的具体情况提出确定这些常数的条件，即初始条件。设微分方程的未知函数为 $y = y(x)$，一阶微分方程的初始条件通常是 $y|_{x=x_0} = y_0$；二阶微分方程的初始条件通常是 $y|_{x=x_0} = y_0, y'|_{x=x_0} = y_0'$。由初

始条件确定了通解的任意常数后的解叫作微分方程的特解。求微分方程 $y'=f(x,y)$ 满足初始条件 $y|_{x=x_0}=y_0$ 的特解的问题叫作一阶微分方程的初始问题，记作：

$$\begin{cases} y'=f(x,y) \\ y|_{x=x_0}=y_0 \end{cases}$$

微分方程的一个解的图形是一条曲线，叫作微分方程的积分曲线。一阶微分方程的特解的几何意义就是求微分方程通过已知点$(x_0,y_0)$的那条积分曲线。二阶微分方程的特解的几何意义就是求微分方程通过已知点$(x_0,y_0)$且在该点处的切线斜率为$y'_0$的那条积分曲线，即二阶微分方程的初始问题，记作：

$$\begin{cases} y''=f(x,y,y') \\ y|_{x=x_0}=y_0, y'|_{x=x_0}=y'_0 \end{cases}$$

### 2．MATLAB 符号微分方程求解的函数

常微分方程的符号解由函数 dsolve( )来计算，其不带输出参数的调用格式如下：

```
dsolve(eqn1,eqn2,…,'初始条件部分','指定独立变量部分')
```

函数 dsolve( )的输入参数包括 3 部分内容：微分方程部分、初始条件部分、指定独立变量部分。每一部分的两端都必须加英文输入状态下的单引号"'"，同等成分间用英文输入状态下的逗号","加以分隔。其中，微分方程是必不可少的输入参数，其余两部分可有可无，视问题的需要而定。输入参数必须以字符形式书写。

这种调用格式的功能是对'eqn1'、'eqn2'、...微分方程组联立求符号解，而不管被求解的微分方程是什么类型。注意，微分方程组的每一个方程式的两端必须加英文输入状态下的单引号"'"，同等成分间用英文输入状态下的逗号","加以分隔；或者在微分方程组的所有方程式间用英文输入状态下的逗号","加以分隔，其首末两端再用英文输入状态下的单引号"'"加以限定。

关于微分方程部分中导函数书写格式的特别规定：当 $y$ 为"因变量"时，用 Dny 表示"$y$ 的 $n$ 阶导函数"。例如，Dy 表示 $y$ 对默认独立变量 $t$ 的一阶导函数 $dy/dt$；Dny 表示 $y$ 对默认独立变量 $t$ 的 $n$ 阶导函数 $d^n y/d^n t$。

关于初始条件的书写格式规定：初始或边界条件 $y|_{x=a}=b$ 与 $y'|_{x=c}=d$ 分别写成 $y(a)=b$ 与 Dy(c)=d 等。$a$、$b$、$c$、$d$ 可以是除因变量、独立变量字符以外的其他字符。对于一个高常数 $C_1,C_2,\cdots\cdots$，任意常数的个数等于微分方程的阶数与初始条件个数的差；对于一个微分方程组而言，当初始条件的个数少于微分方程组中方程的个数时，任意常数的个数等于所缺少的初始条件的个数。

关于独立变量的书写格式规定：若要指定独立变量，需要在输入参数的第三部分中加以规定。若不对独立变量做专门的定义，则本函数默认小写英文字母 t 为独立变量。

函数 dsolve( )带输出参数的调用格式如下：

```
S=dsolve('eqn1', 'eqn2',…, '初始条件部分', '指定独立变量部分')
```

函数 dsolve( )中输入参数的含义同上，输出参数 S 是"架构数组"。数组元素是微分方程或微分方程组的因变量。

需要特别强调的是，如果要对微分方程进行验算，就不能用求解微分方程的导函数的特定符号 Dny，而只能用 MATLAB 微分的函数 diff( )。

### 3. 各类微分方程求解示例

在高等数学中，按微分方程的不同结构形式可以有多种解法。在此，将要着重复习科学研究与实际工程中 6 类常用的微分方程，并且都用 MATLAB 的求解符号微分方程的函数来进行求解。

*微分方程组及其求解*

科学研究与实际工程中会遇到由几个微分方程联立起来共同确定几个具有同一个自变量的函数的情形，这些联立的微分方程叫作微分方程组。下面求解几个微分方程组。

【例 6-41】 求以下微分方程组的通解：

$$\begin{cases} \dfrac{dx}{dt}+2x+\dfrac{dy}{dt}+y=t \\ \dfrac{dy}{dt}+5x+3y=t^2 \end{cases}$$

求微分方程组通解的 MATLAB 语句如下：

```
clear
syms t x y x(t) y(t);
S=dsolve( diff(x,t)+2*x+ diff(y,t)+y==t , diff(y,t)+5*x+3*y==t^2);
x= collect(collect(collect(S.x,t),sin(t)),cos(t))
y= collect(collect(collect(S.y,t),sin(t)),cos(t))
```

执行结果为：

```
x =
(- t^2 + t + 3)*cos(t)^2 + (C1/5 - (3*C2)/5)*cos(t) + (- t^2 + t + 3)*sin(t)^2
+ ((3*C1)/5 + C2/5)*sin(t)
y =
(2*t^2 - 3*t - 4)*cos(t)^2 + C2*cos(t) + (2*t^2 - 3*t - 4)*sin(t)^2 +
(-C1)*sin(t)
```

验算微分方程的解，其 MATLAB 语句如下：

```
syms t x y C1 C2;
x =(- t^2 + t + 3)*cos(t)^2 + (C1/5 - (3*C2)/5)*cos(t) + (- t^2 + t + 3)*sin(t)^2
+ ((3*C1)/5 + C2/5)*sin(t);
y =(2*t^2 - 3*t - 4)*cos(t)^2 + C2*cos(t) + (2*t^2 - 3*t - 4)*sin(t)^2 +
(-C1)*sin(t);
L1=diff(x,t)+2*x+diff(y,t)+y-t;
L1= simplify (collect(collect(L1,sin(t)),cos(t)))
```

```
R1=0
L2=diff(y,t)+5*x+3*y-t^2;
L2=simplify (collect(collect(L2,sin(t)),cos(t)))
R2=0
```

执行结果为：

```
L1 = 0
R1 = 0
L2 = 0
R2 = 0
```

即第一式左=第一式右，第二式左=第二式右，结果正确。

# 6.6 符号函数图形计算器 FUNTOOL

对于习惯使用计算器或者只想做一些简单的符号运算与图形处理的读者，MATLAB 提供的图示化符号函数计算器是一个较好的选择。该计算器功能虽简单，但操作方便、可视性强，深受广大用户的喜爱。

## 6.6.1 符号函数图形计算器的界面

在 MATLAB 命令行窗口中输入命令 funtool（不带输入参数），即可进入如图 6-1 所示的图示化符号函数计算器的用户界面。

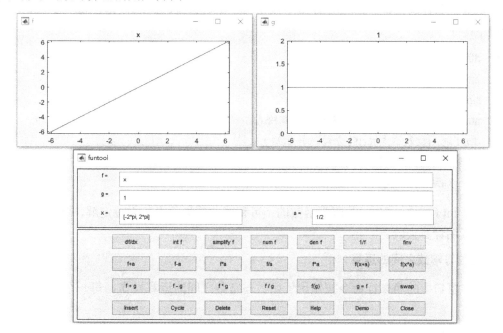

图 6-1  图示化符号函数计算器用户界面

图示化函数计算器由 3 个独立窗口组成：两个图形窗口与一个函数运算控制窗口。在任何时候，两个图形窗口只有一个处于被激活状态。

函数运算控制窗口上的任何操作都只对被激活的函数图形窗口起作用，即被激活窗口的函数图像可随运算控制窗口的操作而做相应的变化。

### 6.6.2  符号函数图形计算器的输入框操作

在函数运算控制窗口中，有 4 个输入框供用户对要操作的函数进行输入。这 4 个输入框分别是 f、g、x、a。

其中：

- f 为图形窗口 f 输入的控制函数，其默认值为 x。
- g 为图形窗口 g 输入的控制函数，其默认值为 1。
- x 为函数自变量的取值范围，其默认值为[-2*pi,2*pi]。
- a 为输入常数，用来进行各种运算，其默认值为 1/2。

在打开函数图形计算器时，MATLAB 将自动对 4 个输入框赋予默认值，用户可随时对其进行输入修改，对应的图形窗口中的图形也会随之做相应的变化。

### 6.6.3  符号函数图形计算器的按钮操作

函数图形计算器共有 4（行）×7（列）=28 个按钮，每一行代表一类运算：函数自身的运算，函数与常数之间的运算，两个函数之间的运算，以及对于系统的操作。

#### 1. 函数自身的运算

在函数运算控制窗口中的第一行命令按钮用于函数自身的运算操作，每一个按钮的命令功能如下：

- df/dx 计算函数 $f$ 对 $x$ 的导函数。
- int f 计算函数 $f$ 的积分函数。
- simplify f 对函数 $f$ 进行最简式化简。
- num f 取函数表达式 $f(x)$ 的分子，并赋给 $f$。
- den f 取函数表达式 $f(x)$ 的分母，并赋给 $f$。
- 1/f 求函数表达式 $f(x)$ 的倒数函数。
- finv 求函数表达式 $f(x)$ 的反函数。

在计算 int f 或 finv f 时，若因为函数的不可积或非单调而引起无特定解，则函数栏中将返回 NaN，表明计算失败。

#### 2. 函数与常数之间的运算

在控制窗口中的第二行命令按钮用于函数与常数之间的运算操作，每一个按钮的命令功能如下：

- f+a 计算 $f(x)+a$。
- f-a 计算 $f(x)-a$。

- f*a 计算 *f*(*x*) *a*。
- f/a 计算 *f*(*x*)/ *a*。
- f^a 计算 *f*(*x*)^*a*。
- f(x+a)计算 *f*(*x* + *a*)。
- f(x*a)计算 *f*(*ax*)。

### 3. 两个函数之间的运算

在控制窗口中的第三行命令按钮用于对函数 *f* 与 *g* 常数之间的各种运算操作。每一个按钮的命令功能如下：

- f+g 计算两个函数 *f* 与 *g* 之和，并将其和赋给 *f*。
- f-g 计算两个函数 *f* 与 *g* 之差，并将其差赋给 *f*。
- f*g 计算两个函数 *f* 与 *g* 之积，并将其积赋给 *f*。
- f/g 计算两个函数 *f* 与 *g* 之比，并将其商赋给 *f*。
- f(g)计算复合函数 *f*(*g*(*x*))。
- g=f 将 *f* 函数值赋给 *g*。
- swap 将 *f* 函数表达式与 *g* 函数表达式交换。

### 4. 对于系统的操作

在窗口中的第四行命令按钮用来对符号函数图形计算器进行各种操作。每一个按钮的命令功能如下：

- Insert 把当前图窗 1 中的函数插入到计算内含的典型函数表中。
- Cycle 在图窗 1 中依次演示计算器内含的典型函数表中的函数图形。
- Delete 从内含的典型函数演示表中删除当前的图窗 1 中的函数。
- Reset 重置符号函数计算器的功能。
- Help 符号函数图形计算器的在线帮助。
- Demo 演示符号函数图形计算器的功能。
- Close 关闭符号函数图形计算器。

# 6.7 小　　结

科学与工程技术中的数值运算非常重要，自然科学理论分析中各种各样的公式、关系式及其推导是符号运算要解决的问题。

MATLAB 的科学运算包含两大类：数值运算与符号运算。符号运算工具 Symbolic Math Toolbox 是 MATLAB 的重要组成部分。通过本章的学习，读者可以熟悉并掌握符号运算的基本概念、主要内容与 MATLAB 符号运算函数的功能及调用格式，为符号运算的应用打下基础。

# 第 7 章

# 关系运算与逻辑运算

MATLAB 中的运算包括算术运算、关系运算和逻辑运算。关系运算和逻辑运算在程序设计中应用十分广泛。算术运算用于数值计算，关系运算用于比较两个操作数，逻辑运算对简单逻辑表达式进行复合运算。关系运算和逻辑运算的返回结果都是逻辑类型（1 代表逻辑真，0 代表逻辑假）。

本章主要讲解 MATLAB 中的关系运算和逻辑运算，特别强调了其中容易出错的地方，最后还介绍了逻辑函数、测试函数以及运算优先级等知识。

学习目标：

- ⌘ 熟练掌握逻辑运算和关系运算
- ⌘ 熟练运用逻辑函数和测试函数
- ⌘ 熟练掌握运算优先级

## 7.1 逻辑类型的数据

逻辑类型的数据经常用在程序流程控制中，尤其是在分支条件的选择和循环中止条件的确定上，逻辑类型数据只有逻辑真和逻辑假两个。MATLAB 中用 1 代表逻辑真，用 0 代表逻辑假，用 true 和 false 函数可以创建逻辑类型的数据。

【例 7-1】 逻辑类型数据。

在 MATLAB 命令行窗口中输入：

```
>> a=1
a =
    1
>> b=true          %创建逻辑类型的变量 b，并将其赋值为逻辑真
```

```
b =
  logical
    1
>> c=false
c =
  logical
    0
>> whos
  Name      Size            Bytes  Class      Attributes
  a         1x1                 8  double
  b         1x1                 1  logical
  c         1x1                 1  logical
```

需要注意的是，逻辑类型的 1/0 和浮点类型的 1/0 是不同的。上例中通过 whos 显示工作区中变量的详细信息，其中 true 创建了一个逻辑型的数据，内存中占用 1 个字节（8 位），而数值类型的 1（默认是双精度浮点类型）则需要占用 8 个字节（64 位），不过实际使用中这一点区别影响不大，在逻辑运算中，MATLAB 把所有非 0 的数值都当作逻辑真处理。

## 7.2 关 系 运 算

在程序中经常需要比较两个量的大小关系，以决定程序下一步的工作。比较两个量的运算符称为关系运算符。MATLAB 中的关系运算符如表 7-1 所示。

表7-1 关系运算符

| 关系运算符 | 说　明 |
| --- | --- |
| < | 小于 |
| <= | 小于等于 |
| > | 大于 |
| >= | 大于等于 |
| == | 等于 |
| ~= | 不等于 |

当操作数是数组形式时，关系运算符总是对被比较的两个数组的各个对应元素进行比较，因此要求被比较的数组必须具有相同的尺寸。

【例 7-2】 MATLAB 中的关系运算。
在命令行窗口中输入：

```
>> 5>=4
ans =
  logical
    1
```

```
>> x=rand(1,4)
x =
    0.0975    0.2785    0.5469    0.9575
>> y=rand(1,4)
y =
    0.9649    0.1576    0.9706    0.9572
>> x>y
ans =
  1×4 logical 数组
   0   1   0   1
```

提 示

（1）比较两个数是否相等的关系运算符是两个等号"=="，单个等号"="在 MATLAB 中是变量赋值的符号。

（2）比较两个浮点数是否相等时需要注意由于浮点数的存储形式决定的相对误差的存在，在程序设计中最好不要直接比较两个浮点数是否相等，而是采用大于、小于的比较运算将待确定值限制在一个满足需要的区间之内。

# 7.3  逻 辑 运 算

关系运算返回的结果是逻辑类型（逻辑真或逻辑假），这些简单的逻辑数据可以通过逻辑运算符组成复杂的逻辑表达式，这在程序设计中经常用于进行分支选择或者确定循环终止条件。

MATLAB 中的逻辑运算有 3 类：

（1）逐个元素的逻辑运算。

（2）捷径逻辑运算。

（3）逐位逻辑运算。

只有前两种逻辑运算返回逻辑类型的结果。

## 7.3.1  逐个元素的逻辑运算

逐个元素的逻辑运算符有 3 种：逻辑与（&）、逻辑或（|）和逻辑非（~），意义和示例如表 7-2 所示。前两个是双目运算符，必须有两个操作数参与运算；逻辑非是单目运算符，只有对单个元素进行运算。

表7-2　逐个元素的逻辑运算符

| 运　算　符 | 说　　明 | 举　　例 |
|---|---|---|
| & | 逻辑与：双目逻辑运算符<br>参与运算的两个元素值为逻辑真或非零时返回逻辑真，否则返回逻辑假 | 1&0 返回 0<br>1&false 返回 0<br>1&1 返回 1 |

（续表）

| 运　算　符 | 说　　　明 | 举　　　例 |
|---|---|---|
| \| | 逻辑或：双目逻辑运算符<br>参与运算的两个元素都为逻辑假或零时返回逻辑假，否则返回逻辑真 | 1\|0 返回 1<br>1\|false 返回 1<br>0\|0 返回 0 |
| ~ | 逻辑非：单目逻辑运算符<br>参与运算的元素为逻辑真或非零时返回逻辑假，否则返回逻辑真 | ~1 返回 0<br>~0 返回 1 |

提 示

这里逻辑与和逻辑非运算都是逐个元素进行双目运算，因此如果参与运算的是数组，就要求两个数组具有相同的尺寸。

**【例 7-3】**　逐个元素的逻辑运算。

在命令行窗口中输入：

```
>> x=rand(1,3)
x =
    0.4854    0.8003    0.1419
>> y=x>0.5
y =
  1×3 logical 数组
   0   1   0
>> m=x<0.96
m =
  1×3 logical 数组
   1   1   1
>> y&m
ans =
  1×3 logical 数组
   0   1   0
>> y|m
ans =
  1×3 logical 数组
   1   1   1
>> ~y
ans =
  1×3 logical 数组
   1   0   1
```

## 7.3.2　捷径逻辑运算

MATLAB 中的捷径逻辑运算符有两个：逻辑与（&&）和逻辑或（||）。实际上它们的运算功能和前面讲过的逐个元素的逻辑运算符相似，只不过在一些特殊情况下捷径逻辑运算符会较少一些逻辑判断的操作。

当参与逻辑与运算的两个数据都同为逻辑真（非零）时，逻辑与运算才返回逻辑真（1），否则返回逻辑假（0）。&&运算符利用这一特点，当参与运算的第一个操作数为逻辑假时直接返回假，而不再去计算第二个操作数。&运算符在任何情况下都要计算两个操作数的结果，然后进行逻辑与。

||的情况类似，当第一个操作数为逻辑真时，||直接返回逻辑真，而不再去计算第二个操作数。|运算符在任何情况下都要计算两个操作数的结果，然后进行逻辑或。

捷径逻辑运算符如表 7-3 所示。

表7-3  捷径逻辑运算符

| 运　算　符 | 说　　明 |
|---|---|
| && | 逻辑与：当第一个操作数为假时直接返回假，否则同& |
| \|\| | 逻辑或：当第一个操作数为真时直接返回真，否则同\| |

捷径逻辑运算符比相应的逐个元素的逻辑运算符的运算效率更高，在实际编程中一般都是用捷径逻辑运算符。

【例 7-4】 捷径逻辑运算。

在 MATLAB 命令行窗口中输入以下命令：

```
>> x=0
x =
    0
>> x~=0&&(1/x>2)
ans =
  logical
    0
>> x~=0&(1/x>2)
ans =
  logical
    0
```

### 7.3.3  逐位逻辑运算

逐位逻辑运算能够对非负整数二进制形式进行逐位逻辑运算，并将逐位运算后的二进制数值转换成十进制数值输出。MATLAB 中逐位逻辑运算函数如表 7-4 所示。

表7-4  逐位逻辑运算函数

| 函　　数 | 说　　明 |
|---|---|
| bitand(a,b) | 逐位逻辑与，a 和 b 的二进制数位上都为 1 时返回 1，否则返回 0，并将逐位逻辑运算后的二进制数字转换成十进制数值输出 |
| bitor(a,b) | 逐位逻辑或，a 和 b 的二进制数位上都为 0 时返回 0，否则返回 1，并将逐位逻辑运算后的二进制数字转换成十进制数值输出 |

（续表）

| 函 数 | 说 明 |
|---|---|
| bitcmp(a,b) | 逐位逻辑非，将数字 a 扩展成 n 位二进制形式，当扩展后的二进制数位上都为 1 时返回 0，否则返回 1，并将逐位逻辑运算后的二进制数字转换成十进制数值输出 |
| bitxor(a,b) | 逐位逻辑异或，a 和 b 的二进制数位上相同时返回 0，否则返回 1，并将逐位逻辑运算后的二进制数字转换成十进制数值输出 |

**【例 7-5】** 逐位逻辑运算函数。

在命令行窗口中输入：

```
>> m=8;n=2;
>> mm=bitxor(m,n);
>> dec2bin(m)
ans =
    '1000'
>> dec2bin(n)
ans =
    '10'
>> dec2bin(mm)
ans =
    '1010'
```

# 7.4　逻辑函数与测试函数

除了上面的关系与逻辑操作符，MATLAB 提供了大量的其他关系与逻辑函数，如表 7-5 所示。

表7-5　关系与逻辑操作符

| 其他关系与逻辑函数 | 说 明 |
|---|---|
| xor(x,y) | 异或运算。x 或 y 非零（真）返回 1，x 和 y 都是零（假）或都是非零（真）返回 0 |
| any(x) | 在一个向量 x 中，任何元素是非零都返回 1；矩阵 x 中的每一列有非零元素，返回 1 |
| all(x) | 在一个向量 x 中，所有元素非零就返回 1；矩阵 x 中的每一列所有元素非零，返回 1 |

除了这些函数，MATLAB 还提供了大量的函数（见表 7-6），用于测试特殊值或条件的存在，并返回逻辑值。

表7-6　测试函数

| 测试函数 | 说 明 |
|---|---|
| finite | 元素有限，返回真值 |
| isempty | 参量为空，返回真值 |
| isglobal | 参量是一个全局变量，返回真值 |

（续表）

| 测试函数 | 说　　明 |
|---|---|
| ishold | 当前绘图保持状态是'ON'，返回真值 |
| isieee | 计算机执行 IEEE 算术运算，返回真值 |
| isinf | 元素无穷大，返回真值 |
| isletter | 元素为字母，返回真值 |
| isnan | 元素为不定值，返回真值 |
| isreal | 参量无虚部，返回真值 |
| isspace | 元素为空格字符，返回真值 |
| isstr | 参量为一个字符串，返回真值 |
| isstudent | MATLAB 为学生版，返回真值 |
| isunix | 计算机为 UNIX 系统，返回真值 |
| isvms | 计算机为 VMS 系统，返回真值 |

# 7.5　运算优先级

在 MATLAB 程序中，经常出现一个表达式中需要处理多种不同类型运算的情况，这时就需要考虑运算的优先级（见表 7-7）问题。

表7-7　MATLAB中的运算优先级

| 优　先　级 | 运算及其说明 |
|---|---|
| 1 | 括号（()） |
| 2 | 转置（'）和乘幂（^） |
| 3 | 一元加/减运算（+/-）、逻辑非（~） |
| 4 | 乘（*）、除（/）、点乘（.*）、点除（./） |
| 5 | 冒号运算（:） |
| 6 | 关系运算（<, >, <=, >=, ==, ~=） |
| 7 | 逐个元素的逻辑与（&） |
| 8 | 逐个元素的逻辑或（|） |
| 9 | 捷径逻辑与（&&） |
| 10 | 捷径逻辑或（|） |

由表 7-7 可见，括号运算优先级最高，其次是各类算术运算，然后是关系运算，优先级最低的是逻辑运算。

在实际的表达式书写中，建议尽量采用括号分隔的方式明确各步运算的次序，以尽可能减少优先级的混乱，比如 x./y.^a 最好写成 x./(y.^a)，等等。

# 7.6　小　　结

通过本章的学习，读者应该掌握了 MATLAB 中的关系运算和逻辑运算，尤其是其中容易混乱和错误的地方更需要熟练掌握。除了传统的数学运算，MATLAB 支持关系和逻辑运算。如果你已经有了一些编程经验，就会对这些运算比较熟悉。这些操作符和函数的目的是提供求解真/假命题的答案。一个重要的应用是控制基于真/假命题的一系列 MATLAB 命令（通常在 M 文件中）的流程，或执行次序。

作为所有关系和逻辑表达式的输入，MATLAB 把任何非零数值当作真、把零当作假。所有关系和逻辑表达式的输出，对于真，输出为 1；对于假，输出为零。

# 第8章

## 函　数

在前面的章节中详细介绍了 MATLAB 中各种基本数据类型和程序流控制语句，本章将在此基础上讲述 MATLAB 编程知识。MATLAB 跟其他高级计算机语言一样，可以编写 MATLAB 程序，并且与其他计算机语言比起来有许多无法比拟的优点。

学习目标：

- ⌘　熟练掌握 MATLAB 程序设计的概念和基本方法
- ⌘　熟练掌握 MATLAB 函数的应用

## 8.1　M 文件

M 文件有两种形式：脚本文件（Script File）和函数文件（Function File）。脚本文件通常用于执行一系列简单的 MATLAB 命令，运行时只需输入文件名就会自动按顺序执行文件中的命令。

函数文件和脚本文件不同，它可以接受参数，也可以返回参数。一般情况下，用户不能靠单独输入其文件名来运行函数文件，而必须由其他语句来调用。MATLAB 的大多数应用程序都以函数文件的形式给出。

### 8.1.1　M 文件概述

MATLAB 提供了极其丰富的内部函数，使得用户通过命令行调用就可以完成很多工作，但是想要更加高效地利用 MATLAB，则离不开 MATLAB 编程。

用户可以通过组织一个 MATLAB 命令序列完成一个独立的功能，这就是脚本 M 文件编程；把 M 文件抽象封装，形成可以重复利用的功能块，这就是函数 M 文件编程。因此，MATLAB 编程是提高 MATLAB 应用效率、把 MATLAB 基本函数扩展为实际用户应用的必经之道。

M 文件是包含 MATLAB 代码的文件，按内容和功能可以分为脚本 M 文件和函数 M 文件两大类。

### 1. 脚本 M 文件

它是许多 MATLAB 代码按顺序组成的命令序列集合，不接受参数的输入和输出，与 MATLAB 工作区共享变量空间。脚本 M 文件一般用来实现一个相对独立的功能，比如对某个数据集进行某种分析、绘图，求解某个已知条件下的微分方程等。用户可以通过在命令行窗口直接输入文件名来运行脚本 M 文件。

通过脚本 M 文件，用户可以把为实现一个具体功能的一系列 MATLAB 代码书写在一个 M 文件中，每次只需要输入文件名即可运行脚本 M 文件中的所有代码。

### 2. 函数 M 文件

它也是为了实现一个单独功能的代码块，与脚本 M 文件不同的是需要接受参数输入和输出，函数 M 文件中的代码一般只处理输入参数传递的数据，并把处理结果作为函数输出参数返回给 MATLAB 工作区中指定的接受量。

因此，函数 M 文件具有独立的内部变量空间，在执行函数 M 文件时需指定输入参数的实际取值，而且一般要指定接收输出结果的工作区变量。

MATLAB 提供的许多函数都是用函数 M 文件编写的，尤其是各种工具箱中的函数。用户可以打开这些 M 文件查看。实际上，如果特殊应用领域的用户积累了充足的专业领域应用函数，就可以组建专业领域工具箱。

通过函数 M 文件，用户可以把为实现一个抽象功能的 MATLAB 代码封装成一个函数接口，在以后的应用中重复调用。

## 8.1.2　局部变量与全局变量

无论是在脚本文件还是在函数文件中都会定义一些变量。函数文件所定义的变量是局部变量，这些变量独立于其他函数的局部变量和工作空间的变量，即只能在该函数的工作空间引用，而不能在其他函数的工作空间和命令的工作空间引用。如果某些变量被定义成全局变量，就可以在整个 MATLAB 工作空间进行存取和修改，以实现共享。因此，定义全局变量是函数间传递信息的一种手段。

用命令 global 定义全局变量，其格式为：

```
global A B C
```

在 M 文件中定义全局变量时，如果在当前工作空间已经存在相同的变量，系统将会给出警告，说明由于将该变量定义为全局变量可能会使变量的值发生改变。为避免发生这种情况，应该在使用变量前先将其定义为全局变量。

提示　在 MATLAB 中，变量名是区分大小写的，为了在程序中分清楚而不至于误声明，习惯上将全局变量定义为大写字母。

### 8.1.3 M 文件的编辑与运行

MATLAB 语言是一种高效的编程语言，可以用普通的文本编辑器把一系列 MATLAB 语句写在一起构成 MATLAB 程序，然后存储在一个文件里。文件的扩展名为.m，因此称为 M 文件。这些文件都是由纯 ASCII 码字符构成的，在运行 M 文件时只需在 MATLAB 命令行窗口下输入该文件名即可。

在 MATLAB 的编辑器中建立与编辑 M 文件的一般步骤如下。

#### 1．新建文件

（1）单击"主页"选项卡"文件"面板中的 按钮。

（2）在命令行窗口输入 edit 语句建立新文件，或输入 edit filename 语句打开名为 filename 的 M 文件。

（3）单击"主页"选项卡"文件"面板中的 按钮下的 按钮。

（4）如果已经打开了文件编辑器后需要再建立新文件，可以单击"编辑器"选项卡"文件"面板中的 按钮创建脚本文件。

#### 2．打开文件

（1）单击"主页"选项卡"文件"面板中的 按钮，弹出"打开文件"对话框，选择已有的 M 文件，单击"打开"按钮。

（2）输入 edit filename 语句，打开名为 filename 的 M 文件。

（3）如果已经打开了文件编辑器后需要打开其他文件，可以单击"编辑器"选项卡"文件"面板中的 按钮打开文件进行操作。

#### 3．编辑文件

虽然 M 文件是普通的文本文件，在任何文本编辑器中都可以编辑，但是 MATLAB 系统提供了一个更方便的内部编辑器。图 8-1 所示为取消停靠后的编辑器窗口。

图 8-1　编辑器

对于新建的 M 文件，可以在 MATLAB 编辑器窗口编写新的文件；对于打开的已有 M 文件，其内容显示在编辑窗口，用户可以对其进行修改。

除了注释内容外，所有 MATLAB 的语句都要使用西文字符。

### 4．保存文件

M 文件在运行之前必须先保存，其方法有以下两种：

（1）单击"编辑器"选项卡 （保存）按钮，对于新建的 M 文件，会弹出"选择要另存的文件"对话框，选择存放路径、文件名和文件保存类型（默认为 M 文件），单击"保存"按钮，即可完成保存；对于打开的已有 M 文件，则直接完成保存。

（2）单击"编辑器"选项卡"保存"按钮下的下三角按钮 ▼ 并选择"另存为"命令。对于新建的 M 文件，等同于选择保存命令；对于打开的已有 M 文件，可以在弹出的"选择要另存的文件"对话框中重新选择存放的目录、文件名进行保存。

### 5．运行文件

（1）脚本文件可直接运行，而函数文件必须输入函数参数。在命令行窗口输入要运行的文件名即可开始运行。

在运行前，一定要先保存文件，否则运行的是保存前的程序。

（2）在编辑器中完成编辑后需要直接运行时，可以选择"编辑器"选项卡"运行"面板中的 ▷（运行）按钮。

## 8.1.4　M 文件的结构

MATLAB 中的 M 文件一般包括以下 5 部分：

（1）声明行：这一行只出现在 M 文件的第一行，通过 function 关键字表明此文件是一个 M 文件，并指定函数名、输入和输出参数。

（2）H1 行：这是帮助文字的第一行，给出 M 文件帮助最关键的信息。当用 lookfor 查找某个单词相关的函数时，lookfor 只在 H1 行中搜索是否出现指定单词。

（3）帮助文字：这部分对 M 文件更加详细地说明解释 M 文件实现的功能，M 文件中出现的各变量、参数的意义以及操作版权信息等。

（4）M 文件正文：这是 M 文件实现功能的 MATLAB 代码部分，通常包括运算、赋值等指令。

（5）注释部分：这部分出现的位置比较灵活，主要是用来注释 M 文件正文的具体运行过程，方便阅读和修改，经常穿插在 M 文件正文中间。

## 8.1.5　脚本文件

脚本文件是 M 文件中最简单的一种，不需要输入、输出参数，用命令语句可以控制 MATLAB 命令工作空间的所有数据。

在运行过程中，产生的所有变量均是命令工作空间变量。这些变量一旦生成，就一直保存在内存空间中，除非用户执行 clear 命令将它们清除。运行一个脚本文件等价于从命令行窗口中顺序运行文件里的语句。由于脚本文件只是一串命令的集合，因此只需像在命令行窗口中输入语句那样依次将语句编辑在脚本文件中即可。

**【例 8-1】** 编程计算向量元素的平均值。

在 MATLAB 编辑窗口中输入：

```
a=input('输入变量：a=');
[b,c]=size(a);
if ~((b==1)|(c==1))|(((b==1)&(c==1)))    %判断输入是否为向量
    error('必须输入向量')
end
average=sum(a)/length(a)                  %计算向量 a 所有元素的平均值
```

将其保存为 pingjun.m，运行之，如果输入行向量[1 2 3]，则运行结果为：

```
>> pingjun
输入变量：a=[1 2 3]
average =
    2
```

如果输入的不是向量，如[1 2; 3 4]，则运行结果为：

```
>> pingjun
输入变量：a=[1 2; 3 4]
错误使用 pingjun (line 4)
必须输入向量
```

## 8.1.6 函数文件

如果 M 文件的第一个可执行语句以 function 开始，那么该文件就是函数文件。每一个函数文件都会定义一个函数。事实上，MATLAB 提供的函数大部分都是由函数文件定义的，这足以说明函数文件的重要性。

函数文件区别于脚本文件之处在于脚本文件的变量为命令工作空间变量，在文件执行完成后保留在命令工作空间中；函数文件内定义的变量为局部变量，只在函数文件内部起作用，当函数文件执行完后这些内部变量将被清除。

**【例 8-2】** 编写函数 average( )，用于计算向量元素的平均值。

在 MATLAB 编辑窗口中输入：

```
function y=average(x)
[a,b]=size(x);                          % 判断输入量的大小
if~((a==1)|(b==1))| ((a==1)& (b==1))    % 判断输入是否为向量
    error('必须输入向量。')
end
y=sum(x)/length(x);                     %计算向量 x 所有元素的平均值
```

将文件存盘，默认状态下函数名为 average.m，函数 average 接受一个输入参数并返回一个输出参数，该函数的用法与其他函数一样。

在命令行窗口中运行以下语句，便可求得 1～9 的平均值：

```
>> x=1:9
x =
     1     2     3     4     5     6     7     8     9
>> average(x)
ans =
     5
```

通常函数文件由以下几个基本部分组成。

（1）函数定义行：函数定义行由关键字 function 引导，指明这是一个函数文件，并定义函数名、输入参数和输出参数。函数定义行必须为文件的第一个可执行语句，函数名与文件名相同，可以是 MATLAB 中任何合法的字符。

函数文件可以带有多个输入和输出参数，比如：

```
function [x,y,z]=sphere(theta,phi,rho)
```

也可以没有输出参数，比如：

```
function printresults(x)
```

（2）H1 行：H1 行就是帮助文本的第一行，是函数定义行下的第一个注释行，是供 lookfor 查询时使用的。一般来说为了充分利用 MATLAB 的搜索功能，在编制 M 文件时，应在 H1 行中尽可能多地包含该函数的特征信息。

由于在搜索路径上包含 average 的函数很多，因此用 lookfor average 语句可能会查询到多个有关的命令。例如：

```
>> lookfor average
```

（3）帮助文本：在函数定义行后面，连续的注释行不仅可以起到解释与提示作用，更重要的是为用户自己的函数文件建立在线查询信息，以供 help 命令在线查询时使用。比如：

```
>> help average
```

（4）函数体：函数体包含了全部用于完成计算及给输出参数赋值等工作的语句，这些语句可以是调用函数、流程控制、交互式输入/输出、计算、赋值、注释和空行。

（5）注释：以%起始到行尾结束的部分为注释部分，MATLAB 的注释可以放置在程序的任何位置，可以单独占一行，也可以在一个语句之后，比如：

```
% 非向量输入将导致错误
[m,n]=size(x);  %判断输入量的大小
```

## 8.1.7　函数调用

调用函数文件的一般格式为：

[输出参数表]=函数名(输入参数表)

函数调用时需要注意以下事项：

（1）当调用一个函数时，输入和输出参数的顺序应与函数定义时的一致，其数目可以按少于函数文件中所规定的输入和输出参数调用函数，但不能使用多于函数文件所规定的输入和输出参数数目。

如果输入和输出参数数目多于或少于函数文件所允许的数目，则调用时自动返回错误信息。例如：

```
>> [x,y]=sin(pi)
```

错误使用 sin，输出参数太多。
又如：

```
>> y=linspace(2)
```

输入参数的数目不足。出错。

```
    linspace (line 19)
    n = floor(double(n));
```

（2）在编写函数文件调用时常通过 nargin、nargout 函数来设置默认输入参数，并决定所希望的输出参数。函数 nargin 可以检测函数被调用时指定的输入参数个数；函数 nargout 可以检测函数被调用时指定的输出参数个数。

在函数文件中通过 nargin、nargout 函数可以适应函数被调用时用户输入和输出参数数目少于函数文件中 function 语句所规定数目的情况，以决定采用何种默认输入参数和用户所希望的输出参数。例如：

```
function y = linspace(d1, d2, n)
%LINSPACE Linearly spaced vector.
% LINSPACE(X1, X2) generates a row vector of 100 linearly equally spaced points
between X1 and X2.
%
% LINSPACE(X1, X2, N) generates N points between X1 and X2.
% For N < 2, LINSPACE returns X2.
%
% Class support for inputs X1,X2: float: double, single
%
if nargin == 2
    n = 100;
end
n = double(n);
y = [d1+(0:n-2)*(d2-d1)/(floor(n)-1) d2];
```

如果用户只指定 2 个输入参数调用 linspace，例如 linspace(0,10)，那么 linspace 会在 0～10 之间等间隔产生 100 个数据点；相反，如果输入参数的个数是 3，例如 linspace(0,10,50)，那么第 3 个参数决定数据点的个数，linspace 在 0～10 之间等间隔产生 50 个数据点。同样，函数也可按少于函数文件中所规定的输出参数进行调用，例如对函数 size( )的调用：

```
>> x=[1 2 3 ; 4 5 6];
>> m=size(x)
m =
    2    3
>> [m,n]=size(x)
m =
    2
n =
    3
```

（3）当函数有一个以上输出参数时，输出参数包含在方括号内，例如[m,n]=size(x)。注意：[m,n]在左边表示函数的两个输出参数 m 和 n；不要把它和[m,n]在等号右边的情况混淆，如 y=[m,n]表示数组 y 由变量 m 和 n 所组成。

（4）当函数有一个或多个输出参数但调用时未指定输出参数时，则不给输出变量赋任何值。例如：

```
function t=toc
% TOC Read the stopwatch timer.
% TOC, by itself, prints the elapsed time (in seconds) since TIC was used.
% t = TOC; saves the elapsed time in t, instead of printing it out.
% See also TIC, ETIME, CLOCK, CPUTIME.
% Copyright(c)1984-94byTheMathWorks,Inc.
% TOC uses ETIME and the value of CLOCK saved by TIC.
Global TICTOC
If nargout<1
elapsed_time=etime(clock,TICTOC)
else
t=etime(clock,TICTOC);
end
```

如果用户调用 toc 时不指定输出参数 t，例如：

```
>> tic
>> toc
```

历时 0.003488 秒。

函数在命令行窗口显示函数工作空间变量 elapsed_time 的值，但在命令工作空间里不给输出参数 t 赋任何值，也不创建变量 t。

如果用户调用 toc 时指定输出参数 t，例如：

```
>> tic
>> out=toc
out =
    0.0038
```

则以变量 out 的形式返回到命令行窗口，并在命令工作空间里创建变量 out。

（5）函数有自己的独立工作空间，与 MATLAB 的工作空间分开。除非使用全局变量，函数内变量与 MATLAB 其他工作空间之间唯一的联系是函数的输入和输出参数。如果函数任一输入参数值发生变化，其变化仅在函数内出现，不影响 MATLAB 其他工作空间的变量。函数内所创建的变量只驻留在该函数工作空间，而且只在函数执行期间临时存在，以后会消失。因此，从一个调用到另一个调用，在函数工作空间以变量存储信息是不可能的。

（6）在 MATLAB 其他工作空间重新定义预定义的变量（例如 pi），不会延伸到函数的工作空间；反之，在函数内重新定义预定义的变量不会延伸到 MATLAB 的其他工作空间。

如果变量说明是全局的，函数可以与其他函数、MATLAB 命令行窗口和递归调用本身共享变量。为了在函数内或 MATLAB 命令行窗口中访问全局变量，全局变量在每一个所希望的工作空间都必须说明。

全局变量可以为编程带来某些方便，但却破坏了函数对变量的封装，所以在实际编程中无论什么时候都应尽量避免使用全局变量。如果一定要用全局变量，建议全局变量名要长、采用大写字母，并有选择地以首次出现的 M 文件的名字开头，使全局变量之间不必要的互作用减至最小。

（7）MATLAB 以搜寻脚本文件的方式搜寻函数文件。例如，输入 cow 语句，MATLAB 首先认为 cow 是一个变量；如果不是，那么 MATLAB 认为它是一个内置函数；如果还不是，MATLAB 检查当前 cow.m 的目录或文件夹；如果仍然不是，MATLAB 就检查 cow.m 在 MATLAB 搜寻路径上的所有目录或文件夹。

（8）从函数文件内可以调用脚本文件。在这种情况下，脚本文件查看函数工作空间，不查看 MATLAB 命令行窗口。从函数文件内调用的脚本文件不必调到内存进行编译，函数每调用一次，它们就被打开和解释。因此，从函数文件内调用脚本文件减慢了函数的执行。

（9）当函数文件到达文件终点或者碰到返回命令 return 时，就结束执行和返回。返回命令 return 提供了一种结束函数的简单方法，而不必到达文件的终点。

## 8.1.8　M 文件调试工具

当完成 MATLAB 代码编写后，用户就可以在命令行窗口运行代码（脚本或函数文件）。对于比较简单的代码，可以一次通过，但对于很多比较复杂的情况，或者初学编程，错误在所难免，此时就需要利用 MATLAB 调试工具对出现错误的代码进行调试纠错。

### 1．调试工具含义

MATLAB 的编辑器是一个综合了代码编写、调试的集成开发环境。MATLAB 代码调试过程主要是通过"编辑器"选项卡下的"断点""运行"两个面板进行的，如图 8-2 所示。

"断点"下拉菜单中各子项的含义如下：

（1）全部清除：清除所有 M 文件中的断点。

（2）设置/清除：在光标所在行开头设置或清除断点。

（3）启用/禁用：将当前行的断点设置为有效或无效。

（4）设置条件：在光标所在行开头设置或修改条件断点，选择此子项，会打开如图 8-3 所示的对话框，用于设置在满足什么条件时，此处断点有效。

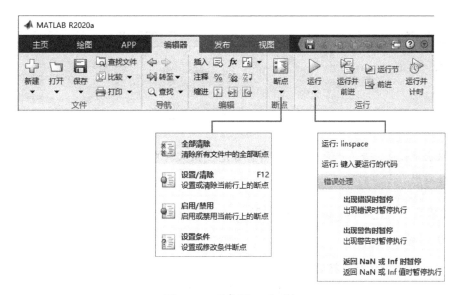

图 8-2　"编辑器"选项卡

图 8-3　条件断点设置对话框

单击"运行"按钮，可运行当前 M 文件，若当前 M 文件设置了断点，则运行到断点处暂停。"运行"下拉菜单中各子项的含义如下：

（1）出现错误时暂停：设置出现某种运行错误时暂停程序运行。

（2）出现警告时暂停：设置出现某种运行警告时暂停程序运行。

（3）返回 NaN 或 Inf 时暂停：设置返回 NaN 或 Inf 时暂停程序运行。

设置断点后，执行运行命令，"编辑器"选项卡下的"运行"面板将变为"调试"面板，如图 8-4 所示。其中，各子项含义如下：

（1）步进：在调试模式下，执行 M 文件的当前行。

（2）步入：在调试模式下，执行 M 文件的当前行，如果 M 文件当前行调用了另一个函数，就进入该函数内部。

（3）步出：当在调试模式下执行"步入"进入某个函数内部之后，执行"步出"可以完成函数剩余部分的所有代码，并退出函数，暂停在进入函数内部前的 M 文件所在行末尾。

（4）运行到光标处：运行当前 M 文件到在光标所在行尾。

图 8-4 调试面板

 以上调试项，除了"运行"外都需要首先在 M 文件中设置断点，运行到断点位置后才可启用。

注　意

调试完成后，通过单击 ▣（退出调试）按钮退出调试模式。

**2．调试过程**

（1）单击 ▷（运行）按钮，运行一遍 M 文件。

（2）针对系统给出的具体出错信息，在适当的地方设置断点或条件断点。

（3）再次运行到断点位置，此时 MATLAB 把运行控制权交给键盘，命令行窗口出现"K>>"提示符（见图 8-5）。

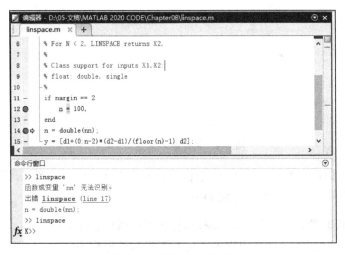

图 8-5 运行到断点位置

（4）在命令行窗口查询 M 文件运行过程中的所有变量，包括函数运行时的中间变量，运行到断点位置后选择"步进""步入""步出"等调试运行方式，逐行运行并实时查询变量取值，从而逐渐找到错误所在并将其排除。

### 8.1.9 M 文件分析工具

对 M 文件进行调试过程就是对文件中的编写或运行错误进行纠正，调试完成后 M 文件就可以正确运行了，但可能运行效率还不是最优，这就需要通过 MATLAB 提供的分析工具对代码进行分析，然后有针对性地进行优化。

MATLAB 提供的 M 文件分析工具包括代码分析器报告（Code Analyzer Report）工具和探查器（Profiler）工具，它们都有图形操作界面，是 MATLAB 程序分析优化的必用工具。

**1. 代码分析器报告工具**

代码分析器报告工具可以分析用户 M 文件中的错误或性能问题，在"当前文件夹"浏览器中单击右上角的 ⊙ 按钮，选择"报告"→"代码分析器报告"选项，如图 8-6 所示。报告显示在 MATLAB "Web 浏览器"中，显示已确定存在潜在问题或改进机会的文件。

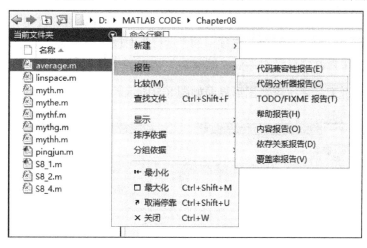

图 8-6　执行代码分析器报告工具

运行代码分析器报告工具后结果如图 8-7 所示。

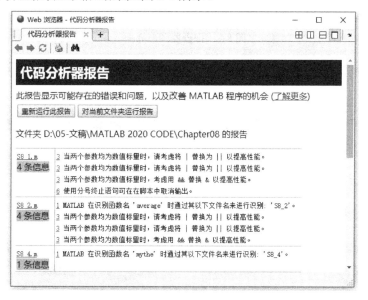

图 8-7　分析结果

从图 8-7 中可以看出，代码分析器报告分析完成后会返回一个分析报告，报告中包括被分析的 M 文件的路径以及若干个分析结果。分析结果的格式是"行号　错误或问题报告。"

实际上代码分析器分析得到的报告并不一定必须要消除，要具体问题具体分析。当用户认可某一条分析结果时，单击分析结果中的行号，就可以快速打开相应的 M 文件并定位到该行，以便修改代码。

### 2. 探查器工具

探查器工具是 MATLAB 提供的另一个功能强大的代码分析工具。使用下列方法可以打开探查器：

（1）在命令行窗口中输入"profile viewer"命令。

（2）单击"主页"选项卡"代码"面板中的 （运行并计时）按钮。

（3）在编辑器中，在"编辑器"选项卡的"运行"面板中单击 （运行并计时）按钮。如果使用此方法，探查器会自动对当前"编辑器"选项卡中的代码进行探查。

运行探查器分析工具后探查器图形界面如图 8-8 所示。

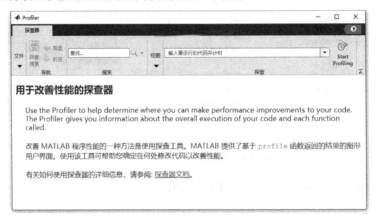

图 8-8　探查器图形界面

单击探查器图形界面中的 （Start Profiling）按钮，就可以分析此 M 文件，分析结果如图 8-9 所示。

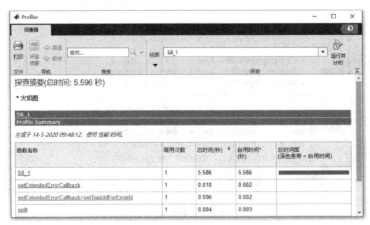

图 8-9　探查器分析结果

探查器分析结果给出了调用函数名称、调用次数、消耗总时间等信息。

一般来说，应该尽量避免不必要的变量输出，循环赋值前预定义数组尺寸，多采用向量化的 MATLAB 函数，少采用数组，这些都能够提高 MATLAB 程序的运行性能。

# 8.2　MATLAB 的变量

在 MATLAB 中，可以进行常用的加、减、乘、除等运算。对于简单的计算，可以直接在命令行窗口中输入表达式，MATLAB 会将计算的结果保存在默认的 ans 变量中。与 C 语言不同，在 MATLAB 中使用变量可以不用预先定义。

尽管 MATLAB 的程序内核是 C 语言，但是在具体的变量和语法规则上，MATLAB 还是和 C 语言有着不同的要求和体系。

## 8.2.1　M 文件的变量类型

在复杂的程序结构中，变量是各种程序结构的基础。因此，MATLAB 的变量也有自己的命令规则：必须以字母开头，之后可以是任意字母、数字或者下划线，同时变量命名不能有空格，变量名称区分大小写。最后，在 MATLAB 中变量名称不能超过 63 个字符，第 63 个字符之后的部分都将被忽略。

在 MATLAB 中有一些默认的预定义变量，用户在设置变量时应该尽量避免和这些默认的变量相同，否则会给程序代码带来不可预测的错误。表 8-1 列出了常见的预定义变量。

表8-1　MATLAB中的预定义变量

| 预定义变量 | 含　　义 |
| --- | --- |
| ans | 计算结果的默认名称 |
| eps | 计算机的零阈值 |
| inf(Inf) | 无穷大 |
| pi | 圆周率 |
| NaN(nan) | 表示结果或者变量不是数值 |

在编写程序代码的时候，可以定义全局变量和局部变量两种类型，这两种变量类型在程序设计中有着不同的应用范围和工作原理。因此，有必要了解这两种变量的使用方法和特点。

当每一个函数在运行的时候都会占有独自的内存，这个工作空间独立于 MATLAB 的基本工作空间和其他函数的工作空间。这样的工作原理保证了不同的工作空间中的变量相互独立，不会相互影响，这些变量都被称为局部变量。

在默认情况下，如果用户没有特别声明，函数运行过程中使用的变量都是局部变量。如果希望减少变量传递，可以使用全局变量。在 MATLAB 中，定义全局变量需要使用命令 global，其调用格式如下：

```
global Var1 Var2
```

通过上面的简单命令就可以使MATLAB允许几个不同的函数工作空间以及基本工作空间共享同一个变量，每个希望共享全局变量的函数或者 MATLAB 基本工作空间都必须逐个对具体变量进行专门的定义。

如果某个函数在运行过程中修改了全局变量的数值，则其他函数空间以及其基本工作空间内的同名变量数值也会随之变化。

尽管 MATLAB 对全局变量的名称没有特别的限制，但是为了提高程序的可读性，建议采用大写字符来命令全局变量，同时将全局变量尽量放在函数体的首位。

### 8.2.2　M 文件的关键字

在命令变量名称时，MATLAB 预留了一些关键字并且不允许用户对其进行重新赋值。因此，在定义变量名称的时候应该避免使用这些关键字，否则系统会显示类似于缺少操作之类的错误提示。

在 MATLAB 中，可以使用 iskeyword 命令来查看 MATLAB 中的关键字，得到的结果如下：

```
>> iskeyword
ans =
  20×1 cell 数组
    {'break'     }
    {'case'      }
    {'catch'     }
    {'classdef'  }
    {'continue'  }
    {'else'      }
    {'elseif'    }
    {'end'       }
    {'for'       }
    {'function'  }
    {'global'    }
    {'if'        }
    {'otherwise' }
    {'parfor'    }
    {'persistent'}
    {'return'    }
    {'spmd'      }
    {'switch'    }
    {'try'       }
    {'while'     }
```

# 8.3　函　数　类　型

MATLAB 中的函数可以分为匿名函数、M 文件主函数、嵌套函数、子函数、私有函数和重载函数。

### 8.3.1　匿名函数

匿名函数通常是很简单的函数。不像一般的 M 文件主函数要通过 M 文件编写，匿名函数是面向命令行代码的函数形式，通常只用一句非常简单的语句就可以在命令行窗口或 M 文件中调用函数，对于那些函数内容非常简单的情况是很方便的。

创建匿名函数的标准格式是：

```
fhandle=@(arglist)expr
```

其中：

（1）expr 通常是一个简单的 MATLAB 变量表达式，实现函数的功能，比如 x+x.^2 等。

（2）arglist 是参数列表，指定函数的输入参数列表，对应多个输入参数的情况，通常要用逗号分隔各个参数。

（3）符号@是 MATLAB 中创建函数句柄的操作符，表示创建由输入参数列表 arglist 和表达式 expr 确定的函数句柄，并把这个函数句柄返回给变量 fhandle，这样以后就可以通过 fhandle 来调用定义好的这个函数了。

例如，定义函数：

```
myfunhd=@(x)(x+x.^2)
```

表示创建了一个匿名函数，有一个输入参数 x，实现的功能是 x+x.^2，并把这个函数句柄保存在变量 myfunhd 中，以后可以通过 myfunhd(a)来计算 x=a 时的函数值。

注　意

匿名函数的参数列表 arglist 中可以包含一个参数或多个参数，这样调用的时候就要按顺序给出这些参数的实际取值。arglist 也可以不包含参数，即留空。这种情况下还需要通过 fhandle()的形式来调用函数，即要在函数句柄后紧跟一个空的括号，否则只显示 fhandle 句柄对应的函数形式。

匿名函数可以嵌套，即在 expr 表达式中可以用函数来调用一个匿名函数句柄。

【例 8-3】　匿名函数应用示例。

在命令行窗口中输入：

```
>> myth=@(x)(x+x.^2)
myth =
  包含以下值的 function_handle:
    @(x)(x+x.^2)
>> myth(2)
ans =
     6
>> myth1=@()(3+2)
myth1 =
  包含以下值的 function_handle:
    @()(3+2)
>> myth1()
ans =
     5
```

```
>> myth1
myth1 =
  包含以下值的 function_handle:
    @()(3+2)
```

匿名函数可以保存在.mat 文件中，该例中通过 save myth.mat 把匿名函数句柄 myth 保存在 myth.mat 文件中，当要用到匿名函数 myth 时，只需要执行 load myth.mat 就可以了。

### 8.3.2　M 文件主函数

每一个函数 M 文件第一行定义的函数就是 M 文件的主函数。一个 M 文件只能包含一个主函数，并且通常习惯将 M 文件名和 M 文件主函数名设为一致的。

M 文件主函数的说法是针对其内部嵌套函数和子函数而言的，一个 M 文件中除了一个主函数以外，还可以编写多个嵌套函数或子函数，以便在主函数功能实现中进行调用。

### 8.3.3　嵌套函数

在一个函数内部可以定义一个或多个函数，这种定义在其他函数内部的函数被称为嵌套函数。嵌套可以多层发生，就是说一个函数内部可以嵌套多个函数，这些嵌套函数内部又可以继续嵌套其他函数。

嵌套函数的书写语法格式为：

```
function x=a(b,c)
…
    function y=d(e,f)
    …
            function z=h(m,n)
            …
            end
    end
end
```

一般函数代码中结尾是不需要专门标明 end 的，但是在使用嵌套函数时，无论是嵌套函数还是嵌套函数的父函数（直接上一层次的函数）都要明确标出 end 来表示函数结束。

需要注意的是，嵌套函数的互相调用和嵌套的层次密切相关。例如，在下面一段代码中：

（1）外层的函数可以调用向内一层直接嵌套的函数（A 可以调用 B 和 C），而不能调用更深层次的嵌套函数（A 不可以调用 D 和 E）。

（2）嵌套函数可以调用与自己具有相同父函数的其他同层函数（B 和 C 可以相互调用）。

（3）嵌套函数也可以调用其父函数，或与父函数具有相同父函数的其他嵌套函数（D 可以调用 B 和 C），但不能调用其父函数具有相同父函数的其他嵌套函数内深层嵌套的函数。

```
function A(a,b)
…
    function B(c,d)
    …
```

```
        function D=h(e)
        …
        end
    end
    function C(m,n)
        …
        function E(g,f)
        …
        end
    end
end
```

## 8.3.4　子函数

一个 M 文件只能包含一个主函数,但是一个 M 文件可以包含多个函数,这些编写在主函数后的函数都称为子函数。所有子函数只能被其所在 M 文件中的主函数或其他子函数调用。

所有子函数都有自己独立的声明、帮助、注释等结构,只需要在位置上处在主函数之后即可。各个子函数的前后顺序都可以任意放置,和被调用的前后顺序无关。

M 文件内部发生函数调用时,MATLAB 首先检查该 M 文件中是否存在相应名称的子函数,然后检查这个 M 文件所在的目录的子目录是否存在同名的私有函数,然后按照 MATLAB 路径检查是否存在同名的 M 文件或内部函数。根据这一顺序,函数调用时首先查找相应的子函数。因此,可以通过编写同名子函数的方法实现 M 文件内部的函数重载。

子函数的帮助文件也可以通过 help 命令显示。

## 8.3.5　私有函数

私有函数是具有限制性访问权限的函数,对应的 M 文件需要保持在名为 private 的文件夹下。这些私有函数在代码编写上和普通的函数没有什么区别,也可以在一个 M 文件中编写一个主函数和多个子函数,以及嵌套函数,但是私有函数只能被 private 目录的直接父目录下的脚本 M 文件或 M 文件主函数调用。

通过 help 命令获取私有函数的帮助也需要声明其私有特点,例如要获取私有函数 myprifun 的帮助,就要使用 help private/myprifun 命令。

## 8.3.6　重载函数

重载是计算机编程中非常重要的概念,经常用在处理功能类似但参数类型或个数不同的函数编写中。

例如,要实现一个计算功能,一种情况下要求输入的几个参数都是双精度浮点型,另一种情况是输入的几个参数都是整型变量。这时就可以编写两个同名函数:一个用来处理双精度浮点类型的输入参数,另一个用来处理整型的输入参数。这样,当用户实际调用函数时,MATLAB 就可以根据实际传递的变量类型选择执行其中一个函数。

MATLAB 中重载函数通常放置在不同的文件夹下,通常文件夹名称以@符号开头,然后跟一个代表 MATLAB 数据类型的字符，如@double 目录下的重载函数输入参数应该是双精度浮点型，而@int32 目录下的重载函数的输入参数应该是 32 位整型。

# 8.4 参 数 传 递

MATLAB 中通过 M 文件编写函数时只需要指定输入和输出的形式参数列表，只是在函数实际被调用的时才需要把具体的数值提供给函数声明中给出的输入参数。

## 8.4.1 参数传递概述

MATLAB 中的参数传递过程是传值传递，也就是说，在函数调用过程中，MATLAB 将传入的实际变量值赋值为形式参数指定的变量名。这些变量都存储在函数的变量空间中，和工作区变量空间是独立的，并且每一个函数在调用中都有自己独立的函数空间。

例如，编写函数：

```
function y=myfun(x,y)
```

在命令行窗口通过 a=myfun(3,2)调用此函数，MATLAB 首先会建立 myfun 函数的变量空间，把 3 赋值给 x、把 2 赋值给 y，然后执行函数实现的代码，在执行完毕后，把 myfun 函数返回的参数 y 的值传递给工作区变量 a，调用过程结束后函数变量空间被清除。

## 8.4.2 输入和输出参数的数目

MATLAB 的函数可以具有多个输入或输出参数。通常在调用时需要给出和函数声明语句中一一对应的输入参数；输出参数个数可以按参数列表对应指定，也可以不指定。

不指定输出参数调用函数时，MATLAB 默认把输出参数列表中第一个参数的数值返回给工作区变量 ans。

在 MATLAB 中，可以通过 nargin 和 nargout 函数确定函数调用时实际传递的输入和输出参数个数，结合条件分支语句就可以处理函数调用中指定不同数目的输入输出参数的情况。

【例 8-4】 输入和输出参数的数目。

在编辑器窗口中输入下列程序，并保存为 mythe.m 函数。

```
function [n1,n2]=mythe(m1,m2)
if nargin==1
    n1=m1;
    if nargout==2
        n2=m1;
    end
else
    if nargout==1
        n1=m1+m2;
    else
```

```
        n1=m1;
        n2=m2;
    end
end
```

函数调试结果如下：

```
>> m=mythe(4)
m =
    4
>> [m,n]=mythe(4)
m =
    4
n =
    4
>> m=mythe(4,8)
m =
   12
>> [m,n]=mythe(4,8)
m =
    4
n =
    8
>> mythe(4,8)
ans =
    4
```

指定了输入和输出参数个数的情况比较好理解，只要对应函数 M 文件中对应的 if 分支项即可；不指定输出参数个数时，MATLAB 按照指定了所有输出参数的调用格式对函数进行调用，不过在输出时只是把第一个输出参数对应的变量值赋给工作区变量 ans。

## 8.4.3　可变数目的参数传递

函数 nargin 和 nargout 结合条件分支语句，可以处理可能具有不同数目的输入和输出参数的函数调用，但这要求对每一种输入参数数目和输出参数数目的结果分别进行代码编写。

有些情况下，用户可能并不能确定具体调用中传递的输入参数或输出参数的个数，即具有可变数目的参数传递。在 MATLAB 中，可通过 varargin 和 varargout 函数实现可变数目的参数传递，对于处理具有复杂的输入输出参数个数组合的情况是很便利的。

函数 varargin 和 varargout 把实际的函数调用时传递的参数值封装成一个元胞数组，因此在函数实现部分的代码编写中要用访问元胞数组的方法访问封装在 varargin 和 varargout 中的元胞或元胞内的变量。

【例 8-5】　可变数目的参数传递。
在编辑器窗口输入下列程序，并保存为 myth.m 函数：

```
function y=myth(x)
a=0;
for i=1:1:length(x)
    a=a+mean(x(i));
end
y=a/length(x);
```

上例中的函数 myth 以 x 作为输入参数，从而可以接受可变数目的输入参数。函数实现部分首先计算了各个输入参数（可能是标量、一维数组或二维数组）的均值，然后计算这些均值的均值，调用结果如下：

```
>> myth([4 3 4 5 1])
ans =
    3.4000
>> myth(4)
ans =
    4
>> myth([2 3;8 5])
ans =
    5
>> myth(magic(4))
ans =
    8.5000
```

### 8.4.4 返回被修改的输入参数

前面已经讲过，MATLAB 函数有独立于 MATLAB 工作区的自己的变量空间，因此输入参数在函数内部的修改都只具有和函数变量空间相同的生命周期，如果不指定将此修改后的输入参数值返回到工作区间，那么在函数调用结束后这些修改后的值将被自动清除。

【例 8-6】 函数内部的输入参数修改。
在编辑器窗口输入下列程序，并保存为 mythf.m 函数：

```
function y=mythf(x)
x=x+2;
y=x.^2;
```

上述代码中的 mythf 函数内部首先修改了输入参数 x 的值（x=x+2），然后以修改后的 x 值计算输出参数 y 的值（y=x*2）。调用结果如下：

```
>> x=2
x =
    2
>> y=mythf(x)
y =
    16
>> x
```

```
x =
    2
```

由此结果可见，调用结束后，函数变量区中的 x 在函数调用中被修改，但此修改只能在函数变量区有效，并没有影响到 MATLAB 工作区变量空间中变量 x 的值，函数调用前后在 MATLAB 工作区中的变量 x 始终取值为 2。

如果希望函数内部对输入参数的修改也对 MATLAB 工作区的变量有效，就需要在函数输出参数列表中返回此输入参数。对上例的函数，则需要把函数修改为 function[y,x]=mythf(x)，而在调用时也要通过[y,x]=mythf(x)语句调用。

【例 8-7】　将修改后的输入参数返回给 MATLAB 工作区。

在编辑器窗口输入下列程序，并保存为 mythg.m 函数：

```
function [y,x]=mythg(x)
x=x+2;
y=x.^2;
```

在命令行窗口中的调试结果如下：

```
>> x=3
x =
    3
>> [y,x]=mythg(x)
y =
    25
x =
    5
>> x
x =
    5
```

通过本例可知，函数调用后 MATLAB 工作区中的变量 x 取值从 3 变为 5，即通过[y,x]=mythg(x)调用实现了函数对 MATLAB 工作区变量的修改。

## 8.4.5　全局变量

通过返回修改后的输入参数，可以实现函数内部对 MATLAB 工作区变量的修改。另一种殊途同归的方法是使用全局变量，声明全局变量需要用到的 global 关键词，语法格式为：

```
global variable
```

通过全局变量可以实现 MATLAB 工作区变量空间和多个函数的函数空间共享，这样，多个使用全局变量的函数和 MATLAB 工作区共同维护这一全局变量，任何一处对全局变量的修改都会直接改变此全局变量的取值。

在应用全局变量时，通常在各个函数内部通过 global variable 语句声明，在命令行窗口或脚本 M 文件中也要先通过 global 声明再进行赋值。

【例8-8】 全局变量的使用。

在编辑器窗口输入下列程序，并保存为 mythh.m 函数：

```
function y=mythh(x)
global a;
a=a+9;
y=cos(x);
```

然后在命令行窗口声明全局变量赋值调用：

```
>> global a
>> a=2
a =
     2
>> mythh(pi)
ans =
    -1
>> cos(pi)
ans =
    -1
>> a
a =
    11
```

用 global 将 a 声明为全局变量后，函数内部对 a 的修改会直接作用到 MATLAB 工作区中，函数调用一次后 a 的值从 2 变为 11。

# 8.5 小 结

MATLAB 提供了极其丰富的内部函数，使得用户可以通过命令行调用完成很多工作，但是想要更加高效地利用 MATLAB，还是离不开 MATLAB 编程。

通过本章的学习，读者应该了解到脚本 M 文件和函数 M 文件在结构、功能、应用范围上的差别，熟悉并掌握 MATLAB 中各种类型的函数，尤其是匿名函数以及以 M 文件为核心的 M 文件主函数、子函数、嵌套函数等要熟练应用。对于函数句柄也要理解和掌握。中高级 M 函数编程用户还要熟悉参数传递过程及相关函数。

# 第**9**章

------------------------

## 程 序 设 计

本章介绍 MATLAB 中的四大类程序流程控制语句：分支控制语句（if 结构和 switch 结构）、循环控制语句（for 循环、continue 命令和 break 命令）、错误控制语句和程序终止语句。除此之外，在本章中还将介绍 MATLAB 编程的各种基础知识，同时对于面向对象编程和程序调试也将加以介绍。

学习目标：

⌘  熟练掌握 MATLAB 的结构程序
⌘  熟练掌握 MATLAB 控制语句
⌘  熟悉面向对象编程方法
⌘  掌握程序调试的方法

## 9.1  MATLAB 的程序结构

MATLAB 程序结构一般可分为顺序结构、循环结构、分支结构 3 种。顺序结构是指按顺序逐条执行，循环结构与分支结构都有其特定的语句，可以增强程序的可读性。

### 9.1.1  if 分支结构

在程序中需要根据一定条件来执行不同的操作时，可以使用条件语句。在 MATLAB 中提供了 if 分支结构，或者称为 if-else-end 语句。

根据不同的条件情况，if 分支结构有多种形式，其中最简单的用法是：如果条件表达式为真，就执行语句 1，否则跳过该组命令。

if 语法结构如下：

```
if  表达式 1
    语句 1
    else if 表达式 2（可选）
        语句 2
    else （可选）
        语句 3
    end
end
```

说明：if 结构是一个条件分支语句，若满足表达式的条件，则往下执行；若不满足，则跳出 if 结构。

else if 表达式 2 与 else 为可选项，这两条语句可依据具体情况取舍。

每一个 if 都对应一个 end，即有几个 if 就应有几个 end。

注 意

【例 9-1】 if 语句用法示例一。

在 MATLAB 命令行窗口中输入以下程序：

```
clear
a=100;
b=20;
if a<b
    fprintf ('b>a')         % 在 Word 中输入'b>a'单引号不可用，要在编辑器中输入
else
    fprintf ('a>b')         % 在 Word 中输入'b>a'单引号不可用，要在编辑器中输入
end
```

运行结果：

```
a>b
```

程序中用到了 if…else…end 的结构，如果 a<b 输出 b>a，反之输出 a>b。a=100，b=20，比较可得结果 a>b。

在分支结构中，多条语句可以放在同一行，但语句间要用"，"或"；"分开。

【例 9-2】 if 语句用法示例二。
在 MATLAB 命令行窗口中输入以下程序：

```
clear
a=20;
b=20;
if a<b                      % if 分支结构
    fprintf('b>a')
    else if a==b            % 关系符号等于不能写成=，一定要写成==
        fprintf('a=b')
```

```
    else
        fprintf('a>b')
    end
end
```

运行结果：

```
a=b
```

在使用 if 分支结构时，需要注意以下问题：

- if 分支结构是所有程序结构中最灵活的结构之一，可以使用任意多个 else if 语句，但是只能有一个 if 语句和一个 end 语句。
- if 语句可以相互嵌套，可以根据实际需要将各个 if 语句进行嵌套，从而解决比较复杂的实际问题。

## 9.1.2  switch 分支结构

和 C 语言中的 switch 分支结构类似，在 MATLAB 中适用于条件多而且比较单一的情况，类似于一个数控的多个开关。其一般的语法调用方式如下：

```
switch  表达式
case 常量表达式 1
    语句组 1
    case 常量表达式 2
        语句组 2
        …
    otherwise
        语句组 n
end
```

**说明**：switch 后面的表达式可以是任何类型，如数字、字符串等。

当表达式的值与 case 后面常量表达式的值相等时，执行 case 后面的语句组，如果所有的常量表达式的值都与这个表达式的值不相等，则执行 otherwise 后的语句组。

表达式的值可以重复，在语法上并不算错误，但是在执行时后面符合条件的 case 语句将被忽略。

各个 case 和 otherwise 语句的顺序可以互换。

【例 9-3】  输入一个数，判断它能否被 5 整除。
在 MATLAB 命令行窗口中输入以下程序：

```
clear
n=input('输入 n=');           % 输入 n 值
switch mod(n,5)               % mod 是求余函数，余数为 0，得 0；余数不为 0，得 1
case 0
    fprintf ('%d 是 5 的倍数',n)
otherwise
```

```
    fprintf('%d 不是 5 的倍数',n)
end
```

运行结果：

输入 n=14
说明 14 不是 5 的倍数

在 swith 分支结构中，case 命令后的检测不仅可以为一个标量或者字符串，还可以为一个元胞数组。如果检测值是一个元胞数组，那么 MATLAB 将把表达式的值和该元胞数组中的所有元素进行比较；如果元胞数组中某个元素和表达式的值相等，那么 MATLAB 认为比较结果为真。

### 9.1.3 while 循环结构

除了上面介绍的分支结构之外，MATLAB 还提供多个循环结构。和其他编程语言类似，循环语句一般用于有规律的重复计算。被重复执行的语句称为循环体，控制循环语句流程的语句称为循环条件。

在 MATLAB 中，while 循环结构的语法形式如下：

```
while 逻辑表达式
    循环语句
end
```

while 结构依据逻辑表达式的值判断是否执行循环体语句。若表达式的值为真，则执行循环体语句一次，在反复执行时每次都要进行判断。若表达式为假，则程序执行 end 之后的语句。

为了避免因逻辑上的失误而陷入死循环，建议在循环体语句的适当位置加 break 命令，以便程序能正常执行。

while 循环也可以嵌套，其结构如下：

```
while 逻辑表达式 1
    循环体语句 1
while 逻辑表达式 2
    循环体语句 2
end
循环体语句 3
end
```

**【例 9-4】** 设计一段求 1～100 偶数和的程序。
在 MATLAB 命令行窗口输入以下程序：

```
clear
x=0;                    % 初始化变量 x
sum=0;                  % 初始化 sum 变量
    while x<101         % 当 x<101 时执行循环体语句
      sum=sum+x;        % 进行累加
      x=x+2;
```

```
    end                     %  while 结构的终点
sum                         % 显示 sum
```

运行结果:

```
sum =
      2550
```

【例 9-5】 设计一段求 1~100 奇数和的程序。
在 MATLAB 命令行窗口输入以下程序:

```
clear
x=1;                        % 初始化变量 x
sum=0;                      % 初始化 sum 变量
    while x<101             % 当 x<101 时执行循环体语句
      sum=sum+x;            % 进行累加
      x=x+2;
    end                     %  while 结构的终点
sum                         % 显示 sum
```

运行结果:

```
sum =
      2500
```

## 9.1.4  for 循环结构

在 MATLAB 中,另外一种常见的循环结构是 for 循环,常用于知道循环次数的情况,语法规则如下:

```
for ii=初值:增量:终值
    语句 1
    …
    语句 n
end
```

**说明**:ii=初值:终值,则增量为 1。初值、增量、终值可正可负,可以是整数,也可以是小数,只需符合数学逻辑。

【例 9-6】 设计一段求 1~100 整数和的程序。
在 MATLAB 命令行窗口输入以下程序:

```
clear
sum=0;                          % 设置初值(必须要有)
for ii=1:100;                   %  for 循环,增量为 1
   sum=sum+ii;
end
sum
```

运行结果:

```
sum =
    5050
```

【例9-7】 运行下列程序，给出运行结果，并说明原因。

在 MATLAB 命令行窗口输入以下程序:

```
for ii=1:100;                    % for 循环，增量为1
    sum=sum+ii;
end
sum
```

运行结果: 1

```
sum =
      10100
```

程序设计: 2

```
clear
for ii=1:100;                    %  for 循环，增量为1
sum=sum+ii;
end
sum
```

运行结果: 2

```
错误使用 sum
输入参数的数目不足。
```

**程序说明:**

一般的高级语言中，变量若没有设置初值，则程序会以 0 作为初始值，然而这在 MATLAB 中是不允许的，此处需要给出变量的初值。

程序 1 没有使用 clear，程序可能会调用到内存中已经存在的 sum 值，其结果就成了 sum =10100。

在程序 2 中与例 9-6 的差别是少了 sum=0，因为程序中有 clear 语句，未对 sum 赋初值，所以出现了错误信息。

【例9-8】 运行下列程序，给出运行结果，并说明原因。

在 MATLAB 命令行窗口输入以下程序:

```
clear
for ii=1:10;
   x(ii)=ii.^2;
end
x
```

运行结果:

```
x =
     1     4     9    16    25    36    49    64    81   100
```

**程序说明：**

MATLAB 的变量是以矩阵为基本元素的，与其他语言是不同的。x 代表一个 1×10 的矩阵，所以结果是行矩阵而不是 x=100。

while 循环和 for 循环都是比较常见的循环结构，但是两个循环结构还是有区别的。其中最明显的区别在于，while 循环的执行次数是不确定的，for 循环的执行次数是确定的。

# 9.2 MATLAB 的控制

在使用 MATLAB 设计程序时经常会遇到提前终止循环、跳出子程序、显示错误等情况，因此需要其他的控制语句来实现上面的功能。在 MATLAB 中，对应的控制命令有 continue、break、return 等。

## 9.2.1 continue 命令

continue 命令通常用于 for 或 while 循环体中，其作用是终止一趟的执行，也就是说它可以跳过本趟循环中未被执行的语句，去执行下一轮的循环。下面使用一个简单的实例说明 continue 命令的使用方法。

**【例 9-9】** continue 命令的使用方法。

在 MATLAB 命令行窗口中输入以下程序：

```
clear
a=3;
b=6;
for ii=1:3
  b=b+1
  if ii<2
    continue
  end            % if 语句结束
  a=a+2
end              % for 循环结束
```

运行结果：

```
b =
    7
b =
    8
a =
    5
```

```
b =
    9
a =
    7
```

**程序说明：**

当 if 条件满足时，程序将不再执行 continue 后面的语句，而是开始下一轮的循环。continue 命令常用于循环体中，与 if 一同使用。

## 9.2.2 break 命令

break 命令通常用于 for 或 while 循环体中，与 if 一同使用。当 if 后的表达式为真时调用 break 命令，跳出当前的循环。它只终止最内层的循环。

**【例 9-10】** break 命令的使用方法。

在 MATLAB 命令行窗口中输入以下程序：

```
clear
a=3;
b=6;
for ii=1:3
  b=b+1
  if ii>2
     break
  end
  a=a+2
end
```

运行结果：

```
b =
    7
a =
    5
b =
    8
a =
    7
b =
    9
```

**程序说明：**

当 if 表达式的值为假时，程序执行 a=a+2。当 if 表达式的值为真时，程序执行 break 命令，跳出循环。

### 9.2.3　return 命令

通常情况下，当被调用函数执行完毕后，MATLAB 会自动把控制转至主调函数或者指定窗口。在被调函数中插入 return 命令后，可以强制 MATLAB 结束执行该函数并把控制转出。

return 命令终止当前命令的执行，并且立即返回到上一级调用函数或等待键盘输入命令，可以用来提前结束程序的运行。

在 MATLAB 的内置函数中，很多函数的程序代码中都引入了 return 命令。下面引用一个简要的 det 函数：

```
function d=det(A)
if isempty(A)
    a=1;
    return
else
    …
end
```

在上面的程序代码中，首先通过函数语句来判断函数 A 的类型，当 A 是空数组时直接返回 a=1，然后结束程序代码。

### 9.2.4　input 命令

在 MATLAB 中，input 命令的功能是将 MATLAB 的控制权暂时借给用户，然后让用户通过键盘输入数值、字符串或者表达式，并按 Enter 键将内容输入到工作空间中，同时将控制权交还给 MATLAB。其常用的调用格式如下：

```
user_entry=input('prompt')        %将用户输入的内容赋给变量 user_entry
user_entry=input('prompt','s')    %将用户输入的内容作为字符串赋给变量 user_entry
```

【例 9-11】　在 MATLAB 中演示如何使用 input 函数。

在 MATLAB 命令行窗口中输入以下程序：

```
>> a=input('input a number:')        %输入数值给 a
>> input a number:45
a =
    45
>> b=input('input a number:','s')    %输入字符串给 b
>> input a number: This is a String.
b =
    'This is a String.'
>> input('input a number:')
>> input a number:2+3                 %对输入值进行运算
ans =
    5
```

### 9.2.5 keyboard 命令

在 MATLAB 中，将 keyboard 命令放置到 M 文件中将使程序暂停运行，等待键盘命令。通过提示符 K 来显示一种特殊状态。

当需要终止调试模式并继续执行时使用 dbcont 命令，控制权才交还给程序。当需要终止调试模式并退出文件而不完成执行时使用 dbquit 命令。

在 M 文件中使用该命令，对程序的调试和在程序运行中修改变量都会十分便利。

【例 9-12】 在 MATLAB 中演示如何使用 keyboard 命令。

在 MATLAB 命令行窗口中输入以下程序：

```
keyboard
K>> for i=1:9
    if i==3
       continue
    end
    fprintf('i=%d\n',i)
    if i==5
       break
    end
end
i=1
i=2
i=4
i=5
K>>dbcont
```

从上面的程序代码中可以看出，当输入 keyboard 命令后，在提示符的前面会显示 K 提示符，当用户输入 dbcont 后，提示符恢复正常的提示效果。

在 MATLAB 中，keyboard 命令和 input 命令的不同在于，keyboard 命令运行用户输入的任意多个 MATLAB 命令，input 命令则只能输入赋值给变量的数值。

### 9.2.6 error 和 warning 命令

在 MATLAB 中编写 M 文件时经常需要提示一些警告信息。为此，MATLAB 提供了下面几个常见的命令。

- error('message')：显示出错信息 message，终止程序。
- errordlg('errorstring', 'dlgname')：显示出错信息的对话框，对话框的标题为 dlgname。
- warning('message')：显示出错信息 message，程序继续进行。

【例 9-13】 查看 MATLAB 的不同错误提示模式。

在 MATLAB 编辑器窗口中输入以下程序，并将其保存为 S9_13_error 文件。

```
n=input('Enter:');
if n<2
    error('message');
else
    n=2;
end
```

返回 MATLAB 命令行窗口,在命令行窗口中输入 S9_13_error,然后分别输入数值 1 和 2,得到如下结果:

```
>> S9_13_error
Enter:1
错误使用 S9_13_error (line 3)
message
>> S9_13_error
Enter:2
```

将上述编辑器中的程序修改为如下程序:

```
n=input('Enter:');
if n<2
%    errordlg('Not enough input data','Data Error');
    warning('message');
else
    n=2;
end
```

返回 MATLAB 命令行窗口,在命令行窗口输入 S9_13_error,然后分别输入数值 1 和 2,得到如下结果:

```
>> S9_13_error
Enter:1
警告: message
> In S9_13_error (line 4)
>> S9_13_error
Enter:2
```

在上面的程序中演示了 MATLAB 中不同的错误信息方式。其中,error 和 warning 的主要区别在于 warning 命令指示警告信息后会继续运行程序。

# 9.3 数据的输入与输出

在程序设计中,免不了进行数据的输入与输出,以及与其他外部程序进行数据交换。下面对 MATLAB 常用的数据输入与输出方法进行介绍。

### 9.3.1 键盘输入命令 input

键盘输入命令 input 的调用格式如下：

- x = input(prompt): 显示提示字符串 prompt，要求用户输入 x 的值。
- x = input(prompt,'s'): 显示提示字符串 prompt，要求用户输入字符型变量 x 的值，不至于将输入的数字看成是数值型数据。

### 9.3.2 屏幕输出命令 disp

屏幕输出最简单的方法是直接写出欲输出的变量或数组名，后面不加分号，也可以采用 disp 命令，其调用格式为 disp(x)。

### 9.3.3 M 数据文件的存储/加载命令 save/load

（1）save命令调用格式

- save: 将所有工作空间变量存储在名为 matlab.mat 的文件中。
- save filename: 将所有工作空间变量存储在名为 filename 的文件中。
- save (filename, variables): 将工作空间 variables 指定的结构体数组的变量或字段存于名为 filename 的文件中。

（2）load命令调用格式

- load: 如果 MATLAB.mat 文件存在，则加载 matlab.mat 文件中存储的所有变量到工作空间；否则返回一个错误信息。
- load filename: 如果 filename 文件存在，则加载 filename 文件中存储的所有变量到工作空间；否则返回一个错误信息。
- load (filename, variables): 如果 filename 文件及存储的变量 variables 存在，则加载 filename 文件中存储的变量到工作空间；否则返回一个错误信息。

### 9.3.4 格式化文本文件的存储/读取命令 fprintf/fscanf

（1）fprintf命令调用格式

- count = fprintf(fid,format,A,…): 将用 format 定义的格式化文本文件写入以 fopen 打开的文件（打开文件标识符为文件句柄 fid），返回值 count 为写入文件的字节数。

（2）fscanf命令调用格式

- A = fscanf(fid,format): 读取以 fid 指定的文件数据，并将它转换为 format 定义的格式化文本，然后赋给变量 A。
- [A,count] = fscanf(fid,format,size): 读取以 fid 指定的文件数据，读取的数据限定为 size 字节，并将它转换为 format 定义的格式化文本，然后赋给变量 A；同时返回有效读取数据的字节数 count。

### 9.3.5　二进制数据文件的存储/读取命令 fwrite/fread

（1）fwrite命令调用格式

- count = fwrite(fid,A,precision)：将用 precision 指定的精度将数组 A 的元素写入以 fid 指定的文件，返回值 count 为成功写入文件的元素数。

（2）fread命令调用格式

- [A,count] = fread(fid,size,precision)：读取以 fid 指定的文件中的数组元素，并转换为 precision 指定的精度，赋给数组 A。返回值 count 为成功读取数组的元素数。

### 9.3.6　数据文件行的存储/读取命令 fgetl/fgets

（1）fgetl命令调用格式

- tline = fgetl(fid)：读取以 fid 指定的文件中的下一行数据，不包括回车符。

（2）fgets命令调用格式

- tline = fgets(fid)：读取以 fid 指定的文件中的下一行数据，包括回车符。
- tline = fgets(fid,nchar)：读取以 fid 指定的文件中的下一行数据，最多读取 nchar 个字符，遇到回车符则不再读取数据。

# 9.4　MATLAB 文件操作

表 9-1 给出了常用的文件操作函数，下面仅对文件打开和关闭命令进行介绍，其他命令请自行查阅 MATLAB 帮助文档。

表9-1　常用的文件操作函数

| 类　　别 | 函　　数 | 说　　明 |
|---|---|---|
| 文件打开和关闭 | fopen | 打开文件，成功则返回非负值 |
| | fclose | 关闭文件，可用参数'all'关闭所有文件 |
| 二进制文件 | fread | 读文件，可控制读入类型和读入长度 |
| | fwrite | 写文件 |
| 格式化文本文件 | fscanf | 读文件，与 C 语言中的 fscanf 相似 |
| | fprintf | 写文件，与 C 语言中的 fprintf 相似 |
| | fgetl | 读入下一行，忽略回车符 |
| | fgets | 读入下一行，保留回车符 |
| 文件定位 | ferror | 查询文件的错误状态 |
| | feof | 检验是否到文件结尾 |
| | fseek | 移动位置指针 |

（续表）

| 类　　别 | 函　　数 | 说　　明 |
|---|---|---|
| 文件定位 | ftell | 返回当前位置指针 |
| | frewind | 把位置指针指向文件头 |
| 临时文件 | tempdir | 返回系统存放临时文件的目录 |
| | tempname | 返回一个临时文件名 |

（1）fopen语句常用格式

- fid = fopen(filename)：以只读方式打开名为 filename 的二进制文件，如果文件可以正常打开，则获得一个文件句柄号 fid；否则 fid=−1。
- fid = fopen(filename,permission)：以 permission 指定的方式打开名为 filename 的二进制文件或文本文件，如果文件可以正常打开，则获得一个文件句柄号 fid（非 0 整数）；否则 fid =−1。

参数 permission 的设置如表 9-2 所示。

表9-2　参数permission 的设置

| permission | 功　　能 |
|---|---|
| 'r' | 以只读方式打开文件，默认值 |
| 'w' | 以写入方式打开或新建文件，如果是存有数据的文件，则删除其中的数据，从文件的开头写入数据 |
| 'a' | 以写入方式打开或新建文件，从文件的最后追加数据 |
| 'r+' | 以读/写方式打开文件 |
| 'w+' | 以读/写方式打开或新建文件，如果是存有数据的文件，写入时则删除其中的数据，从文件的开头写入数据 |
| 'a+' | 以读/写方式打开或新建文件，写入时从文件的最后追加数据 |
| 'A' | 以写入方式打开或新建文件，从文件的最后追加数据。在写入过程中不会自动刷新当前输出缓冲区，是为磁带驱动器的写入设计的参数 |
| 'W' | 以写入方式打开或新建文件，如果是存有数据的文件，则删除其中的数据，从文件的开头写入数据。在写入过程中不会自动刷新当前输出缓冲区，是为磁带驱动器的写入设计的参数 |

（2）fclose语句调用格式

- status=fclose(fid)：关闭句柄号 fid 指定的文件。如果 fid 是已经打开的文件句柄号，成功关闭，status =0，否则 status =−1。
- status = fclose('all')：关闭所有文件（标准的输入/输出和错误信息文件除外）。成功关闭，status =0，否则 status =−1。

【例 9-14】　编写函数，统计 M 文件中源代码的行数（注释行和空白行不计算在内）。

```
function y =hans(sfile)
% hans count the code lines of a M-file, not include the comments and blank lines
s=deblank(sfile);                    %删除文件名 sfile 中的尾部空格
if length(s)<2|| (length(s)>2&&any(lower(s(end-1:end))~='.m'))
    s=[s,'.m'];                      %判断有无扩展名.m，若没有，则加上
```

```
end
if exist(s,'file')~=2;
    error([s,' not exist']);
    return;
end
%判断指定的 m 文件是否存在；若不存在，则显示错误信息，并返回
fid=fopen(s,'r');count=0;                 %打开指定的 m 文件
while ~feof(fid);
    line=fgetl(fid);                      %逐行读取文件的数据
    if isempty(line)||strncmp(deblanks(line),'%',1);  %判断是否为空白行或注释行
        continue;                         %若是空白行或注释行，则执行下一次循环
    end
    count=count+1;                        %记录源代码的行数
end
y=count;
function st=deblanks(s);                  %删除字符串中的首尾空格的函数
st=fliplr(deblank(fliplr(deblank(s))));
```

以 lenm.m 为例，调用并验证该函数。

```
>> sfile='hans';
>> y = hans (sfile)
y =
    20
```

# 9.5　面向对象程序设计

面向对象程序设计（Object-Oriented Programming，OOP）是一种运用对象（Object）、类（Class）、封装（Encapsulation）、继承（Inherit）、多态（Polymorphism）和消息（Message）等概念来构造、测试、重构软件的方法，它使得复杂的工作条理清晰、编写容易。

本书不对以上基本概念过多阐述，主要以 MATLAB 中面向对象进行程序设计的实例进行说明。

## 9.5.1　面向对象程序设计的基本方法

在 MATLAB 中，面向对象程序设计包括以下基本内容。

### 1. 创建类目录

要创建一个新类，首先应该为其创建一个类目录。类目录名的命名规则是：

- 必须以@为前导，且@后面紧接待创建类的名称。
- 类目录必须为 MATLAB 搜索路径某目录下的子目录,但其本身不能为 MATLAB 搜索路径目录。

例如,创建一个名为 curve 的新类,类目录设在 c:\my_classes 下,即 c:\my_classes\@curve, 则可以通过 addpath 命令将类目录增加到 MATLAB 的搜索路径中：addpath c:\my_classes。

### 2. 建立类的数据结构

在 MATLAB 中，常用结构数组建立新类的数据结构，以存储具体对象的各种数据。结构数组的域及其操作只在类的方法（Methods）中可见，数据结构是否合理直接影响到程序设计的性能。

### 3. 创建类的基本方法

为了使类的特性在 MATLAB 环境中稳定而符合逻辑，在创建一个新类时，应该尽量使用 MATLAB 类的标准方法。

MATLAB 类的基本方法列于表 9-3 中，不是所有的方法在创建一个新类时都要采用，应视创建类的目的选用，但其中对象构造方法和显示方法通常是需采用的。

表9-3　MATLAB类的基本方法

| 类　方　法 | 功　　能 |
| --- | --- |
| class constructor | 类构造器，以创建类的对象 |
| display | 随时显示对象的内容 |
| set / get | 设置/获取对象的属性方法 |
| subsref / subsasgn | 使用户对象可以被编入索引目录，分配索引号 |
| end | 支持在使用对象的索引表达式中结束句法，例如 A(1:end) |
| subsindex | 支持在索引表达式中使用对象 |
| converters | 将对象转换为 MATLAB 数据类型的方法，例如 double、char |

（1）创建对象构造函数。在 MATLAB 中，没有所谓"类说明"语句，必须创建对象构造函数（class constructor）来创建一个新类。

在编写对象构造函数时应注意以下几点：

① 构造函数名必须与待创建的类同名。
② 构造函数必须位于相应的类目录下，即以@为前导的目录下。
③ 在无输入、相同类输入、不同类输入的情况下，都可以产生合理的新对象输出。
④ 所产生的类都挂上类标签（class tag）。
⑤ 确定类的优先级。
⑥ 定义类的继承性。

（2）创建显示函数。在 MATLAB 中，不同类的显示函数名均为 display，被重载（overloaded）在不同的类目录下。不同类的显示函数虽然同名，但其内容却不尽相同。在创建一个新类时，往往不能够使用其他类的显示方法，所以必须创建相应的显示函数。

在编写显示函数时应遵循 MATLAB 的显示规则，即若一个语句的结尾不加分号，则在屏幕上自动显示该语句产生的变量。

（3）创建转换函数。类与类之间的对象在一定条件下可以进行转换，如第 5 章介绍的符号对象可以通过 char 转换为字符串。如果新建的类与其他类之间可以进行有意义的转换，则可以创建相应的转换函数来实现。

#### 4．重载运算

如果新建的类存在形式相同而实质不同的运算（如数值"加"和逻辑"加"，同使用加号"+"的情况），由于相同的运算符对于不同的类具有不同的操作，需要重载运算符，即以相同的运算符名字创建两个函数文件，指明运算符的不同功能，分别存在不同的类目录下。

#### 5．面向对象的函数

在 MATLAB 面向对象的程序设计中，常用的有关面向对象的函数如表 9-4 所示。

表9-4 面向对象的函数

| 函 数 | 功 能 |
| --- | --- |
| class(object) | 返回对象 object 的类名 |
| class(object,class,parent1, parent2,...) | 返回 object 为 class 的变量。如果返回的对象要有继承属性，则应给定参数 parent1,parent2,…… |
| isa(object,class) | 如果 object 是 class 类型，则返回 1；否则返回 0 |
| isobject(x) | 如果 x 是一个对象，则返回 1；否则返回 0 |
| superiorto(class1,class2,...) | 当调用方法时，控制优先权的次序。要将一个类定义成 superiorto，首先用这种方法 |
| inferiorto(class1,class2,...) | 当调用方法时，控制优先权的次序。要将一个类定义成 inferiorto，最好用这种方法 |
| methods class | 返回类 class 定义的方法名字 |

## 9.5.2 面向对象程序设计实例

【例 9-15】 创建一个名为 curve 的对象。

（1）创建一个类目录@curve，放在 c:\my_classes 目录下，即 c:\my_classes\@curve，通过 addpath 命令将类目录增加到 MATLAB 的搜索路径中：

```
mkdir c:\my_classes;        % 创建目录
addpath c:\my_classes;       % 增加到搜索路径中
cd c:\my_classes
mkdir @curve
```

（2）创建对象构造函数。具体如下：

```
function c=curve(a) % curve 类的对象构造函数
% c = curve 创建并初始化一个 curve 对象
% 参数 a 为 1×2 的细胞数组，a{1}为函数名，a{2}为函数描述
% 函数必须和 fplot 要求的形式相同，即 y = f(x)，参见 fplot,
% 如果没有传递参数，则返回包含 x 轴的一个对象
if nargin==0              %在此情况下为默认的构造函数
    c.fcn='';
    c.descr='';
    c=class(c,'curve');
    %返回一个不能对类方法访问的空结构 curve 对象
```

```
elseif isa(a, 'curve')
    c=a;
    %如果传递的参数是一个 curve 对象，则返回该对象的副本
elseif (ischar(a{1}) & ischar(a{2}))
    c.fcn=a{1};
    c.descr=a{2};
    c=class(c, 'curve'); %返回一个 curve 对象
else
    disp('Curve class error #1: Invalid argument.')
    %如果传递的参数是错误类型，则将给出错误信息
end
```

（3）创建对象的 plot1 方法。

为了画出 curve 对象的曲线，创建 plot 方法如下：

```
function p=plot1(c, limits)
% curve.plot1 在 limits 指定的区域中画出对象 curve 的图形
% limits 为 x 轴的坐标范围（[xmin xmax]），或 x、y 轴的坐标范围（[xmin xmax ymin ymax]）。
step=(limits(2)-limits(1))/40;
x=limits(1):step:limits(2);
% 画出函数图形
fplot(c.fcn,limits);  //MATLAB 未来版本 fplot 将不接受字符向量或字符串输入，本版本可以
title(c.descr);
```

执行下列命令：

```
>> parabola=curve({'x*x' '抛物线'})
parabola =
    curve object: 1-by-1
>> plot1(parabola,[-2 2]);
```

画出如图 9-1 所示的曲线。

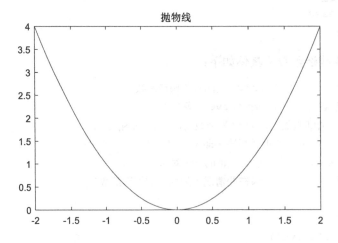

图 9-1　方法 plot 1 绘出的曲线图形

（4）重载运算符。

为了实现两个 curve 类的对象相加，可以在目录@curve 下创建一个 M 文件来重载加法运算符。

```
function ctot=plus(c1,c2)
% 将曲线 c1 和 c2 相加
fcn = strcat(c1.fcn,'+',c2.fcn);
description=strcat(c1.descr,'plus',c2.descr);
ctot=curve({fcn description});
```

执行下列命令：

```
>> parabola=curve({'x*x' '抛物线'})
parabola =
    curve object: 1-by-1
>> sinwave=curve({'sin(x)' '正弦波'})
sinwave =
    curve object: 1-by-1
>> ctot=plus(parabola,sinwave) %或 ctot = parabola+sinwave
ctot =
    curve object: 1-by-1
>> plot1(ctot,[-2 2]);
```

画出如图 9-2 所示的抛物线与正弦波相加的曲线。

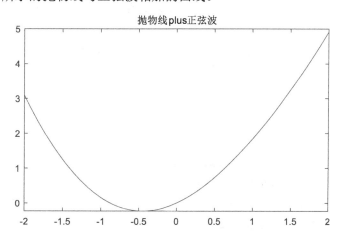

图 9-2　重载加法运算符 plus 的运算结果

（5）创建显示函数。

为了像其他类一样显示 curve 类的对象，需要在@curve 目录下重载显示函数 display。如何创建显示函数，以及 MATLAB 中类的继承属性等内容，限于篇幅，本书不再赘述，请读者自行参阅有关参考书。

# 9.6 MATLAB 程序优化

MATLAB 程序调试工具只能对 M 文件中的语法错误和运行错误进行定位，但是无法评价该程序的性能。程序的性能包括程序的执行效率，内存使用效率，程序的稳定性、准确性及适应性。

MATLAB 提供了一个性能剖析指令 profile，可以用来评价程序的性能指标，获得程序各个环节的耗时分析报告。用户可以依据该分析报告寻找程序运行效率低下的原因，以便修改程序。

MATLAB 程序优化主要包括效率优化和内存优化两个部分，下面将分别介绍一些常用的优化方法及建议。

## 9.6.1 效率优化（时间优化）

在程序编写的起始阶段，用户往往将精力集中在程序的功能实现、程序的结构、准确性和可读性等方面，并没有考虑程序的执行效率问题，而是在程序不能够满足需求或者效率太低的情况下才考虑对程序的性能进行优化。

因程序所解决的问题不同，程序的效率优化存在差异，这对编程人员的经验以及对函数的编写和调用有一定的要求，一些通用的程序效率优化建议如下。

依据所处理问题的需要，尽量预分配足够大的数组空间，避免在出现循环结构时增加数组空间，但是也要注意不能因为太大而产生不需要的数组空间，太多的大数组会影响内存的使用效率。

例如，预先声明一个 8 位整型数组 A 时，语句 A＝repmat(int8(0),5000,5000)要比 A=int8zeros(5000,5000))快 25 倍左右，并且更节省内存。因为前者中的双精度 0 仅需一次转换，然后直接申请 8 位整型内存；后者不但需要为 zeros(5000,5000))申请 double 型内存空间，而且需要对每个元素都执行一次类型转换。需要注意的是：

- 尽量采用函数文件而不是脚本文件，通常运行函数文件都比脚本文件效率更高。
- 尽量避免更改已经定义的变量的数据类型和维数。
- 合理使用逻辑运算，防止陷入死循环。
- 尽量避免不同类型变量间的相互赋值，必要时可以使用中间变量解决。
- 尽量采用实数运算，对于复数运算可以转化为多个实数进行运算。
- 尽量将运算转化为矩阵的运算。
- 尽量使用 MATLAB 的 load、save 指令而避免使用文件的 I/O 操作函数进行文件操作。

以上建议仅供参考，针对不同的应用场合，用户可以有所取舍。有时为了实现复杂的功能不可能将这些要求全部考虑进去。

程序的效率优化通常要结合 MATLAB 的优越性，由于 MATLAB 的优势是矩阵运算，因此要尽量将其他数值运算转化为矩阵的运算，在 MATLAB 中处理矩阵运算的效率要比简单四则运算更加高效。

## 9.6.2　内存优化（空间优化）

内存优化对于一些普通的用户而言可以不用顾及，因为随着计算机的发展，内存容量已经能够满足大多数数学运算的要求，而且 MATLAB 本身对计算机内存优化提供的操作支持较少，只有遇到超大规模运算时内存优化才能起到作用。下面给出几个比较常见的内存操作函数，可以在需要时使用。

- whos：查看当前内存使用状况的函数。
- clear：删除变量及其内存空间，可以减少程序的中间变量。
- save：将某个变量以 mat 数据文件的形式存储到磁盘中。
- load：载入 mat 数据到内存空间。

内存操作函数在函数运行时使用较少，因此合理地优化内存操作往往由用户编写程序时养成的习惯和经验决定，一些好的做法如下：

- 尽量保证创建变量的集中性，最好在函数开始时创建。
- 对于含零元素多的大型矩阵，尽量转化为稀疏矩阵。
- 及时清除占用内存很大的临时中间变量。
- 尽量少开辟新的内存，而是重用内存。

程序的优化本质上也是算法的优化，如果一个算法描述得比较详细，几乎也就指定了程序的每一步。若算法本身描述得不够详细，在编程时会给某些步骤的实现方式留有较大空间，这样就需要找到尽量好的实现方式以达到程序优化的目的。

算法优化的一般要求是不仅在形式上尽量做到步骤简化、简单易懂，更重要的是能用最少的时间复杂度和空间复杂度完成所需计算，包括巧妙的设计程序流程、灵活的控制循环过程（如及时跳出循环或结束本次循环）、较好的搜索方式及正确的搜索对象等，以避免不必要的计算过程。

例如，在判断一个整数是否是素数时，可以看它能否被 m/2 以前的整数整除，而更快的方法是只需看它能否被 $\sqrt{m}$ 以前的整数整除就可以了。再比如，在求 K1 与 K2 之间的所有素数时跳过偶数直接对奇数进行判断，这都体现了算法优化的思想。

下面通过几个具体的例子来体会其中所包含的优化思想。

【例 9-16】　冒泡排序算法。

冒泡排序是一种简单的交换排序，其基本思想是两两比较待排序记录，如果是逆序则进行交换，直到这个记录中没有逆序的元素。

该算法的基本操作是逐趟进行比较和交换，第一趟比较将最大记录放在 x[n] 的位置。一般地，第 i 趟从 x[1] 到 x[n−i+1] 依次比较相邻的两个记录，将这 n−i+1 个记录中的最大者放在第 n−i+1 的位置上。其算法程序如下：

```
function s=BubbleSort(x)          % 冒泡排序，x 为待排序数组
n=length(x);
for i=1:n-1                       % 最多做 n-1 趟排序
    flag=0;                       % flag 为交换标志，本趟排序开始前，交换标志应为假
```

```
    for j=1:n-i                    % 每次从前向后扫描, j 从 1 到 n-i
        if x(j)>x(j+1)             % 如果前项大于后项则进行交换
            t=x(j+1);
            x(j+1)=x(j);
            x(j)=t;
            flag=1;                % 当发生了交换时, 将交换标志置为真
        end
    end
    if (~flag)                     % 若本趟排序未发生交换, 则提前终止程序
        break;
    end
end
s=x;
```

**说明**：本程序通过使用标志变量 flag 来标志在每一趟排序中是否发生了交换，若某趟排序中一次交换都没有发生则说明此时数组已经为有序（正序），应提前终止算法（跳出循环）。若不使用这样的标志变量来控制循环往往会增加不必要的计算量。

**【例 9-17】** 公交线路查询问题：设计一个查询算法，给出一个公交线路网中从起始站 s1 到终点站 s2 之间的最佳线路，其中一个最简单的情形就是查找直达线路，假设相邻公交车站的平均行驶时间（包括停站时间）为 3 分钟，若以时间最少为择优标准，则在此简化条件下完成查找直达线路的算法，并根据附录数据（见后面的数据 1），利用此算法求出以下起始站到终点站之间的最佳路线。

（1）242→105　　（2）117→53　　（3）179→201　　（4）16→162

为了便于 MATLAB 程序计算，应先将线路信息转化为矩阵形式，导入 MATLAB（可先将原始数据经过文本导入 Excel）。每条线路可用一个一维数组来表示，且将该线路终止站以后的节点用 0 来表示，每条线路从上往下顺序排列构成矩阵 *A*。

此算法的核心是线路选择问题，要找最佳线路，应先找到所有的可行线路，然后以所用的时间为关键字选出用时最少的线路。在寻找可行线路时，可先在每条线路中搜索 s1，当找到 s1 时接着在该线路中搜索 s2，若又找到 s2，则该线路为一条可行线路，记录该线路及所需时间，并结束对该线路的搜索。

另外，在搜索 s1 与 s2 时若遇到 0 节点，则停止对该数组的遍历。

```
%A 为线路信息矩阵, s1 和 s2 为起始站和终点站, 返回值 L 为最佳线路, t 为所需时间
[m,n]=size(A);
L1=[];t1=[];                       % L1 记录可行线路, t1 记录对应线路所需时间
for i=1:m
    for j=1:n
        if A(i,j)==s1              %若找到 s1, 则从下一站点开始寻找 s2
            for k=j+1:n
                if A(i,k)==0       %若此节点为 0, 则跳出循环
                    break;
                elseif A(i,k)==s2  %若找到 s2, 则记录该线路及所需时间, 然后跳出循环
```

```
                        L1=[L1,i];
                        t1=[t1,(k-j)*3];
                        break;
                    end
                end
            end
        end
    end
m1=length(L1);                    %测可行线路的个数
if m1==0                          %若没有可行线路,则返回相应信息
    L='No direct line';
    t='Null';
elseif m1==1
    L=L1;t=t1;                    %否则,存在可行线路,用 L 存放最优线路,t 存放最小的时间 else
    L=L1(1);t=t1(1);             %分别给 L 和 t 赋初值为第一条可行线路和所需时间
    for i=2:m1
        if t1(i)< t               %若第 i 条可行线路的时间小于 t,
            L=i;                  %则给 L 和 t 重新赋值
            t=t1(i);
        elseif t1(i)==t           %若第 i 条可行线路的时间等于 t,
            L=[L,L1(i)];         %则将此线路并入 L
        end
    end
end
```

首先说明,这个程序能正常运行并得到正确结果,仔细观察之后就会发现它的不足之处:一个是在对 j 的循环中应先判断节点是否为 0,若为 0 则停止向后访问,转向下一条路的搜索;另一个是对于一个二维的数组矩阵,用两层(不是两个)循环进行嵌套就可以遍历整个矩阵,从而得到所有需要的信息,而上面的程序中却出现了三层循环嵌套的局面。

其实,在这种情况下倘若找到了 s2,本该停止对此线路节点的访问,但这里的 break 只能跳出对 k 的循环,而对该线路数组节点的访问(对 j 的循环)将会一直进行到 n,做了大量的"无用功"。

为了消除第三层的循环能否对第二个循环内的判断语句做如下修改:

```
if A(i,j)==s1
    continue;
    if A(i,k)==s2
        L1=[L1,i];
        t1=[t1,(k-j)*3];
        break;
    end
end
```

这种做法企图控制流程在搜到 s1 时能继续向下走,搜索 s2,而不用再嵌套循环。这样是

行不通的，因为即使 s1 的后面有 s2，也会先被 ifA(i,j)==s1 拦截，continue 后的语句将不被执行。所以，经过这番修改后得到的其实是一个错误的程序。

事实上，若想消除第三层循环可将第三层循环提出来放在第二层，成为与 j 并列的循环，若在对 j 的循环中找到了 s1，可用一个标志变量对其进行标志，然后对 s1 后的节点进行访问，查找 s2。综上所述，可将第一个 for 循环内的语句修改如下：

```
flag=0;                    % 用 flag 标志是否找到 s1，为其赋初值为假
for j=1:n
    if A(i,j)==0           %若该节点为 0，则停止对该线路的搜索，转向下一条线路
        break;
    elseif A(i,j)==s1      %否则，若找到 s1，置 flag 为真，并跳出循环
        flag=1;
        break;
    end
end
if flag                    %若 flag 为真，则找到 s1，从 s1 的下一节点开始搜索 s2
    for k=j+1:n
        if A(i,k)==0
            break;
        elseif A(i,k)==s2  %若找到 s2，记录该线路及所需时间，然后跳出循环
            L1=[L1,i];
            t1=[t1,(k-j)*3];
            break;
        end
    end
end
```

若将程序中重叠的部分合并，则可以得到一种形式上更简洁的方案：

```
q=s1;                          %用 q 保存 s1 的原始值
for i=1:m
        s1=q;                  %每一次给 s1 赋初值
        p=0;                   %用 p 值标记是否搜到 s1 或 s2
        k=0;                   %用 k 记录站点差
    for j=1:n
        if ~A(i,j)
            break;
        elseif A(i,j)==s1      %若搜到 s1，之后在该线路上搜索 s2，并记 p 为 1
            p=p+1;
            if p==1
                k=j-k;
                s1=s2;
            elseif p==2        %当 p 值为 2 时，说明已搜到 s2，记录相关信息
                L1=[L1,i];
                t1=[t1,3*k];   %同时 s1 恢复至原始值，进行下一线路的搜索
```

```
            break;
        end
    end
end
end
```

程序运行如下：

```
>> [L,t]=DirectLineSearch(242,105,A)
L =
    8
t =
    24
 >> [L,t]=DirectLineSearch(117,53,A)
L =
    10
t =
    15
>> [L,t]=DirectLineSearch(179,201,A)
L =
    7 14
t =
    27
>> [L,t]=DirectLineSearch(16,162,A)
L =
    No direct line
t =
    Null
```

**注**：在设计算法或循环控制时，应注意信息获取的途径，避免做无用的操作步骤。如果上面这个程序不够优化，它将对后续换乘的程序造成不良影响。

## 附录数据：公交线路信息

线路 1

219-114-88-48-392-29-36-16-312-19-324-20-314-128-76-113-110-213-14-301-115-34-251-95-184-92

线路 2

348-160-223-44-237-147-201-219-321-138-83-161-66-129-254-331-317-303-127-68

线路 3

23-133-213-236-12-168-47-198-12-236-113-212-233-18-127-303-117-231-254-129-366-161-133-181-132

线路 4

201-207-177-144-223-216-48-42-280-140-238-236-158-53-93-64-130-77-264-208-286-123

线路 5

217-272-173-25-33-76-37-27-65-274-234-221-137-306-162-84-325-97-89-24

线路 6

301-82-79-94-41-105-142-118-130-36-252-172-57-20-302-65-32-24-92-218-31

线路 7

184-31-69-179-84-212-99-224-232-157-68-54-201-57-172-22-36-143-218-129-106-101-194

线路 8

57-52-31-242-18-353-33-60-43-41-246-105-28-33-111-77-49-67-27-8-63-39-317-168-12-163

线路 9

217-161-311-25-29-19-171-45-71-173-129-219-210-35-83-43-139-241-78-50

线路 10

136-208-23-117-77-130-68-45-53-51-78-241-139-343-83-333-190-237-251-291-129-173-171-90-42-179-25-3
11-161-17

线路 11

43-77-111-303-28-65-246-99-54-37-303-53-18-242-195-236-26-40-280-142

线路 12

274-302-151-297-329-123-122-215-218-102-293-86-15-215-186-213-105-128-201-122-12-29-56-79-141-24-74

线路 13

135-74-16-108-58-274-53-59-43-86-85-47-246-108-199-296-261-203-227-146

线路 14

224-22-70-89-219-228-326-179-49-154-251-262-307-294-208-24-201-261-192-264-146-377-172-123-61-235-
294-28-94-57-226-18

线路 15

189-170-222-24-92-184-254-215-345-315-301-214-213-210-113-263-12-167-177-313-219-154-349-316-44-52
-19

线路 16

233-377-327-97-46-227-203-261-276-199-108-246-227-45-346-243-59-93-274-58-118-116-74-135

---

事实上，对于编程能力的训练，往往是先从解决一些较为简单的问题入手，然后通过修改某些条件、增加难度等不断地进行摸索，在不知不觉中提升编程能力。

### 9.6.3 编程注意事项

#### 1．程序的拆分与组合

在编写一个蕴含多个程序模块的较大程序时，通常还需要将各个程序模块（子程序）分开来写，以便于其他函数调用。

对于一些较为典型的算法，或者某个独立的计算过程会在以后的计算中多次被用到，最好将计算过程写成独立的函数，以便被其他函数调用或是在后续的计算过程中使用。

若是在被其他函数调用时需要对某些参数进行修改，最好将这些参数设置为从函数输入的形式，这就要求在编写函数或函数模块时应尽量考虑其通用性。

另外，在编程过程中能用矩阵操作完成的尽量不用循环，因为在 MATLAB 中矩阵语句被直接翻译成逻辑变量（0,1 变量）执行，而循环语句则是采用逐行翻译的方式首先翻译成 MATLAB 的母语句，执行速度较前者会大大降低。

### 2．其他注意事项

对于一个较复杂的程序，应先写出较详细的算法步骤，然后在算法的指导下进行编程，以免直接进行编程时很多地方考虑不周而造成后续修改困难。

若某个变量值只是在程序运行时被显示，而并非作为函数输出值，则这个变量值不能作为其他函数的输入被直接使用，若想使用它则需将其包含在函数的输出项中。

要养成写注释的习惯，以增强程序的可读性。

### 3．Excel 与 MATLAB 的连接

当所要处理的数据在 Excel 表中（或这些数据可以导入 Excel），尤其是当数据量较大时，将 Excel 表导入 MATLAB 就显得较为必要了。其导入方法如下：

在 Excel 中执行加载宏命令，将 MATLAB 安装路径中的\toolbox\excllink.xla 加载到 Excel 中。建立连接后可利用 putmatrix 与 getmatrix 实现 Excel 与 MATLAB 之间的数据交换。文本数据导入 Excel 的方法如下：

在 Excel 中执行"导入外部数据"→"外部数据"命令，在弹出的"选择数据源"对话框中找到文本数据。

## 9.6.4　几个常用数学方法的算法程序

### 1．雅可比（Jacobi）迭代算法

该算法是解方程组的一个较常用的迭代算法。

```
function x=ykb(A,b,x0,tol)
% A 为系数矩阵，b 为右端项，x0(列向量)为迭代初值，tol 为精度
D=diag(diag(A)); % 将 A 分解为 D,-L,-U
L=-tril(A,-1);
U=-triu(A,1);
B1=D\(L+U);
f1=D\b;
q=norm(B1);
d=1;
while q*d/(1-q)>tol % 迭代过程
    x=B1*x0+f1;
    d=norm(x-x0);
    x0=x;
end
```

### 2．拉格朗日（Lagrange）插值函数算法

该算法用于求解插值点处的函数值。

```
function y=lagr1(x0,y0,x)
% x0,y0 为已知点列，x 为待插值节点（可为数组）
% 当输入参数只有 x0、y0 时，返回 y 为插值函数
% 当输入参数有 x 时，返回 y 为插值函数在 x 处所对应的函数值
n=length(x0);
if nargin==2
    syms x
    y=0;
    for i=1:n
        L=1;
        for j=1:n
            if j~=i
                L=L*(x-x0(j))/(x0(i)-x0(j));
            end
        end
        y=y+L*y0(i);
        y=simplify(y);
    end
    x1=x0(1):0.01:x0(n);
    y1=subs(y,x1);
    plot(x1,y1);
else
    m=length(x);
    for k=1:m                      % 对每个插值节点分别求值
        s=0;
        for i=1:n
            L=1;
            for j=1:n
                if j~=i
                    L=L*(x(k)-x0(j))/(x0(i)-x0(j));
                end
            end
            s=s+L*y0(i);
        end
    end
end
```

**注**：以上两个算法属于数值计算类，注意对比其解析表达式与用程序进行数值计算时在操作方式上的不同。

### 3. 图论相关算法

（1）最小生成树

```
function [w,E]=MinTree(A)
% 避圈法求最小生成树
```

```
% A 为图的赋权邻接矩阵
% w 记录最小树的权值之和，E 记录最小树上的边
n=size(A,1);
for i=1:n
A(i,i)=inf;
end
s1=[];s2=[];                    % s1,s2 记录一条边上的两个顶点
w=0; k=1;                       % k 记录顶点数
T=A+inf;
T(1,:)=A(1,:);
A(:,1)=inf;
while k<n
    [p1,q1]=min(T);             % q1 记录行下标
    [p2,q2]=min(p1);
    i=q1(q2);
    s1=[s1,i];s2=[s2,q2];
    w=w+p; k=k+1;
    A(:,q2)=inf;                % 若此顶点已被连接，则切断此顶点的入口
    T(q2,:)=A(q2,:);            % 在 T 中并入此顶点的出口
    T(:,q2)=inf;
end
E=[s1;s2];                      % E 记录最小树上的边
```

### （2）最短路的Dijkstra算法

```
function [d,path]=ShortPath(A,s,t)
% Dijkstra 最短路算法实现，A 为图的赋权邻接矩阵
% 当输入参数含有 s 和 t 时，求 s 到 t 的最短路
% 当输入参数只有 s 时，求 s 到其他顶点的最短路
% 返回值 d 为最短路权值，path 为最短路径
if nargin==2
    flag=0;
elseif nargin==3
    flag=1;
end
n=length(A);
for i=1:n
    A(i,i)=inf;
end
V=zeros(1,n);
D=zeros(1,n);                   % 用 D 记录权值
T=A+inf;                        % T 为标号矩阵
T(s,:)=A(s,:);                  % 先给起点标号
A(:,s)=inf;                     % 关闭进入起点的边
for k=1:n-1
```

```
    [p,q]=min(T);              % p 记录各列最小值，q 为对应的行下标
    q1=q;                      % 用 q1 保留行下标
    [p,q]=min(p);              % 求最小权值及其列下标
    V(q)=q1(q);                % 求该顶点 lamda 值
    if flag&q==t
        d=p;                   % 求最短路权值
        break;
    else                       % 修改 T 标号
        D(q)=p;                % 求最短路权值
        A(:,q)=inf;            % 将 A 中第 q 列的值改为 inf
        T(q,:)=A(q,:)+p;       % 同时修改从顶点 q 出去的边上的权值
        T(:,q)=inf;            % 顶点 q 点已完成标号，将进入 q 的边关闭
    end
end
if flag                        % 输入参数含有 s 和 t，求 s 到 t 的最短路
    path=t;                    % 逆向搜索路径
    while path(1)~=s
        path=[V(t),path];
        t=V(t);
    end
else                           % 输入参数只有 s，求 s 到其他顶点的最短路
    for i=1:n
        if i~=s
            path0=i;v0=i;       % 逆向搜索路径
            while path0(1)~=s
                path0=[V(i),path0];
                i=V(i);
            end
            d=D; path(v0)={path0};    % 将路径信息存放在元胞数组中
                                      % 在命令行窗口显示权值和路径
            disp([int2str(s),'->',int2str(v0),' d=',…
            int2str(D(v0)),' path= ',int2str(path0)]);
        end
    end
end
```

**（3）Ford 最短路算法**

该算法用于求解一个赋权图中 sv 到的最短路，并且对于权值的情况同样适用。

```
function [w,v]=Ford(W,s,t)
% W 为图的带权邻接矩阵，s 为发点，t 为终点
% 返回值 w 为最短路的权值之和，v 为最短路线上的顶点下标
n=length(W);
d(:,1)=(W(s,:))';    % 求 d(vs,vj)=min{d(vs,vi)+wij}的解，
                     % 用 d 存放 d(t)(v1,vj)，赋初值为 W 的第 s 行，以列存放
```

```
j=1;
while j
    for i=1:n
        b(i)=min(W(:,i)+d(:,j));
    end
    j=j+1;
    d=[d,b'];
    if d(:,j)==d(:,j-1)              % 若找到最短路，跳出循环
        break ;
    end
end
w=d(t,j);                           % 记录最短路的权值之和
v=t;                                % 用数组 v 存放最短路上的顶点，终点为 t
while v(1)~=s
    for i=n:-1:1
        if i~=t&W(i,t)+d(i,j)==d(t,j)
            break;
        end
    end
    v=[i,v];
    t=i;
end
```

**4. 模糊聚类分析算法程序（组）**

在模糊聚类分析中，该算法中的程序_3 用于求解模糊矩阵、模糊相似矩阵和模糊等价矩阵；程序_4 用来完成聚类；程序_1 和程序_2 是为程序_3 服务的子程序。（有关模糊聚类分析的有关知识可查阅相关资料。）

**程序_1**（求模糊合成矩阵的最大最小法）

```
function s=mhhc(R1,R2)                          % 模糊合成
[m,n]=size(R1);
[n,n1]=size(R2);
for i=1:m
    for j=1:n1
        s(i,j)=max(min(R1(i,:),(R2(:,j))'));    % 最大最小法
    end
end
```

**注：**此函数被'程序_2'调用。

**程序_2**（求模糊传递包的算法）

```
function s=mhcdb(R)
% 求模糊传递包
while sum(sum(R~=mhhc(R,R)))                    % 调用模糊合成函数'mhhc'
```

```
        R=mhhc(R,R);
    end
    s=R;
```

**注：** 此函数被'程序_3'调用。

**程序_3**

```
for j=1:n
    s1(j)= sqrt(sum((x(:,j)-x0(j)).^2)/m);         % 对 x 做平移——标准差变换
    x(:,j)=(x(:,j)-x0(j))/s1(j);
    x1(:,j)=(x(:,j)-min(x(:,j)))/(max(x(:,j))-min(x(:,j)));
% 平移——极差变换
end
s1=x1; % s1 表示模糊矩阵
R=eye(m);
M=0;                                % 相似系数 r 由数量积法求得
for i=1:m
    for j=i+1:m
        if(sum(x1(i,:).*x1(j,:))>M);
            M=sum(x1(i,:).*x1(j,:));
        end
    end
end
for i=1:m
    for j=1:m
        if(i~=j)
            R(i,j)=(sum(x1(i,:).*x1(j,:)))/M;
        end
    end
end
s2=R;                   % R 为模糊相似矩阵
s3=mhcdb(R);            % s3 表示模糊等价矩阵，此处调用'mhcdb'求模糊传递包
```

**注：** 本程序中若想用夹角余弦法求相似系数 r，则可将上面程序中的第 9 行（M=0;）至第 23 行（倒数第 3 行）用下面的程序段替换。

```
for i=1:m % 夹角余弦法求相似系数 r
    for j=1:m
        M1=sqrt(sum(x1(i,:).^2)*sum(x1(j,:).^2));
        R(i,j)=(sum(x1(i,:).*x1(j,:)))/M1;
    end
end
```

**程序_4**

```
function [L1,s]=Lamjjz(x,lam)
% 求 λ-截矩阵并完成聚类，x 为模糊等价矩阵（程序_3 中求得的 s3）
% lam 为待输入的 λ 值
n=length(x(1,:));
for i=1:n
    for j=1:n
        if x(i,j)>=lam
            L1(i,j)=1; % x1 为 λ-截矩阵
        end
    end
end
A=zeros(n,n+1);
for i=1:n
if ~A(i,1)
A(i,2)=i; % A 的第一列为标示符，其值为 0 或 1
for j=i+1:n
    if x1(i,:)==x1(j,:)
        A(i,j+1)=j;
        A(j,1)=1;
    end
end
for i=1:n
    if ~A(i,1)
        a=[];
        for j=2:n+1
            if A(i,j)
                a=[a,A(i,j)]; % a 表示聚类数组
            end
        end
        disp(a) % 将聚类数组依次显示
    end
end
```

### 5. 层次分析——求近似特征向量算法

在层次分析中，该算法用于根据成对比较矩阵求近似特征向量。

```
function [w,lam,CR]=ccfx(A)
% A 为成对比较矩阵，返回值 w 为近似特征向量
% lam 为近似最大特征值 maxλ，CR 为一致性比率
n=length(A(:,1));
a=sum(A);
B=A;                    % 用 B 代替 A 做计算
```

```matlab
for j=1:n                      % 将A的列向量归一化
    B(:,j)=B(:,j)./a(j);
end
s=B(:,1);
for j=2:n
    s=s+B(:,j);
end
c=sum(s);                      % 求和法计算近似最大特征值 maxλ
w=s./c;
d=A*w;
lam=1/n*sum((d./w));
CI=(lam-n)/(n-1);              % 一致性指标
RI=[0,0,0.58,0.90,1.12,1.24,1.32,1.41,1.45,1.49,1.51];
% RI 为随机一致性指标
CR=CI/RI(n); % 求一致性比率
if CR>0.1
    disp('没有通过一致性检验');
    else disp('通过一致性检验');
end
```

### 6. 灰色关联性分析——单因子情形

当系统的行为特征只有一个因子 $0x$ 时，该算法用于求解各种因素 $ix$ 对 $0x$ 的影响。

```matlab
function s=Glfx(x0,x)           % x0(行向量)为因子，x 为因素集
[m,n]=size(x);
B=[x0;x];
k=m+1;                         % k 为 B 的行数
c=B(:,1);                      % 对序列进行无量纲化处理
for j=1:n
    B(:,j)=B(:,j)./c;
end
for i=2:k                      % 求参考序列对各比较序列的绝对差
    B(i,:)=abs(B(i,:)-B(1,:));
end
A=B(2:k,:);                    % 求关联系数
a=min(min(A));
b=max(max(A));
for i=1:m
    for j=1:n
        r1(i,j)=r1(i,j)*(a+0.5*b)/(A(i,j)+0.5*b);
    end
end
s=1/n*(r1*ones(m,1));          % 比较序列对参考序列 x0 的灰关联度
```

### 7. 灰色预测——GM(1,1)

该算法用灰色模型中的 GM(1,1)模型做预测。

```
function [s,t]=huiseyc(x,m)
% x 为待预测变量的原值，为其预测 m 个值
[m1,n]=size(x);
if m1~=1                        % 若 x 为列向量，则将其变为行向量放入 x0
    x0=x';
else
    x0=x;
end
n=length(x0);
c=min(x0);
if c<0                          % 若 x0 中有小于 0 的数，则平移,使每个数字都大于 0
    x0=x0-c+1;
end
x1=(cumsum(x0))';              % x1 为 x0 的 1 次累加生成序列，即 AGO
for k=2:n
    r(k-1)=x0(k)/x1(k-1);
end
rho=r,                          % 光滑性检验
for k=2:n
    z1(k-1)=0.5*x1(k)+0.5*x1(k-1);
end
B=[-z1',ones(n-1,1)];
YN=(x0(2:n))';
a=(inv(B'*B))*B'*YN;
y1(1)=x0(1);
for k=2:n+m                     % 预测 m 个值
    y1(k)=(x0(1)-a(2)/a(1))*exp(-a(1)*(k-1))+a(2)/a(1);
end
y(1)=y1(1);
for k=2:n+m
    y(k)=y1(k)-y1(k-1);        % 还原
end
if c<0
    y=y+c-1;
end
y;
e1=x0-y(1:n);
e=e1(2:n),                     % e 为残差
for k=2:n
    dd(k-1)=abs(e(k-1))/x0(k);
```

```
end
dd;
d=1/(n-1)*sum(dd);
f=1/(n-1)*abs(sum(e));
s=y;
t=e;
```

以上程序实例仅供参考练习，要想使自己的编程水平得到根本性的提高，除了学习相关
知识和经验外，一定要主动编写，多加练习，善于摸索一些特殊问题的处理方法和技巧。

# 9.7 程序调试

程序调试的目的是检查程序是否正确，即程序能否顺利运行并得到预期结果。在运行程
序之前，应先设想到程序运行的各种情况，测试在各种情况下程序是否能正常运行。

对于初学编程的人来说，很难保证所编的程序能一次性运行通过，一般需要对程序进行
反复的调试之后才能正确运行。所以，要时时准备去查找错误、改正错误。

## 9.7.1 程序调试命令

MATLAB 提供了一系列程序调试命令，利用这些命令可以在调试过程中设置、清除和列
出断点，逐行运行 M 文件，在不同的工作区检查变量，用来跟踪和控制程序的运行，帮助寻
找和发现错误。所有的程序调试命令都是以字母 db 开头的，如表 9-5 所示。

表9-5　程序调试命令

| 命　　令 | 功　　能 |
| --- | --- |
| dbstop in fname | 在 M 文件 fname 的第一可执行程序上设置断点 |
| dbstop at r in fname | 在 M 文件 fname 的第 r 行程序上设置断点 |
| dbstop if v | 当遇到条件 v 时，停止运行程序。当发生错误时，条件 v 可以是 error；当发生 NaN 或 inf 时，也可以是 naninf/infnan |
| dstop if warning | 如果有警告，则停止运行程序 |
| dbclear at r in fname | 清除文件 fname 的第 r 行处断点 |
| dbclear all in fname | 清除文件 fname 中的所有断点 |
| dbclear all | 清除所有 M 文件中的断点 |
| dbclear in fname | 清除文件 fname 第一可执行程序上的所有断点 |
| dbclear if v | 清除第 v 行由 dbstop if v 设置的断点 |
| dbstatus fname | 在文件 fname 中列出所有的断点 |
| Mdbstatus | 显示存放在 dbstatus 中用分号隔开的行数信息 |
| dbstep | 运行 M 文件的下一行程序 |
| dbstep n | 执行下 n 行程序，然后停止 |
| dbstep in | 在下一个调用函数的第一可执行程序处停止运行 |

| 命　　令 | 功　　能 |
|---|---|
| dbcont | 执行所有行程序直至遇到下一个断点或到达文件尾 |
| dbquit | 退出调试模式 |

进行程序调试，要调用带有一个断点的函数。当 MATLAB 进入调试模式时，提示符为 K>>。最重要的区别在于现在能访问函数的局部变量，但是不能访问 MATLAB 工作区中的变量。具体的调试技术请读者在调试程序的过程中逐渐体会。

### 9.7.2　程序剖析

对于简单的 MATLAB 程序中出现的语法错误，可以采用直接调试法，即直接运行该 M 文件，MATLAB 将直接找出语法错误的类型和出现的地方，然后根据 MATLAB 的反馈信息对语法错误进行修改。

当 M 文件很大或 M 文件中含有复杂的嵌套时，需要使用 MATLAB 调试器来对程序进行调试，即使用 MATLAB 提供的大量调试函数以及与之相对应的图形化工具。

下面通过一个判断 2000 年至 2010 年间的闰年年份的示例来介绍 MATLAB 调试器的使用方法。

【例 9-18】　编写一个判断 2000 年至 2010 年间的闰年年份的程序并调试。

（1）创建一个 leapyear.m 的 M 函数文件，并输入如下函数代码程序。

```
%该函数判断 2000 年至 2010 年 10 年间的闰年年份，函数无输入/输出变量
%函数的使用格式为 leapyear，输出结果为 2000 年至 2010 年 10 年间的闰年年份
function leapyear                %定义函数 leapyear
for year=2000:2010               %定义循环区间
    sign=1;
    a = rem(year,100);          %求 year 除以 100 后的剩余数
    b = rem(year,4);            %求 year 除以 4 后的剩余数
    c = rem(year,400);          %求 year 除以 400 后的剩余数
    if a =0                     %以下根据 a、b、c 是否为 0 对标志变量 sign 进行处理
        signsign=sign-1;
    end
    if b=0
        signsign=sign+1;
    end
    if c=0
        signsign=sign+1;
    end
    if sign=1
        fprintf('%4d \n',year)
    end
end
```

（2）运行以上 M 程序，此时 MATLAB 命令行窗口会给出如下错误提示：

```
>> leapyear
错误: 文件: leapyear.m 行: 9 列: 10
'=' 运算符的使用不正确。要为变量赋值，请使用 '='。要比较值是否相等，请使用 '=='。
```

由错误提示可知，在程序的第 10 行存在语法错误，检测可知在 if 选择判断语句中用户将 ==写成了=。因此，将=改成==，同时更改第 13、16、19 行中的=为==。

（3）程序修改并保存完成后，可直接运行修正后的程序。程序运行结果为：

```
leapyear
2000
2001
2002
2003
2004
2005
2006
2007
2008
2009
2010
```

显然，2001 年至 2010 年间不可能每年都是闰年，由此判断程序存在运行错误。

（4）分析原因。可能在处理年号是否是 100 的倍数时，变量 sign 存在逻辑错误。

（5）断点设置。断点为 MATLAB 程序执行时人为设置的中断点，程序运行至断点时便自动停止运行，等待用户的下一步操作。设置断点只需要用鼠标单击程序左侧的"-"使得"-"变成红色的圆点（当存在语法错误时圆点颜色为灰色），如图 9-3 所示。

图 9-3　断点标记

应该在可能存在逻辑错误或需要显示相关代码执行数据附近设置断点，例如本例中的 9、12、15 和 18 行。如果用户需要去除断点，可以再次单击红色圆点去除，也可以单击工具栏中的工具去除所有断点。

（6）运行程序。单击"编辑器"选项卡"运行"面板下的运行按钮 ▷ 执行程序，这时其他调试按钮将被激活。程序运行至第一个断点暂停，在断点右侧则出现向右指向的绿色箭头，如图 9-4 所示。

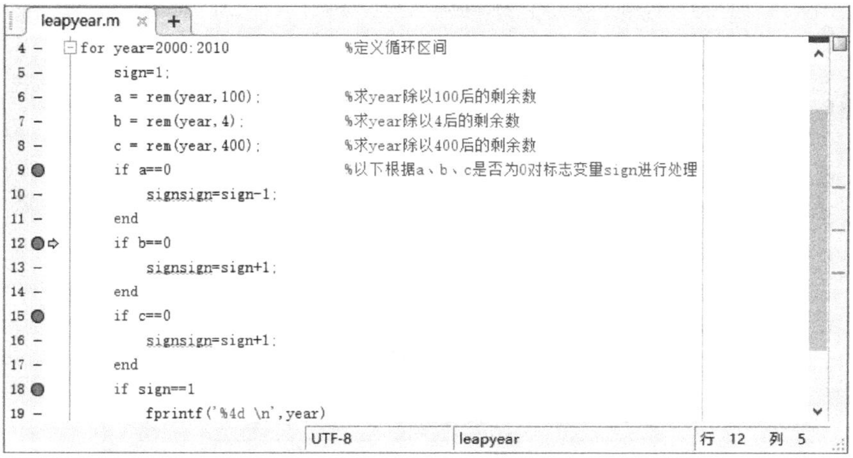

图 9-4　程序运行至断点处暂停

程序调试运行时，在 MATLAB 的命令行窗口中将显示如下内容：

```
>> leapyear
K>>
```

此时可以输入一些调试指令，更加方便对程序调试的相关中间变量进行查看。

（7）单步调试。可以通过单击"编辑器"选项卡"调试"面板中的 🖺（步进）按钮单步执行，此时程序将一步一步按照需求向下执行，如图 9-5 所示，在按 F10 键后，程序从第 12 步运行到第 13 步。

图 9-5　程序单步执行

（8）查看中间变量。可以将鼠标停留在某个变量上，MATLAB 将会自动显示该变量的当前值，也可以在 MATLAB 的 workspace 中直接查看所有中间变量的当前值，如图 9-6 和图 9-7 所示。

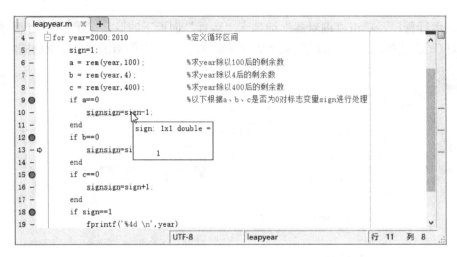

图 9-6 用鼠标停留方法查看中间变量

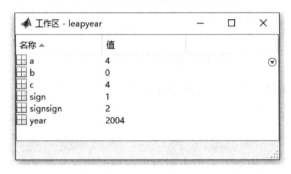

图 9-7 查看 workspace 中所有中间变量的当前值

（9）修正代码。通过查看中间变量可知，在任何情况下 sign 的值都是 1，此时调整修改代码程序如下所示。

```matlab
%程序为判断 2000 年至 2010 年 10 年间的闰年年份，函数无输入/输出变量
%函数的使用格式为 leapyear，输出结果为 2000 年至 2010 年 10 年间的闰年年份
function leapyear            %定义函数 leapyear
for year=2000:2010           %定义循环区间
    sign=0;
    a = rem(year,100);       %求 year 除以 100 后的剩余数
    b = rem(year,4);         %求 year 除以 4 后的剩余数
    c = rem(year,400);       %求 year 除以 400 后的剩余数
    if a==0                  %下面根据 a、b、c 是否为 0 对标志变量 sign 进行处理
        sign=sign+1;
    end
    if b==0
        sign=sign+1;
    end
    if c==0
        sign=sign-1;
    end
```

```
    if sign==1
        fprintf('%4d \n',year)
    end
end
```

先单击"编辑器"选项卡"断点"面板断点下拉按钮中的 ▦（全部清除）按钮，再单击
"运行"面板中的 ▷（运行）命令，得到的运行结果如下：

```
>> leapyear
2000
2004
2008
```

分析发现，结果正确，此时程序调试结束。

# 9.8 小　　结

MATLAB 语言程序简洁、可读性强且调试十分容易，是 MATLAB 的重要组成部分。
MATLAB 为用户提供了非常方便易懂的程序设计方法，类似于其他的高级语言编程。本章侧
重于 MATLAB 中最基础的程序设计，分别介绍了 M 文件、程序控制结构、数据的输入与输
出、面向对象编程、程序优化及程序调试等内容。

# 第 **10** 章

## 数据图形可视化

本章主要介绍 MATLAB 数据图形绘制功能。用图表和图形来表示数据的技术称为数据可视化。MATLAB 所提供的强大的图形绘制功能使用户能方便、简洁地绘制图形，更直观形象地解决问题。通常用户只需要利用 MATLAB 所提供的丰富的二维、三维图形函数就可以绘制出所需要的图形。

在此基础上介绍一元函数和二元函数的可视化，还介绍了曲线、曲面绘制的基本技巧，以及如何标记图形、如何编辑参数等，力图使读者能全面掌握 MATLAB 的二维、三维绘图功能。

学习目标:

- ⌘ 熟练掌握绘制二维、三维图形的技巧
- ⌘ 熟练掌握图像的基本类型和图像的显示
- ⌘ 熟练掌握 MATLAB 函数创建图形的技巧
- ⌘ 熟练掌握图形的标记和编辑功能

## 10.1 MATLAB 图形窗口

MATLAB 中提供了丰富的绘图函数和绘图工具，这些函数或者工具的输出都显示在 MATLAB 命令行窗口外的一个图形窗口中。

### 10.1.1 创建图形窗口

在 MATLAB 中，绘制的图形被直接输出到一个新的窗口中，这个窗口和命令行窗口是相互独立的，被称为图形窗口。

如果当前不存在图形窗口，MATLAB 的绘图函数就会自动建立一个新的图形窗口；如果已存在一个图形窗口，MATLAB 的绘图函数就会在这个窗口中进行绘图操作；如果已存在多个图形窗口，MATLAB 的绘图函数就会在当前窗口中进行绘图操作（当前窗口通常是指最后一个使用的图形窗口）。

在 MATLAB 中可以使用函数 figure 来建立图形窗口。在 MATLAB 命令框中输入"figure"就可以建立如图 10-1 所示的图形窗口。

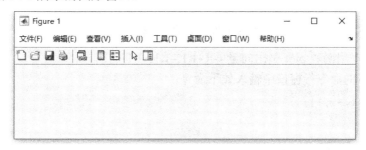

图 10-1　MATLAB 的图形窗口

在 MATLAB 命令框中输入"figure（$x$）"（$x$ 为正整数）就会得到图形框名称为 $x$ 的图形，直接输入"Figure"时默认显示图形框名为 1。

使用"图形编辑工具条"可以对图形进行编辑和修改，也可以用鼠标右键选中图形中的对象，在弹出的快捷菜单中选择菜单项来实现对图形的操作。

### 10.1.2　关闭与清除图形框

执行 close 命令可关闭图形窗口，其调用方式有以下几种。

- close：关闭当前图形窗口，等效于 close(gcf)。
- close(x)：关闭图形句柄 h 指定的图形窗口。
- close name：关闭图形窗口名 name 指定的图形窗口。
- close all：关闭除隐含图形句柄的所有图形窗口。
- close all hidden：关闭包括隐含图形句柄在内的所有图形窗口。
- status = close(...)：调用 close 函数正常关闭图形窗口时，返回 1；否则返回 0。

清除当前图形窗口中的对象可使用如下命令：

- clf：清除当前图形窗口中所有可见的图形对象。
- clf reset：清除当前图形窗口中所有可见的图形对象，并将窗口的属性设置为默认值。

# 10.2　二维图形的绘制

MATLAB 不但擅长与矩阵相关的数值运算，而且提供了许多在二维和三维空间内显示可视信息的函数，利用这些函数可以绘制出所需的图形。MATLAB 还对绘出的图形提供了各种修饰方法，可以使图形更加美观、精确。

### 10.2.1 绘制二维曲线

MATLAB 中最常用的绘图函数为 plot。plot 函数根据参数的不同可以在平面上绘制不同的曲线。该函数是将各个数据点通过连折线的方式来绘制二维图形，若对曲线细分，则曲线可以看成是由直线连接而成的。plot 命令的格式有以下几种。

**1. plot(y)**

*y* 为一个向量时，以 *y* 的序号作为 *x* 轴，按照向量 *y* 的值绘制图形。

**【例 10-1】** 用函数 plot 画出向量 *y*=[−1,1,−1,1,−1,1]的图形。
在 MATLAB 的命令行窗口中输入如下命令：

```
y=[-1,1,-1,1,-1,1];
plot(y);
```

将在图形窗口显示如图 10-2 所示的折线。

**2. plot(x,y)**

*x*、*y* 均为向量，以向量 *x* 作为 *x* 轴，以向量 *y* 作为 *y* 轴绘制曲线。

**【例 10-2】** 用 plot 函数绘制一条以向量 *x* 作为 *x* 轴，以向量 *y* 作为 *y* 轴的曲线。

```
x=[0,1,3,4,7,19,23,24,35,40,54];    % x 坐标
y=[0,0,1,1,0,0,2,2,0,0,3];          % y1 坐标
plot(x,y);                          % 绘制图形
```

输出图形如图 10-3 所示。

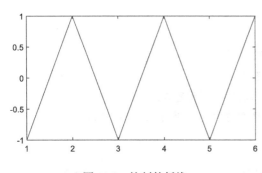

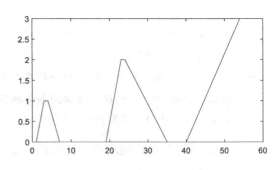

图 10-2　绘制的折线　　　　　　　　　图 10-3　当 *x, y* 为向量时的折线

**3. plot(x,y1,'option', x,y2,'option',…)**

以公共的 *x* 向量作为 *x* 轴，分别以向量 *y1,y2*……的数据绘制多条曲线，每条曲线的属性由相应的选项'option'来确定。

option 选项可以是表示曲线颜色的字符、表示线性格式的符号和表示数据点的标记，各个选项有的可以连在一起使用。曲线颜色、线型格式和标记如表 10-1 所示。

表10-1　曲线颜色与线型格式

| 符　号 | 颜　色 | 符　号 | 颜　色 | 符　号 | 线　型 | 符　号 | 标　记 | 符　号 | 标　记 |
|---|---|---|---|---|---|---|---|---|---|
| 'w' | 白色 | 'y' | 黄色 | '-' | 实线 | 'v' | ▽ | '*' | 星号 |
| 'm' | 洋红色 | 'r' | 红色 | '--' | 虚线 | '^' | △ | '。' | 圆圈 |
| 'g' | 绿色 | 'k' | 黑色 | ':' | 点线 | 'x' | 叉号 | 'square' | □ |
| 'b' | 蓝色 | 'c' | 青色 | '-.' | 点画线 | '+' | 加号 | 'diamond' | ◇ |

**4. plot(x1,y1,'option', x2,y2,'option',…)**

分别以向量 **x1,x2,**……作为 $x$ 轴，以 **y1,y2,**……的数据绘制多条曲线，每条曲线的属性由相应的选项'option'来确定。曲线颜色、线型格式和标记见表 10-1。

**【例 10-3】**　用 plot 函数绘制一条虚线正弦波、一条线型为加号的余弦波。

```
x=0:pi/30:4*pi;              % 取 x 坐标
y1=sin(x);                   % y1 坐标
y2=cos(x);                   % y2 坐标
plot(x,y1,'--', x,y2,'*');   % 绘制图形
```

输出图形如图 10-4 所示。

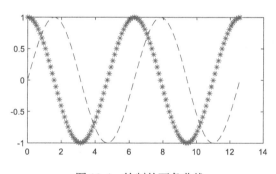

图 10-4　绘制的两条曲线

## 10.2.2　绘制离散序列图

在科学研究中，当处理离散量时，可以用离散序列图来表示离散量的变化情况。MATLAB 用 stem 命令来实现离散序列图的绘制。stem 命令有以下几种。

**1. stem(y)**

以 $x=1,2,3,$……作为各个数据点的 $x$ 坐标，以向量 **y** 的值为 $y$ 坐标，在（$x,y$）坐标点画一个空心小圆圈，并连接一条线段到 $x$ 轴。

**【例 10-4】**　用 stem 函数绘制一个离散序列图。
在 MATLAB 命令行窗口中输入以下程序：

```
figure
t = linspace(-2*pi,2*pi,10);
```

```
h = stem(t);
set(h(1),'MarkerFaceColor','blue')
```

输出图形如图 10-5 所示。

### 2. stem(x,y,'option')

以 $x$ 向量的各个元素为 $x$ 坐标，以 $y$ 向量的各个对应元素为 $y$ 坐标，在（$x,y$）坐标点画一个空心小圆圈，并连接一条线段到 $x$ 轴。option 选项表示绘图时的线型、颜色等设置，具体见表 10-1。

### 3. stem(x,y,'filled')

以 $x$ 向量的各个元素为 $x$ 坐标，以 $y$ 向量的各个对应元素为 $y$ 坐标，在（$x,y$）坐标点画一个空心小圆圈，并连接一条线段到 $x$ 轴。

【**例 10-5**】 用 stem 函数绘制一个线型为圆圈的离散序列图。

在 MATLAB 命令行窗口中输入以下程序：

```
figure
x = 0:25;
y = [exp(-.07*x).*cos(x);exp(.05*x).*cos(x)]';
h = stem(x,y);
set(h(1),'MarkerFaceColor','blue')
set(h(2),'MarkerFaceColor','red','Marker','square')
```

输出图形如图 10-6 所示。

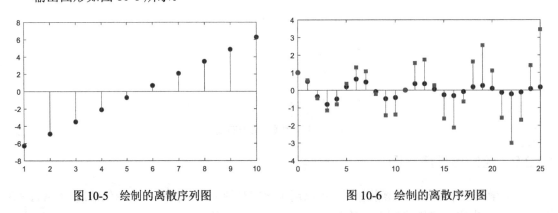

图 10-5　绘制的离散序列图　　　　　图 10-6　绘制的离散序列图

## 10.2.3　其他类型的二维图

在 MATLAB 中还有其他绘图函数，可以绘制不同类型的二维图形，以满足不同的要求。表 10-2 列出了这些绘图函数。

表10-2　其他绘图函数

| 函　数 | 二维图的形状 | 备　注 |
|---|---|---|
| bar(x,y) | 条形图 | x 是横坐标，y 是纵坐标 |
| fplot(y,[a b]) | 精确绘图 | y 代表某个函数，[a b]表示需要精确绘图的范围 |

（续表）

| 函　　　数 | 二维图的形状 | 备　　　注 |
|---|---|---|
| polar(θ,r) | 极坐标图 | θ 是角度，r 代表以 θ 为变量的函数 |
| stairs(x,y) | 阶梯图 | x 是横坐标，y 是纵坐标 |
| line([x1, y1],[ x2,y2],...) | 折线图 | [x1, y1]表示折线上的点 |
| fill(x,y,'b') | 实心图 | x 是横坐标，y 是纵坐标，'b'代表颜色 |
| scatter(x,y,s,c) | 散点图 | s 是圆圈标记点的面积，c 是标记点颜色 |
| pie(x) | 饼图 | x 为向量 |

【例 10-6】　用函数画一个条形图。

在 MATLAB 命令行窗口中输入以下程序：

```
x = -5:0.5:5;
bar(x,exp(-x.*x));
```

输出图形如图 10-7 所示。

【例 10-7】　用函数画一个极坐标图。

在 MATLAB 命令行窗口输入以下程序：

```
t=0:0.1:3*pi;    %极坐标的角度
polar(t,abs(cos(5*t)));
```

输出图形如图 10-8 所示。

【例 10-8】　用函数画一个针状图。

在 MATLAB 命令行窗口中输入以下程序：

```
x = 0:0.05:3;
y = (x.^0.4).*exp(-x);
stem(x,y)
```

输出图形如图 10-9 所示。

【例 10-9】　用函数画一个阶梯图。

在 MATLAB 命令行窗口中输入以下程序：

```
x=0:0.5:10;
stairs(x,sin(2*x)+sin(x));
```

输出图形如图 10-10 所示。

【例 10-10】　用函数画一个饼图。

在 MATLAB 命令行窗口中输入以下程序：

```
x=[13,28,23,43,22];
pie(x)
```

输出图形如图 10-11 所示。

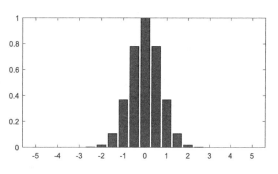

图 10-7　条形图

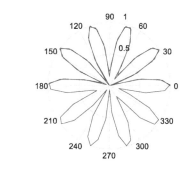

图 10-8　极坐标图

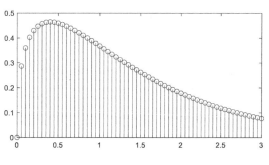

图 10-9　针状图

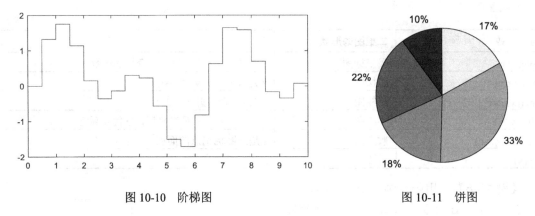

图 10-10  阶梯图    图 10-11  饼图

### 10.2.4  二维图形的修饰

在利用 plot 等函数绘图时，MATLAB 按照用户指定的数据根据默认设置绘制图形。此外，MATLAB 还提供了一些图形函数，专门用于对 plot 函数所画出的图形进行修饰。表 10-3 列出了一些常用图形标注命令。

表10-3  常用图形标注命令

| 命　　令 | 功　　能 |
| --- | --- |
| axis on/off | 显示/取消坐标轴 |
| xlabel('option') | $x$ 轴加标注，option 表示任意选项 |
| ylabel('option') | $y$ 轴加标注 |
| title('option') | 图形加标题 |
| legend('option') | 图形加标注 |
| grid on/off | 显示/取消网格线 |
| box on/off | 给坐标加/不加边框线 |

#### 1. 坐标轴的调整

在一般情况下不必选择坐标系，MATLAB 可以自动根据曲线数据的范围选择合适的坐标系，从而使曲线尽可能清晰地显示出来。如果对 MATLAB 自动产生的坐标轴不满意，则可以利用 axis 命令对坐标轴进行调整。

```
axis(xmin xmax ymin ymax)
```

这个命令将所画图形的 $x$ 轴的大小范围限定在 xmin 和 xmax 之间、$y$ 轴的大小范围限定在 ymin 和 ymax 之间。

【例 10-11】　将一个正弦函数的坐标轴由默认值修改为指定值。

```
x=0:0.01:2*pi;
y=sin(x);
plot(x,y)              %画出振幅为 1 的正弦波
axis([0 2*pi -2 2])    %将先前绘制的图形坐标修改为所设置的大小
```

输出图形如图 10-12 所示。

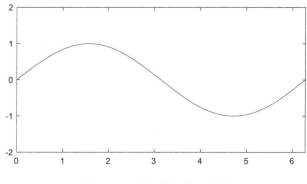

图 10-12 坐标轴调整示意图

## 2. 标识坐标轴名称

使用 title('string')命令给绘制的图形加上标题。xlabel ('string')命令和 ylabel ('string')命令分别给 $x$ 轴和 $y$ 轴加上标注。使用 grid on 或 grid off 命令在所画出的图形中添加或去掉网络线。

例如，在 MATLAB 命令行窗口输入如下命令，可得到如图 10-13 所示的图形。

```
x=0:0.01:2*pi;
y1=sin(x);
y2=cos(x);
plot(x,y1,x,y2, '--')
grid on;
xlabel ('弧度值')
ylabel ('函数值')
title('正弦与余弦曲线')
```

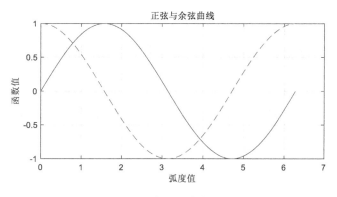

图 10-13 标识坐标轴名称

在 MATLAB 中，用户可以在图形的任意位置加注一串文本作为注释。在任意位置加注文本可以使用坐标轴确定文字位置的 text 命令或者使用鼠标确定文字位置的 gtext 命令。

（1）text(x,y, 'string','option')

在图形的指定坐标位置（$x, y$）处写出由 string 所给出的字符串。其中 $x$、$y$ 坐标的单位是由后面的 option 选项决定的。如果不加选项，则 $x$、$y$ 的坐标单位和图中一致；如果选项为'sc'，表示坐标单位是取左下角为（0，0）、右上角为（1，1）的相对坐标。

在画出图 10-13 所示图形后，继续输入如下命令：

```
text(0.4,0.8, '正弦曲线', 'sc')
text(0.8,0.8, '余弦曲线', 'sc')
```

得到如图 10-14 所示的图形。

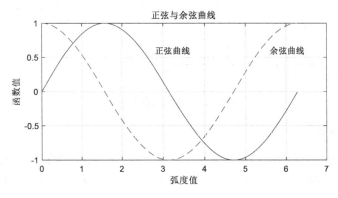

图 10-14　为曲线加注名称

（2）gtext('string')

在 MATLAB 的命令行窗口中输入 gtext('string')命令后，在图中将会出现一个十字形指针，用鼠标拖动到需要添加文字的地方，然后单击鼠标，即可将 gtext 命令中的字符串添加到图形中。

## 10.2.5　子图

在一个图形窗口中用函数 subplot 可以同时画出多个子图形，其调用格式主要有以下几种。

### 1. subplot(m,n,p)

将当前图形窗口分成 $m \times n$ 个子窗口，并在第 $x$ 个子窗口建立当前坐标平面。子窗口按从左到右、从上到下的顺序编号。如果 $p$ 为向量，则以向量表示的位置建立当前子窗口的坐标平面。

例如，创建一个包含 3 个子图的图窗。在图窗的上半部分创建两个子图，并在图窗的下半部分创建第三个子图。在 MATLAB 命令行窗口中输入如下命令，即可得到如图 10-15 所示的图形。

```
subplot(2,2,1);
x = linspace(-3.8,3.8);
y_cos = cos(x);
plot(x,y_cos);
title('子图1: Cosine')

subplot(2,2,2);
y_poly = 1 - x.^2./2 + x.^4./24;
plot(x,y_poly,'g');
title('子图2: Polynomial')
```

```
subplot(2,2,[3,4]);
plot(x,y_cos,'b',x,y_poly,'g');
title('子图3 & 4: Cosine & Polynomial')
```

### 2. subplot(m,n,p,'replace')

按图 10-15 建立当前子窗口的坐标平面时，若指定位置已经建立了坐标平面，则以新建的坐标平面代替。

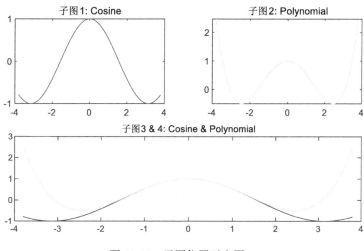

图 10-15  子图位置示意图

### 3. subplot(h)

指定当前子图坐标平面的句柄 h，h 为按 mnp 排列的整数，比如在图 10-15 所示的子图中 h=232，则表示第 2 个子图坐标平面的句柄。

### 4. subplot('Position',[left bottom width height])

在指定的位置建立当前子图坐标平面，并把当前图形窗口看成是 1.0×1.0 的平面，所以 left、bottom、width、height 分别在（0.0,1.0）的范围内取值，分别表示所创建当前子图坐标平面距离图形窗口左边、底边的长度以及所建子图坐标平面的宽度、高度。

### 5. h = subplot(...)

创建当前子图坐标平面时，同时返回其句柄。值得注意的是：函数 subplot 只是创建子图坐标平面，在该坐标平面内绘制子图，仍然需要使用 plot 函数或其他绘图函数。

【例 10-12】  用函数画一个子图。

```
x=linspace(0,2*pi,100);                %x 轴从 0~2π 取 100 点
subplot(2,2,1);plot(x,sin(x));         %视窗的第一行第一列画 sin(x)
xlabel('x');ylabel('y'); title('sin(x)')   %x 轴加注解 x,y 轴加注解 y,加标题 sin(x)
subplot(2,2,2);plot(x,cos(x));
xlabel('x');ylabel('y'); title('cos(x)');
subplot(2,2,3);plot(x,exp(x));
xlabel('x');ylabel('y'); title('exp(x)');
```

```
subplot(2,2,4);plot(x,exp(-x));
xlabel('x');ylabel('y'); title('exp(-x)');
```

输出图形如图 10-16 所示。

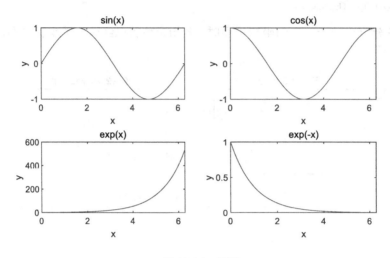

图 10-16　子图

# 10.3　三维图形的绘制

　　MATLAB 提供了多种函数来显示三维图形,既可以在三维空间中画曲线,也可以画曲面。在 MATLAB 中还可以用颜色来代表第四维,即伪色彩。我们可以通过改变视角看三维图形的不同侧面。本节将介绍三维图形的作图方法及其修饰。

## 10.3.1　三维折线及曲线的基本绘图命令

　　用函数 plot3 可以绘制三维图形。

　　plot3 命令是以逐点连线的方式绘制三维折线,当各个数据点的间距较小时,绘制的就是三维曲线。其调用格式主要有以下几种:

- plot3(X1,Y1,Z1,...): X1、Y1、Z1 为向量或矩阵,表示图形的三维坐标。该函数可以在同一图形窗口一次画出多条三维曲线,以 X1,Y1,Z1,...,Xn,Yn,Zn 指定各条曲线的三维坐标。
- plot3(X1,Y1,Z1,LineSpec,...): 以 LineSpec 指定的属性绘制三维图形。
- plot3(...,'PropertyName',PropertyValue,...): 对以函数 plot3 绘制的图形对象设置属性。
- h = plot3(...): 调用函数 plot3 绘制图形,同时返回图形句柄。

【例 10-13】　绘制三维曲线示例。
输入以下程序代码:

```
t=0:0.5:10;
figure
subplot(2,2,1);
plot3(sin(t),cos(t),t);                    %画三维曲线
grid,
text(0,0,0,'0');                           %在 x=0,y=0,z=0 处标记 " 0 "
title('三维图形');
xlabel('sin(t)'),ylabel('cos(t)'),zlabel('t');
subplot(2,2,2);plot(sin(t),t);
grid
title('x-z 面投影');                        %三维曲线在 x-z 平面的投影
xlabel('sin(t)'),ylabel('t');
subplot(2,2,3);plot(cos(t),t);
grid
title('y-z 面投影');                        %三维曲线在 y-z 平面的投影
xlabel('cos(t)'),ylabel('t');
subplot(2,2,4);plot(sin(t),cos(t));
title('x-y 面投影');                        %三维曲线在 x-y 平面的投影
xlabel('sin(t)'),ylabel('cos(t)');
grid
```

输出图形如图 10-17 所示。

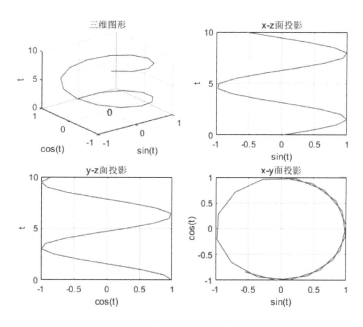

图 10-17　三维曲线及各平面上的投影

从【例 10-13】我们可以看出二维图形的基本特性在三维图形中都存在；函数 subplot、函数 title、函数 xlabel、函数 grid 等都可以扩展到三维图形。text(x,y,z,'string')命令的意思是在三维坐标 $x$、$y$、$z$ 所指定的位置上放一个字符串。

### 10.3.2 绘制三维曲面

#### 1. 可用函数 surf、surfc 来绘制三维曲面图

调用格式如下：

- surf(Z)：以 Z（矩阵）指定的参数创建一个渐变的三维曲面，坐标 $x = 1{:}n$，$y = 1{:}m$，其中 $[m,n] = size(Z)$，进一步在 $x$–$y$ 平面上形成所谓"格点"矩阵[X,Y]=meshgrid(x,y)，Z 为函数 z=f(x,y)在自变量采样"格点"上的函数值，Z=f(X,Y)。Z 既指定了曲面的颜色，也指定了曲面的高度，所以渐变的颜色可以和高度适配。
- surf(X,Y,Z)：以 Z 确定的曲面高度和颜色，按照 X、Y 形成的"格点"矩阵创建一个渐变的三维曲面。X、Y 可以为向量或矩阵，若 X、Y 为向量，则必须满足 m= size(X)、n =size(Y)、$[m,n] = size(Z)$。
- surf(X,Y,Z,C)：以 Z 为曲面高度、C 为曲面颜色，按照 X、Y 形成的"格点"矩阵创建一个渐变的三维曲面。
- surf(...,'PropertyName',PropertyValue)：设置曲面的属性。
- surfc(...)：采用 surfc 函数的格式同 surf，同时在曲面下绘制曲面的等高线。
- h = surf(...)：采用 surf 创建曲面，同时返回图形句柄 h。
- h = surfc(...)：采用 surfc 创建曲面，同时返回图形句柄 h。

【例 10-14】 绘制球体的三维图形。

```
figure
[X,Y,Z]=sphere(30);   %计算球体的三维坐标
surf (X,Y,Z);   %绘制球体的三维图形
xlabel('x'),
ylabel('y'),
zlabel('z');
title('球体');
```

输出图形如图 10-18 所示。

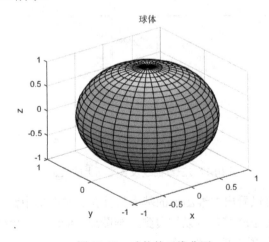

图 10-18 球体的三维曲面

我们可以看到球面被网格线分割成很多小块；每一小块可看作是一块补片，嵌在线条之间。这些线条和渐变颜色可以由命令 shading 来指定，其格式为：

- shading faceted：在绘制曲面时采用分层网格线，默认值。
- shading flat：表示平滑式颜色分布方式。去掉黑色线条，补片保持单一颜色。
- shading interp：表示插补式颜色分布方式。去掉黑色线条，但补片以插值加色。这种方式需要比分块和平滑更多的计算量。

对【例 10-14】所绘制的曲面分别采用 shading flat 和 shading interp，显示的效果如图 10-19 所示。

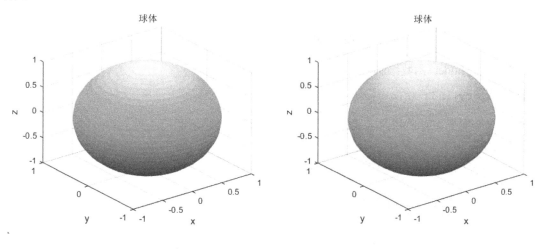

（a）shading flat 效果图          （b）shading interp 效果图

图 10-19   不同方式下球体的三维曲面

【例 10-15】   以 surfl 函数绘制具有亮度的曲面图。

在 MATLAB 中输入以下程序：

```
[x,y] = meshgrid(-3:0.1:3);        %以 0.1 的间隔形成格点矩阵
z = peaks(x,y);
surfl(x,y,z);
shading interp
colormap(gray);
axis([-4 4 -4 4 -5 8]);
```

输出图形如图 10-20 所示。

**2．标准三维曲面**

（1）用 sphere 函数绘制三维球面，调用格式为：

```
[x,y,z]=sphere(n)
```

确定球面的光滑程度，默认值为 20。

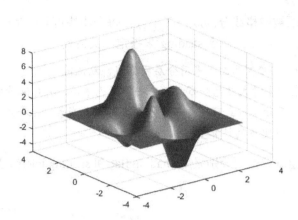

图 10-20　具有亮度的曲面图

（2）用 cylinder 函数绘制三维柱面，调用格式为：

```
[x,y,z]=cylinder(R,n)
```

R 是一个向量，存放柱面各等间隔高度上的半径，n 表示圆柱圆周上有 *n* 个等间隔点，默认值为 20。

（3）多峰函数 peaks 常用于三维函数的演示。函数形式为：

$$f(x,y) = 3(1-x^2)e^{-x^2-(y+1)^2} - 10\left(\frac{x}{5} - x^3 - y^5\right)e^{-x^2-y^2} - \frac{1}{3}e^{-(x+1)^2-y^2}$$

其中 $-3 \leqslant x,\ y \leqslant 3$。

调用格式为：

```
z=peaks(n)
```

生成一个 $n \times n$ 的矩阵 *z*，*n* 的默认值为 48。

或

```
z=peaks(x,y)
```

根据网格坐标矩阵 *x*、*y* 计算函数值矩阵 *z*。

【例 10-16】　绘制三维标准曲面。

```
t=0:pi/20:2*pi;
[x,y,z]=sphere;
subplot(1,3,1);
surf(x,y,z);xlabel('x'),ylabel('y'),zlabel('z');
title('球面')
[x,y,z]=cylinder(2+sin(2*t),30);
subplot(1,3,2);
surf(x,y,z);xlabel('x'),ylabel('y'),zlabel('z');
title('柱面')
[x,y,z]=peaks(20);
```

```
subplot(1,3,3);
surf(x,y,z);xlabel('x'),ylabel('y'),zlabel('z');
title('多峰');
```

输出图形如图 10-21 所示。因为柱面函数的 R 选项为 2+sin(2*t)，所以绘制的柱面是一个正弦型的。

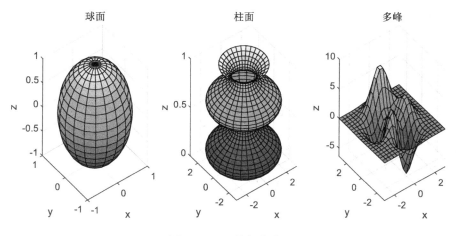

图 10-21　三维标准曲面

## 10.3.3　三维图形的视角变换

观察前面绘制的三维图形，是以 30° 视角向下看 $z=0$ 平面，以-37.5° 视角看 $x=0$ 平面与 $z=0$ 平面所成的方向角称为仰角，与 $x=0$ 平面的夹角叫方位角，如图 10-22 所示。因此，默认的三维视角为仰角 30°，方位角-37.5°；默认的二维视角为仰角为 90°，方位角为 0°。

在 MATLAB 中，用函数 view 改变所有类型的图形视角，命令格式如下：

- view(az,el)与 view([az,el]): 设置视角的方位角和仰角分别为 az 与 el。

- view([x,y,z]): 将视点设为坐标$(x,y,z)$。

- view(2): 设置为默认的二维视角，az=0，el=90。

- view(3): 设置为默认的三维视角，az=-37.5，el=30。

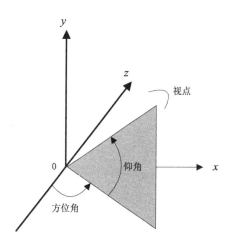

图 10-22　定义视角

- view(T): 以矩阵 *T* 设置视角，*T* 为由函数 viewmtx 生成的 4×4 矩阵。

- [az,el] = view: 返回当前视角的方位角和仰角。

- T = view: 由当前视角生成的 4×4 矩阵 *T*。

【例 10-17】 从不同的视角观察曲线。

在 MATLAB 中输入以下程序：

```
x=-4:4;
y=-4:4;
[X,Y]=meshgrid(x,y);
Z=X.^2+Y.^2;
subplot(2,2,1)
surf(X,Y,Z);                %画三维曲面
ylabel('y'),xlabel('x'),zlabel('z');title('(a) 默认视角 ')
subplot(2,2,2)
surf(X,Y,Z);                %画三维曲面
ylabel('y'),xlabel('x'),zlabel('z');title('(b) 仰角 75°，方位角-45° ')
view(-45,75)                %将视角设为仰角 75°、方位角-45°
subplot(2,2,3)
surf(X,Y,Z);                %画三维曲面
ylabel('y'),xlabel('x'),zlabel('z');title('(c) 视点为(2,1,1)')
view([2,1,1])               %将视点设为(2,1,1)指向原点
subplot(2,2,4)
surf(X,Y,Z);                %画三维曲面
ylabel('y'),xlabel('x'),zlabel('z');title('(d) 仰角 120°，方位角 0° ')
view(30,0)                  %将视角设为仰角 120°、方位角 0°
```

输出图形如图 10-23 所示。

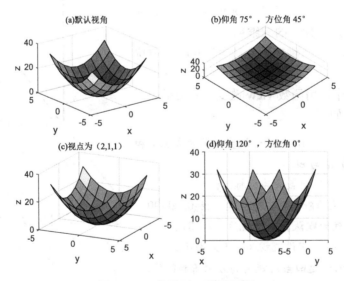

图 10-23　不同视角下的曲面图

## 10.3.4　其他图形函数

除了上面讨论的函数，MATLAB 还提供了 mesh 等其他图形函数，如表 10-4 所示。

表10-4　其他图形函数

| 函　数 | 功　能 |
| --- | --- |
| mesh (X,Y,Z) | 画网格曲面图 |
| meshc (X,Y,Z) | 画网格曲面图和基本的等值线图 |
| meshz (X,Y,Z) | 画包含零平面的网格曲面图 |
| waterfall (X,Y,Z) | 沿 $x$ 方向出现网线的曲面图 |
| quiver (X,Y,DX,DY) | 在等值线上画出方向或速度箭头 |
| clabel (cs) | 在等值线上标上高度值 |

【例 10-18】　网格曲面图示例。

在 MATLAB 中输入以下程序：

```
[X,Y,Z]=peaks(20);
figure
subplot(2,2,1);mesh(X,Y,Z);title('(a) mesh of peaks');
subplot(2,2,2);surf(X,Y,Z);title('(b) surf of peaks');
subplot(2,2,3);meshc(X,Y,Z);title('(c) meshc of peaks');
subplot(2,2,4);meshz(X,Y,Z);title('(d) meshz of peaks');
```

输出图形如图 10-24 所示。

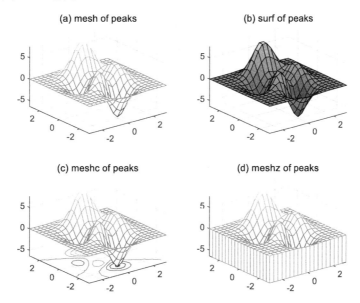

图 10-24　函数 quiver 的应用

【例 10-19】　函数 clabel 的应用示例。

在 MATLAB 中输入以下程序：

```
[X,Y,Z]=peaks(30);
[C,h] = contour(X,Y,Z);
clabel(C,h);
```

输出图形如图 10-25 所示。

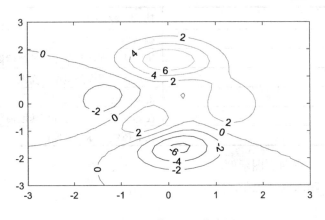

图 10-25　函数 clabel 的应用

另外，二维图形中的条形图、饼图等也可以以三维图形的形式出现，格式如下：

- bar3(x,y)：在 x 指定的位置绘制 y 中元素的条形图；x 省略时，y 的每一个元素对应一个条形。
- stem3(x,y,z)：在 x、y 指定的位置绘制数据 z 的针状图，x、y、z 维数必须相同；x 和 y 若省略，则自动生成。
- pie3(x)：x 为向量，用 x 中的数据绘制一个三维饼图。
- fill3(x,y,z,c)：x、y、z 为多边形的顶点，c 为填充颜色。

【例 10-20】　按要求绘制三维图形。

（1）绘制魔方阵的条形图。

（2）用针状图绘制函数 z=cos(x)。

（3）已知 x={45,76,89,222,97}，绘制饼图。

（4）用随机顶点绘制一个黑色的六边形。

在 MATLAB 中输入以下程序：

```
subplot(2,2,1);
bar3(magic(3));
x=0:pi/5: pi;
y=x;
z=cos(x);
subplot(2,2,2);stem3(x,y,z ,'b');
view([2,1,1]) ;                        %改变视角
subplot(2,2,3);pie3([45,76,89,222])
subplot(2,2,4);fill3(rand(3,1),rand(3,1),rand(3,1),'k')
```

输出图形如图 10-26 所示。

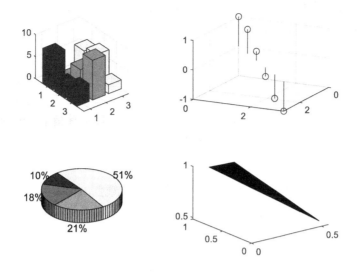

图 10-26 各种三维图形

# 10.4 图 像

图像本身是一种二维函数，图像的亮度是其位置的函数。MATLAB 中的图像是由一个或多个矩阵表示的，因此 MATLAB 的许多矩阵运算功能均可以用于图像矩阵运算和操作。

MATLAB 中图像数据的存储在默认的情况下为双精度（double），即 64 位浮点数。这种存储方式的优点是运算时不需要进行数据类型转换，但是会导致巨大的存储量。

所以，MATLAB 还支持另一种类型无符号整型（unit8），即图像矩阵中的每个数据占用一个字节。MATLAB 的大多数操作都不支持 unit8 类型，在涉及运算时要将其转换成 double 型。

## 10.4.1 图像的类别和显示

### 1. 图像的类别

MATLAB 图像处理工具箱支持 4 种基本图像类型：索引图像、灰度图像、二进制图像和真色彩（RGB）图像。

（1）索引图像

索引图像包括图像矩阵和色图数组。其中，色图是按图像中颜色值进行排序后的数组。每个像素图像矩阵都包含一个值，这个值就是色图数组中的索引。色图为 $m \times 3$ 的双精度值矩阵，各行分别指定红绿蓝（RGB）的单色值，RGB 为值域是[0, 1]的实数值，0 代表最暗，1 代表最亮。

（2）灰度图像

灰度图像保存在一个矩阵中，矩阵的每个元素代表一个像素点。矩阵可以是双精度类型，值域为[0，1]；也可以为 unit8 类型，值域为[0，255]。矩阵的每个元素值代表不同的亮度或灰度级，0 表示黑色，1（或 unit8 的 255）代表白色。

（3）二进制图像

表示二进制图像的二维矩阵仅由 0 和 1 构成。二进制图像可以看作一个仅包括黑与白的特殊灰度图像，也可以看作共有两种颜色的索引图像。二进制图像可以保存为双精度或 unit8 类型的数组，显然用 unit8 类型可以节省空间。在图像处理工具箱中，任何一个返回二进制图像的函数都是以 unit8 类型逻辑数组来返回的。

（4）真彩色（RGB）图像

真彩色图像用 RGB 这 3 个亮度值表示一个像素的颜色，真彩色（RGB）图像各像素的亮度值直接存在图像数组中，图像数组为 $m \times n \times 3$，$m$、$n$ 表示图像像素的行数和列数。

### 2. 图像的显示

MATLAB 的图像处理工具箱提供了函数 imshow 来显示图像。调用格式如下：

- imshow (I,n)：用 n 个灰度级显示灰度图像，n 默认时使用 256 级灰度或 64 级灰度显示图像。
- imshow (I,[low, high])：将 I 显示为灰度图像，并指定灰度级为范围[low, high]。
- imshow(BW)：显示二进制图像。
- imshow (X,map)：使用色图 map 显示索引图像 X。
- imshow (RGB)：显示真彩色（RGB）图像。
- imshow(...,display_option)：在以函数 imshow 显示图像时，指定相应的显示参数。'ImshowBorder' 控制是否给显示的图形上加边框；'ImshowAxesVisible'控制是否显示坐标轴和标注；'ImshowTruesize'控制是否调用函数 truesize。
- imshow (filename)：显示 filename 所指定的图像文件。

另外，MATLAB 的图像处理工具箱还提供了函数 subimage，它可以在一个图形窗口内使用多个色图，函数 subimage 与 subplot 联合使用可以在一个图形窗口中显示多幅图像。以下是命令形式：

- subimage (X,map)：在当前坐标平面上使用色图 map 显示索引图像 X。
- subimage (RGB)：在当前坐标平面上显示真彩色（RGB）图像。
- subimage (I)：在当前坐标平面上显示灰度图像 I。
- subimage(BW)：在当前坐标平面上显示二进制图像（BW）。

【例 10-21】 设在当前目录下有一个 RGB 图像文件 peppers.png，下面给出以不同方式显示该图像的情况。

在 MATLAB 中输入以下程序：

```
I = imread('peppers.png');                              %读入图像文件
subplot(2,2,1);subimage(I);title('(a) RGB 图像')        %在子图形窗口 1
[X,map] = rgb2ind(I,1000);                              %将该图像转换为索引图像
subplot(2,2,2);subimage(X,map);title('(b) 索引图像')    %在子图形窗口 2
X = rgb2gray(I);                                        %将该图像转换为灰度图像
```

```
subplot(2,2,3);subimage(X);title('(c) 灰度图像')          %在子图形窗口 3
X= im2bw(I,0.6);                                          %将该图像转换为黑白图像
subplot(2,2,4);subimage(X);title('(d) 黑白图像')          %在子图形窗口 4
```

输出图形如图 10-27 所示。因为印刷的原因，所以看不出显示的效果，读者可以自行运行以上程序在屏幕上进行观察。

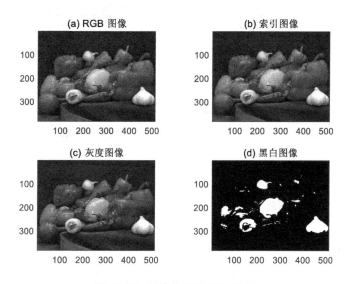

图 10-27　图像的不同显示方式

## 10.4.2　图像的读写

计算机数字图像文件常用格式有 BMP（Windows 位图文件）、HDF（层次数据格式图像文件）、JPEG（联合图像专家组压缩图像文件）、PCX（Windows 画笔图像文件）、TIF（标签图像格式文件）、XWD（X Windows Dump 图像格式文件）等。

从图像文件中读入图像数据用函数 imread，常用格式如下：

（1）A = imread(filename,fmt)：将文件名指定的图像文件读入 A，如果读入的是灰度图像，则返回 $M \times N$ 的矩阵；如果读入的是彩色图像，则返回 $M \times N \times 3$ 的矩阵。fmt 为代表图像格式的字符串，如表 10-5 所示。

表10-5　图像格式

| 格　　式 | 含　　义 |
| --- | --- |
| 'bmp' | Windows 位图（Bitmap） |
| 'cur' | Windows 光标文件格式（Cursor Resources） |
| 'gif' | 图形交换格式（Graphics Interchange Format） |
| 'hdf' | 分层数据格式（Hierarchical Data Format） |
| 'ico' | Windows 图标（Icon resources） |
| 'jpg'<br>'jpeg' | 联合图像专家组格式（Joint Photographic Experts Group） |

（续表）

| 格　式 | 含　义 |
|---|---|
| 'pbm' | 可导出位图（Portable Bitmap） |
| 'pcx' | PC 画笔位图（Paintbrush） |
| 'pgm' | 可导出灰度位图（Portable Graymap） |
| 'png' | 可导出网络图形位（Portable Network Graphics） |
| 'pnm' | 可导出任意映射位图（Portable Anymap） |
| 'ppm' | 可导出像素映射位图（Portable Pixmap） |
| 'ras' | 光栅位图（Sun Raster） |
| 'tif' & 'tiff' | 标签图像文件格式（Tagged Image File Format） |
| 'xwd' | Windows 转储格式（X Windows Dump） |

（2）[X,map]=imread(filename,fmt)：将文件名指定的索引图像读入到矩阵 X，其返回色图到 map。

用函数 imwrite 可以将图像写入文件，其命令格式如下：

（1）imwrite(A,filename,fmt)：将 A 中的图像按 fmt 指定的格式写入文件 filename 中。

（2）imwrite(X,map,filename,fmt)：将矩阵 X 中的索引图像及其色图按 fmt 指定的格式写入文件 filename 中。

（3）imwrite(...,filename)：根据 filename 的扩展名推断图像文件格式，并写入文件 filename 中。

# 10.5　函　数　绘　制

利用 MATLAB 中的一些特殊函数可以绘制任意函数图形，即实现函数可视化。

## 10.5.1　一元函数绘图

利用符号函数，可以通过函数 ezplot 绘制任意一元函数，其调用格式为：

- ezplot(f)：按照 $x$ 的默认取值范围（$-2*pi<x<2*pi$）绘制 $f=f(x)$ 的图形。对于 $f=f(x,y)$，$x$、$y$ 的默认取值范围为 $-2*pi<x<2*pi$，$-2*pi<y<2*p$，绘制 $f(x,y)=0$ 的图形。
- ezplot(f,[min,max])：按照 $x$ 的指定取值范围（$min<x<max$）绘制函数 $f=f(x)$ 的图形。对于 $f=f(x,y)$，ezplot(f,[xmin,xmax,ymin,ymax]) 按照 $x$、$y$ 的指定取值范围（$xmin<x<xmax$，$ymin<y<ymax$）绘制 $f(x,y)=0$ 的图形。
- ezplot(x,y)：按照 $t$ 的默认取值范围（$0<t<2*pi$）绘制函数 $x=x(t)$、$y=y(t)$ 的图形。
- ezplot(f,[xmin,xmax,ymin,ymax])：按照指定的 $x$、$y$ 取值范围（$xmin<x<xmax$，$ymin<y<ymax$）在图形窗口绘制函数 $f=f(x,y)$ 的图形。
- ezplot(x,y,[tmin,tmax])：按照 $t$ 的指定取值范围（$tmin<t<tmax$）绘制函数 $x=x(t)$、$y=y(t)$ 的图形。

**【例 10-22】**　一元函数绘图示例。

在 MATLAB 中输入以下程序：

```
f='x.^3+y.^2-3';
ezplot(f)
```

输出图形如图 10-28 所示。

## 10.5.2　二元函数绘图

对于二元函数 $z = f(x, y)$，同样可以借用符号函数提供的函数 ezmesh 绘制各类图形；也可以用 meshgrid 函数获得矩阵 $z$，或者用循环语句 for（或 while）计算矩阵 $z$ 的元素，然后用 10.2 节介绍的函数绘制二元函数图。

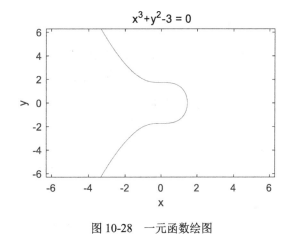

图 10-28　一元函数绘图

### 1. 函数 ezmesh

该函数的调用格式如下：

- ezmesh(f)：按照 $x$、$y$ 的默认取值范围（-2\*pi<$x$<2\*pi，-2\*pi<$y$<2\*pi）绘制函数 $f(x,y)$的图形。

- ezmesh(f,domain)：按照 domain 指定的取值范围绘制函数 $f(x,y)$的图形，domain 可以是 4×1 的向量[xmin,xmax,ymin, ymax]；也可以是 2×1 的向量[min, max]，其中 min<$x$<max，min<$y$<max。

- ezmesh(x,y,z)：按照 $s$、$t$ 的默认取值范围（-2\*pi <$s$<2\*pi，-2\*pi <$t$<2\*pi）绘制函数 $x=x(s,t)$、$y=y(s,t)$和 $z=z(s,t)$的图形。

- ezmesh(x,y,z,[smin,smax,tmin,tmax]) 或 ezmesh(x,y,z,[min,max])：按照指定的取值范围 [smin,smax,tmin,tmax]或[min,max]绘制函数 $f(x,y)$的图形。

- ezmesh(...,n)：调用 ezmesh 绘制图形时，会同时绘制 $n×n$ 的网格，$n=60$（默认值）。

- ezmesh(...,'circ')：调用 ezmesh 绘制图形时，以指定区域的中心绘制图形。

**【例 10-23】**　二元函数绘图示例。

在 MATLAB 中输入以下程序：

```
syms x,y;
f='sqrt(1-x^2-y)';
ezmesh(f)
```

输出图形如图 10-29 所示。

### 2. 用函数 meshgrid 获得矩阵 *z*

对于二元函数 $z=f(x,y)$，每一对 $x$ 和 $y$ 的值产生一个 $z$ 的值，作为 $x$ 与 $y$ 的函数，$z$ 是三维空间的一个曲面。MATLAB 将 $z$ 存放在一个矩阵中，$z$ 的行和列分别表示为

```
z(i, : ) = f(x,y(i))
z(:, j ) = f(x(j),y)
```

当 $z=f(x,y)$ 能用简单的表达式表示时，利用 meshgrid 函数可以方便地获得所有 $z$ 的数据，然后用前面讲过的画三维图形的命令就可以绘制二元函数 $z=f(x,y)$。

【例 10-24】 绘制二元函数 $z=f(x,y)=x^3+y^3$ 的图形。

在 MATLAB 中输入以下程序：

```
x=0:0.1:2;                % 给出 x 数据
y=-2:0.1:2;               % 给出 y 数据
[X,Y]=meshgrid(x,y);      % 形成三维图形的 X 和 Y 数组
Z=X.^3+Y.^3;
surf(X,Y,Z);xlabel('x'),ylabel('y'),zlabel('z');
title('z=x^3+y^3')
```

输出图形如图 10-30 所示。

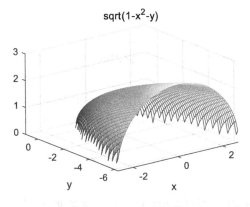

图 10-29 二元函数绘图

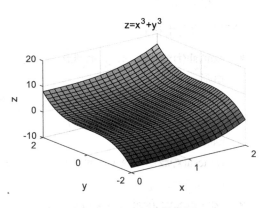

图 10-30 二元函数绘图

### 3. 用循环语句获得矩阵数据

【例 10-25】 用循环语句获得矩阵数据的方法重做例 10-24。

在 MATLAB 中输入以下程序：

```
x=0:0.1:2;                % 给出 x 数据
y=-2:0.1:2;               % 给出 y 数据
z1=y.^3;
z2=x.^3;
nz1=length(z1);
nz2=length(z2);
Z=zeros(nz1,nz2);
for r=1:nz1
for c=1:nz2
Z(r,c)=z1(r)+z2(c);
end
end
```

```
surf(x,y,Z); ;xlabel('x'),ylabel('y'),zlabel('z');
title('z=x^3+y^3')
```

图形显示结果如图 10-30 所示。

# 10.6　图形对象及其属性设置

MATLAB 的图形系统是面向对象的，也就是说图形的输出（如曲线）是建立图形对象。通常用户不必去关心这些高级 MATLAB 命令包含的对象，然而有时为了调整对象也要用一些低级的 MATLAB 命令。

MATLAB 中介绍了图形用户界面（GUI）的应用，如单选按钮、滑标和菜单。利用这些用户能够很容易地进行图形控制。

在 MATLAB 中加入一系列的图片就可以创建出动画来，利用这些动画可以做一些有趣的演示。

## 10.6.1　MATLAB 的图形对象

MATLAB 中的各种对象都列在表 10-6 中。

表10-6　图形对象

| 对　　象 | 父　代 | 描　　述 |
|---|---|---|
| root | — | 屏幕是一个根对象。所有其他的图形对象都是根的子对象。根对象的句柄值是零 |
| figure | root | 屏幕上的窗口是一个图形对象，对象的句柄值是整数，在窗口的标题中给出 |
| axes | figure | 轴对象在窗口中定义一个图形区域，可以用来描述子对象的位置和方向 |
| uicontrol | figure | 用户界面控制。当用户用鼠标在控制对象上单击时，MATLAB 会完成一个相应规定的任务 |
| uimenu | figure | 创建一个窗口菜单，用户用这些菜单能够控制程序 |
| uicontext-menu | figure | 创建一个图形对象的快捷菜单。也就是说当用户单击图形对象时会显示出菜单来 |
| image | axes | 用当前的色图矩阵定义一个图像。图像可以有自己的色图 |
| line | axes | 用 plot、plot3、contour 和 contour3 创建一些简单的图形 |
| patch | axes | 创建补片对象 |
| surface | axes | 输入定义一个有 4 个角的曲面，可以用实线或内插颜色来绘制，或者作为一个网格 |
| text | axes | 字符串，位置由它的父对象——轴对象来指定 |
| light | axes | 定义多边形或者曲面的光照 |

父对象影响它所有的子对象，这些子对象又影响它们的子对象，以此类推。结果是轴对象会影响像对象，但不影响用户界面控制。

根据表 10-6 可知，根对象的句柄值是零，而图形对象的句柄值是整数，其他对象则用浮点值作为句柄值。

画一个对象，可以使用和对象名字的相同等级命令。例如，画一个线条，可以用命令 line。对象的属性有两类：

- 属性：用来决定对象的显示和保存的数据。
- 方法：用来决定在对对象操作时调用什么样的函数，如当创建或者删除对象时，或当用户单击它们时。

一些属性有默认值，如果没有特殊说明，就是使这些默认值。

有一些属性是用来规定对象色彩的，它们以 R、G、B 三元组的形式给出，也就是说，用一个有 3 个元素的向量[$r$ $g$ $b$] ( 0≤$r$, $g$, $b$≤1)来表示颜色中的红、绿和蓝色。例如，用[1, 0, 0]表示红色。也可以用预定义在 MATLAB 中表示颜色的字符串来代替 R、G、B 三元组，如'black'和'blue'。

在 helpdesk 中的句柄图形对象中给出各种不同类型对象的详细说明，从 MATLAB 手册《使用 MATLAB 图形和用 MATLAB 建立 GUI》可得到相关的信息。

MATLAB 中这些图形对象从根对象开始，构成一种层次关系。在图 10-31 中，位于左边的是父对象，位于右边的是左边父对象的子对象。

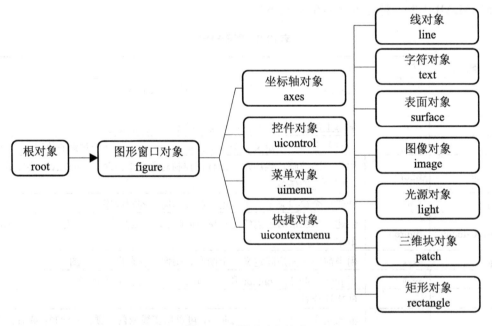

图 10-31　图形对象关系

当我们调用 plot 命令绘制二维曲线时，MATLAB 的执行过程大致如下：

（1）使用 figure 命令，在屏幕对象上生成图形窗口（figure 对象）。

（2）使用 axis 命令，在图形窗口内生成一个绘图区域（line 对象）。

（3）使用 line 命令，在 axis 指定的区域内绘制线条（line 对象）。

因此，MATLAB 所绘制的图形是由基本的图形对象组合而成的，可以改变图形对象的属性来设置所绘制的图形。

## 10.6.2　句柄——图形对象的标识

句柄指的是某个图形对象的记号。MATLAB 给图形中的各个图形对象指定一个句柄，由句柄唯一地标识要操作的图形对象。

对于 root 对象，它的句柄是屏幕，这是 MATLAB 的规定，不用重新生成。root 对象的句柄值为 0。

Figure 对象的句柄生成指令时：

```
handle=figure('PropertyName',PropertyValue,…)
```

即可以在创建新窗口时直接设置其属性。用户通过这样的方式打开图形窗口，并返回该窗口的句柄，以后就可以对其属性进行进一步的设置了。

在 MATLAB 中，允许打开多个图形窗口，每个窗口有一个对应自己的句柄。因此，对应 figure 对象，MATLAB 还提供了函数：

```
handle=gef
```

其作用是返回当前窗口的句柄到 handle 变量。

axes 对象是指在图形窗口中所设置的一个坐标轴，axes 对象的句柄生成指令是：

```
handle=axes('PropertyName',PropertyValue,…)
```

即可以直接设置其属性值。

此外，利用 plot、plot3 等绘图函数时，在这些命令中都包含有自动生成 axes 对象的命令。由于 axes 对象是一个经常要用到的图形对象，因此 MATLAB 还提供函数：

```
handle=gca
```

其作用是返回当前坐标轴的句柄到 handle 变量。

```
handle=gco
```

其作用是返回当前对象的句柄到 handle 变量。

text 对象是指图形中的一串文字，text 对象可由 text 指令生成。另外，xlabel、ylabel、title 等设置字符串的命令都包括自动生成 text 对象的命令。

## 10.6.3　图形对象属性的获取与设定

图形对象的属性可以控制对象外观和行为等许多方面的性质。MATLAB 为不同的图形对象提供了很多控制其特性的属性。例如，Figure 对象的 color 属性可控制图形窗口的背景颜色，axes 对象的 Xlabel 属性设置 $x$ 轴坐标的名称，XGrid 属性设置是否在 $x$ 轴的每一个刻度线画格线，等等。不同的图形对象有不同的属性，可以通过 get 和 set 命令来获取或设置其属性值。

### 1. 获取属性

```
PropertyValue=get(handle,'PropertyName')
```

该语句可获取指定图形对象的某个指定属性的属性值。对于句柄为 handle 的图形对象，返回其由 PropertyName 指定的属性的当前值，并将属性保存到 PropertyValue 中。

可以用 get(handle)来获取某一对象的所有属性值。例如，使用 get(gef)获取当前图形窗口的全部属性的当前属性值。

如果要返回某一对象的所有属性的默认值，则可以使用 get(handle, 'Default')来获取。如果要返回某一属性的默认值，则在其属性名前加'Default'，此时的命令格式为：

```
PropertyValue=get(handle,'DefaulObjectTypeProperName')
```

### 2. 属性的设置

```
set(handle,'PropertyName1','PropertyValue1','PropertyName2','PropertyValu
e2', …)
```

该语句设定指定图形对象的某些属性的属性值。对于句柄为 handle 的图形对象，将 PropertyName1 属性的属性值设定为 PropertyValue1，将 PropertyName2 属性的属性值设定为 PropertyValue2……

当要显示某一对象所有可设定的属性名称及其可能的取值时，可使用 set（handle）命令；当要显示某一对象的某一属性的可能取值时，使用 set（handle, 'PropertyName'）命令。

例如，在 MATLAB 命令行窗口中输入下列代码得到如图 10-32 所示的结果。

```
x=0:0.2:4*pi;
y=cos(x);
hp=plot(x,y,'r-diamond');
ht=gtext('y=cos(x)-原来标注');
```

这里返回的两个句柄（曲线句柄 hp 和字符句柄 ht）通过下面的语句修改曲线和标注，得到如图 10-33 所示的结果。

```
set(hp, 'linestyle', '-.', 'color', 'b ');
set(ht, 'string', 'y=cos(x)-新的标注', 'FontSize',18, 'Rotation',20);
```

在这两个命令中，首先改变曲线的线型和颜色，然后更新字符串的内容和字号，并将其旋转 10 度。

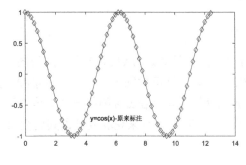

图 10-32  原来的图形

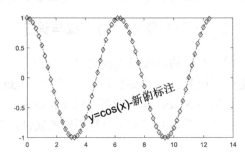

图 10-33  改变属性后的图形

## 10.6.4 图形对象常用属性

前面提到的 MATLAB 的图形对象都具有很多属性。下面介绍的是一些常用对象的常用属性。

### 1. 坐标轴对象的常用属性

- Box 属性：表示是否需要坐标轴上的方框，可以是 on 和 off，默认值是 on。
- ColorOrder 属性：设置多条曲线的颜色顺序，设置值为 $n \times 3$ 矩阵，也可以由 colormap 函数来设置。
- GridlineStyle 属性：网格线类型，如实线、虚线等，其设置类似 plot 命令的选项。
- NextPlot 属性：表示坐标轴图形的更新方式，默认值是 replace，表示重新绘制图形，而且 'add' 选项表示在原来的图形上叠加，相当于使用 hold on 命令的效果。
- Title 属性：本坐标轴标题的句柄。具体内容由 title 函数设定，由此句柄可以访问原来的标题。
- Xlabel 属性：$x$ 轴标注的句柄，其内容由 xlabel 函数设定。类似的还有 Ylabel 属性和 Zlabel 属性等。
- XGrid 属性：表示 $x$ 轴是否加网格线，可以是 on 和 off。类似的有 YGrid 属性和 ZGrid 属性等。
- XDir 属性：$x$ 轴方向，可以选择 normal 和 rev。类似的有 YDir 属性和 ZDir 属性等。
- Color 属性：设置坐标轴对象的背景颜色，属性是一个 $1 \times 3$ 的颜色向量，默认是[1 1 1]，即白色。
- FontAngle 属性：坐标轴标记文字的倾斜方式，可以选择 normal 和 italic 等。
- FontName 属性：坐标轴标记文字的字体名称。
- FontSize 属性：坐标轴标记文字的大小，默认是 10pt。
- FontWeight 属性：坐标轴标记文字的字体是否加黑。

### 2. 字符对象的常用属性

- Color 属性：设置坐标轴对象的背景颜色，属性是一个 $1 \times 3$ 的颜色向量，默认是[1 1 1]，即白色。
- FontAngle 属性：坐标轴标记文字的倾斜方式，可以选择 normal 和 italic 等。
- FontName 属性：坐标轴标记文字的字体名称。
- FontSize 属性：坐标轴标记文字的大小，默认是 10pt。

例如，在 MATLAB 的命令行窗口中输入如下代码：

```
x=0:0.1:3;
y=sin(x).*exp(-x);
hl=plot(x,y);
hc=text(1.2,0.3 ,'绘制的曲线');
```

得到如图 10-34 所示的图形。

对于这个图形，通过 set 函数设置坐标轴对象和字符对象的属性，例如输入如下代码：

```
set(gca, 'XGrid', 'on', 'YGrid', 'on');
set(hl, 'linestyle', ':');
```

```
set(hl, 'Color', 'red');
set(hc, 'fontsize',10, 'rotation',-18);
```

得到如图 10-35 所示的图形。

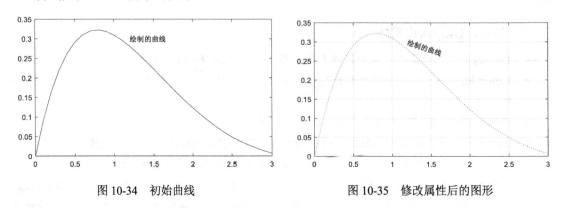

图 10-34　初始曲线　　　　　　　　　　图 10-35　修改属性后的图形

## 10.6.5　图形可视编辑工具

除了可以利用 set 函数设置图形对象的属性外，MATLAB 的图形窗口还提供了可视图形编辑工具。MATLAB 的图形窗口（见图 10-36）提供了一个工具栏，允许用户在图上标记字符、直线和箭头等。

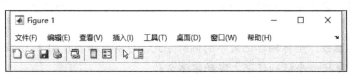

图 10-36　MATLAB 图形窗口

在图形窗口的"查看"菜单中选择"属性编辑器"菜单，打开属性编辑界面，如图 10-37 所示。在该编辑界面中，可以单击右下方的"更多属性"按钮打开更多的参数设置选项，如图 10-38 所示。读者可以自己修改各个参数设置项，查看各个参数设置项的功能。

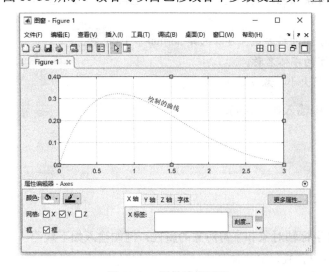

图 10-37　属性编辑界面　　　　　　　　图 10-38　更多属性编辑界面参数选项

【例 10-26】　利用 MATLAB 图形窗口功能改变三维图形的视角。

在工具栏中，MATLAB 提供了三维图形的视角变化功能。单击工具栏上的旋转按钮就可以进行视角变换，自由地得到三维图形。

在 MATLAB 命令行窗口中输入"sphere"得到一个球体，如图 10-39 所示。

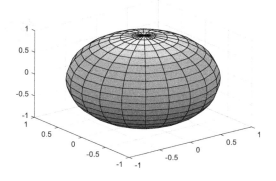

图 10-39　三维球体

选择"工具"菜单栏中的"三维旋转"按钮，分别旋转视角从正上方、正下方、正侧面和斜上方看球体，具体效果如图 10-40 所示。

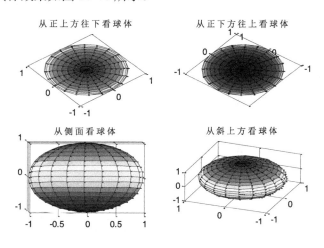

图 10-40　从不同视角观看球体图形

# 10.7　小　　结

MATLAB 中提供了丰富的绘图函数和绘图工具，这些函数或者工具的输出都显示在 MATLAB 命令行窗口外的一个图形窗口中。

本章系统地阐述了 MATLAB 图形窗口、二维图形和三维图形绘制的常用指令，包括使用线型、色彩、标记、坐标、子图、视角等手段表示可视化数据的特征，同时介绍了一元函数和二元函数的绘制以及有关图像的基本内容。

# 第**11**章

## 句柄图形对象

MATLAB 是一种面向对象的高级计算机语言，其数据可视化技术中的各种图形元素实际上都是抽象图形对象的实例。MATLAB 在创建这些图形对象实例时会返回一个用于标识此对象实例的双精度浮点数值，称为该对象实例的句柄。本章讲述 MATLAB 中各种图形对象的组织形式、常用图像的基本属性和操作方法等。

学习目标:

⌘ 了解图形对象的组织形式
⌘ 掌握常用图像的基本属性和操作方法

## 11.1 句柄图形对象概述

句柄图形是对底层图形例程集合的总称，实际上是进行生成图形的工作。这些细节通常隐藏在图形 M 文件的内部，如果想使用它们也是可得到的。

MATLAB 用户指南给人的一种印象是，句柄图形非常复杂，只对熟练的高级用户才有用，实际上不是这样的。句柄图形可以被任何人用来改变 MATLAB 生成图形的方式，不论是只想在一幅图里做一点小变动还是想做影响所有图形输出的全局变动。

句柄图形允许定制图形的许多特性，而这用高级命令和前几章里描述的函数是无法实现的。例如，想用橘黄色来画一条线，而不是 plot 命令中可用的任何一种颜色，句柄图形就可以提供一种方法。

本章不对句柄图形做详细讨论，因为那样涉及问题太细。这里的目的只是对句柄图形概念做基本了解，并提供足够多的信息，使得即使是偶尔使用一下 MATLAB 的用户也可以利用句柄图形。在这个背景下，在本章最后给出了关于句柄图形对象属性和它们的值，它不仅很有用也很有意义。

句柄图形是基于这样的概念，即一幅图的每一组成部分都是一个对象，每一个对象都有一系列句柄和它相关，每一个对象都有按需要可以改变的属性。

当今计算机行业最流行的术语之一便是对象这个词。面向对象的编程语言、数据库对象、操作系统和应用程序接口都使用了对象的概念。一个对象可以被粗略地定义为由一组紧密相关、形成唯一整体的数据结构或函数集合。在 MATLAB 中，图形对象是一幅图中很独特的成分，可以被单独操作。

由图形命令产生的每一件东西都是图形对象，包括图形窗口或仅仅说是图形，还有坐标轴、线条、曲面、文本和其他。这些对象按父对象和子对象组成层次结构。

计算机屏幕是根对象，并且是所有其他对象的父亲。图形窗口是根对象的子对象；坐标轴和用户界面对象是图形窗口的子对象；线条、文本、曲面、补片和图像对象是坐标轴对象的子对象。这种层次关系在图 11-1 中给出。

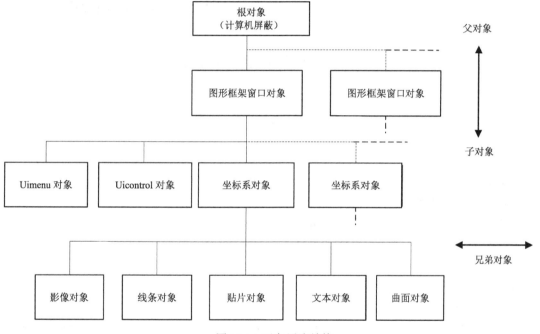

图 11-1　对象层次结构

根可包含一个或多个图形窗口，每一个图形窗口可包含一组或多组坐标轴。所有其他的对象（除了 uicontrol 和 uimenu 外）都是坐标轴的子对象，并且在这些坐标轴上显示。所有创建对象的函数当父对象或对象不存在时都会创建它们。

例如，没有图形窗口，plot(rand(size([1:10])))函数会用默认属性创建一个新的图形窗口和一组坐标轴，然后在这组坐标轴内画线。

假设已打开了 3 个图形窗口，其中两个有两幅子图，并要改变其中一幅子图坐标轴内一条线的颜色，那么如何认定想要改变的那条线呢？在 MATLAB 中，每一个对象都有一个数字标识，即句柄。每次创建一个对象时，就为它建立一个唯一的句柄。

计算机屏幕作为根对象常常是 0。Hf_fig=figure 命令建立一个新的图形窗口，变量 Hf_fig 中返回它的句柄值。图形窗口的句柄为整数，通常显示在图形窗口标题条中。其他对象句柄是 MATLAB 双精度的浮点值。

MATLAB 可以用来获得图形、坐标轴和其他对象的句柄。例如，Hf_fig=gcf 返回当前图形窗口的句柄值，而 Ha_ax=gca 返回当前图形窗口内当前坐标轴的句柄值。这些函数和其他对象操作的工具在本章后面讨论。

为了提高可读性，在本书中包含句柄对象的变量取名以大写的 H 开头，跟之以一个辨识对象类型的字母，然后是一个下划线，最后是一个或几个描述符。因此，Hf_fig 是一个图形窗口的句柄，Ha_ax1 是坐标轴对象的句柄，Ht_title 是一个文本对象的句柄。当对象类型不知道时，可用字母 x，比如 Hx_obj。虽然句柄变量可以取任意名字，但是遵循这种规则能在 M 文件中很容易找到句柄变量。

所有产生对象的 MATLAB 函数都为所建立的每个对象返回一个句柄（或句柄的列向量）。这些函数包括 plot、mesh、surf 及其他。有一些图形由一个以上的对象组成。比如，一个网格图由一个曲面组成，它只有一个句柄；而 waterfall 图形由许多线条对象组成，每个线条对象都有各自的句柄。例如，Hl_wfall=waterfall(peaks(20))对线条返回一个包含着 20 个句柄的列向量。

# 11.2　get 和 set 函数

所有对象都由属性来定义它们的特征，通过设定这些属性来修正图形显示的方式。尽管许多属性所有的对象都有，但是与每一种对象类型（比如坐标轴，线，曲面）相关的属性列表都是独一无二的。

对象属性可包括诸如对象的位置、颜色、类型、父对象、子对象及其他内容。每一个不同对象都有和它相关的属性，可以改变这些属性而不影响同类型的其他对象。和每一种对象类型（图形，坐标轴，线，文本，曲面，补片和图像）相关的完整的属性列表在本章后面给出。

对象属性包括属性名和与它们相关联的值。属性名是字符串，通常按混合格式显示，每个词的开头字母大写，如 LineStyle。但是，MATLAB 识别一个属性时是不分大小写的。另外，只要用足够多的字符来唯一地辨识一个属性名即可。例如，坐标轴对象中的位置属性可以用 Position、position 甚至是 pos 来调用。

建立一个对象时，采用一组默认属性值，该值可以用两种方法来改变：用{属性名，属性值}对来建立对象生成函数；或者在对象建立后改变属性。

前一种方法的例子是：

```
Hf_1=figure('color','white')
```

它用默认的属性值建立一个新的图形窗口，只是背景颜色被设为白色而不是默认的黑色。

## 11.2.1　get 函数

为了获得和改变句柄图形对象的属性只需要两个函数。函数 get 返回某些对象属性的当前值。使用函数 get 的简单语法是 get(handle,'PropertyName')。例如：

```
p=get(Hf_1,'position')
```

返回具有句柄 Hf_1 图形窗口的位置向量。

```
c=get(Hl_a,'color')
```

返回具有句柄 Hl_a 对象的颜色。

## 11.2.2　set 函数

函数 set 改变句柄图形对象属性，语法为 set(handle,'PropertyName',value)。例如：

```
set(Hf_1, 'Position',p_vect)
```

将具有句柄 **Hf_1** 的图形位置设为向量 **p_vect** 所指定的值。同样：

```
set(Hl_a, 'color', 'r' )
```

将具有句柄 **Hl_a** 的对象的颜色设置成红色。

一般情况下，函数 set 可以有任意数目的('PropertyName', PropertyValue)对。比如：

```
set(Hl_a, 'Color', 'r' , 'Linewidth',2, 'LinStyle', '--' )
```

将具有句柄 **Hl_a** 的线条变成红色，线宽为 2 点，线型为破折号。

除了这些主要功能，函数 set 和函数 get 还能提供帮助。例如，set(handle, 'PropertyName')
返回一个可赋给由 handle 所描述对象的属性值列表。例如：

```
>> set(Hf_1, 'Units')'
ans =
  1×6 cell 数组
    {'inches'}   {'centimeters'}   {'characters'}   {'normalized'}
{'points'}   {'pixels'}
```

表明由 **Hf_1** 所引用的图形的 Unites 属性是 5 个可允许的字符串，其中 **pixels** 是默认值。
如果指定一个没有固定值的属性，那么 MATLAB 就会通知如下：

```
set(Hf_1, 'Position' )
  空的 0×0 cell 数组
```

除了 set 命令，句柄图形对象创建函数（例如 figure、axis、line 等）接受多个属性名和属
性值对。例如：

```
>> figure('Color' , 'blue' , 'NumberTitle' , 'off' , 'Name' , 'My Figure' )
```

创建一个图形窗口，背景为蓝色，标有 **My Figure** 而不是默认标题 Figure 1。

为了形象说明上述概念，给出下面的例子：

```
>> Hf_fig =figure        % 创建具有整数句柄的图形
Hf_fig=
  Figure (1) - 属性:
      Number: 1
       Name: ''
      Color: [0.9400 0.9400 0.9400]
    Position: [680 558 560 420]
      Units: 'pixels'
```

```
>> Hl_line=line                        % 创建具有浮动指针句柄的行
Hl_line =
  Line - 属性:
              Color: [0 0 0]
          LineStyle: '-'
          LineWidth: 0.5000
             Marker: 'none'
         MarkerSize: 6
    MarkerFaceColor: 'none'
              XData: [0 1]
              YData: [0 1]
              ZData: [1×0 double]


>> set(Hl_line);                       % 列出可设置属性和潜在值
     AlignVertexCenters: {[on]  [off]}
             BusyAction: {'queue'  'cancel'}
          ButtonDownFcn: {}
               Children: {}
               Clipping: {[on]  [off]}
                  Color: {1×0 cell}
                   …                   % 限于篇幅略去部分
                 Parent: {}
          PickableParts: {'visible'  'none'  'all'}
               Selected: {[on]  [off]}
    SelectionHighlight: {[on]  [off]}
                    Tag: {}
               UserData: {}
                Visible: {[on]  [off]}
                  XData: {}
                  YData: {}
                  ZData: {}


>> get(Hl_line);                       % 列出属性和当前属性值
     AlignVertexCenters: off
             Annotation: [1×1 matlab.graphics.eventdata.Annotation]
           BeingDeleted: off
             BusyAction: 'queue'
          ButtonDownFcn: ''
               Children: [0×0 GraphicsPlaceholder]
               Clipping: on
                  Color: [0 0 0]
                   …                   % 限于篇幅略去部分
                 Parent: [1×1 Axes]
```

```
        PickableParts: 'visible'
            Selected: off
  SelectionHighlight: on
                 Tag: ''
                Type: 'line'
            UserData: []
             Visible: on
               XData: [0 1]
               YData: [0 1]
               ZData: [1×0 double]
```

在上例中，所创建的线条中的'Parent'属性就是包含线条的坐标轴的句柄，而且所显示的图形列表被分为两组。在空行上的第一组列出了该对象的独有属性，空行下的第二组列出所有对象共有的属性。

注意，函数 set 和函数 get 返回不同的属性列表。函数 set 只列出可以用 set 命令改变的属性，而 get 命令列出所有对象的属性。在上例中，函数 get 列出了 Children 和 Type 属性，set 命令却没有。这一类属性只可读，但不能被改变，它们叫作只读属性。

与每一个对象有关的属性数目是固定的，但不同的对象类型有不同数目的属性。像上面所显示的，一个线条对象列出了 16 个属性，而一个坐标轴对象列出了 64 个属性。显然，透彻地说明和描述所有对象类型的全部属性超出本书的范围。但是，其中的很多属性在本书以后要详细讨论，并且列出全部属性。

作为一个使用图像句柄的例子，可以考虑前面提出的问题。它要用非标准颜色画一条线。在这里，线的颜色用 RGB 值[1.5 0]来指定，是适中的橘黄色。

```
>> x=-2*pi:pi/40:2*pi;                    %创建数据
>> y=sin(x);                              %求数据的正弦函数
>> Hl_sin=plot(x,y);                      %画出正弦函数曲线
>> set(Hl_sin, 'Color' ,[1 .5 0], 'LineWidth' ,3)   %改变颜色和曲线
```

现在加一个浅蓝色的 cosine 曲线：

```
>> z=cos(x);                              %求数据的余弦函数
>> hold on  %  keep the sine curve
>> Hl_cos=plot(x,z);                      %画出余弦函数曲线
>> set(Hl_cos, 'Color' ,[.75 .75 1])      %画曲线为蓝色
>> hold off
```

也可以用较少的步骤来实现同样的功能：

```
>> Hl_lines=plot(x,y,x,z);                %画出两条曲线
>> set(Hl_lines(1), 'Color' ,[1 .5 0], 'LineWidth' ,3)
>> set(Hl_lines(2), 'Color' ,[.75 .75 1])
```

加上一个标题并且使字体比正常大一些：

```
>> title('Handle Graphics Example' )      %增加标题
>> Ht_text=get(gca, 'Title' )
>> set(Ht_text, 'FontSize' ,16)
```

最后一个例子说明了关于坐标轴对象令人感兴趣的性质。每一个对象都含有 Parent 属性和 Children 属性，该属性包含属于派生对象的句柄。画在一组坐标轴上的线具有当作 Parent 属性值的坐标轴对象的句柄，而 Children 属性值是一个空距阵。同时，这个坐标轴对象具有当作 Parent 属性值的图形句柄，而 Children 属性值是线条对象的句柄。

标题字符串和坐标轴的标志不包含在坐标轴的'Children'属性值里，而是保存在 Title、Xlabel、Ylabel 和 Zlabel 的属性内。创建坐标轴对象时，这些文本对象就建立了。title 命令设置当前坐标轴内标题文本对象的 String 属性。最终，标准 MATLAB 的函数 title、xlabel、ylabel 和 zlabel 不返回句柄，而只接受属性和数值参量。例如，下面的命令给当前图加一个 24 点的绿色标题：

```
>> title(' Handle Graphics Example', 'Fontsize',24, 'Color', 'green' )
```

除了函数 set 和 get，MATLAB 还提供了另外两个函数来操作对象和它们的属性。任意对象和它们的子对象可以用 delete(handle)来删除。同样，reset(handle)将与句柄有关的全部对象属性（除了 Position 属性）重新设置为该对象类型的默认值。

# 11.3　查找对象

句柄图形提供了对图形对象的访问途径，并且允许用函数 get 和 set 定制图形。如果忘记保存句柄或变量被覆盖，仍需改变对象的属性，那么可以使用 MATLAB 提供的查找对象句柄工具。

```
>> Hf_fig=gcf
```

表示返回当前图形的句柄，而

```
>> Ha_ax=gca
```

表示返回当前图形的当前坐标轴的句柄。

除了这些，还有一个获取当前对象的 gco。

```
>> Hx_obj=gco
```

返回当前图形的当前对象句柄。或者用另一种方法：

```
>> Hx_obj=gco(Hf_fig)
```

返回与句柄 Hf_fig 有关的图形中当前对象的句柄。

当前对象的定义为用鼠标刚刚点过的对象。这种对象可以是除根对象（计算机屏幕）之外的任何图形对象。但是，如果鼠标指针处在一个图形中而鼠标按钮未点，那么 gco 将返回一个空距阵。为了让当前对象存在，我们必须选择一些东西。

一旦获得了一个对象的句柄，它的对象类型就可以通过查询对象的 Type 属性来获得。该属性是一个字符串对象名，比如 figure、axes 或 text。例如：

```
>> x_type=get(Hx_obj, 'Type')
```

当需要一些除了 CurrentFigure、CurrentAxes 和 CurrentObject 之外的某些东西时，可以用
函数 get 来获得一个对象的子对象的句柄向量。例如：

```
>> Hx_kids=get(gcf, 'Children' )
```

返回一个向量，包含当前图形子对象的句柄。

可以用获得子对象 Children 句柄的技术彻底搜索句柄图形的层次结构来找到所要的对象。
例如，在画出一些数据后，寻找绿色线条句柄的问题。

```
x=-pi:pi/20:pi;                    %创建数据
y=sin(x);
z=cos(x);
plot(x,y, 'r' ,x,z, 'g' );         %画出两条曲线，分别为红色和绿色
Hl_lines=get(gca, 'Children' );
for k=1:size(Hl_lines)             %查找绿色曲线大小
   if get(Hl_lines(k), 'Color' )==[0 1 0]
     Hl_green=Hl_lines(k)
   end
end
```

输出结果如下：

```
Hl_green=
  Line - 属性:
            Color: [0 1 0]
        LineStyle: '-'
        LineWidth: 0.5000
           Marker: 'none'
       MarkerSize: 6
  MarkerFaceColor: 'none'
            XData: [1×41 double]
            YData: [1×41 double]
            ZData: [1×0 double]
```

尽管这种技术有效，但是如果有很多对象存在就变得复杂了。该技术也丢失了标题和坐
标轴标志中的文本对象，除非能逐个检测这些对象。

当有多个图形，每个图形上又有多个坐标轴时，考虑查找所有绿色线条句柄的问题。

```
Hf_all=get(0, 'Children' );
for k=1:length(Hf_all)
   Ha_all=[Ha_all;get(Hf_all(k), 'Children')];
end
for k=1:length(Ha_all)
   Hx_all=[Hx_all;get(Ha_all(k), 'Children')];
end
for k=1:length(Hx_all)
   if get(Hx_all(k), 'Type' )== 'line'
```

```
    Hl_all=[Hl_all;Hx_all(k)];              %get line handles only
    end
end
for  k=1:length(Hl_all)
    if get(Hl_all(k), 'Color')==[0 1 0]
    Hl_green=[Hl_green;Hl_all(k)];
    end
end
```

为了简化查找对象句柄的过程，MATLAB 提供了内置函数 findobj。该函数返回有指定属性值的所有对象句柄。它的在线帮助如下：

```
>> help findobj
findobj - 查找具有特定属性的图形对象
    此 MATLAB 函数 返回根对象及其所有子级的句柄，而且不会将结果赋值给变量。
    findobj
    h = findobj
    h = findobj('PropertyName',PropertyValue,…)
    h = findobj('PropertyName',PropertyValue,'-logicaloperator',
'PropertyName',PropertyValue,…)
    h = findobj('-regexp','PropertyName','expression',…)
    h = findobj('-property','PropertyName')
    h = findobj(objhandles,…)
    h = findobj(objhandles,'-depth',d,…)
    h = findobj(objhandles,'flat','PropertyName',PropertyValue,…)
    另请参阅 copyobj, findall, findobj, gca, gcbo, gcf, gco, get, regexp, set
```

函数 findobj 返回符合所选判据的对象的句柄。它检查所有的'Children'，包括坐标轴的标题和标志。如果没有对象满足指定的判据，findobj 返回空距阵。

用函数 findobj，前面的例子变成一行：

```
>> Hl_green=findobj(0, 'Type' , 'line' , 'Color' ,[0 1 0])
```

# 11.4　图形窗口对象

要建立一个图形窗口，有两种方法：

（1）菜单操作：在 MATLAB 命令行窗口选择 File 菜单中的 New 命令，再选取 Figure 子菜单，这样将建立一个标准的 MATLAB 图形窗口。

（2）命令操作：使用 figure 函数建立一个图形窗口，并返回该窗口的句柄。调用 figure 函数的一般格式为：

窗口句柄=figure(属性名 1，属性值 1，属性名 2，属性值 2，…)

MATLAB 通过对属性的操作来改变图形窗口的形式。

【例 11-1】 建立一个图形窗口。该图形窗口起始于屏幕左下角、宽度和高度分别为 500 像素点和 200 像素点，图形窗口名称为"图形窗口示例"。

程序为：

```
hf=figure('Position',[1,1,500,200],'Name','图形窗口示例');
```

建立的图形如图 11-2 所示。

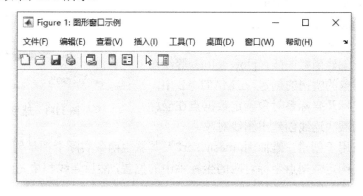

图 11-2　图形窗口

# 11.5　核心图形对象

MATLAB 中的核心图形对象包括坐标轴、图线、表面、片块、光源、图像等，部分常用核心图形对象如表 11-1 所示。

表11-1　核心图形对象

| 对象名称（创建函数） | 说　明 |
| --- | --- |
| axes | 坐标轴对象，定义图形显示区域的坐标轴 |
| line | 图线对象，许多图线绘制函数都是创建图线对象 |
| surface | 三维表面对象 |
| patch | 片块对象，描述实体模型 |
| light | 光源对象，修饰其他图形对象的显示效果 |
| image | 图像对象，显示图像数组 |

【例 11-2】 在 MATLAB 图形中显示球形的一部分。

在 MATLAB 命令行窗口中输入以下命令：

```
sphere
set(gca,'DataAspectRatio',[1 1 1], 'PlotBoxAspectRatio',[1 1 1],'ZLim',[-0.8 0.8])
```

得到如图 11-3 所示的图形。

坐标轴对象是许多图形对象的父对象，这从图 11-1 的继承关系图中可以看到。每一个可视化显示用户数据的图形窗口都包含一个或多个坐标轴对象，并且只有一个当前坐标轴对象，gca 函数返回当前坐标轴对象的句柄。

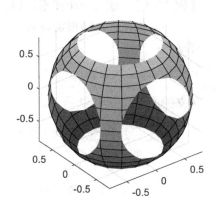

坐标轴对象确定了图形窗口的坐标系统，所有绘图函数都会使用当前坐标轴对象或创建一个新的坐标对象，确定其绘图数据点在图形中的位置。

图线对象用于创建函数曲线，plot、plot3 等绘图指令都是对图线对象的实例的创建。在 MATLAB 中，通过各数据点的坐标及坐标系对象确定数据点在坐标系中的位置，然后顺次连线创建出图线对象。

图 11-3　球形部分图形

三维表面对象用于创建三维曲面，mesh、surf 及其派生函数实际上都是创建三维表面图像。其创建过程也是先确定数据点坐标对应的坐标轴中的位置，然后连线和填充区域，从而创建三维表面对象。

片块对象是由边界的多边形填充区域，fill、fill3 等函数都用于创建片块对象。光源对象是不可见的图形对象，用于修饰其他图形对象的显示效果。

# 11.6　默认属性

MATLAB 在建立对象时把默认属性赋给各对象。如果想不采用这些默认值，就必须使用句柄图形工具对它们进行设置。当每次都要改变同一属性时，MATLAB 允许设置用户自己的默认属性。MATLAB 让用户改变对象层次结构中任意一点上的单个对象或对象类型的默认属性。

可以使用一个特殊性质名字符串来设置默认值，该字符串以 'Default' 开头，后跟对象类型和属性名。使用 set 命令中的句柄确定对象父—子等级图中的点，在该点使用默认值。例如：

```
>> set(0, 'DefaultFigureColor' ,[.5    .5    .5])
```

将所有的新图形对象设为适中的灰色，而不是 MATLAB 默认的黑色。该属性值应用于根对象（它的句柄总是 0），所以所有新图形会有一个灰色的背景。

下面是另外一些可改变默认值的例子。

```
>> set(0, 'DefaultAxesFontSize' ,14)       % larger axes fonts - all figures
>> set(gcf, 'DefaultAxesLineWidth' ,2)     % thick axes lines - this figure
>> set(gcf, 'DefaultAxesColor' , 'y' )     % yellow X-axis lines and labels
>> set(gcf, 'DefaultAxesGrid' , 'on' )     % Y axis grid lines - this figure
>> set(0, 'DefaultAxesBox' , 'on' )        % enclose axes - all figures
>> set(gcf, 'DefaultLineLineStyle' , ':' ) % dotted linestyle - these axes
```

当应用已存在对象工作时，使用后把它们恢复到初始的状态是一个很好的想法。如果想在一段例程中改变对象的默认属性，就保存原来的设置并在激活例程时将它们恢复。例如，考虑下面一段函数：

```
oldunits=get(0, 'DefaultFigureUnits');
set(0, 'DefaultFigureUnits', 'normalized');
<MATLAB statements>
set(0, 'DefaultFigureUnits',oldunits);
return
```

如果在所有的时刻用自己的默认值来设定 MATLAB，那么只要在 startup.m 文件里包括进所需的 set 命令就可以了。例如，在所有的轴上想要默认的网格和坐标轴框，并且经常在 A4 纸上打印，就把下面这些行加到 start.m 文件中。

```
set(0, 'DefaultAxesXGrid' , 'on' )
set(0, 'DefaultAxesYGrid' , 'on' )
set(0, 'DefaultAxesZGrid' , 'on' )
set(0, 'DefaultAxesBox' , 'on' )
set(0, 'DefultFigurePaperType' , 'a4paper' )
```

关于脚本 M 文件 start.m 的更详细信息，可参阅第 2 章。

有 3 个特殊的属性值字符串 remove、factory 和 default，它们逆转、取消或获得用户自定义默认属性。改变了一个默认属性时，可以使用 remove 逆转这种变化，把它重新设为初始的默认值。使用 remove 的方法如下：

```
>> set(0, 'DefaultFigureColor' ,[.5 .5 .5])    %设置一个新的默认值
>> set(0, 'DefaultFigureColor' , 'remove' )    %返回 MATLAB 的默认值
```

对一个特殊对象，为了暂时取消默认值并用最初的 MATLAB 默认值，可以用特殊的属性值 factory。例如：

```
>> set(0, 'DefaultFigureColor' ,[.5 .5 .5])    %选择一个新的默认值
>> figure( 'Color' , 'factory' )    %使用 MATLAB 默认值创建一个图像
```

第三个特殊的属性值字符串是'default'。这个属性值迫使 MATLAB 搜索对象层次结构，直到查到所需属性的一个默认值。如果找到，就使用该默认值。如果查到根对象，没有找到用户定义的默认值，MATLAB 就使用 factory 默认值。在用不同的属性值创建一个对象后，要把对象默认设成默认属性值时，这个概念是很有用的。为了弄清'default'的使用，考虑下面的例子。

```
>> set(0, 'DefaultFigureColor' , 'r' )    %set the default at the root level
>> set(gcf, 'DefaultFigureColor' , 'g' )
>> set(gca, 'DefaultFigureColor' , 'b' )    %设置默认颜色
>> Hl_rand=plot(rand(size([1:10])))    %画一个黄色曲线
>> set(H1_rand, 'Color' , 'default' )    %曲线变成蓝色
>> set(gca, 'DefaultFigureColor' , 'remove' )
>> set(H1_rand, 'Color' , 'default' )    %曲线变成绿色
>> close(gcf) %  close the window
```

```
>> Hl_rand=plot(rand(size([1:10])))          % 在新的窗口画黄色曲线
>> set(Hl_rand, 'Color' , 'default' )          % 曲线颜色变成红色
```

plot 命令并不将线的颜色设为线条对象的默认值。如果颜色参量未指定，plot 命令将使用坐标轴'ColorOrder'属性来指定它所产生的每条线的颜色。

# 11.7　非文件式属性

用函数 get 和 set 对每一个对象列出的属性是文件式属性。也有由 MATLAB 开发者所用的非文件式属性。其中一些可以被设置，另外一些是只读的。

每一个对象类型的一个有用的非文件式属性是'Tag'属性。这个属性对用户自定义的文本字符串来标志一个对象时有用。例如：

```
>> set(gca,'Tag','My axes')
```

就把字符串'My　axes'加到当前图形的当前坐标轴。这个字符串不在图形或坐标轴中显示出来，但可以查询'Tag'属性来辨别对象。例如，有许多个坐标轴，可以通过

```
>> Ha_myaxes=findobj(0,'Tag','My Axes');
```

来寻找上面的坐标轴对象的句柄。像在下一章讨论的'UserData'属性一样，'Tag'属性备作专门使用。没有任何 MATLAB 函数和 M 文件改变或对这些属性所含值做出假设。然而，如在下章要讨论的，有一些用户提供的 M 文件和几个精通 MATLAB 工具箱的函数使用'UserData'属性来存储临时数据。

由于一些非文件式属性是故意做成非文件式的，因此在使用时必须非常小心。它们有时比文件式属性脆弱，并且常常引起变化。在以后的 MATLAB 版本中，非文件式属性也许仍会保持或消失，或者改变功能，甚至会成为文件式属性。

在 MATLAB 中应变成文件式属性的非文件式属性列在表 11-2 中。

**表11-2　应变成文件式属性的非文件式属性**

| 属　　性 | 对　　象 |
|---|---|
| 'TerminalHideGraphCommand' | 根 |
| 'TerminalDimensions' | 根 |
| 'TerminalShowGraphCommand' | 根 |
| 'Tag' | 所有对象 |
| 'Layer' | 坐标轴 |
| 'PaletteModel' | 曲面，补片 |

# 11.8 小　结

　　MATLAB 的图形对象包括计算机屏幕、图形窗口、坐标轴、用户菜单、用户控件、曲线、曲面、文字、图像、光源、区域块和方框等。系统将每一个对象按树形结构组织起来。

　　MATLAB 在创建每一个图形对象时都为该对象分配唯一的一个值，称其为图形对象句柄。句柄是图形对象的唯一标识符，不同对象的句柄不可能重复和混淆。

　　本章简单介绍了 MATLAB 中数据可视化技术的底层概念——句柄图形对象。通过相对应的对象创建函数和 get、set 函数，用户可以在最底层控制和设置句柄图形对象的各种属性。

# 第12章

# Simulink 仿真系统

在 MATLAB 中，Simulink 是用来建模、仿真和分析动态多维系统的交互工具，可以使用 Simulink 提供的标准模型库或者自行创建模型库描述、模拟、评价和精化系统行为。

本章首先使用一个例子来说明 Simulink 的仿真创建过程，然后介绍 Simulink 的工作环境和常见工具。由于 Simulink 的内容比较繁多，因此本章将主要介绍关于 Simulink 的基础知识，包括线型系统、非线型系统和离散系统的建模方法。最后，本章还将介绍关于 Simulink 分析工具的相关知识，这样就可以更方便地使用该工具分析 Simulink 创建的模型对象了。

学习目标:

- ⌘ 熟悉 Simulink 的数据类型
- ⌘ 熟练运用 Simulink 的基本操作和属性设置
- ⌘ 熟悉 Simulink 中的信号处理
- ⌘ 掌握 Simulink 线型系统等建模

## 12.1　Simulink 基础知识

Simulink 是一个复杂的应用系统。为了让读者更直观地了解 Simulink 的使用方法和操作界面方法，本节首先介绍关于 Simulink 的一些基础知识。

### 12.1.1　Simulink 概述

Simulink 是 MATLAB 最重要的组件之一，它提供了一个动态系统建模、仿真和综合分析的集成环境。在该环境中，无须大量书写程序，只需要通过简单直观的鼠标操作就可以构造出复杂的系统。

Simulink 是实现动态系统建模、仿真和分析的一个软件包，被广泛应用于线性系统、非线性系统、数字控制及数字信号处理的建模和仿真中。Simulink 可以用连续采样时间、离散采样时间或两种混合的采样时间进行建模，也支持多速率系统，也就是系统中的不同部分具有不同的采样速率。

Simulink 是用于动态系统和嵌入式系统的多领域仿真和基于模型的设计工具。对各种时变系统，包括通信、控制、信号处理、视频处理和图像处理系统，Simulink 提供了交互式图形化环境和可定制模块库来对其进行设计、仿真、执行和测试。

构架在 Simulink 基础之上的其他产品扩展了 Simulink 多领域建模功能，也提供了用于设计、执行、验证和确认任务的相应工具。

Simulink 与 MATLAB 紧密集成，可以直接访问 MATLAB 大量的工具来进行算法研发、仿真的分析和可视化、批处理脚本的创建、建模环境的定制以及信号参数和测试数据的定义。

## 12.1.2　Simulink 的特点

### 1. 框图式建模

Simulink 提供了一种图形化的建模方式。所谓图形化建模，指的是用 Simulink 中丰富的按功能分类的模块库，帮助用户轻松地建立起动态系统的模型（模型用模块组成的框图表示）。用户只需要知道这些模块的输入、输出及实现的功能，通过对模块的调用、连接就可以构成所需系统的模型。

整个建模的过程只需用鼠标进行单击和简单拖动即可实现。利用 Simulink 图形化的环境及提供的丰富的功能模块，用户可以创建层次化的系统模型。

从建模角度讲，用户可以采用从上到下或从下到上的结构创建模型；从分析研究角度讲，用户可以从最高级观察模型，然后双击其中的子系统来检查下一级的内容。以此类推，从而看到整个模型的细节，帮助用户理解模型的结构和各个模块之间的关系。

### 2. 交互式仿真环境

可以利用 Simulink 中的菜单或者命令行窗口命令来对模型进行仿真。菜单方式对于交互工作特别方便，而命令行方式对大量重复仿真很有用。

Simulink 内置了很多仿真的分析工具，如仿真算法、系统线性化、寻找平衡点等。仿真的结果可以以图形的方式显示在类似于示波器的窗口内，也可以将输出结果以变量的方式保存起来，并输入到 MATLAB 中，让用户观察系统的输出结果并做进一步的分析。

### 3. 专用模块库（Blocksets）

Simulink 提供了许多专用模块库，如 DSP Blocksets 和 Communication Blocksets 等。

利用这些专用模块库，Simulink 可以方便地进行 DSP 及通信系统等进行仿真分析和原型设计。

### 4. 与 MATLAB 的集成

由于 MATLAB 和 Simulink 是集成在一起的，因此用户可以在这两种环境中对自己的模型进行仿真、分析和修改。

### 12.1.3 Simulink 工作环境

Simulink 的工作环境由库浏览器与模型窗口组成，库浏览器为用户提供了进行 Simulink 建模与仿真的标准模块库与专业工具箱，而模型窗口是用户创建模型的主要场所。

在 MATLAB 环境中启动 Simulink 的方法有如下两种：

- 在 MATLAB 的命令行窗口中输入 simulink 命令。
- 单击 "主页" 选项卡 SIMULINK 面板下的 Simulink 按钮 。

Simulink 启动以后出现如图 12-1 所示的 Simulink Start Page 页面，单击 Blank Model 即可进入如图 12-2 所示的 Simulink 主界面。

图 12-1 Simulink Start Page 页面

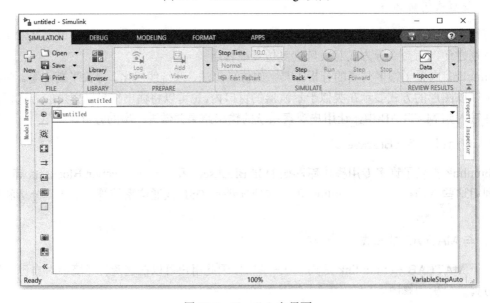

图 12-2 Simulink 主界面

在 Simulink 主界面中单击 SIMULATION 选项卡下的 LIBRARY 面板中的 Library Browser 按钮![按钮图标]，即可弹出如图 12-3 所示的 Simulink Library Browser 界面。

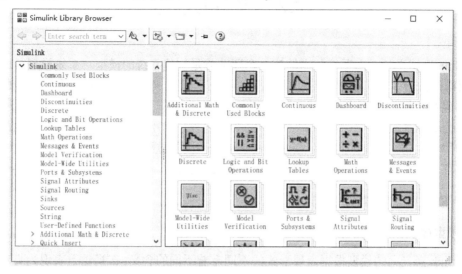

图 12-3　Simulink 库浏览器

Simulink Library Browser 界面右侧窗口是 Simulink 公共模块库中的子库，如 Continuous（连续模块库）、Discrete（离散模块库）、Sinks（信宿模块库）、Sources（信源模块库）等，其中包含了 Simulink 仿真所需的基本模块。

窗口的左半部分是 Simulink 所有库的名称，第一个库是 Simulink 库，该库为 Simulink 的公共模块库。Simulink 库下面的模块库为专业模块库，服务于不同专业领域，普通用户很少用到，如 Control System Toolbox 模块库（面向控制系统的设计与分析）、Communications Toolbox（面向通信系统的设计与分析）等。

窗口的右半部分是对应于左窗口打开的库中包含的子库或模块。

### 12.1.4　Simulink 仿真的基本步骤

创建系统模型及利用所创建的系统模型对其进行仿真是 Simulink 仿真的两个基本步骤。

#### 1. 创建系统模型

创建系统模型是用 Simulink 进行动态系统仿真的第一个环节，是进行系统仿真的前提。模块是创建 Simulink 模型的基本单元，通过适当的模块操作及信号线操作就能完成系统模型的创建。为了达到理想的仿真效果，在建模后仿真前必须对各个仿真参数进行配置。

#### 2. 利用模型对系统仿真

在完成了系统模型的创建及合理的设置仿真参数后就可以进行第二个步骤——利用模型对系统仿真。

对仿真结果的分析是进行系统建模与仿真的重要环节，因为仿真的主要目的就是通过创建系统模型以得到某种计算结果。Simulink 提供了很多可以对仿真结果分析的输出模块，而且在 MATLAB 中也有丰富的用于结果分析的函数和指令。

# 12.2  模型的创建

用 Simulink 进行动态系统仿真的第一个环节就是创建系统的模型。系统模型是由框图表示的，而框图的最基本组成单元就是模块和信号线。因此，熟悉和掌握模块和信号线的概念及操作是创建系统模型的第一步。

Simulink 标准模块库下的 Source 库和 Sink 库包含了常用的输入及输出模块，熟悉这些常用模块的用法对仿真模型的设计和创建框图是必不可少的重要环节。在进行仿真之前，根据实际系统及环境对仿真参数的配置是模型创建的重要步骤。

## 12.2.1  模型概念及文件操作

### 1. 模型概念

Simulink 意义上的模型根据表现形式的不同有着不同的含义：在视觉上表现为直观的框图；在文件形式上为扩展名为.mdl 的 ASCII 码文件；在数学上体现为一组微分方程或差分方程；在行为上 Simulink 模型模拟了物理器件构成的实际系统的动态特性。采用 Simulink 软件对一个实际动态系统进行仿真，关键是建立能够模拟并代表该系统的 Simulink 模型。

从系统组成上来看，一个典型的 Simulink 模型一般包括 3 个部分：输入、系统以及输出。输入一般用信源（Source）表示，可以为常数、正弦波、方波以及随机信号等信号源，代表实际对系统的输入信号。

系统也就是指被研究系统的 Simulink 框图；输出一般用信宿（Sink）表示，可以是示波器、图形记录仪等。无论是信源、系统还是信宿皆可从 Simulink 模块库中直接获得，或由用户根据实际要求采用模块库中的模块搭建而成。

当然，对于一个具体的 Simulink 模型而言，这 3 种结构并不都是必需的，有些模型可能不存在输入或输出部分。

### 2. 文件操作

在保存模型时，Simulink 通过生成特定格式的文件即模型文件来保存模型，其扩展名为.slx 或.mdl。换句话说，在 Simulink 当中创建的模型是由模型文件记录下来的。在 MATLAB 环境中，可以创建、编辑并保存创建的模型文件。

（1）创建新模型

创建新模型即打开一个名为 united 的空模型窗口（见图 12-2）。

（2）打开模型

打开已存在的模型文件的方法有：

① 直接在 MATLAB 指令窗口输入模型文件名（不要加扩展名.mdl），这要求文件在 MATLAB 搜索路径范围内。

② 在 MATLAB"主页"选项卡"文件"面板中单击打开按钮，在弹出的浏览窗口中选择所需的模型文件。

③ 单击库浏览器或模型窗口的图标。

### 3．模型的保存

Simulink 采用扩展名为.slx 或.mdl 的 ASCII 文件保存模型。因此，模型的保存完全遵循一般文件的保存操作。

模型文件名必须以字母开头，最多不能超过 63 个字母、数字和下划线；模型文件名不能与 MATLAB 命令同名。

### 4．模型的打印

模型本身具有多层次性，Simulink 模型的打印操作比较特殊。打印模型既可以用选项卡中的按钮方式也可以用指令的方式。

在模型窗口单击 SIMULATION 选项卡下 FILE 面板中的 Print 🖶 按钮，即可打开一个如图 12-4 所示的打印对话框，该对话框可以使用户有选择地打印模型内的系统。

图 12-4　打印对话框

部分参数含义如下：

- Current System：打印当前系统。
- Current system and above：打印当前系统及上层系统。
- Current system and below：打印当前系统及下层系统。
- All systems：打印模型中的所有系统。
- Include print log：包括打印记录。
- Frame：在每个方块图上打印带有标题的模块框图，在相邻的编辑框内输入标题模块框图的路径。
- Look under mask dialog：打印封装子系统的内容。
- Expand unique library links：库模块是系统时，打印库模块的内容，打印时只复制一次模块。

### 12.2.2 模块操作

Simulink 模块框图是由模块组成的（每个模块代表了动态系统的某个功能单元），模块之间采用连线连接。因此，模块是组成 Simulink 模型框图的基本单元，为了构造系统模型，就要对其进行相应的操作，基本操作包括选定、复制、调整大小、删除等。

**1. 模块的选定**

在 Simulink 的模块库中选择所需的模块的方法是：

① 选中所需要的模块，然后将其拖到需要创建仿真模型的窗口，释放鼠标，这时所需要的模块将出现在模型窗口中。

② 选中所需的模块，然后右击，在弹出的快捷菜单中执行"Add to file-name"命令（其中 file-name 是模型的文件名），选中的模块就会出现在 file-name 窗口中。

**2. 模块的复制**

（1）不同窗口的模块复制方法

① 在一窗口中选中模块，用鼠标左键将其拖到另一个模型窗口，释放鼠标。

② 在一窗口中选中模块，单击图标，然后单击目标窗口中需要复制模块的位置，最后单击图标。

（2）相同模型窗口内模块复制的方法

① 按住鼠标右键，拖动鼠标到目标位置，然后释放鼠标。

② 按住 Ctrl 键，再按住鼠标左键，拖动鼠标到目标位置，然后释放鼠标。在不同窗口和同一窗口均可采用快捷键进行复制：选中模块，按 Ctrl+C 键进行复制；然后单击需要复制模块的位置，按 Ctrl+V 键进行粘贴。

 复制后所得模块和原模块属性相同；应用在同一个模型中，这些模块名字后面加上相应的编号来进行区分；通过复制操作可以实现将一个模块插入到一个与 Simulink 兼容的应用程序中（如 Word 字处理程序）。

**3. 模块的移动**

选中要移动的模块，将模块拖动到目标位置，释放鼠标按键。

 与之相连的信号线由 Simulink 自动重新绘制；要移动一个以上的模块（包括它们之间的信号线），首先选中所要移动的模块及连线，然后将其移动到目标位置。

**4. 模块的删除**

选中要删除的模块，采用以下任何一种方法删除：

① 在模块上右击，在弹出的菜单中执行 Cut 或者 Delete 命令。

② 选中要删除的模块，按 Delete 键。

### 5．调整模块大小

通常调整一个模块的大小可以改善模型的外观，增强模型的可读性。调整模块大小的具体操作如下：

选中模块，模块四角出现了小方块；单击一个角上的小方块并按住鼠标左键，拖动鼠标，出现了虚线框以显示调整后的大小；释放鼠标，则模块的图标将按照虚线框的大小显示。

 调整模块大小的操作，只是改变模块的外观，不会改变模块的各项参数。

### 6．模块的旋转

Simulink 默认信号的方向是从左到右（左端是输入端，右端是输出端），有时为了连线的方便，常要对其进行旋转操作。用户在选定模块后可以通过下面的方法对其进行旋转操作：

① 单击 FORMAT 选项卡 ARRANGE 面板下的 按钮，可以将选定模块按顺时针或你是在旋转 90°。

② 单击 FORMAT 选项卡 ARRANGE 面板下的 按钮，可以将选定模块旋转 180°。

③ 在选定模块上单击鼠标右键，在弹出的快捷菜单中选择 Rotate & Flip 下的相应命令，也可以完成对模块的旋转操作。

### 7．颜色设定与增加阴影

单击 FORMAT 选项卡 STYLE 面板下的 Shadow 按钮，可以给选中的模块加上阴影效果，重新单击 Shadow 按钮则可以去除阴影效果。

选择 FORMAT 选项卡 STYLE 面板下的 Foreground 命令，可以改变模块的前景颜色；Background 命令可以改变模块的背景颜色。

以上操作同样可以右击，在弹出的快捷菜单中完成。

### 8．模块名的操作

一个模块创建后，Simulink 会自动在模块下面生成一个模块名，用户可以改变模块名的位置和内容。

① 模块名的修改：单击需要修改的模块名，这时在原来名字的四周将出现一个编辑框。此时，可在编辑框中完成对模块名的修改。修改完毕后，单击编辑框以外的区域，修改完毕。

② 模块名字体的设置：选中模块，执行 FORMAT 选项卡 FONT & PARAGRAPH 面板中的相关命令，可根据需要设置相应的字体。

③ 模块名的位置改变：模块名的位置有一定的规律，当模块的接口在左右两侧时，模块名只能位于模块的上下两侧（默认在下侧）；当模块的接口在上下两侧时，模块名只能位于模块的左右两侧（默认在左侧）。因此，模块名只能从原位置移动到相对的位置。

可以用鼠标拖动模块名到相对的位置，也可以先选中模块，执行 FORMAT 选项卡 BLOCK LAYOUT 面板中的 Flip Name 实现相同的移动。

执行 BLOCK LAYOUT 面板中 Auto Name 下的 Name On 命令，可以将模块的名称长显示在模型窗口中。

### 9. 模块的参数和特性设置

Simulink 中几乎所有的模块都有一个模块参数对话框，用户可以在该对话框中设置参数，可以用下面的几种方式打开模块参数对话框。

① 在模型窗口选中模块，然后单击 BLOCK 选项卡 MASK 面板下的 Mask Parameters 按钮，这里的 BLOCK 指的是相应选中模块的模块名。

② 在模型窗口选中模块右击，选择 Block parameters 命令。

③ 双击模块，打开模块参数对话框。

对于不同的模块，参数对话框会有所不同，用户可以按要求对其进行设置。每个模块都有一个内容相同的特性设置对话框（在模块上右击，选择 Properties 即可得到模块特性设置的对话框）。它可以对说明、优先级、标记等内容进行设置。

### 10. 模块的输入/输出信号

通常模块所处理的信号包括标量信号和向量信号两类。默认状态下，大多数的模块输出为标量信号，某些模块通过对参数的设定可以使模块输出为向量信号。对于输入信号而言，模块能够自动匹配。

## 12.2.3 信号线操作

模块设置好以后，需要将它们按照一定的顺序连接起来才能组成完整的系统模型（模块之间的连接称为信号线），信号线的基本操作包括绘制、分支、折曲、删除等。

### 1. 绘制信号线

可以采用下面任一种方法绘制信号线：

① 将鼠标指向连线起点（某个模块的输出端），此时鼠标的指针变成十字形，按住鼠标不放，并将其拖动到终点（另一模块的输入端）释放鼠标即可。

② 首先选中源模块，然后在按 Ctrl 键的同时单击目标模块。

提示 信号线的箭头表示信号的传输方向；如果两个模块不在同一水平线上，连线将是一条折线，将两模块调整到同一水平线，信号线自动变成直线。

### 2. 信号线的移动和删除

选中信号线，采用下面任一种方法移动：

① 按住鼠标左键，拖动鼠标到目标位置，释放鼠标。

② 选择模块，然后选择键盘上的上、下、左、右键来移动模块，信号线也随之移动。

选中信号线，采用下面任一种方法删除：

① 按键盘上的 Delete 键。

② 单击鼠标右键，在弹出的快捷菜单中执行 Clear 或 Cut 命令。

### 3．信号线的分支和折曲

（1）信号分支

在实际模型中，某个模块的信号经常要同不同的模块进行连接。此时，信号线将出现分支，如图 12-5 所示。

采用以下方法可实现分支：

① 按住 Ctrl 键，在信号线分支的地方按住鼠标左键，拖动鼠标到目标模块的输入端，释放 Ctrl 键和鼠标。

② 在信号线分支处按住鼠标左键并拖动鼠标至目标模块的输入端，然后释放鼠标。

（2）信号折曲

在实际模型创建中，有时需要信号线转向，称为"折曲"，如图 12-6 所示。

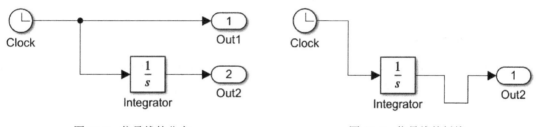

图 12-5　信号线的分支　　　　　　　　图 12-6　信号线的折线

采用以下方法可实现折曲：

- 任意方向折曲：选中要折曲的信号线，将光标指向需要折曲的地方，按住 Shift 键，再按住鼠标左键，拖动鼠标以任意方向折曲，释放鼠标。
- 直角方式折曲：同上面的操作，但不要按 Shift 键。
- 折点的移动：选中折线，将光标指向待移的折点处，光标变成了一个小圆圈，按住鼠标左键并拖动到目标点，释放鼠标。

### 4．信号线间插入模块

在建模过程中，有时需要在已有的信号线上插入一个模块。如果此模块只有一个输入口和一个输出口，那么这个模块可以直接插到一条信号线中，具体操作如下：

选中要插入的模块，拖动模块到信号线上需要插入的位置释放鼠标，如图 12-7 所示。

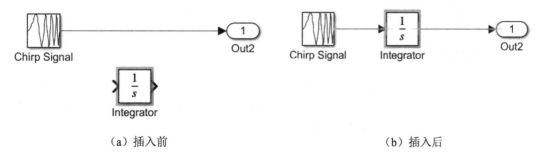

（a）插入前　　　　　　　　　　　　　（b）插入后

图 12-7　信号线间插入模块

### 5. 信号线的标志

为了增强模型的可读性，可以为不同的信号做标记，同时在信号线上附加一些说明。

- 信号线注释：双击需要添加注释的信号线，在弹出的文本编辑框中输入信号线的注释内容即可，如图 12-8 所示。

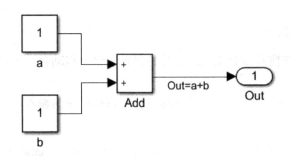

图 12-8　信号线的注释

## 12.2.4　对模型的注释

对于友好的 Simulink 模型界面，对系统的模型注释是不可缺少的。使用模型注释可以使模型更易读懂，其作用如同 MATLAB 程序中的注释行，如图 12-9 所示。

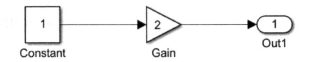

This simulink contains three model.

图 12-9　模型中的注释

- 创建模型注释：在将用作注释区的中心位置双击，在出现的编辑框中输入所需的文本后单击编辑框以外的区域，完成注释。
- 注释位置移动：可以直接用鼠标拖动实现。
- 注释的修改：只需单击注释，文本变为编辑状态即可修改注释信息。
- 删除注释：选中注释按 Delete 键。
- 注释文本属性控制：在注释文本上右击，可以改变文本的属性，如大小、字体和对齐方式；也可以通过执行模型窗口 FORMAT 选项卡下的命令实现。

## 12.2.5　Source 库中常用的模块

Source（信源）库中包含了用于建模的基本的输入模块，熟悉其中常用模块的属性和用法对模型的创建是必不可少的。表 12-1 列出了 Source 库中的所有模块及各个模块的简单功能介绍。对其中一些常用的模块功能及参数设置做一下简单说明。

表12-1　Sources 库简介

| 名　　称 | 功　　能 |
| --- | --- |
| Band Limited White Noise | 生成白噪声信号 |
| Random number | 生成高斯分布的随机信号 |
| Chirp Signal | 生成一个频率随时间线性增大正弦波信号 |
| From File | 输入数据来自某个数据文件 |
| Constant | 生成常数信号 |
| Sine Wave | 生成正弦波 |
| From Workspace | 数据来自 MATLAB 的工作空间 |
| Step | 生成阶跃信号 |
| Ground | 用来连接输入端口未连接的模块 |
| Clock | 显示并输出当前的仿真时间 |
| In1 | 输入端 |
| Pulse Generator | 脉冲发生器 |
| Ramp | 斜坡信号 |
| Digital Clock | 按指定采样间隔生成仿真时间 |
| Repeating sequence | 生成重复的任意信号 |
| Signal Generator | 信号发生器 |
| Signal buider | 生成任意分段的线性信号 |
| Uniform Random Number | 生成平均分布的随机信号 |

### 1. Chirp Signal（扫频信号模块）

此模块可以产生一个频率随时间线性增大的正弦波信号，可以用于非线性系统的频谱分析。模块的输出既可以是标量也可以是向量。

打开模块参数对话框，该模块有 4 个参数可设置。

- Initial frequency：信号的初始频率。其值可以是标量和向量，默认值为 0.1Hz。
- Target time：目标时间，即变化频率在此时刻达到设置的"目标频率"。其值可以是标量或向量，默认值为 100。
- Frequency at target time：目标频率。其值可为标量或向量，默认值为 1Hz。
- Interpret vector parameters as 1-D：如果在选中状态，则模块参数的行或列值将转换成向量进行输出。

### 2. Clock（仿真时钟模块）

此模块输出每步仿真的当前仿真时间。当模块打开的时候，此时间将显示在窗口中。但是，当此模块打开时，仿真的运行会减慢。

当在离散系统中需要仿真时间时，要使用 Digital Clock。此模块对一些其他需要仿真时间的模块是非常有用的。

Clock 模块用来表示系统运行时间，此模块共有 2 个参数。

- Display time：此参数复选框用来指定是否显示仿真时间。
- Decimation：此参数用来定义此模块的更新时间步长，默认值为 10。

### 3．Constant（常数模块）

Constant 模块产生一个常数输出信号。信号既可以是标量，也可以是向量或矩阵，具体取决于模块参数和 Interpret vector parameters as 1-D 参数的设置。图 12-10 所示是常数模块的参数设置对话框。

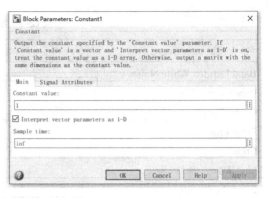

**参数说明：**

- Constant value: 常数的值，可以为向量，默认值为 1。

图 12-10　Constant 模块的参数设置对话框

- Interpret vector parameters as 1-D: 在选中状态时，如果模块参数值为向量，则输出信号为一维向量，否则为矩阵。
- Sample time: 采样时间，默认值为-1（inf）。

### 4．Sine Wave（正弦波模块）

此模块的功能是产生一个正弦波信号。它可以产生两类正弦曲线：基于时间模式和基于采样点模式。若在 Sine type 列表框中选择 Time based，生成的曲线是基于时间模式的正弦曲线。图 12-11 是正弦模块的参数设置对话框。

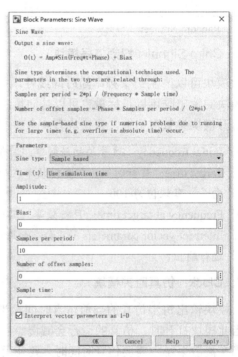

图 12-11　正弦模块的参数设置窗口

在 Time based（基于时间）模式下使用下面的公式计算输出的正弦曲线：

```
y=Amplitude×sin(Frequency×time+phase)+bias
```

5 个参数分别如下所示：

- Amplitude：正弦信号的幅值，默认值为 1。
- Bias：偏移量，默认值为 0。
- Frequency：角频率（单位是 rad/s），默认值为 1。
- Phase：初相位（单位是 rad），默认值为 0。
- Sample time：采样间隔，默认值为 0，表示该模块工作在连续模式，大于 0 则表示该模块工作在离散模式。

Sample based（基于采样）模式下的 5 个参数意义如下：

- Amplitude：正弦信号的幅值，默认值为 1。
- Bias：偏移量，默认值为 0。
- Samples per period：每个周期的采样点，默认值为 10。
- Number of offset samples：采样点的偏移数，默认值为 0。
- Sample time：采样间隔，默认值为 0。在该模式下，必须设置为大于 0 的数。

【例 12-1】  对 sin(x) 积分。

模型如图 12-12 所示，所有模块按照默认值设置，模型运行总步长设置为 10。输出波形如图 12-13 所示，sin(x) 的积分为斜坡信号。

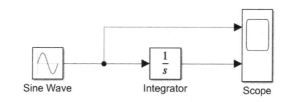

图 12-12  系统原理图

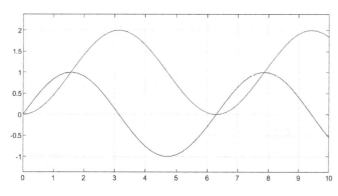

图 12-13  系统仿真结果

## 5. Repeating Sequence（周期序列）

此模块可以产生波形任意指定的周期标量信号，共有 2 个可设置参数。

- Time values：输出时间向量，默认值为 [ 0,2 ]，其最大时间值为指定周期信号的周期。
- Output values：输出值向量，每一个值对应同一时间列中的时间值，默认值为 [ 0,2 ]。

这两个参数的数组大小要一致，比如 Time values 参数设为［1,3］、Output values 参数设为［1,4］，输出波形如图 12-14 所示。

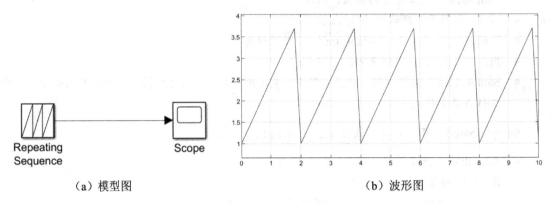

（a）模型图　　　　　　　　　　　　　（b）波形图

图 12-14　周期序列输出波形

该波形的周期 $T=2$（取决于 Time values 参数中的最大值 2）；$t=1$ 时输出为 1；$t=2$ 时输出值为 5。

### 6．Signal Generator（信号发生器模块）

此模块可以产生不同波形的信号（正弦波、方波、锯齿波和随机信号波形），用于分析在不同激励下系统的响应。此模块的主要参数如下：

- Wave form：信号波形，可以设置为正弦波、方波、锯齿形波、随机波 4 种波形，默认为正弦波。
- Time：指定是使用仿真时间还是外部信号作为波形时间变量值的来源。如果指定外部源，那么模块将显示一个输入端口，用来连接该外部源。
- Amplitude：信号振幅，默认值为 1，可为负值（此时波形偏移 180º）。
- Frequency：信号频率，默认值为 1。
- Units：频率单位，可以设置为赫[兹]（Hz）和弧度/秒（rad/s），默认值为 Hz。

### 7．Step（阶跃信号模块）

此模块是在某规定时刻于两值之间产生一个阶跃变化，既可以输出标量信号又可以输出向量信号，取决于参数的设定。

### 8．Ramp（斜坡信号模块）

此模块用来产生一个开始于指定时刻、以常数值为变化率的斜坡信号，主要参数说明如下：

- Slope：斜坡信号的斜率，默认值为 1。
- Start time：开始时刻，默认值为 0。
- Initial output：变化之前的初始输出值，默认值为 0。

### 9．Pulse Generator（脉冲发生器模块）

该模块以一定的时间间隔产生标量、向量或矩阵形式的脉冲信号，主要参数说明如下：

- Amplitude：脉冲幅度，默认值为 1。
- Period：脉冲周期，默认值为 2，单位为 s。
- Pulse width：占空比，即信号为高电平的时间在一个周期内的比例，默认值为 50%。
- Phase delay：相位延迟，默认值为 0。

### 10．Digital Clock（数字时钟模块）

此模块仅在特定的采样间隔产生仿真时间，其余时间显示保持前一次的值。该模块适用于离散系统、只有一个参数 Sample time（采样间隔），默认值为 1s。

### 11．From workspace（读取工作区模块）

此模块从 MATLAB 工作区的变量中读取数据，模块的图标中显示变量名，主要参数说明如下：

- Data：读取数据的变量名。
- Sample time：采样间隔，默认值为 0。
- Interpolate data：选择是否对数据插值。
- Form output after final data value by：确定该模块在读取完最后时刻的数据后模块的输出值。

### 12．From File（读取文件模块）

此模块从指定文件中读取数据，模块将显示读取数据的文件名。文件必须包含大于两行的矩阵。其中，第一行必须是单调增加的时间点，其他行为对应时间点的数据，形式为：

$$\begin{bmatrix} t_1 & \cdots & t_n \\ \vdots & & \vdots \\ t_{n1} & \cdots & t_{nn} \end{bmatrix}$$

输出的宽度取决于矩阵的行数。此模块采用时间数据来计算输出，但在输出中不包含时间项，这意味着若矩阵为 $m$ 行，则输出为一个行数为 $m-1$ 的向量。主要参数说明如下：

- File name：输入数据的文件名，默认为 untitled.mat。
- Sample time：采样间隔，默认值为 0。

### 13．Ground（接地模块）

该模块用于将其他模块的未连接输入接口接地。如果模块中存在未连接的输入接口，则仿真时会出现警告信息。使用接地模块可以避免产生这种信息。接地模块的输出是 0，与连接的输入接口的数据类型相同。

### 14．In1（输入接口模块）

建立外部或子系统的输入接口，可将一个系统与外部连接起来，主要参数说明如下：

- Port number：输入接口号，默认值为 1。
- Port dimensions：输入信号的维数，默认值为 –1，表示动态设置维数；可以设置成 $n$ 维向量或 $m \times n$ 维矩阵。
- Sample time：采样间隔，默认值为 –1。

### 15. Band-Limited White Noise（带限白噪声模块）

此模块用来产生适用于连续或混合系统的正态分布的随机信号。此模块与 Random Number（随机数）模块的主要区别在于，此模块以一个特殊的采样速率产生输出信号，此采样速率是同噪声的相关时间有关。主要参数说明如下：

- Noise power：白噪声的功率谱（PSD）幅度值，默认值为 0.1。
- Sample time：噪声的相关时间，默认值为 0.1。
- Seed：随机数的随机种子，默认值为 23341。

### 16. Random Number（随机数模块）

此模块用于产生正态分布的随机数，若要产生一个均匀分布的随机数，则用 Uniform Random Number 模块。主要参数说明如下：

- Mean：随机数的数学期望值，默认值为 0。
- Variance：随机数的方差，默认值为 1。
- Initial seed：起始种子数，默认值为 1。
- Sample time：采样间隔，默认值为 0，即连续采样。

尽量避免对随机信号积分，因为在仿真中使用的算法更适于光滑信号。若需要干扰信号，则可使用 Band-Limited White Noise 模块。

### 17. Uniform Random Number（随机数模块）

此模块用于产生均匀分布在指定时间区间内有指定起始种子的随机数。"随机种子"在每次仿真开始时会重新设置。若要产生一个具有相同期望和方差的向量，则需要设定参数 Initial seed 为一个向量。主要参数说明如下：

- Minimum：时间间隔的最小值，默认值为−1。
- Maximum：时间间隔的最大值，默认值为 1。
- Initial seed：起始随机种子数，默认值为 0。
- Sample time：采样间隔，默认值为 0。

## 12.2.6 Sink 库中常用的模块

Sink（信宿）库中包含了用户用于建模基本的输出模块，熟悉其中模块的属性和用法，对模型的创建和结果的分析是必不可少的。表 12-2 列出了 Sink 库中的所有模块及简单功能介绍。

表12-2　Sink库简介

| 名　　称 | 功　　能 |
|---|---|
| Display | 数值显示 |
| Floating Scope | 悬浮示波器，显示仿真时生成的信号 |
| Out1 | 为子系统或外部创建一个输出端口 |
| Scope | 示波器，显示仿真时生成的信号 |

（续表）

| 名　称 | 功　能 |
|---|---|
| Stop simulation | 当输入为非零时停止仿真 |
| Terminator | 终止一个未连接端口 |
| To File | 将数据写在文件中 |
| To Workspace | 将数据写入工作空间的变量中 |
| XY Graph | 使用 MATLAB 图形窗口显示信号的 $X$–$Y$ 图 |

下面对 Source 库中常用的几个模块做一下详细说明。

### 1. Display 模块

此模块是用来显示输入信号的数值，既可以显示单个信号也可以显示向量信号或矩阵信号。该模块的作用如下：

（1）显示数据的格式可以通过在属性对话框下选择 Format 选项来控制。

（2）如果信号显示的范围超出了模块的边界，就可以通过调整模块的大小来显示全部信号的值。

图 12-15 是输入为数组的情况，所示未显示全部输入的模型如图 12-15（a）；经过调整后显示全部输入的模型如图 12-15（b）所示。

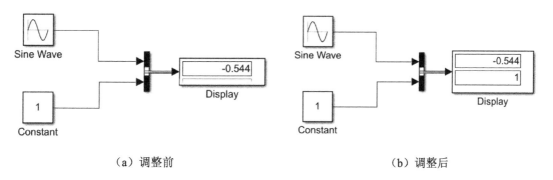

　　（a）调整前　　　　　　　　　　　　　　　（b）调整后

图 12-15　Display 模块用例

### 2. Scope 和 Floating Scope 模块

Scope 模块的显示界面与示波器类似，是以图形的方式显示指定的信号。当用户运行仿真模型时，Simulink 会把结果写入 Scope 中，但是并不打开 Scope 窗口。仿真结束后打开 Scope 窗口，会显示 Scope 输入信号的图形。

【例 12-2】　以示波器显示时钟信号输出结果。

模型如图 12-16（a）所示，Scope 显示结果如图 12-16（b）所示。

Scope 模块是 Sink 库中最为常用的模块，通过利用 Scope 模块窗口中的相关工具可以实现对输出信号曲线进行各种控制调整，便于对输出信号分析和观察。

悬浮示波器是一个不带接口的模块，在仿真过程中可以显示被选中的一个或多个信号。使用悬浮示波器可以直接利用 Sink 库中的 Floating Scope 模块。

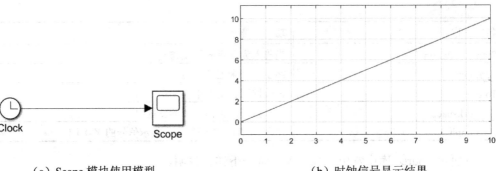

（a）Scope 模块使用模型　　　　　　　（b）时钟信号显示结果

图 12-16　示波器显示时钟信号输出

单击示波器工具栏上的 Configuration Properties 按钮 ⚙，打开 Configuration Properties Scope（示波器属性）：对话框，这个对话框中有 4 个选项：Main、Time、Display 和 Logging（见图 12-17）。下面对各个参数的设置做一下介绍。

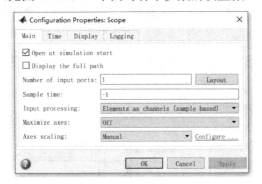

（a）Main 参数设置页面　　　　　　　　（b）Time 参数设置页面

（c）Display 参数设置页面　　　　　　　（d）Logging 参数设置页面

图 12-17　Scope 配置窗口

（1）Main参数说明

- Open at simulation start：选中此复选框可以在仿真开始时打开示波器窗口。
- Display the full path：选中此复选框将显示模块名称以及模块路径。

- Number of input ports: 设置 Scope 模块上输入端口的数量（整数），输入端口的最大数量为 96。
- Layout: 指定显示画面的数量和排列方式，最大布局为 16 行×16 列。
- Sample time: 指定示波器显示画面更新之间的时间间隔。该选项不适用于浮动示波器和波形查看器。
- Input processing: 信道或元素信号处理。
- Maximize axes: 最大化图的大小。

（2）Time参数说明

- Time span: 设置要显示的 $x$ 轴的长度。
- Time span overrun action: 指定如何显示超出 $x$ 轴可见范围的数据。
- Time units: 设置 $x$ 轴的单位。
- Time-axis labels: 指定如何显示 $x$ 轴（时间）标签。
- Show time-axis label: 显示或隐藏 $x$ 轴标签，选中复选框可显示活动显示屏的 $x$ 轴标签。

（3）Display参数说明

- Show legend: 显示信号图例。图例中列出的名称是来自模型的信号名称。对于有多个通道的信号，信号名称后面会附加一个通道索引。连续信号的名称前面带有直线条，离散信号的名称前面带有楼梯形线条。
- Show grid: 控制是否显示内部网格线。
- Plot signals as magnitude and phase: 将画面拆分为幅值图和相位图。On 显示幅值图和相位图，Off 显示信号图。
- Y-limits (Minimum): 最小 $y$ 轴值，将 $y$ 轴的最小值指定为一个实数。
- Y-limits (Maximum): 最大 $y$ 轴值，将 $y$ 轴的最大值指定为一个实数。
- Y-label: 指定要在 $y$ 轴上显示的文本。

（4）Logging参数说明

- Limit data points to last: 限制示波器内部保存的数据。默认情况下保存所有数据点，以便在仿真完成后查看波形可视化。
- Decimation: 减少要显示和保存的波形数据量。
- Log data to workspace: 将数据保存到 MATLAB 工作区。该选项不适用于浮动示波器和波形查看器。
- Variable name: 指定一个用于在 MATLAB 工作区中保存波形数据的变量名称。该选项不适用于浮动示波器和波形查看器。
- Save format: 选择一个用于在 MATLAB 工作区中保存数据的变量格式。该选项不适用于浮动示波器和波形查看器。

（5）Style参数设置

在示波器菜单中执行 View→Style 命令，可以弹出如图 12-18 所示的 Style:Scope 对话框。Style 部分配置参数说明如下：

- Figure color: 图形周围底色的选择。
- Axes colors: 图形底色和图形四周线宽颜色的选择。
- Properties for line: 图形中曲线的选择，默认为 1。
- Line: 图形中曲线形状、颜色和粗细度的选择。
- Marker: 图形中取点的形状选择。

### 3. Out1

该模块与 Source 库下的 In1 模块类似，可以为子系统或外部创建一个输出接口。

**【例 12-3】** 将阶跃信号的幅度扩大一倍，并以 Out1 模块为系统设置一个输出接口。

模型如图 12-19 所示。

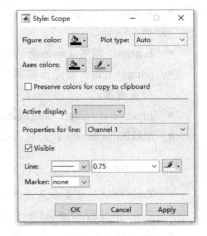

图 12-18　Style 配置窗口

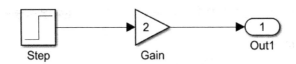

图 12-19　阶跃信号幅度扩大一倍模型

该模型中 Out1 模块为系统提供了一个输出接口，如果同时定义返回工作空间的变量（变量通过 Configuration Parameters 中的 Data Import/Export 选项来定义），就把输出信号（斜坡信号的积分信号）返回到定义的工作变量中。

此例中时间变量和输出变量使用默认设置 tout 和 yout。运行仿真后在 MATLAB 命令行窗口中输入如下命令绘制输出曲线：

```
>> plot(tout,yout);
```

输出曲线在 MATLAB 图形窗口显示，显示结果如图 12-20 所示。

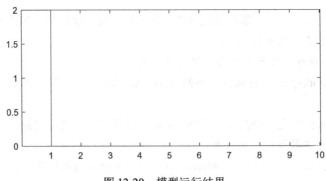

图 12-20　模型运行结果

### 4. To Workspace（写入工作空间模块）

此模块是把设置的输出变量写入到 MATLAB 工作区间，部分配置参数说明如下：

- Variable name: 模块的输出变量，默认值为 simout。

- Limit data points to last：限制输出数据点的数目，To Workspace 模块会自动进行截取数据的最后 $n$ 个点（$n$ 为设置值），默认值为 inf。
- Decimation：步长因子，默认值为 1。
- Save format：输出变量格式，可以指定为数组或结构。
- Sample time：采样间隔，默认值为 –1。

### 5. XY Graph（XY 图形模块）

此模块的功能是利用 MATLAB 的图形窗口绘制信号的 $X$–$Y$ 曲线。部分配置参数说明如下：

- x-min：$x$ 轴的最小取值，默认值为 –1。
- x-max：$x$ 轴的最大取值，默认值为 1。
- y-min：$y$ 轴的最小取值，默认值为 –1。
- y-max：$y$ 轴的最大取值，默认值为 1。
- Sample time：采样间隔，默认值为 –1。

如果一个模型中有多个 XY Graph 模块，在仿真时 SIMULINK 会为每一个 XY Graph 模块打开一个图形窗口。

### 6. To file 模块

利用该模块可以将仿真结果以 Mat 文件的格式直接保存到数据文件中。部分配置参数说明如下：

- Filename：保存数据的文件名，默认值为 untitled.mat。如果没有指定路径，则存于 MATLAB 工作空间目录。
- Variable name：在文件中所保存矩阵的变量名，默认值为 ans。
- Decimation：步长因子，默认值为 1。
- Sample time：采样间隔，默认值为 –1。

仿真的结果既可以以数据的形式保存到文件中，也可以用图形的方式直观地显示出来。仿真结果的输出可以采用多种方式实现：

① 使用 Scope 模块或 XY Graph 模块。
② 使用 Floating Scope 模块和 Display 模块。
③ 利用 Out1 模块将输出数据写入到返回变量，并用 MATLAB 绘图命令绘制曲线。
④ 将输出数据用 To Workspace 模块写入到工作区，并用 MATLAB 绘图命令绘制曲线。

熟悉以上模块的使用，对仿真结果的分析有很重要的意义。其余模块在这里就不做介绍了，如有需要可以查阅 MATLAB 帮助。

## 12.2.7　仿真的配置

构建好一个系统的模型后，在运行仿真前必须对仿真参数进行配置。仿真参数的设置包括仿真过程中的仿真算法、仿真的起始时刻、误差容限及错误处理方式等，还可以定义仿真结果的输出和存储方式。

首先打开需要设置仿真参数的模型，然后在模型窗口中单击 MODELING 选项卡 SETUP 面板中的 Model Settings 命令，就会弹出仿真参数设置对话框。

仿真参数设置主要部分有 Solver、Data Import/Export、Diagnostics、Optimization。下面对其常用设置做一下具体的说明。

### 1. Solver（算法）的设置

该部分主要完成对仿真的起止时间、仿真算法类型等的设置，如图 12-21 所示。

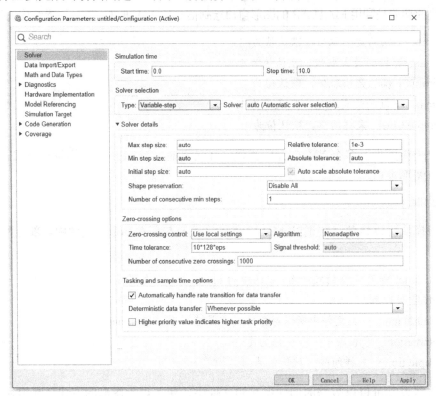

图 12-21　仿真参数对话框

（1）Simulation time：仿真时间，设置仿真的时间范围。

在 Start time 和 Stop time 文本框中输入新的数值可以改变仿真的起始和终止时间，Start time 默认值为 0.0、Stop time 默认值为 10.0。

提　示　仿真时间与实际的时钟并不相同，前者是计算机仿真对时间的一种表示，后者是仿真的实际时间。例如，仿真时间为 1s，若步长为 0.1s，则该仿真要执行 10 步，当然步长减小，总的执行时间会随之增加。仿真的实际时间取决于模型的复杂程度、算法及步长的选择、计算机的速度等诸多因素。

（2）Solver selection：算法选项，选择仿真算法并对其参数及仿真精度进行设置。

- Type: 指定仿真步长的选取方式，包括 Variable-step（变步长）和 Fixed-step（固定步长）。
- Solver: 选择对应的模式下所采用的仿真算法。

变步长模式下的仿真算法主要有：

- Auto（Automatic solver selection）：自动选择仿真算法。
- discrete（no continous states）：适用于无连续状态变量的系统。
- ode45（Dormand-prince）：四五阶龙格-库塔法，默认值算法，适用于大多数连续或离散系统，但不适用于刚性（stiff）系统，采用的是单步算法。一般来说，面对一个仿真问题最好是首先试试 ode45。
- ode23（Bogacki-Shampine）：二三阶龙格-库塔法，它在误差限要求不高和求解的问题不太难的情况下可能会比 ode45 更有效，为单步算法。
- ode113（Adams）：阶数可变算法，它在误差容许要求严格的情况下通常比 ode45 有效，是一种多步算法，就是在计算当前时刻输出时需要以前多个时刻的解。
- ode15s（stiff/NDF）：一种基于数值微分公式的算法，也是一种多步算法，适用于刚性系统，当用户估计要解决的问题是比较困难的，或者不能使用 ode45，或者即使使用效果也不好，就可以用 ode15s。
- ode23s（stiff/Mod.Rosenbrock）：是一种单步算法，专门应用于刚性系统，在弱误差容许下的效果好于 Ode15s。它能解决某些 ode15s 所不能有效解决的 stiff 问题。
- ode23t（mod.stiff/Trapezoidal）：这种算法适用于求解适度 stiff 的问题而用户又需要一个无数字振荡的算法的情况。
- ode23tb（stiff/TR-BDF2）：在较大的容许误差下可能比 ode15s 方法有效。固定步长模式下的仿真算法主要有 discrete(no continous states)：固定步长的离散系统的求解算法，特别是用于不存在状态变量的系统。

固定步长模式下的仿真算法主要有：

- ode5（Automatic solver selection）：是 ode45 的固定步长版本，默认值，适用于大多数连续或离散系统，不适用于刚性系统。
- ode4（Runge-Kutta）：四阶龙格-库塔法，具有一定的计算精度。
- ode3（Bogacki-Shampine）：固定步长的二三阶龙格-库塔法。
- ode2（Heun）：改进的欧拉法。
- ode1（Euler）：欧拉法。
- ode14X（extrapolation）：插值法。
- ode1be（Backward Euler）：隐式欧拉法。

（3）Solver details 参数设置：对两种模式下的参数进行设置。
变步长模式下的参数设置：

- Max step size：它决定了算法能够使用的最大时间步长，默认值为"仿真时间/50"，即整个仿真过程中至少取 50 个取样点，但这样的取法对于仿真时间较长的系统可能带来取样点过于稀疏，而使仿真结果失真。一般建议对于仿真时间不超过 15s 的采用默认值即可，对于超过 15s 的每秒至少保证 5 个采样点，对于超过 100s 的，每秒至少保证 3 个采样点。
- Min step size：算法能够使用的最小时间步长。
- Intial step size：初始时间步长，一般建议使用 auto 默认值即可。

- Relative tolerance: 相对误差，它是指误差相对于状态的值，是一个百分比，默认值为 1e-3，表示状态的计算值要精确到 0.1%。
- Absolute tolerance: 绝对误差，表示误差值的门限，或者是说在状态值为零的情况下可以接受的误差。如果它被设成了 auto，那么 simulink 为每一个状态设置初始绝对误差为 1e-6。

固定步长模式下的主要参数设置：

- Fixed-step size（fundamental sample time）：指定所选固定步长求解器使用的步长大小。默认值 auto 将由 Simulink 选择步长大小。如果模型指定一个或多个周期性采样时间，则 Simulink 将选择等于这些指定采样时间的最大公约数的步长大小。此步长大小称为模型的基础采样时间，可确保求解器在模型定义的每个采样时间内都执行一个时间步。如果模型没有定义任何周期性采样时间，则 Simulink 会选择一个可将总仿真时间等分为 50 个时间步的步长大小。

### 2. Data Import/Export（数据输入/输出）设置

仿真时，用户可以将仿真结果输出到 MATLAB 工作空间中，也可以从工作空间中载入模型的初始状态，这些都是在仿真配置中的 Data Import/Export 中完成的，如图 12-22 所示。

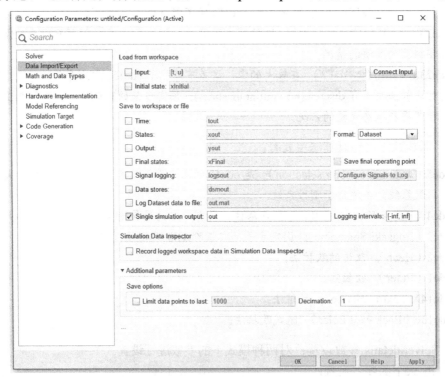

图 12-22　Data Import/Export 参数设置对话框

（1）Load from workspace：从工作空间载入数据。

- Input: 输入数据的变量名。
- Initial state: 从 MATLAB 工作空间获得的状态初始值的变量名。模型将从 MATLAB 工作空间获取模型所有内部状态变量的初始值，而不管模块本身是否已设置。该栏中输入的应该是 MATLAB 工作空间已经存在的变量，变量的次序应与模块中各个状态中的次序一致。

（2）Save to workspace or file：保存结果到工作空间或文件，主要参数说明如下。

- Time：时间变量名，存储输出到 MATLAB 工作空间的时间值，默认名为 tout。
- States：状态变量名，存储输出到 MATLAB 工作空间的状态值，默认名为 xout。
- Output：输出变量名，如果模型中使用 Out 模块，就必须选择该栏。
- Final states：最终状态值输出变量名，存储输出到 MATLAB 工作空间的最终状态值。
- Format：设置保存数据的格式。

（3）Save options（变量存放选项）。

- Limit data point to last：保存变量的数据长度。
- Decimation：保存步长间隔，默认值为 1，也就是对每一个仿真时间点产生值都保存；若为 2，则是每隔一个仿真时刻才保存一个值。

### 3. Diagnostics/Optimization 项设置

- Diagnostics：主要设置用户在仿真的过程中会出现的各种错误或报警消息。在该项中进行适当的设置可以定义是否需要显示相应的错误或报警消息。
- Optimization：位于 Code Generation 选项下，主要用于设置影响仿真性能的不同选项。

## 12.2.8　启动仿真

仿真的最终目的是要通过模型得到某种计算结果，故仿真结果的分析是系统仿真的重要环节。仿真结果的分析不仅可以通过 SIMULINK 提供的输出模块完成，而且 MATLAB 也提供了一些用于仿真结果分析的函数和指令，限于篇幅，本书不再赘述。

启动仿真的方式有如下两种：

（1）在 Simulink 环境下，执行 SIMULATION 选项卡 SIMULATE 面板下的 Run 命令。
（2）在命令行窗口中输入调用函数 sim（'model'）进行仿真。

【例 12-4】　系统在 $t \leqslant 5s$ 时，输出为正弦信号 $\sin t$；当 $t > 5s$ 时，输出为 5。试建立该系统的 Simulink 模型，并进行仿真分析。

求解过程如下：

（1）建立系统模型。根据系统数学描述选择合适的 Simulink 模块。

- Source 库下的 Sine Wave 模块：作为输入的正弦信号 $\sin t$。
- Source 库下的 Clock 模块：表示系统的运行时间。
- Source 库下的 Constant 模块：用来产生特定的时间。
- Logical and Bit operations 库下的 Relational Operator 模块：实现该系统时间上的逻辑关系。
- Signal Routing 库下的 Switch 模块：实现系统输出随仿真时间的切换。
- Sink 库下的 Scope 模块：完成输出图形显示功能。

建立的系统仿真模型如图 12-23 所示。

（2）模块参数的设置。模块设置如下，没有提到的模块及相应的参数均采用默认值。

- Sine Wave 模块：Amplitude 为 1，Frequency 为 1，产生信号 $\sin t$。

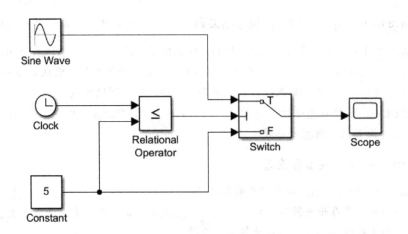

图 12-23　系统仿真模型

- Constant 模块：Constant value 为 5，设置判断 $t$ 是大于还是小于 5 的门限值。
- Relational Operator 模块：Relational Operator 设为 ≤。
- Switch 模块：Threshold 设为 0.1（只需要大于 0 小于 1 即可）。

（3）仿真的配置：在进行仿真之前，需要对仿真参数进行设置。

- 仿真时间的设置：Start time 为 0，Stop time 为 10.0（在时间大于 5s 时系统输出才有转换，需要设置合适的仿真结束时间），其余选项保持默认。

（4）运行仿真，得到的仿真结果如图 12-24 所示。

从仿真结果可以看出，在模型运行到第 5 步时输出曲线由正弦曲线变为恒定常数 5。

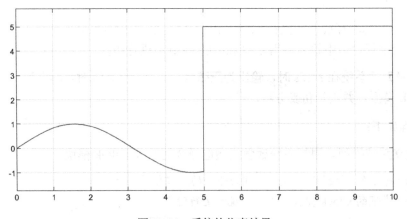

图 12-24　系统的仿真结果

# 12.3　Simulink 系统仿真原理

前面所介绍的仅仅是 Simulink 仿真平台的使用方法，本节将对 Simulink 系统仿真原理做简单介绍，以使用户对 Simulink 进行系统仿真的核心有一个简单的了解。

## 12.3.1　Simulink 求解器概念

Simulink 求解器是 Simulink 进行动态系统仿真的核心所在，因此欲掌握 Simulink 系统仿真原理，必须对 Simulink 的求解器有所了解。下面将对 Simulink 求解器的选择与使用做深入的介绍。

离散系统的动态行为一般可以由差分方程描述，众所周知，离散系统的输入与输出仅在离散的时刻上取值，系统状态每隔固定的时间才更新一次；而 Simulink 对离散系统的仿真核心是对离散系统差分方程的求解。因此，Simulink 可以做到对离散系统的绝对精确（除去有限的数据截断误差）。

在对纯粹的离散系统进行仿真时，需要选择离散求解器对其进行求解。只需选择 Simulink 仿真参数设置对话框中的 Solver 求解器选项中的 discrete（no continuous states）选项，即没有连续状态的离散求解器便可以对离散系统进行精确的求解与仿真。

与离散系统不同，连续系统具有连续的输入与输出，并且系统中一般都存在着连续的状态设置。连续系统中存在的状态变量往往是系统中某些信号的微分或积分，因此连续系统一般由微分方程或与之等价的其他方式进行描述。这就决定了使用数字计算机不可能得到连续系统的精确解，而只能得到系统的数字解（近似解）。

Simulink 在对连续系统进行求解仿真时，其核心是对系统微分或偏微分方程进行求解。因此，使用 Simulink 对连续系统进行求解仿真时所得到的结果均为近似解，只要此近似解在一定的误差范围之内便可。对微分方程的数字求解有不同的近似解，因此 Simulink 的连续求解器有多种不同的形式，如变步长求解器 ode45、ode23、ode113 以及定步长求解器 ode5、ode4、ode3 等。

采用不同的连续求解器会对连续系统的仿真结果与仿真速度产生不同的影响，但一般不会对系统的性能分析产生较大的影响，因为用户可以设置具有一定的误差范围的连续求解器进行相应的控制。离散求解器与连续求解器设置的不同之处如图 12-25 所示。

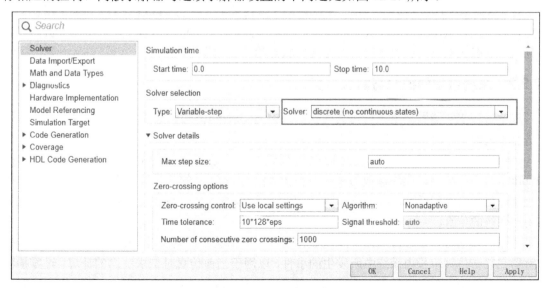

（a）离散求解器

图 12-25　离散求解器与连续求解器设置的比较

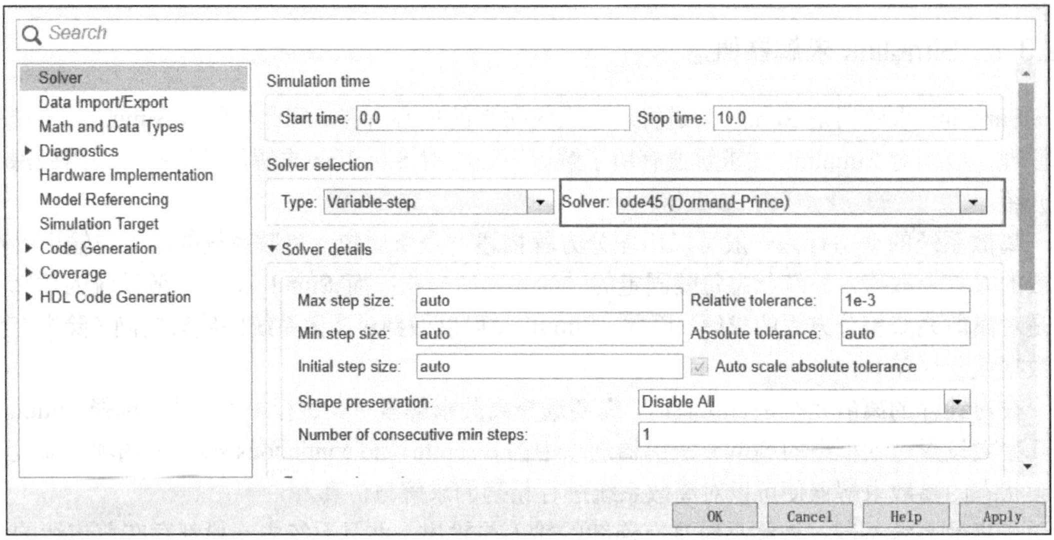

（b）连续求解器

图 12-25

　　为了使读者对 Simulink 的连续求解器有一个更为深刻的理解，在此对 Simulink 的误差控制与仿真步长计算进行简单的介绍。对于定步长连续求解器，并不存在误差控制的问题；只有采用变步长连续求解器，才会根据积分误差修改仿真步长。

　　在对连续系统进行求解时，仿真步长计算受到绝对误差与相对误差的共同控制；系统会自动选用对系统求解影响最小的误差对步长计算进行控制。只有在求解误差满足相应的误差范围的情况下才可以对系统进行下一步仿真。

　　对于实际的系统而言，很少有纯粹的离散系统或连续系统，大部分系统均为混合系统。连续变步长求解器不但考虑了连续状态的求解，而且考虑了系统中离散状态的求解。连续变步长求解器首先尝试使用最大步长（仿真起始时采用初始步长）进行求解，如果在这个仿真区间内有离散状态的更新，步长便减小到与离散状态的更新相吻合。

## 12.3.2　系统过零的概念与解决方案

　　Simulink 求解器固然是系统仿真的核心，但是 Simulink 对动态系统求解仿真的控制流程也是非常关键的。

　　Simulink 对系统仿真的控制是通过系统模型与求解器之间建立对话的方式进行的：Simulink 将系统模型、模块参数与系统方程传递给 Simulink 的求解器，而求解器将计算出的系统状态与仿真时间通过 Simulink 环境传递给系统模型本身，通过这样的交互作用方式来完成动态系统的仿真。

　　对话方式的核心是事件通知。所谓事件通知，是指系统模型通过 Simulink 仿真环境告知求解器在前一仿真步长内系统中所发生的事件，以用于当前仿真时刻求解器的计算。过零检测用来检测系统中是否有事件发生。系统模型通过过零检测与事件通知完成与 Simulink 求解器的交互。本节将详细介绍过零检测与事件通知的概念。

#### 1. 过零的发生

在动态系统的仿真过程中，过零是指系统模型中的信号或系统模块特征的某种改变。这种特征改变包括以下两种情况：

- 信号在上一个仿真时刻步长之内改变了符号。
- 系统模块在上一个仿真时间变长改变了模式（如积分器进入了饱和区段）。

过零本身便是一个非常重要的事件，同时它也用来表示其他事件的发生。过零一般用来表征动态系统中的某种不连续性，例如系统响应中的跳变、输入信号的脉冲与阶跃等。如果在动态系统的仿真中不对过零进行检查，很可能会导致不准确的结果。

这是因为对于某些系统而言系统中的过零会引起系统动态方程的改变，也就是动态系统的运行模式将发生变化。

#### 2. 事件通知

在动态系统仿真中，采用变步长求解器可以使 Simulink 正确地检测到系统模块与信号中过零事件的发生。当一个模块通过 Simulink 仿真环境通知求解器，在系统前一仿真步长时间内发生了过零事件时，变步长求解器就会缩小仿真步长，即使求解误差满足绝对误差和相对误差的上限要求。缩小仿真步长的目的是判定事件发生的准确时间（也就是过零事件发生的准确时刻）。

当然，这样做会使系统仿真的速度变慢，但正如前面所说，这对于系统的某些模块是至关重要的。因为这些模块的输出可能表示了一个物理量，它的零值有着重要的意义；或者是标志系统运行状态的改变，或者是用来控制另外一个模块等。

事实上，只有少量的模块能够发出事件通知。每个模块发出专属于自己的事件通知，而且可能与不止一个类型的事件发生关联。

事件通知是 Simulink 进行动态系统仿真的核心。可以这么说，Simulink 动态系统仿真是基于事件驱动的，这符合当前交互式设计与面向对象设计的思想。在系统仿真中，系统模型与求解器均可以视为某种对象，事件通知相当于对象之间的消息传递；对象通知消息的传递来完成系统仿真的目的。

#### 3. 支持过零的模块

在 Simulink 的模块库中，并非所有的模块都能够产生过零事件。能够产生过零事件的 Simulink 模块如表 12-3 所示。

表12-3  能产生过零事件的模块

| 模块名称 | 位置及功能 |
| --- | --- |
| Abs | Math 数学库中的求取绝对值模块 |
| Backlash | Nonlinear 非线性库中的偏移模块 |
| Dead Zone | Nonlinear 非线性库中的死区模块 |
| Hit Crossing | Signals & System 信号与系统库中的零交叉模块 |
| Integrator | Continuous 连续库中的积分模块 |

（续表）

| 模块名称 | 位置及功能 |
|---|---|
| MinMax | Math 数学库中的最值模块 |
| Relational Operator | Math 数学库中的关系运算模块 |
| Relay | Nonlinear 非线性库中的延迟模块 |
| Saturation | Nonlinear 非线性库中的饱和模块 |
| Sign | Math 数学库中的符号运算模块 |
| Step | Sources 输入库中的阶跃模块 |
| Subsystem | Subsystems 子系统库中的子系统模块 |
| Switch | Nonlinear 非线性库中的开关模块 |

一般来说，不同模块所产生的过零的类型是有差异的。例如，对于 Abs 绝对值求取模块，当输入改变符号时产生一个过零事件，而 Saturation 饱和模块能够生成两个不同的过零事件，一个用于下饱和，一个用于上饱和。

对于其他的许多模块而言，它们不具有过零检测的能力。如果需要对这些模块进行过零检测，则可以使用信号与系统库（Signals&System）中的 Hit Crossing 零交叉模块来实现。当 Hit Crossing 模块的输入穿过某一偏移值（offset）时会产生一个过零事件，所以它可以用来为不带过零能力的模块提供过零检测的能力。

一般而言，系统模型中模块过零的作用有两种类型：一是用来通知求解器，系统的运行模式是否发生了改变，也就是系统的动态特性是否发生改变；二是驱动系统模型中其他模块。过零信号包含 3 种类型：上升沿、下降沿、双边沿。

下面分别对这 3 种类型进行简单的介绍。

- 上升沿：系统中的信号上升到零或穿过零，或者是信号由零变为正。
- 下降沿：系统中的信号下降到零或穿过零，或者是信号由零变为负。
- 双边沿：任何信号的上升或下降沿的发生。

**4. 过零的举例——过零的产生与关闭过零**

这里以一个很简单的例子来说明系统中过零的概念以及它对系统仿真所造成的影响。

**【例 12-5】** 过零的产生与影响。

采用 Functions 库中的 Function 函数模块和 Math 数学库中的 Abs 绝对值模块分别计算对应输入的绝对值。

由于 Function 模块不会产生过零事件，因此在求取绝对值时一些拐角点被漏掉了；但是 Abs 模块能够产生过零事件，所以每当它的输入信号改变符号时它都能够精确地得到零点结果。图 12-26 所示为此系统的 Simulink 模型以及系统仿真结果。

从仿真的结果中可以明显地看出，对于不常带有过零检测的 Function 函数模块，在求取输入信号的绝对值时漏掉了信号的过零点（结果中的拐角点）；对于具有过零检测能力的 Abs 求取绝对值模块，它可以使仿真在过零点处的仿真步长足够小，从而获得精确的结果。

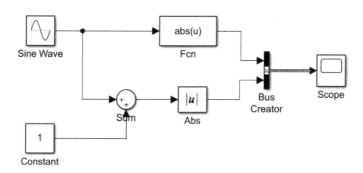

（a）系统仿真模型

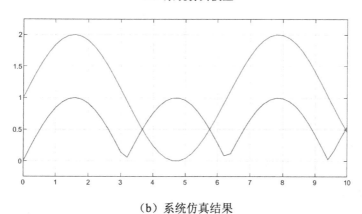

（b）系统仿真结果

图 12-26　过零产生的影响

在上例中，过零表示系统中信号穿过了零点。其实，过零不仅用来表示信号穿过了零点，还可以用来表示信号的陡沿和饱和。在下面的例子中，系统实现了输入信号由其绝对值跳变到饱和值的功能，而且跳变过程受到仿真时刻的控制。

**【例 12-6】**　过零的关闭与影响。

在此系统模型中所使用的 Abs 模块与 Saturation 模块都支持过零事件的发生，因此在系统的响应输出中得到了理想的陡沿。其中，系统模型如图 12-27（a）所示，系统仿真结果如图 12-27（b）所示。

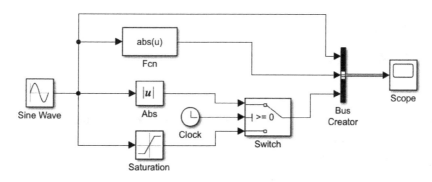

（a）系统模型

图 12-27　过零关闭的影响

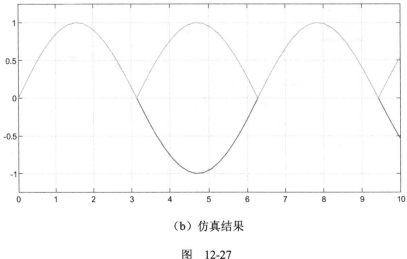

（b）仿真结果

图　12-27

从图 12-27 中可以明显看出，使用过零检测可以获得很好的仿真结果，系统的输出具有很好的陡沿。在使用 Simulink 进行动态系统仿真中，其默认参数选择使用过零检测的功能。

如果使用过零检测并不能给系统的仿真带来很大的好处，那么用户可以关闭仿真过程中过零事件的检测功能，然后再次对系统进行仿真。

在使用过零检测时，用户需要注意如下几点：

（1）关闭系统仿真参数设置中的过零事件检测，可以使动态系统的仿真速度得到很大的提高，但可能会引起系统仿真结果的不精确，甚至出现错误结果。

（2）关闭系统过零检测对 Hit Crossing 零交叉模块并无影响。

（3）对于离散系统及其产生的离散信号不需要进行过零检测。这是因为用于离散系统仿真的离散求解器与连续变步长求解器都可以很好地匹配离散信号的更新时刻。

（4）对于某些比较特殊的动态系统而言，在对其进行仿真时，有可能在一个非常小的区间内多次过零点。这将导致在同一时间内多次探测到信号的过零，从而使得 Simulink 仿真终止。在这种情况下，用户应该在仿真参数设置中关闭过零检测功能。

当然，这些系统通常是某些物理现象的理想模型，如无质量弹簧的振荡，没有任何延迟的气压系统等。对于某些系统而言，这些模块的过零非常重要，此时用户可以采用在系统模型中串入零交叉 Hit Crossing 模块，并关闭仿真过零检测功能来实现过零的使用。

### 12.3.3　系统代数环的概念与解决方案

#### 1．直接馈通模块

在使用 Simulink 的模块库建立动态系统的模型时，有些系统模块的输入端口（Input ports）具有直接馈通（Direct feedthrough）的特性。

模块的直接馈通是指如果在这些模块的输入端口中没有输入信号，则无法计算此模块的输出信号。换句话说，直接馈通就是模块输出直接依赖于模块的输入。在 Simulink 中，具有直接馈通特性的模块有如下几种：

- Math Function：数学函数模块。
- Gain：增益模块。
- Product：乘法模块。
- State-Space：状态空间模块（其中矩阵 **D** 不为 0）。
- Transfer Fcn：传递函数模块（分子与分母多项式阶次相同）。
- Sum：求和模块。
- Zero-Pole：零极点模块（零点与极点数目相同）。
- Integrator：积分模块。

**2．代数环的产生**

在介绍完具有直接馈通特性的系统模块之后，再来介绍代数环的产生。系统模型中产生代数环的条件如下：

- 具有直接馈通特性的系统模块的输入直接由此模块的输出来驱动。
- 具有直接馈通特性的系统模块的输入由其他直接馈通模块所构成的反馈回路间接来驱动。

图 12-28 所示为一个非常简单的标量代数环的构成。

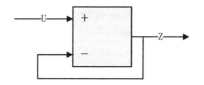

图 12-28　标量代数环

此代数环回路仅由一个求和模块构成，其中模块的输出状态 z 同时作为此模块的输入。求和模块具有直接馈通特性，也就是模块输出直接依赖于模块的输入，因而构成了代数环。不难看出此代数环可以用如下数学表达式来描述：

$$z = u - z$$

显然，此系统模块的输出状态为 $z=u/2$。对于大多数的代数环系统而言，难以通过直接观察来求解。

系统模型中出现了代数环时，由于代数环的输入输出之间是相互依赖的，组成代数环的所有模块都要求在同一个时刻计算输出，这与系统仿真的顺序概念相反，因此最好使用其他方法（如手工的方法）对系统方程进行求解、对代数环进行代数约束或切断环来解决代数环的求解问题。

**【例 12-7】**　代数环的直接求解。图 12-29 所示的系统模型中存在代数环结构，现对这个系统进行求解。

为了计算求和模块 Sum 的输出，需要知道其输入，但是其输入恰恰包含模块的输出。对于此系统，很容易写出如下所示的系统动态方程：

$$z = 1 - 2 \times z$$

所以 $z=0.3333$。

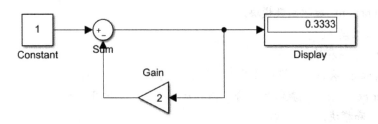

图 12-29　具有代数环的系统模型

# 12.4　高级积分器

在使用 Simulink 对实际的动态系统进行仿真时，积分运算可以说是 Simulink 求解器的核心技术之一。下面将简单介绍高级积分器的概念及其使用。

首先对积分器 Integrator 的各个端口进行简单的介绍。图 12-30 所示为使用默认参数设置下的积分器外观与选择所有参数设置后积分器的外观比较，对于使用默认参数设置下的积分器，其输出信号为输入信号的数值积分，这里不再赘述。

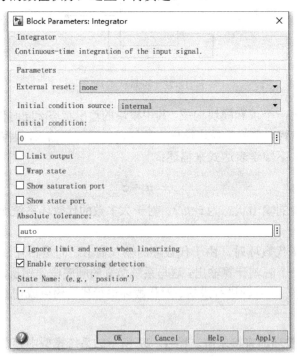

图 12-30　高级积分器设置

下面详细介绍一下选择所有参数设置后的积分器各个端口的含义以及对积分器的设置。

## 1. 积分器的初始条件端口（Initial condition）

设置积分器初始条件的方法有以下两种：

（1）在积分器模块参数设置对话框中设置初始条件：在初始条件源（Initial condition source）下拉列表中选择内部设置（internal），并在下面的文本框中输入给定的初始条件，此时不显示积分器端口。

（2）从外部输入源设置积分器初始条件：在初始条件源下拉列表中选择外部设置（external），初始条件设置端口以 x0 作为标志。此时需要使用 Signals&System 模块库中的 IC 模块设置积分器初始值。

### 2. 积分器状态端口（State）

当出现下述两种情况时，需要使用积分器的状态窗口而非其输出窗口。

（1）当积分器模块的输出经重置端口或初始条件端口反馈至模块本身时会造成系统模型中出现代数环结构的问题，此时需要使用状态端口。

（2）当从一个条件执行子系统向另外的条件执行子系统传递状态时可能会引起时间步问题。此时也需要使用状态端口而非输出端口。

其实状态端口的输出值与输出端口的输出值本身并没有区别，其不同之处在于二者产生的时间略微有所不同（都处于同一时间步之内），这正是 Simulink 避免出现上述问题的解决方案。选中 Show state port 复选框，状态端口将显示在积分器的顶部。

### 3. 积分器输出范围限制与饱和输出端口（Saturation）

在某些情况下，积分器的输出可能会超过系统本身所允许的上限或下限值，选中积分器输出范围限制框（Limit output），并设置上限值（Upper saturation limit）与下限值（Lower saturation limit），可以将积分器的输出限制在一个给定的范围之内。此时积分器的输出服从下面的规则：

- 当积分结果小于或等于下限值并且输入信号为负时，积分器输出保持在下限值（下饱和区）。
- 当积分结果在上限值与下限值之间时，积分器输出为实际的积分结果。
- 当积分结果大于或等于上限值并且输入信号为正时，积分器输出保持在上限值（上饱和区）。

选中 Show saturation port 复选框可以在积分器中显示饱和端口，此端口位于输出端口的下方。饱和端口的输出取值有 3 种情况，用来表示积分器的饱和状态：

- 输出为 1，表示积分器处于上饱和区。
- 输出为 0，表示积分器处于正常范围之内。
- 输出为–1，表示积分器处于下饱和区。

当选择输出范围限制时，积分器模块将产生 3 个过零事件：一个用来检测积分结果何时进入上饱和区，一个用来检测积分结果何时进入下饱和区，还有一个用来检测积分器何时离开饱和区。

### 4. 积分器重置

选择积分器状态重置框可以重新设置积分器的状态，其值由外部输入信号决定。此时，在积分器输入端口下方出现重置触发端口。可以采用不同的触发方式对积分器状态进行重置。

- 当重置信号具有上升沿（rising）时，触发重置方式选择为上升沿。
- 当重置信号具有下降沿（falling）时，触发重置方式选择为下降沿。
- 当重置信号具有上升沿或下降沿（双边沿）时，触发重置方式可选为 either。
- 当重置信号非零时，选择 level 重置积分器状态，并使重置方式可选择为 either。

积分器的重置端口具有直接馈通的特性。积分器模块的输出无论是直接反馈还是通过具体直接馈通特性的模块反馈至其重置端口，都会使系统模型中出现代数环结构。使用状态端口代替输出端口可以避免代数环的出现。

### 5. 积分器绝对误差设置（Absolute tolerance）

在默认设置下，积分器采用 Simulink 自动设置的绝对误差限。当然，也可以根据自己的需要设置积分器的绝对误差限，在 Absolute tolerance 下输入误差上限即可。

至此，我们对高级积分器设置做了一个比较全面的介绍，下面举例说明。

**【例 12-8】** 高级积分器的使用。

系统模型如图 12-31 所示。

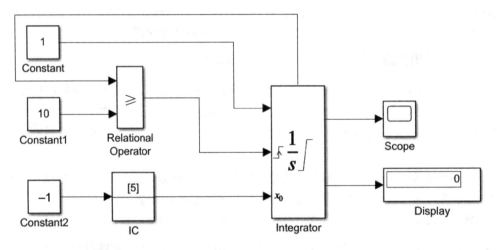

图 12-31 高级积分器的使用

在此系统中，积分器模块的输出（其实是积分器状态）驱动自身的状态重置端口。采用状态端口驱动的目的在于：使用它可以避免使用输出端口驱动重置状态所造成的代数环。

这是因为状态值（与输出值相等）的计算先于输出值，所以使用状态值驱动可以在输出之前判断是否需要对积分器进行重置。

积分器初始时刻的初始值由 IC 模块提供，其值为 5。当积分器输出大于或等于 10 时，它将重置为由常数模块所给出的初始值–1。积分器的输入为一个常值信号 1。

设置合适的仿真参数如下：仿真时间范围为 0～20，积分器的输出上限为 10，下限为–1，状态重置选择信号上升沿 rising，其余参数如系统模型框中所示。运行仿真结果如图 12-32 所示。从仿真结果中可以看出，在系统运行的初始时刻，积分器状态由 IC 模块所决定；当系统的输出大于或等于 10 时，积分器状态重置为–1。

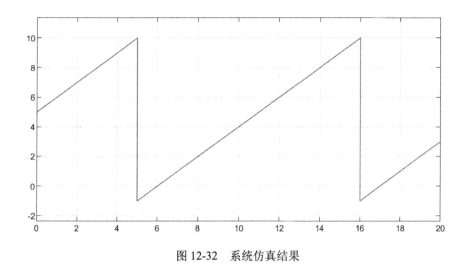

图 12-32　系统仿真结果

# 12.5　小　　结

本章首先对 Simulink 仿真系统基础知识进行了介绍，其次对系统仿真模块与信号线可以进行的基本操作进行了概括，并对常用的输入及输出模块的功能及应用做了简单的说明，最后对系统仿真原理及高级积分器做了简单说明。

掌握了这些基础知识后就可以熟练地创建系统仿真模型。建立起系统的仿真模型后，通过对仿真模型参数的合理配置就可以对仿真模型进行仿真及分析。仿真结果的输出显示可以使用示波器等基本的输出模块完成。

# 第13章

# MATLAB 与图像处理

MATLAB 提供了一套全方位的参照标准算法和图形工具,用于进行图像处理、分析、可视化和算法开发,可进行图像增强、图像去模糊、特征检测、降噪、图像分割、空间转换和图像配准。

图像处理工具箱支持多种多样的图像类型,包括高动态范围、千兆像素分辨率、ICC 兼容色彩和断层扫描图像。图形工具可用于探索图像、检查像素区域、调节对比度、创建轮廓或柱状图以及操作感兴趣区域(ROI)。工具箱算法可用于还原退化的图像、检查和测量特征、分析形状和纹理以及调节图像的色彩平衡。

学习目标:

⌘  理解图像处理的基本概念
⌘  掌握基本的图像显示操作
⌘  熟悉图像的灰度变换

## 13.1  图像类型

根据图像类型的不同,在 MATLAB 中图像对应的矩阵类型和处理方式也不同。本节将主要介绍 MATLAB 常见的几种图像类型以及处理特点。这是操作和分析图像的基础,不同的图像类型以及对应的矩阵会有不同的操作和分析。

### 13.1.1  真彩色图像

R、G、B 三个分量表示一个像素的颜色。如果要读取图像中(100,50)处的像素值,可查看三元数据(100,50,1:3)。

真彩色图像可用双精度存储，亮度值范围是[0,1]；比较符合习惯的存储方法是用无符号整型存储，亮度值范围是[0,255]。

## 13.1.2　索引色图像

索引色图像包含两个结构：一个是调色板，另一个是图像数据矩阵。调色板是一个有 3 列和若干行的色彩映象矩阵，矩阵每行代表一种颜色，3 列分别代表红、绿、蓝色强度的双精度数。

常用颜色的 RGB 值如表 13-1 所示。注意：MATLAB 中的调色板色彩强度为[0,1]，0 代表最暗，1 代表最亮。

表13-1　常用颜色的RGB值

| 颜　　色 | R | G | B | 颜　　色 | R | G | B |
|---|---|---|---|---|---|---|---|
| 黑 | 0 | 0 | 1 | 洋红 | 1 | 0 | 1 |
| 白 | 1 | 1 | 1 | 青蓝 | 0 | 1 | 1 |
| 红 | 1 | 0 | 0 | 天蓝 | 0.67 | 0 | 1 |
| 绿 | 0 | 1 | 0 | 橘黄 | 1 | 0.5 | 0 |
| 蓝 | 0 | 0 | 1 | 深红 | 0.5 | 0 | 0 |
| 黄 | 1 | 1 | 0 | 灰 | 0.5 | 0.5 | 0.5 |

产生标准调色板的函数如表 13-2 所示。

表13-2　产生标准调色板的函数

| 函　数　名 | 调　色　板 |
|---|---|
| Hsv | 色彩饱和度，以红色开始，并以红色结束 |
| Hot | 黑色—红色—黄色—白色 |
| Cool | 青蓝和洋红的色度 |
| Pink | 粉红的色度 |
| Gray | 线型灰度 |
| Bone | 带蓝色的灰度 |
| Jet | HSV 的一种变形，以蓝色开始，以蓝色结束 |
| Copper | 线型铜色度 |
| Prim | 三棱镜，交替为红、橘黄、黄、绿和天蓝 |
| Flag | 交替为红、白、蓝和黑 |

默认情况下，调用上述函数会产生一个 64×3 的调色板，用户也可指定调色板大小。

索引色图像数据也有 double 和 uint8 两种类型。

当图像数据为 double 类型时，值 1 代表调色板中的第 1 行，值 2 代表第 2 行。如果图像数据为 uint8 类型，0 代表调色板的第 1 行，1 代表调色板的第 2 行。

## 13.1.3　灰度图像

灰度图（Intensity Image）中的各个像素只有一个采样颜色。在外观上，显示为从黑色到白色的灰度。和黑白图像只有黑色和白色不同，灰度图在黑色与白色之间还有其他多级的颜色深度。

简单来讲，灰度图具有 3 种颜色：黑、白、灰。在 MATLAB 中，灰度图保存在单个矩阵中，矩阵中的数值代表图像中的像素。其数值范围是 0～1，0 代表黑色，1 代表白色。

像素值用来表示灰度级别，可以是 8 位无符号整型（unit8）、16 位无符号整型（unit16）、16 位整型（int16）、单精度浮点型（single）或者双精度浮点型（double）等多个数值类型。

### 13.1.4 二值图像

二值图像只需一个数据矩阵，每个像素只有两个灰度值，可以采用 uint8 或 double 类型存储。

> MATLAB 工具箱中以二值图像作为返回结果的函数都使用 uint8 类型。

### 13.1.5 多帧图像

熟悉动画的读者也许比较容易理解，多帧图像（MultiFrame Image）它相当于图像的集合。例如，医学上的 MRI（Magnetic Resonance Imaging）图像就是典型的多帧图像。

如果每一帧图像对应的矩阵是三维，那么多帧图像就有第四维。例如，每一帧都是 RGB 图像，大小是 300×500。同时，包含有 5 帧，那么对应的多帧图像矩阵是 300×500×3×5。如果每一帧图像是灰度图，那么多帧图像的维度就是 300×500×1×5。

在 MATLAB 中，可以通过 montage 命令将多帧图像中的每一帧图像依次显示出来。该命令具有下面几种常见形式：

- 对于灰度图：MONTAGE(I)显示多帧图像的所有 K 帧。图像矩阵 I 的维度是 M-by-N-by-1-by-K。
- 对于二值图：MONTAGE(BW)显示多帧图像的所有 K 帧。图像矩阵 BW 的维度是 M-by-N-by-1-by-K。
- 对于索引图：MONTAGE(X,MAP)显示多帧图像的所有 K 帧，图像使用 MAP 矩阵作为颜色矩阵。图像矩阵 X 的维度是 M-by-N-by-1-by-K。
- 对于 RGB 图：MONTAGE(RGB)显示多帧图像的所有 K 帧。图像矩阵 RGB 的维度是 M-by-N-by-3-by-K。

【例 13-1】 加载系统自带的 MRI 多帧图像，然后依次演示。

加载 MRI 图像矩阵。在命令行窗口中输入以下命令：

```
>> load mri
```

MATLAB 加载的结果如图 13-1 所示。

从结果中可以看出，MRI 的图像矩阵 D 是 4 维矩阵，而对应 map 矩阵则是图形矩阵对应的颜色矩阵。

显示所有的图像。在命令行窗口中输入以下命令：

```
>> montage(D,map)
```

得到的结果如图 13-2 所示。

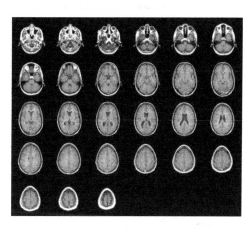

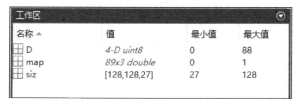

图 13-1　加载图形矩阵　　　　　　　　　图 13-2　多帧图像

在 MATLAB 中，还可以通过命令显示多帧图像中的单独某帧图像，具体的语法应用在后面介绍。

## 13.1.6　读写图像数据

函数 imread 从图像文件中读取图像数据。imread 支持大多数常用的图像格式，如表 13-3 所示。

表13-3　imread支持的图像格式

| 图像格式 | 全　　名 |
| --- | --- |
| 'bmp' | Windows Bitmap（BMP） |
| 'cur' | Windows Cursor Resources（CUR） |
| 'gif' | Graphics Interchange Format（GIF） |
| 'hdf' | Hierarchical Data Format（HDF） |
| 'ico' | Windows Icon Resources（ICO） |
| 'jpg' or 'jpeg' | Joint Photographic Experts Group（JPEG） |
| 'pbm' | Portable Bitmap（PBM） |
| 'pcx' | Windows Paintbrush（PCX） |
| 'pgm' | Portable Graymap（PGM） |
| 'png' | Portable Network Graphics（PNG） |
| 'pnm' | Portable Anymap（PNM） |
| 'ppm' | Portable Pixmap（PPM） |
| 'ras' | Sun Raster（RAS） |

命令 imread 常用的调用格式为:

- A = imread(filename,fmt):可以读入二值图、灰度图或彩色图(主要是 RGB 图)。若图像为灰度图或二值图,则 A 为 $M \times N$ 数组;若图像文件为 RGB 图,则 A 为 $M \times N \times 3$ 数组,$A(M,N,:)$是像素$(M,N)$的 RGB 值。

  filename 为图像文件名,如果该文件不在当前路径或 MATLAB 搜索路径下,那么 filename 应该是图像文件的全路径。fmt 是包含图像文件后缀名的字符串,如果函数不能找到 filename,imread 就会尝试搜索 filename.fmt。

- [X,map] = imread(filename,fmt):读入索引图,X 为 $M \times N$ 图形数据矩阵,map 为索引图对应的 Colormap。如果该图像类型不是索引图,则 map 为空。

【例 13-2】 使用 imread 命令读入图像文件。

读入图像文件。在 MATLAB 命令行窗口中输入以下命令:

```
>> A=imread('paper.jpg');
```

在 MATLAB 中查看到的结果如图 13-3 所示。
从以上结果可以看出:

- 图像矩阵:图像数据在 MATLAB 中被保存为矩阵 A,其中矩阵 A 的维度是 $117 \times 114 \times 3$,数据类型是 uint8。

本例中的图像如图 13-4 所示。

图 13-3　MATLAB 存储图像文件

图 13-4　原始图像

根据 imread 命令的语法,只要用户读入的图像文件保存在 MATLAB 中可以搜索到的路径就可以,不一定必须是当前路径。

## 13.1.7　查看图像文件信息

前面已经介绍了 MATLAB 中可以处理的图像类型或者读取图像的方法。除此之外,在 MATLAB 中用户也可以查看图像文件的信息。利用命令 imfinfo 就可以查看文件的信息。命令 imfinfo 的主要格式如下:

```
INFO = IMFINFO(FILENAME,FMT)
```

其中,参数 FILENAME 表示图像文件名称,FMT 表示图像文件的格式。也可以直接使用命令 imfinfo(filename)返回图像文件的信息,如文件名、格式、大小、宽度、高度等。

**【例 13-3】**　查看图像文件的信息。

查看自带图像文件的信息。在命令行窗口中输入以下命令：

```
>> imfinfo('paper.jpg')
```

查看程序代码的结果。MATLAB 得到的结果如下：

```
ans =
  包含以下字段的 struct:
          Filename: 'D:\ MATLAB CODE\Char18\paper.jpg'
       FileModDate: '27-Apr-2020 14:07:06'
          FileSize: 3022
            Format: 'jpg'
     FormatVersion: ''
             Width: 114
            Height: 117
          BitDepth: 24
         ColorType: 'truecolor'
   FormatSignature: ''
   NumberOfSamples: 3
      CodingMethod: 'Huffman'
     CodingProcess: 'Sequential'
           Comment: {}
        UnknownTags: [5×1 struct]
```

# 13.2　显　示　图　像

在了解了 MATLAB 中的图像基础知识之后，将详细讲解如何在 MATLAB 中显示不同类型的图像。在实际应用中，用户可能需要显示各种不同的图像效果。MATLAB 的图形图像工具箱提供了多种常见的命令，下面将详细讲解。

## 13.2.1　默认显示方式

在 MATLAB 中，显示图像最常用的命令是 imshow。在用户使用 MATLAB 的过程中，其实已经接触过其他显示图像的方法。imshow 相对于其他的图像命令有下面的几个特点：

- 自动设置图像的轴和标签属性。imshow 程序代码会根据图像的特点自动选择是否显示轴，或者是否显示标签属性。
- 自动设置是否显示图像的边框。程序代码会根据图像的属性来自动选择是否显示图像的边框。
- 自动调用 truesize 代码程序，决定是否进行插值。

imshow 命令的常见调用格式如下：

- IMSHOW(X,MAP)显示图像 X，使用 MAP 颜色矩阵。
- H = IMSHOW(...)显示图像 X，并将图像 X 的句柄返回给变量 H。

【例 13-4】 使用 imshow 命令显示图像文件。

在 MATLAB 的命令行窗口中输入以下命令：

```
>> imshow('paper.jpg')
```

得到的图像如图 13-5 所示。

图 13-5　显示的图像

## 13.2.2 添加颜色条

在前面曾经讲解过可以给图像添加颜色条控件，这样就可以通过颜色条来判断图像中的数据数值了。在图形图像工具箱中，同样可以在图像中加入颜色条。

【例 13-5】 显示图像，并在图像中加入颜色条。

在 MATLAB 的命令行窗口中输入以下命令：

```
>> imshow paper.jpg
>> colorbar
```

程序得到的结果如图 13-6 所示。

在 MATLAB 中，如果需要打开的图像文件本身太大，那么 imshow 命令会自动将图像文件进行调整，使得图像便于显示。

图 13-6　添加颜色条

## 13.2.3 显示多帧图像

前面已经介绍了多帧图像的概念，下面主要讲解如何显示多帧图像。对于多帧图像，常见的有下面几种显示方式：

- 在一个窗体中显示所有帧。
- 显示其中单独的某帧。

前面已经演示了如何在一个窗体中显示所有的帧，在本小节中将介绍如何在 MATLAB 中实现其他两种显示方式。为了能够有对比效果，本例所用的多帧图像依然选用 MRI 图像。

【例 13-6】 单独显示多帧图像中的第 20 帧。

在 MATLAB 的命令行窗口中输入以下命令：

```
>> load mri
>> imshow(D(:,:,:,20))
```

得到的图像结果如图 13-7 所示。和完整的所有帧的图像进行对比，如图 13-8 所示。该例极具代表性，当用户希望显示四维图像矩阵中的单独某帧时，可以使用类似方法。

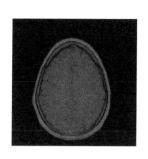

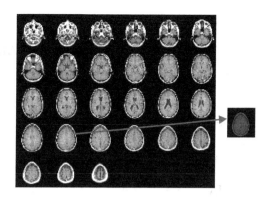

图 13-7　显示图像中第 20 帧　　　　　　　图 13-8　对比图

### 13.2.4　显示动画

从理论上讲，动画就是快速显示的多帧图像。在 MATLAB 中，可以使用 movie 命令来显示动画。movie 命令从多帧图像中创建动画，但是这个命令只能处理索引图，如果处理的图像不是索引图，就必须将图像格式转换为索引图。

**【例 13-7】**　使用动画形式显示 MRI 多帧图像。

在 MATLAB 命令行窗口中输入以下命令：

```
>> load mri
>> mov = immovie(D,map);
>> colormap(map), movie(mov)
```

该段代码得到的中间结果如图 13-9 所示，最后结果如图 13-10 所示。

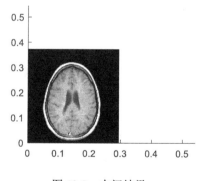

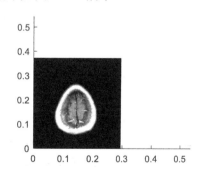

图 13-9　中间结果　　　　　　　　　　图 13-10　最后结果

在以上代码中，首先使用 immovie 命令将多帧图像转换为动画，然后使用 movie 命令来播放该动画。播放速度较快，以上结果只是选择了其中的两段。

### 13.2.5　三维材质图像

前面已经介绍过如何在 MATLAB 中显示二维图像，同样，在 MATLAB 中也可以显示"三维"图像。这种三维图像是指在三维图的表面显示二维图像。所涉及的 MATLAB 命令是 warp。warp 函数的功能是显示材质图像，使用的技术是线性插值。其常用的命令格式如下：

```
WARP(x,y,z,…)
```

以上命令将在 $x$、$y$、$z$ 三维界面上显示图像。

【例 13-8】 显示三维材质图像。

```
>> [x,y,z]=sphere;
>> A=imread('paper.jpg');
>> warp(x,y,z,A)
>> title('paper.jpg')
```

在 MATLAB 中的结果如图 13-11 所示。

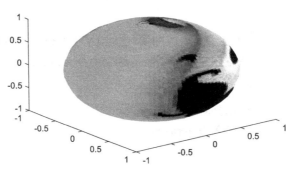

图 13-11 三维材质图像结果

# 13.3 图像的灰度变换

在常见的图像处理中，除了图像的几何外观变化之外，还可以修改图像的灰度。灰度变换是一种像素到像素的图像处理方法，也称为点处理（Block Operation）。

另外一种图像处理方法涉及像素点邻域，处理后的像素值不仅与本身像素有关，与相邻的像素也有关，这种图像处理方法称为邻域处理（Neighborhood Operation）。

图像 $F(x, y)$ 经灰度变换得到输出图像 $G(x, y)$，输出图像 $G(x, y)$ 的灰度值由输入图像 $F(x, y)$ 灰度值决定，其关系式是 $G(x_i, y_i) = \mathrm{GST}(F(x_i, y_i))$，其中 GST 表示灰度变换函数。

从以上关系式中可以看出，灰度变换完全由灰度变换函数 GST 确定。灰度变换函数 GST 描述了输入灰度值与输出灰度值之间的映射关系。

## 13.3.1 图像的直方图

在 MATLAB 中，可以对 RGB 图、灰度图和二值图进行灰度转换。同时，可以在 MATLAB 中获取不同类型图像的直方图。其中，灰度图和二值图的直方图表示不同灰度级范围内像素的个数，索引图的直方图表示 Colormap 矩阵每一行对应的像素个数。

图像的直方图是灰度分析的重要功能。在实际应用中，直方图有多种用途，如数字化参数的选择和选择边界值等。在 MATLAB 图像处理工具箱中，可以使用 imhist 函数得到灰度图、二值图或者索引图的直方图，其调用格式为：

```
imhist(I)
imhist(I,n)
imhist(X,map)
```

在以上调用格式中，参数 I 表示灰度图或二值图，n 为直方图的柱数，X 表示索引图，map 为对应的 Colormap。在调用格式 imhist(I,n) 中，当 n 未指定时，n 根据 I 的不同类型取 256（灰度图）或 2（二值图）。下面用具体的例子来分析如何在 MATLAB 中分析图像的直方图信息。

**【例 13-9】**　读入灰度图，显示并分析图像的直方图。

读入系统自带图像 moon 的数据。在 MATLAB 中输入以下命令：

```
>> I = imread('pout.tif');
```

显示图像和对应的直方图。在 MATLAB 中输入以下命令：

```
>> subplot(2,1,1),imshow(I),title(' pout ');
>> subplot(2,1,2),imhist(I),title('直方图');
```

得到的图像如图 13-12 所示。

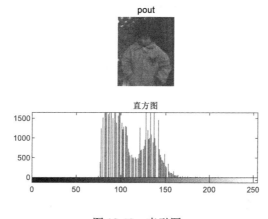

图 13-12　索引图

提　示

根据 MATLAB 的调用格式，当用户希望分析索引图的直方图时，必须引用其中的第二参数 map。

## 13.3.2　灰度变换

在图像处理中，灰度变换的主要功能是改变图像的对比度。举一个简单的例子，如果某灰度图的直方图中大部分像素分布在某个特定灰度范围内，那么灰度图的对比度会比较低。

通过灰度变换，可以将直方图拉伸至整个灰度范围内，最后的结果是增加图像的对比度。在 MATLAB 图像处理工具箱中，实现该功能的函数是 imadjust。

函数 imadjust 的主要功能是调整灰度图、索引图和 RGB 图的灰度范围，得到调整对比度的结果。对于灰度图，主要通过调整其对应的色图来实现；对 RGB 图，灰度调整是通过对 R、G、B 三个通道的灰度级别调整实现。

函数 imadjust 的一般调用格式为：

```
J = imadjust(I)
J = imadjust(I,[low high],[bottom top])
J = imadjust(…,gamma)
newmap = imadjust(map, [low high],[bottom top],gamma)
RGB2 = imadjust(RGB1,…)
```

其中，参数 I、J 表示灰度图，参数 map、newmap 为索引图的色图。

【例 13-10】 读入灰度图，分析对应的直方图，然后进行灰度变换。

读入系统自带的灰度图 pout 的数据，在 MATLAB 中输入以下命令：

```
>> I = imread('pout.tif');
```

进行灰度变换，在 MATLAB 中输入以下命令：

```
>> J = imadjust(I, [0.3,0.7], []);
```

显示图像和直方图，同时显示灰度变换后的图像和直方图，输入以下命令：

```
>> subplot(2,2,1),imshow(I),title('灰度图pout');
>> subplot(2,2,2),imhist(I), title('调整前的直方图');
>> subplot(2,2,3),imshow(J),title('调整后的灰度图pout');
>> subplot(2,2,4),imhist(J), title('调整后的直方图');
```

得到的结果如图 13-13 所示。

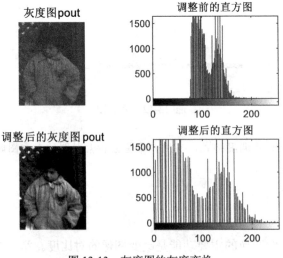

图 13-13 灰度图的灰度变换

从以上结果可以看出，经过灰度变换后，图像的直方图分布数值发生了变化。在调整前的直方图中，像素数值集中在 150～200；变换后的图像直方图数值则布满整个区域。

### 13.3.3　均衡直方图

均衡直方图是指根据图像的直方图自动给出灰度变换函数，使得调整后图像的直方图能尽可能地接近预先定义的直方图。可以利用函数 histeq 对灰度图和索引图做直方图均衡。

histeq 的调用格式如下：

```
J = histeq(I,hgram)
J = histeq(I,n)
J = histeq(I)
[J,T] = histeq(I,…)
newmap = histeq(X,map,hgram)
newmap = histeq(X,map)
[newmap,T] = histeq(X,…)
```

在以上调用格式中，参数 I、J 表示灰度图，X 表示索引图，参数 map、newmap 为对应的色图，参数 T 表示 histeq 得到的灰度变换函数，参数 hgram 为预先定义的直方图，通过 n 可以指定预定的直方图为 n 条柱的平坦直方图，n 的默认数值是 64。

 在灰度变换中，用户指定了灰度变换函数的灰度变换，对不同的图像需要设定不同的参数。相对于均衡直方图，灰度变换的效率相对低下。

**【例 13-11】**　读入图像，然后对图像进行直方图均衡。

读入系统自带的图像 pout，然后进行直方图均衡。输入以下命令：

```
>> I= imread('pout.tif');
>> J = histeq(I);
```

显示调整前后的图像，可输入以下命令：

```
>> figure(1),subplot(1,2,1),imshow(I),title('调整前');
>> subplot(1,2,2),imshow(J),title('调整后');
```

得到的结果如图 13-14 所示。

调整前　　　　　　　　　　调整后

图 13-14　调整前后的图像

显示调整前后的直方图，可输入以下命令：

```
>> figure(2),subplot(2,1,1),imhist(I),title('直方图均衡调整前 coins 的直方图');
>> subplot(2,1,2),imhist(J),title('直方图均衡调整后 coins 的直方图');
```

得到的结果如图 13-15 所示。

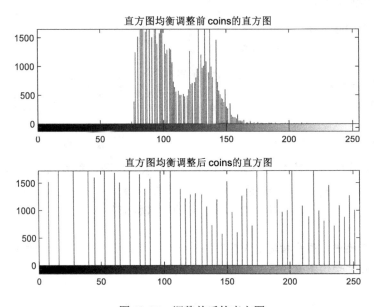

图 13-15　调整前后的直方图

# 13.4　小　　结

在本章中主要介绍了如何使用 MATLAB 的图形图像工具箱来处理数字图像。MATLAB 图像处理工具箱支持 4 种基本图像类型：索引图像、灰度图像、二进制图像和 RGB 图像。MATLAB 直接从图像文件中读取的图像为 RGB 图像。

MATLAB 的图形图像工具箱功能全面，可以处理各种类型的图像，以不同的形式显示图像，对图像进行灰度变换等。此外，用户还可以利用系统自带的命令分析不同的图像。

# 第14章

## MATLAB 与信号处理

信号是现代工程中经常处理的对象，在通信、机械等领域有大量的应用。在 MATLAB 中，信号处理功能集成到信号工具箱中，包含生成波形、设计滤波器、参数模型以及频谱分析等多个常见功能。

MATLAB 信号处理工具箱提供的函数主要用于处理信号与系统问题，并可对数字或离散的信号进行变换和滤波。工具箱为滤波器设计和谱分析提供了丰富的支持，通过信号处理工具箱的有关函数可以直接设计数字滤波器，也可以建立模拟原型并离散化。通过了解本章这些函数，可以很方便地进行各种信号处理。

学习目标:

⌘ 产生信号
⌘ 熟练运用随机信号处理
⌘ 掌握滤波器设计

## 14.1 产 生 信 号

在 MATLAB 信号工具箱中，信号主要分为连续信号和数字信号两种。连续信号是指时间和幅度连续的信号，也被称为模拟信号。相反，数字信号是指时间和幅度离散的信号。从原理上讲，计算机只能处理数字信号。模拟信号必须经过采样和量化后变为数字信号才能够被计算机处理。

在信号工具箱中提供了多种产生信号的函数（见表 14-1）。利用这些函数，可以很方便地产生多种常见信号。

表14-1　工具箱中的信号产生函数

| 函　数　名 | 功　　能 | 函　数　名 | 功　　能 |
|---|---|---|---|
| sawtooth | 产生锯齿波或三角波信号 | pulstran | 产生冲激串 |
| square | 产生方波信号 | rectpuls | 产生非周期的矩形波信号 |
| sinc | 产生 sinc 函数波形 | tripuls | 产生非周期的三角波信号 |
| chirp | 产生调频余弦信号 | diric | 产生 dirichlet 或周期 sinc 函数 |
| gauspuls | 产生高斯正弦脉冲信号 | gmonopuls | 产生高斯单脉冲信号 |
| vco | 电压控制振荡器 | | |

下面详细介绍各种常见信号的产生。

## 14.1.1　锯齿波、三角波和矩形波发生器

### 1. sawtooth( )锯齿波和三角波发生器

- sawtooth(T)：产生周期为 $2\pi$，幅值为 1 的锯齿波，采样时刻由向量 T 指定。
- sawtooth(T,WIDTH)：产生三角波，WIDTH 指定最大值出现的地方，其取值在 0 到 1 之间。当 T 由 0 增大到 WIDTH*$2\pi$ 时，函数值由–1 增大到 1，当 T 由 WIDTH*$2\pi$ 增大到 $2\pi$ 时，函数值由 1 减小到–1。

### 2. tripuls( )非周期三角脉冲发生器

- tripuls(T)：产生一个连续的、非周期的、单位高度的三角脉冲的采样，采样时刻由数组 T 指定。默认情况下，产生的是宽度为 1 的非对称三角脉冲。
- tripuls(T,W)：产生一个宽度为 W 的三角脉冲。
- tripuls(T,W,S)：S 为三角波的斜度，满足–1<S<1，S 为 0 时产生一个对称的三角波。

### 3. rectpuls( )非周期矩形波发生器

【例 14-1】　生成锯齿波和三角波。
在 MATLAB 命令行窗口中输入以下程序：

```
>> t = 0:.01:5;
y = sawtooth(2*pi*25*t,.5);
plot(t,y,'-k','LineWidth',2)
axis([0 0.25 -1.5 1.5])
grid on
```

得到的锯齿波图形如图 14-1 所示。

【例 14-2】　生成非周期三角波发生器。
在 MATLAB 命令行窗口中输入以下程序：

```
>> fs = 10000;
t = -1:1/fs:1;
w = 1;
```

```
x = tripuls (t,w);
figure
plot(t,x)
grid on
```

得到的三角波如图 14-2 所示。

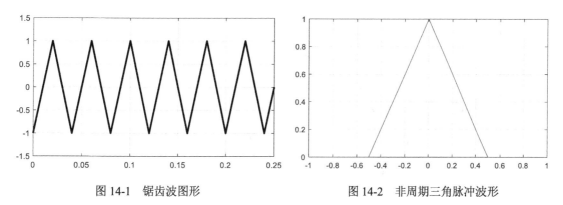

图 14-1　锯齿波图形　　　　　　　　　图 14-2　非周期三角脉冲波形

【例 14-3】　产生脉冲宽度为 0.4 的非周期矩形发生器。

在 MATLAB 命令行窗口中输入以下程序：

```
>> fs = 10000;
t = -1:1/fs:1;
w = .4;
x = rectpuls (t,w);
figure,plot(t,x)
grid on
```

得到的矩形波如图 14-3 所示。

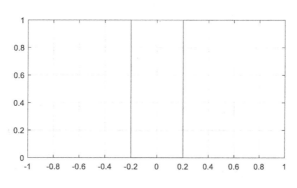

图 14-3　非周期矩形波形

## 14.1.2　周期 sinc 波

在 MATLAB 中，用户可以使用 diric 命令实现周期 sinc 函数，又被称为 Dirichlet 函数。Dirichlet 函数的定义是 $d(x)=sin(N*x/2)./(N*sin(x/2))$。diric 函数的调用格式为：

```
Y=diric(X, N)
```

返回大小与 X 相同的矩阵，元素为 Dirichlet 函数值。其中，参数 N 必须为正整数。该函数将
0 到 2π 等间隔地分成 N 等份。

【例 14-4】 生成 sinc 波。

在 MATLAB 的命令行窗口中输入下面的命令：

```
>> x=0:0.1:6*pi;
y1=diric(x,2);
y2=diric(x,5);
plot(x,y1,'-k',x,y2,'-r','LineWidth',2)
grid on
```

得到的 sinc 波如图 14-4 所示。

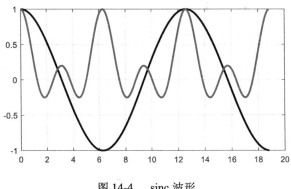

图 14-4　sinc 波形

### 14.1.3 高斯调幅正弦波

在信息处理中，使载波的振幅按调制信号改变的方式叫调幅。高斯调幅正弦波是比较常
见的调幅正弦波，通过高斯函数变换将正弦波的幅度进行调整。gauspuls 是 MATLAB 信号处
理工具箱提供的信号发生函数，其调用格式如下：

- YI=gauspuls(T,FC,BW)：函数返回最大幅值为 1 的高斯函数调幅的正弦波的采样，其中心
  频率为 FC，相对带宽为 BW，时间由数组 T 给定。BW 的值必须大于 0。默认情况下，
  FC=1000Hz，BW=0.5。
- YI=gauspuls(T,FC,BW,BWR)：BWR 指定可选的频带边缘处的参考水平，以相对于正常信
  号峰值下降了–BWR（单位为 dB）为边界的频带，其相对带宽为 100*BW%。默认情况下，
  BWR 的值为–6dB。其他参数设置同上。BWR 的值为负值。
- TC=gauspuls('cutoff',FC,BW,BWR,TPE)：返回包络相对峰值下降 TPE（单位为 dB）时的时
  间 TC。默认情况下，TPE 的值是–60dB。其他参数设置同上。TPE 的值必须是负值。

【例 14-5】 生成一个中心频率为 50kHz 的高斯调幅正弦脉冲，其相对带宽为 0.6。同时，
在包络相对于峰值下降 40dB 时截断。

在 MATLAB 命令行窗口中输入以下命令：

```
>> tc = gauspuls('cutoff',50e3,0.6,[],-40);
t = -tc : 1e-6 : tc;
```

```
yi = gauspuls(t,50e3,0.6);
plot(t,yi)
grid on
```

输出结果如图 14-5 所示。

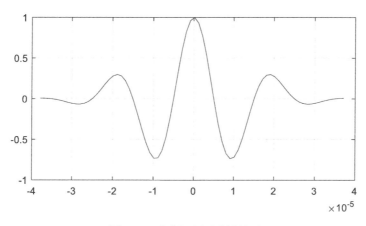

图 14-5　高斯调幅正弦波波形

## 14.1.4　调频信号

和调幅类似，使载波的频率按调制信号改变的方式被称为调频。调波后的频率变化由调制信号决定，同时调波的振幅保持不变。从波形上看，调频波像被压缩得不均匀的弹簧。在MATLAB 中，chirp 函数可以获得在设定频率范围内按照设定方式进行的扫频信号。chirp 函数调用格式如下：

- Y=chirp(T,R0,T1,F1)：产生一个频率随时间线性变化信号的采样，其时间轴的设置由数组 T 定义。时刻 0 的瞬时频率为 F0；时刻 T1 的瞬时频率为 F1。默认情况下，F0=0Hz，T1=1，F1=100Hz。
- Y=chirp(T,F0,T1,F1,'method')：method 指定改变扫频的方法，可用的方法有 linear（线性调频）、quadratic（二次调频）、logarithmic（对数调频），默认为 linear；其他参数意义同上。
- Y=chirp(T,F0,T1,F1,'method',PHI)：PHI 指定信号的初始相位，默认值为 0；其他参数意义同上。

【例 14-6】　以 500Hz 的采样频率在 3s 采样时间内生成一个起始时刻瞬时频率是 10Hz、5s 时瞬时频率为 50Hz 的线性调频信号，并画出其曲线图和光谱图。

在 MATLAB 中输入以下命令：

```
>> fs=500;
t=0:1/fs:3;
y=chirp(t,0,1,50);
plot(t(1:200),y(1:200));
grid
```

得到的曲线图如图 14-6 所示。

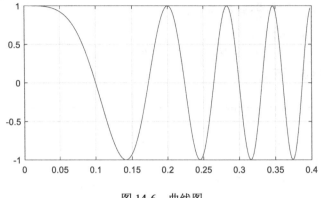

图 14-6　曲线图

在 MATLAB 中输入以下命令：

```
>> spectrogram(y,256,250,256,1E3,'yaxis')
```

得到的光谱图如图 14-7 所示。

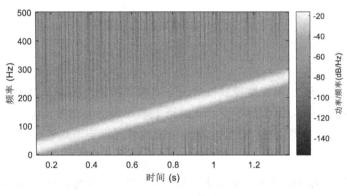

图 14-7　光谱图

## 14.1.5　高斯分布随机序列

在信号处理中，标准正态分布随机序列是重要序列。该序列可以由 randn 函数生成。randn 函数的调用格式为：

$$Y=randn(M,N)$$

将生成 M 行 N 列、均值方差为 1 的标准正态分布的随机数序列。本小节将利用具体的例子来说明如何产生高斯分布随机序列。

【例 14-7】　产生 500 个均值为 140、方差为 4.6 的正态分布的随机数序列，并画出其随机数发生频率分布图。

在 MATLAB 中输入以下命令：

```
>> M=140;
D=4.6;
Y=M+sqrt(D)*randn(1,500);
```

```
M1=mean(Y);
D1=var(Y);
x=120:0.1:170;
hist(Y,x)
grid on
```

查看绘制的结果，如图 14-8 所示。

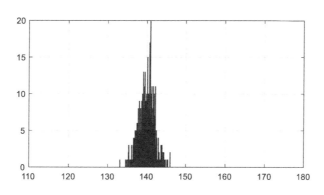

图 14-8　随机数发生频率分布图

# 14.2　随机信号处理

随机信号是信号处理的重要对象。在实际处理中，随机信号不能用已知的解析表达式来描述，通常使用统计学的方法来分析其重要属性和特点。在本节中，将简单介绍随机信号的处理以及随机信号的谱估计。

## 14.2.1　随机信号的互相关函数

在信号分析中，自相关函数表示同一过程不同时刻的相互依赖关系，互相关函数描述随机信号 $X(t)$ 和 $Y(t)$ 在两个不同时刻 $t_1$、$t_2$ 的取值之间的相关程度。

在 MATLAB 中，xcorr 函数是随机信号互相关估计函数，调用格式如下：

```
c=xcorr(x,y,maxlags,'option')
```

参数 $x$，$y$ 表示随机信号序列，其长度都为 $N$（$N$>1），如果两者长度不同，则短的用 0 补齐，使得两个信号长度一样。返回值 $c$ 表示 x、y 的互相关函数估计序列。参数 maxlags 表示 x 与 y 之间的最大延迟。参数 option 指定互相关的归一化选项，可以是下面几个常见选项：

- biased：计算互相关函数的有偏互相关估计。
- unbiased：计算互相关函数的无偏互相关估计。
- coeff：系列归一化，使零延迟的自相关为 1。
- none：默认状态，函数执行非归一化计算相关。

下面用具体例子说明如何计算随机信号的互相关函数。

【例 14-8】 已知两个信号的表达式为 $x(t) = \cos(\pi f t)$， $y(t) = k\sin(3\pi f t + w)$，其中，$f$ 为 20Hz，$k$ 为 5，$\omega$ 为 $\dfrac{\pi}{2}$。求这两个信号的自相关函数 $R_x(\tau)$、$R_y(\tau)$ 以及互相关函数 $R_{xy}(\tau)$。

在 MATLAB 中输入以下命令：

```
clear
Fs=2000;
N=2000;
n=0:N-1;
t=n/Fs;
Lag=200;
f=20;
k=5;
w=pi/2;
x=cos(pi*f*t);
y=k*sin(3*pi*f*t+w);
[cx,lagsx]=xcorr(x,Lag,'unbiased');
[cy,lagsy]=xcorr(y,Lag,'unbiased');
[c,lags]=xcorr(x,y,Lag,'unbiased');
subplot(311);
plot(lagsx/Fs,cx,'r');
xlabel('t');
ylabel('Rx(t)');
title('信号 x 自相关函数');
subplot(312)
plot(lagsy/Fs,cy,'b');
xlabel('t');
ylabel('Ry(t)');
title('信号 y 自相关函数');
subplot(313);
plot(lags/Fs,c,'r');
xlabel('t');
ylabel('Rxy(t)');
title('互相关函数');
grid;
```

得到的结果如图 14-9 所示。

 可以修改上面两个信号的频率、振幅等参数来查看相关系数的变动情况。

提 示

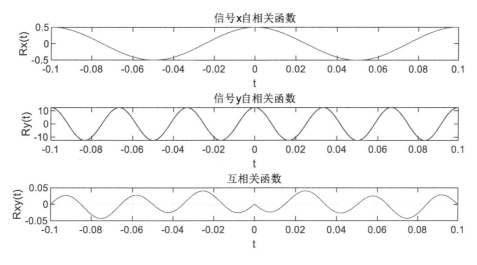

图 14-9　信号相关函数

## 14.2.2　随机信号的互协方差函数

在信号处理中，互协方差是两个信号间相似性的度量，也称为"互相关"。互协方差用于通过与已知信号比较来寻找未知信号。从表示式角度，互协方差函数是信号之间相对于时间的函数。

从本质上讲，互协方差类似于两个函数的卷积。两个随机信号 $X(t)$ 和 $Y(t)$ 的互协方差函数的表达式如下：

$$
\begin{aligned}
C_{xy}(t_1, t_2) &= E([X(t_1) - m_x(t_1)][Y(t_2) - m_y(t_2)]) \\
&= E[X(t_1)Y(t_2)] - m_x(t_1)E[Y(t_2)] - m_y(t_2)E[X(t_1)] + m_x(t_1)m_y(t_2) \\
&= E[X(t_1)Y(t_2)] - m_x(t_1)m_y(t_2) \\
&= R_{xy}(t_1, t_2) - m_x(t_1)m_y(t_2)
\end{aligned}
$$

在这个表达式中，$m_x(t)$ 和 $m_y(t)$ 分别表示两个随机信号的均值。

在 MATLAB 中，xcov 函数是互协方差估计函数，调用格式如下：

```
[c,lags]=xcov(x,y,maxlags,'option')
```

这个表达式中参数的含义和函数 xcorr 的含义类似。

【例 14-9】　估计一个正态分布白噪声信号 $x$ 的自协方差 $cx(n)$，假设最大延迟设置为 50。

在 MATLAB 中输入以下命令：

```
>> x=randn(1,600);
>> [cov_x,lags]=xcov(x,50,'coeff');
>> stem(lags,cov_x)
```

得到的结果如图 14-10 所示。

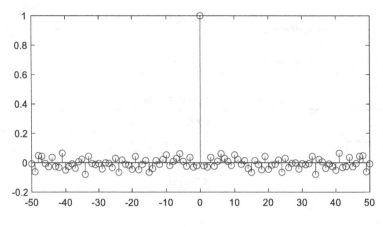

图 14-10    自协方差函数

### 14.2.3    谱分析——pwelch 函数

前面讲过，随机信号没有对应的解析表达式，但是存在相关函数。对于平稳信号，相关函数的傅里叶变换函数就是功率谱密度函数。功率谱反映了单位频带内随机信号功率的大小。在 MATLAB 信号处理工具箱中，最常用的功率谱函数是 pwelch。功率谱密度估计函数（pwelch 函数）的调用格式如下：

- Pxx= pwelch (X,NFFT,Fs,WINDOW)：返回信号向量 X 的功率谱密度估计，使用 Welch 平均周期图法。各段 NFFT 点 DFT 的幅值的平方的平均值即为 Pxx。Pxx 的长度：当 NFFT 为偶数时，其值为 NFFT/2+1；当 NFFT 为奇数时，其值为（NFFT+1）/2；当 NFFT 为复数时，其值为 NFFT。当 WINDOW 为一个数值 $n$ 时，则采用 $n$ 点长的 Hanning 窗加窗。
- [Pxx，F]= pwelch (X,NFFT,Fs,WINDOW,NOVERLAP)：返回由频率点组成的向量 F，Pxx 为点上的估值，X 在分段时相邻两段有 NOVERLAP 点重叠。其他参数同上。
- [Pxx，Pxxc，F]= pwelch (X,NFFT,Fs,WINDOW,NOVERLAP,P)：返回 Pxx 的 P*100% 置信区间 Pxxc，其中参数 P 在 0~1 间取值。其他参数同上。
- pwelch(X,NFFT,Fs,WINDOW,NOVERLAP,P,DFLAG)：参数 DFLAG 可选 linear、mean、none。DFLAG 指明了在对各段加窗后进行趋势去除时使用的方式。默认或为空矩阵的情况下，NFFT 为 256，若 X 的长度小于 256 时则为 X 的长度；NOVERLAP 为 0；WINDOW 为 Hanning，数值表述为 NFFT；Fs 为 2；P 为 0.95；DFLAG 为 none。其他参数同上。

【例 14-10】    采用采样频率为 2000Hz、长度为 1024 点、相邻两段重叠点数为 512、窗函数为默认值的 Welch 方法对信号 $x(t) = k\cos\pi f_1 t + \sin 3\pi f_2 t + n(t)$ 进行功率谱估计，其中 $n(t)$ 正态分布白噪声，$f_1$=30 Hz，$f_2$= 40 Hz，$k$=5。

在 MATLAB 中输入以下命令：

```
clear
fs=2000;
t=0:1/fs:1;
f1=30;
```

```
f2=40;
k=5;
x=k*cos(pi*f1*t)+sin(3*pi*f2*t)+randn(1,length(t));
[p,f]= pwelch(x,1024,1000,[],512);
plot(f,10*log10(p/(2048/2)));
xlabel('freq Hz');
ylabel('PSD');
xlabel('freq(Hz)');
grid on
```

得到的结果如图 14-11 所示。

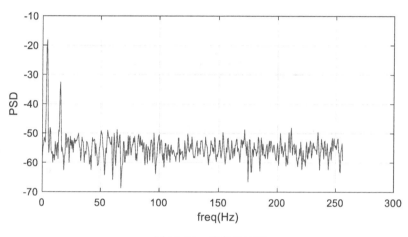

图 14-11　功率估计图

【例 14-11】　估计信号 $x(t) = \sin3\pi f_1 t + k \times \sin\pi f_2 t + n(t)$ 的功率谱密度，显示双边 PSD。采样频率为 200Hz，窗口长度为 100 点，相邻两段重叠点数为 65，FFT 长度为默认值，其中 $n(t)$ 正态分布白噪声，$f_1 = 100$ Hz，$f_2 = 200$Hz，$k=3$。

在 MATLAB 中输入以下命令：

```
clear
fs=200;
t=0:1/fs:1;
f1=100;
f2=200;
k=3;
x=sin(3*pi*f1*t)+k*sin(pi*f2*t)+randn(1,length(t));
pwelch(x,100,65,[],fs,'twosided')
```

得到的结果如图 14-12 所示。

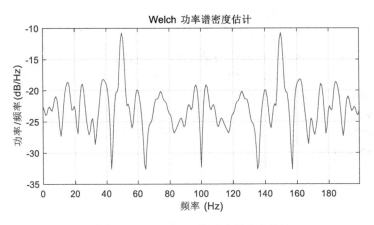

图 14-12    pwelch 函数功率谱密度估计

# 14.3    模拟滤波器设计

在信号领域，滤波器是非常重要的工具，主要功能是区分不同频率的信号，实现各种模拟信号的处理过程。使用滤波器可以对特定频率之外的频率进行有效滤除。本节主要介绍两种常用的模拟滤波器，即巴特沃斯滤波器和切比雪夫滤波器，并将对这两种滤波器的特点和功能进行详细讲解。

## 14.3.1    巴特沃斯滤波器

在信号领域中，巴特沃斯（Butterworth）滤波器的主要特性是，无论通带与阻带如何都随频率单调变化。巴特沃斯低通滤波器原型的平方幅频响应函数如下：

$$\left|H(j\omega)\right|^2 = A(\omega^2) = \frac{1}{1+(\dfrac{\omega}{\omega_c})^{2N}}$$

在这个表达式中，参数 $\omega_c$ 表示滤波器的截止频率，$N$ 表示滤波器的阶数。$N$ 越大，通带和阻带的近似性越好。巴特沃斯滤波器有以下特点：

- 当 $\omega=\omega_c$ 时，$A(\omega^2)/A(0)=1/2$，幅度衰减 $1/\sqrt{2}$，相当于 3dB 衰减点。
- 当 $\omega/\omega_c<1$ 时，$A(\omega^2)$ 有平坦的幅度特性，相应 $(\omega/\omega_c)^{2N}$ 随 $N$ 的增加而趋于 0，$A(\omega^2)$ 趋于 1。
- 当 $\omega/\omega_c>1$ 时，即在过渡带和阻带中 $A(\omega^2)$ 单调减小，因为 $\omega/\omega_c \gg 1$，所以 $A(\omega^2)$ 快速下降。

在 MATLAB 中，巴特沃斯模拟低通滤波器函数调用格式如下：

```
[Z,P,K]=buttap(N)
```

函数返回 $N$ 阶低通模拟滤波器原型的极点和增益。参数 N 表示巴特沃斯滤波器的阶数；参数 Z、P、K 分别为滤波器的零点、极点、增益。

【例 14-12】　绘制 5 阶和 13 阶巴特沃斯低通滤波器的平方幅频响应曲线。

在 MATLAB 中输入以下命令：

```
clear
n=0:0.05:3;
N1=5;
N2=13;
[z1,p1,k1]=buttap(N1);
[z2,p2,k2]=buttap(N2);
[b1,a1]=zp2tf(z1,p1,k1);
[b2,a2]=zp2tf(z2,p2,k2);
[H1,w1]=freqs(b1,a1,n);
[H2,w2]=freqs(b2,a2,n);
magH1=(abs(H1)).^2;
magH2=(abs(H2)).^2;
plot(w1,magH1,'-k',w2,magH2,'-r','LineWidth',2);
axis([0 2.5 -0.2 1.2]);
grid
```

得到的结果如图 14-13 所示。

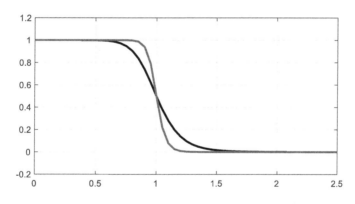

图 14-13　不同 $N$ 值下的幅频相应曲线

## 14.3.2　切比雪夫 I 型滤波器

巴特沃斯滤波器虽然具有前面介绍的特点，但是在实际应用中并不经济。为了克服这一缺点，在实际应用中采用了切比雪夫滤波器。切比雪夫滤波器的 $H(j\omega)^2$ 在通带范围内是等幅起伏的，在通常内衰减要求下，其阶数较巴特沃思滤波器要小。

切比雪夫 I 型滤波器的平方幅频响应函数如下：

$$|H(j\omega)|^2 = A(\omega^2) = \frac{1}{1+\varepsilon^2 C_N^2(\dfrac{\omega}{\omega_c})}$$

在这个表达式中，参数 $\varepsilon$ 是小于 1 的正数，表示通带内幅频波纹情况；$\omega_c$ 是截止频率，$N$ 是多项式 $C_N\left(\dfrac{\omega}{\omega_c}\right)$ 的阶数，其中 $C_N\left(\dfrac{\omega}{\omega_c}\right) = \begin{cases} \cos(N\cos^{-1}(x)) \\ \cos(N\cosh^{-1}(x)) \end{cases}$。

在 MATLAB 中，调用切比雪夫 I 型滤波器函数的命令如下：

```
[Z, P, K]=cheb1ap(N,Rp)
```

参数 N 表示阶数；参数 Z、P、K 分别为滤波器的零点、极点、增益；Rp 为通带波纹。

【例 14-13】 绘制 7 阶切比雪夫 I 型模拟低通滤波器原型的平方幅频响应曲线。
在 MATLAB 中输入以下命令：

```
clear
n=0:0.01:2;
N=7;
Rp=0.7;
[z,p,k]=cheb1ap(N,Rp);
[b,a]=zp2tf(z,p,k);
[H,w]=freqs(b,a,n);
magH=(abs(H)).^2;
plot(w,magH,'LineWidth',2);
xlabel('w/wc');
ylabel('|H(jw)|^2')
grid
```

得到的图像如图 14-14 所示。

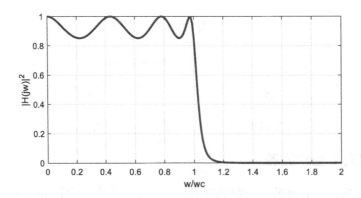

图 14-14　7 阶切比雪夫 I 型模拟低通滤波的平方幅频响应曲线

### 14.3.3　切比雪夫 II 型滤波器

在信号领域中，切比雪夫 II 型滤波器的平方幅频响应函数如下：

$$\left|H(j\omega)\right|^2 = A(\omega^2) = \frac{1}{\left[1 + \varepsilon^2 C_N^2\left(\dfrac{\omega}{\omega_c}\right)\right]^{-1}}$$

在这个表达式中，参数 $\varepsilon$ 是小于 1 的正数，表示阻带内幅频波纹情况；$\omega_c$ 是截止频率，$N$ 为多项式 $C_N\left(\dfrac{\omega}{\omega_c}\right)$ 的阶数，其中 $C_N(x)=\begin{cases}\cos(N\cos^{*}(x))\\\cos(N\cosh^{*}(x))\end{cases}$。

在 MATLAB 中，调用切比雪夫 II 型滤波器的命令为：

```
[Z, P, K]=cheb2ap(N,Rs)
```

参数 N 为阶数；参数 Z、P、K 分别为滤波器的零点、极点、增益；Rs 为阻带波纹。

**【例 14-14】** 画出 12 阶切比雪夫 II 型模拟低通滤波器原型的平方幅频响应曲线。

在 MATLAB 中输入以下命令：

```
clear
n=0:0.001:2.5;
N=12;
Rs=9;
[z,p,k]=cheb2ap(N,Rs);
[b,a]=zp2tf(z,p,k);
[H,w]=freqs(b,a,n);
magH=(abs(H)).^2;
plot(w,magH,'LineWidth',2);
axis([0.4 2.5 0 1.1]);
xlabel('w/wc');
ylabel('|H(jw)|^2')
grid on
```

得到的图像如图 14-15 所示。

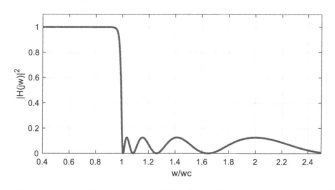

图 14-15　12 阶切比雪夫 II 型模拟低通滤波的平方幅频响应曲线

# 14.4　IIR 数字滤波器设计

数字滤波器在通信、图像、航天和军事等许多领域都有着十分广泛的应用。使用 MATLAB 信号处理工具箱可以很方便地求解数字滤波器问题，同时还可以十分便捷地在图形化界面上编辑和修改数字滤波。在 MATLAB 中有许多自带的 IIR 数字滤波器设计函数，下面介绍一下这些设计函数。

### 14.4.1 巴特沃斯数字滤波器设计

在 MATLAB 中，butter 函数可以用来设计数字巴特沃斯滤波器。数字滤波器设计的 butter 函数调用格式如下：

- [b,a]=butter(n,Wn)：设计截止频率为 Wn 的 n 阶低通滤波器。它返回滤波器系数向量 *a*、*b* 的长度为 *n*+1，这些系数按 *z* 的降幂排列为：

$$H(z) = \frac{B(z)}{A(z)} = \frac{b(1) + b(2)z^{-1} + ... + b(n+1)z^{-n}}{a(1) + a(2)z^{-1} + ... + a(n+1)z^{-n}}$$

- 归一化截止频率 Wn 取值在[0 1]之间，这里 1 对应内奎斯特频率。如果 Wn 是二元向量，如 $W_n = [w_1\ w_2]$，那么 butter 函数返回带通为 $w_1 < \omega < w_2$、阶数为 2*n* 的带通数字滤波器。
- [b,a]=butter(n,Wn,'ftype')：设计截止频率为 Wn 的高通或者带通数字滤波器，'ftype'为滤波器类型参数，'high'为高通滤波器，'stop'为带阻滤波器。
- [z,p,k]=butter(n,Wn)或[z,p,k]=butter(n,Wn,'ftype')：这是 butter 函数的零极点形式，返回零点和极点的 *n* 列向量 *z*、*p*，以及增益标量 *k*。其他参数同上。
- [A,B,C,D]=butter(n,Wn)或[A,B,C,D]=butter(n,Wn,'ftype')：butter 函数的状态空间形式。其中，A、B、C、D 的关系如下：

$$x[n+1] = Ax(n) + Bu(n)$$
$$y[n] = Cx(n) + Du(n)$$

在以上表达式中，*u* 表示输入向量，*y* 表示输出向量，*x* 是状态向量。其他参数同上。
模拟滤波器设计的 butter 函数调用格式如下：

```
[b,a]=butter(n,Wn,'s')
[b,a]=butter(n,Wn,'ftype','s')
[z,p,k]=butter(n,Wn,'s')
[z,p,k]=butter(n,Wn,'ftype','s')
[A,B,C,D]=butter(n,Wn,'s')
[A,B,C,D]=butter(n,Wn,'ftype','s')
```

【例 14-15】 设计 17 阶的巴特沃斯高通滤波器，采样频率为 1500Hz，截止频率为 200Hz，并画出滤波器频率响应曲线。

在 MATLAB 中输入以下命令：

```
N=17;
Wn=200/700;
[b,a]=butter(N,Wn,'high');
freqz(b,a,128,1500)
```

得到的图像如图 14-16 所示。

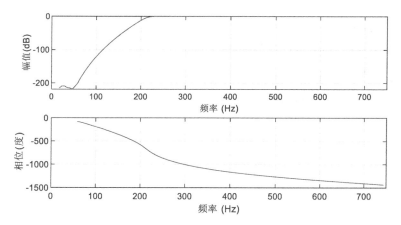

图 14-16　巴特沃斯高通滤波器频率响应曲线

## 14.4.2　切比雪夫 I 型数字滤波器设计

在 MATLAB 中，cheby1 函数可以用来设计 4 类数字切比雪夫 I 型滤波器。它的特性就是通带内等波纹，阻带内单调。数字滤波器设计的 cheby1 函数调用格式如下：

- [b,a]=cheby1(n,Rp,Wn)：设计截止频率为 Wn、通带波纹为 Rp（dB）的 $n$ 阶切比雪夫低通滤波器。它返回滤波器系数向量 $a$、$b$ 的长度为 $n+1$，这些系数按 z 的降幂排列为：

$$H(z) = \frac{B(z)}{A(z)} = \frac{b(1) + b(2)z^{-1} + \ldots + b(n+1)z^{-n}}{a(1) + a(2)z^{-1} + \ldots + a(n+1)z^{-n}}$$

- 归一化截止频率是滤波器的幅度响应为 –Rp（dB）时的频率，对于 cheby1 函数来说，归一化截止频率 $W_n$ 取值在[0 1]之间，这里 1 对应内奎斯特频率。如果 $W_n$ 是二元向量，如 $W_n$=[$w_1$ $w_2$]，那么 cheby1 函数返回带通为 $w_1 < \omega < w_2$、阶数为 $2 \times n$ 的带通数字滤波器。

- [b,a]=cheby1(n,Rp,Wn, 'ftype')：设计截止频率为 $W_n$、通带波纹为 Rp（dB）的高通或者带通数字滤波器。其中，ftype 为滤波器类型参数；high 为高通滤波器，stop 为带阻滤波器。对于带阻滤波器，如果 Wn 是二元向量，如 $W_n$=[$w_1$ $w_2$]，那么 cheby1 函数返回带通为 $w_1 < \omega < w_2$、阶数为 2$n$ 的带通数字滤波器。

- [z,p,k]=cheby1(n,Rp,Wn)或[z,p,k]=cheby1(n,Rp,Wn, 'ftype')：这是 cheby1 函数的零极点形式，其返回零点和极点的 $n$ 列向量 $z$、$p$，以及增益标量 $k$。其他参数同上。

- [A,B,C,D]=cheby1(n,Rp,Wn)或[A,B,C,D]=cheby1(n,Rp,Wn, 'ftype')：cheby1 函数的状态空间形式。其中，A、B、C、D 的关系如下：

$$x[n+1] = Ax(n) + Bu(n)$$
$$y[n] = Cx(n) + Du(n)$$

在以上表达式中，参数 $u$ 表示输入向量，$y$ 表示输出向量，$x$ 是状态向量。其他参数同上。
模拟滤波器设计的 cheby1 函数调用格式如下：

```
[b,a]= cheby1 (n, Rp,Wn,'s')
[b,a]= cheby1 (n, Rp,Wn,'ftype','s')
[z,p,k]= cheby1 (n, Rp,Wn,'s')
```

```
[z,p,k]= cheby1 (n, Rp,Wn,'ftype','s')
[A,B,C,D]= cheby1 (n, Rp,Wn,'s')
[A,B,C,D]= cheby1 (n, Rp,Wn,'ftype','s')
```

【例 14-16】 设计 11 阶的 cheby1 型低通数字滤波器，采样频率为 1500Hz，Rp=0.8dB，截止频率为 500Hz，并画出滤波器频率响应曲线。

在 MATLAB 中输入以下命令：

```
N=11;
Wn=500/700;
Rp=0.8;
[b,a]=cheby1(N,Rp,Wn);          %切比雪夫 I 型低通数字滤波器函数
freqz(b,a,512,1500);
axis([0 700 -300 50]);
```

得到的图像如图 14-17 所示。

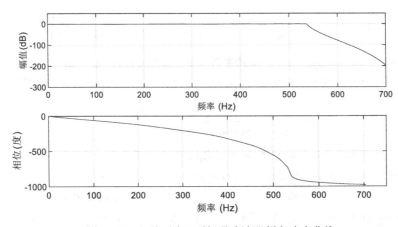

图 14-17 切比雪夫 I 型低通滤波器频率响应曲线

### 14.4.3 切比雪夫 II 型数字滤波器设计

在 MATLAB 中，cheby2 函数可以用来设计数字切比雪夫 II 型滤波器。它的特性就是通带内单调，阻带内等波纹。数字滤波器设计的 cheby2 函数调用格式为：

```
[b,a]= cheby2(n, Rs,Wn)
[b,a]= cheby2(n, Rs,Wn,'ftype')
[z,p,k]= cheby2(n, Rs,Wn)
[z,p,k]= cheby2(n, Rs,Wn,'ftype')
[A,B,C,D]= cheby2(n, Rs,Wn)
[A,B,C,D]= cheby2(n, Rs,Wn,'ftype')
```

数字滤波器设计 cheby2 函数的用法参见 cheby1 函数。模拟滤波器设计的 cheby2 函数调用格式为：

```
[b,a]= cheby2(n, Rs,Wn,'s')
```

```
[b,a]= cheby2(n, Rs,Wn,'ftype','s')
[z,p,k]= cheby2(n, Rs,Wn,'s')
[z,p,k]= cheby2(n, Rs,Wn,'ftype','s')
[A,B,C,D]= cheby2(n, Rs,Wn,'s')
[A,B,C,D]= cheby2(n, Rs,Wn,'ftype','s')
```

【**例 14-17**】　设计 9 阶的 cheby2 型低通数字滤波器，采样频率为 1500Hz，Rs=25dB，截止频率为 400Hz，并画出滤波器频率响应曲线。

在 MATLAB 中输入以下命令：

```
clear
N=9;
Wn=400/700;
Rs=25;
[b,a]=cheby2(N,Rs,Wn);
freqz(b,a,512,1500);
axis([0 700 -80 50])
```

得到的图像如图 14-18 所示。

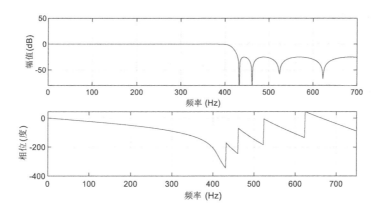

图 14-18　切比雪夫 II 型低通滤波器频率响应曲线

# 14.5　小　　结

在 MATLAB 信号工具箱中，信号主要分为连续信号和数字信号两种。连续信号是指时间和幅度连续的信号，也被称为模拟信号。相反，数字信号是指时间和幅度离散的信号。

随机信号是信号处理的重要对象。在实际处理中，随机信号不能用已知的解析表达式来描述，通常使用统计学的方法来分析其重要属性和特点。

本章讲解了 MATLAB 信号工具箱的主要应用（信号工具箱的应用十分广泛）。本章重点分析了信号的产生和处理，并详细讲解了模拟滤波器和数字滤波器的应用和设计。

# 第15章

# MATLAB 与小波分析

　　小波分析是当前应用数学和工程学科中一个迅速发展的新领域，经过多年的探索研究，重要的数学形式化体系已经建立，理论基础更加扎实。与 Fourier 变换相比，小波变换是空间（时间）和频率的局部变换，因而能有效地从信号中提取信息。MATLAB 小波分析工具箱提供了一个可视化的小波分析工具，是一个很好的算法研究和工程设计、仿真和应用平台。特别适合于信号和图像分析、综合去噪、压缩等领域的研究人员。

　　本章重点介绍小波分析的基本理论、MATLAB 常用小波分析函数、小波变换及小波 GUI 界面等知识。

　　学习目标：

- ⌘ 了解小波分析概念
- ⌘ 熟练运用小波分析函数及小波变换
- ⌘ 熟悉 MATLAB 小波分析工具箱

## 15.1　傅里叶变换到小波分析

　　小波分析属于时频分析的一种。传统的信号分析是建立在傅里叶(Fourier)变换基础上的，但是傅里叶分析使用的是一种全局变换，即要么是完全在时域，要么是完全在频域，无法表述信号的时频局域性质，但是时频局域性质恰恰是非平稳信号最根本和最关键的性质。

　　为了分析和处理非平稳信号，人们对傅里叶分析进行了推广乃至根本性的革命，提出并发展了小波变换、分数阶傅里叶变换、线性调频小波变换、循环统计量理论和调幅－调频信号分析等。其中，短时傅里叶变换和小波变换也是因传统的傅里叶变换不能够满足信号处理的要求而产生的。

　　小波变换是一种信号的时间－尺度（时间－频率）分析方法，具有多分辨率分析

（Multi-resolutionAnalysis）的特点，而且在时频两域都具有表征信号局部特征的能力，是一种窗口大小固定不变，但其形状可改变、时间窗和频率窗都可以改变的时频局部化分析方法。

### 15.1.1　傅里叶变换

傅里叶变换是众多科学领域（特别是信号处理、图像处理、量子物理等）里的重要的应用工具之一。从实用的观点看，当人们考虑傅里叶分析的时候，通常是指（积分）傅里叶变换和傅里叶级数。

$$F(\omega) = \int_{-\infty}^{\infty} e^{-i\omega t} f(t) dt$$

$F(w)$的傅里叶逆变换定义为：

$$f(t) = \frac{1}{2\pi} \int_{-\infty}^{\infty} e^{i\omega t} F(\omega) dt$$

为了计算傅里叶变换，需要用数值积分，即取$f(t)$在 $R$ 上的离散点上的值来计算这个积分。在实际应用中，我们希望在计算机上实现信号的频谱分析及其他方面的处理工作，对信号的要求是：在时域和频域应是离散的，且都应是有限长的。下面给出离散傅里叶变换（Discrete Fourier Transform，DFT）的定义。

给定实的或复的离散时间序列$f_0, f_1, \cdots, f_{N-1}$，设该序列绝对可积，即满足$\sum_{n=0}^{N-1}|f_n| < \infty$，称

$X(k) = F(f_n) = \sum_{n=0}^{N-1} f_n e^{-\frac{2\pi k}{N}n}$为序列$\{f_n\}$的离散傅里叶变换；称$f_n = \frac{1}{N}\sum_{k=0}^{N-1}X(k)e^{\frac{2\pi k}{N}}$, $k = 0,1,...,N-1$为序列$\{X(k)\}$的离散傅里叶逆变换（IDFT）。$n$相当于对时间域的离散化，$k$相当于频率域的离散化，且它们都是以$N$点为周期的。离散傅里叶变换序列$\{X(k)\}$是以$2p$为周期的，且具有共轭对称性。

若$f(t)$是实轴上以 $2p$ 为周期的函数，即$f(t) \in L_2(0, 2p)$，则$f(t)$可以表示成傅里叶级数的形式，即

$$f(t) = \sum_{n=-\infty}^{\infty} C_n e^{-int}$$

傅里叶变换是时域到频域互相转化的工具，从物理意义上讲傅里叶变换的实质是把$f(t)$这个波形分解成许多不同频率的正弦波的叠加和。这样就可将对原函数$f(t)$的研究转化为对其权系数（傅里叶变换 $F(w)$）的研究。

从傅里叶变换中可以看出，这些标准基是由正弦波及其高次谐波组成的，因此它在频域内是局部化的。

【例 15-1】　在某工程实际应用中，有一个信号的主要频率成分是由 30 Hz 和 500 Hz 的正弦信号组成的，该信号被一个白噪声污染，现对该信号进行采样，采样频率为 100Hz。通过傅里叶变换对其频率成分进行分析。

该问题实质上是利用傅里叶变换对信号进行频域分析，MATLAB 程序如下：

```
clear
t=0:0.01:3;                    %时间间隔为 0.01，说明采样频率为 100Hz
x=sin(2*pi*30*t)+sin(2*pi*500*t);   %产生主要频率为 30Hz 和 500Hz 的信号
```

```
f=x+3.4*randn(1,length(t));              %在信号中加入白噪声
subplot(121);
plot(f);                                 %画出原始信号的波形图
ylabel('幅值');
xlabel('时间');
title('原始信号');
y=fft(f,1024);    %对原始信号进行离散傅里叶变换，参加 DFT 的采样点个数为 1024
p=y.*conj(y)/1024;                       %计算功率谱密度
ff=100*(0:511)/1024;                     %计算变换后不同点所对应的频率值
subplot(122);
plot(ff,p(1:512));                       %画出信号的频谱图
ylabel('功率谱密度');
xlabel('频率');
title('信号功率谱图');
```

程序输出结果如图 15-1 所示。

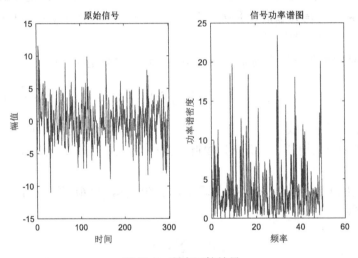

图 15-1　程序运算结果

从原始图中我们看不出任何频域的性质，但从信号的功率谱图中可以明显地看出该信号是由频率为 30 Hz 和 500 Hz 的正弦信号和频率分布广泛的白噪声信号组成的，也可以明显地看出信号的频率特性。

虽然傅里叶变换能够将信号的时域特征和频域特征联系起来，能分别从信号的时域和频域观察，但不能把二者有机地结合起来。这是因为信号的时域波形中不包含任何频域信息，而其傅里叶谱是信号的统计特性。

从其表达式中也可以看出，它是整个时间域内的积分，没有局部化分析信号的功能，完全不具备时域信息，也就是说，对于傅里叶谱中的某一频率，不能够知道这个频率是在什么时候产生的。这样在信号分析中就面临一对最基本的矛盾：时域和频域的局部化矛盾。

在实际的信号处理过程中，尤其是对非平稳信号的处理中，信号在任一时刻附近的频域特征都很重要。例如，柴油机缸盖表面的振动信号就是由撞击或冲击产生的，是一个瞬变信号，

单从时域或频域上来分析是不够的。

这就促使人们去寻找一种新方法，能将时域和频域结合起来描述观察信号的时频联合特征，构成信号的时频谱。这就是所谓的时频分析法，亦称为时频局部化方法。

## 15.1.2　小波分析

小波分析方法是一种窗口大小（窗口面积）固定但其形状可改变，时间窗和频率窗都可改变的时频局部化分析方法。即在低频部分具有较高的频率分辨率和较低的时间分辨率，在高频部分具有较高的时间分辨率和较低的频率分辨率，所以被誉为数学显微镜。正是这种特性，使小波变换具有对信号的自适应性。

小波分析被看成调和分析这一数学领域半个世纪以来的工作结晶，已经广泛地应用于信号处理、图像处理、量子场论、地震勘探、语音识别与合成、音乐、雷达、CT 成像、彩色复印、流体湍流、天体识别、机器视觉、机械故障诊断与监控、分形以及数字电视等科技领域。

原则上讲，传统上使用傅里叶分析的地方都可以用小波分析取代。小波分析优于傅里叶变换的地方是，它在时域和频域同时具有良好的局部化性质。

设 $y(t) \in L_2(R)$（$L_2(R)$ 表示平方可积的实数空间，即能量有限的信号空间），其傅里叶变换为 $Y(w)$。当 $Y(w)$ 满足允许条件（Admissible Condition）$C_\psi = \int_R \frac{|\hat{\psi}(\omega)|^2}{|\omega|} \mathrm{d}\omega < \infty$ 时，我们称 $y(t)$ 为一个基本小波或母小波（Mother Wavelet）。将母函数 $y(t)$ 经伸缩和平移后，就可以得到一个小波序列。

对于连续的情况，小波序列为：

$$\psi_{a,b}(t) = \frac{1}{\sqrt{|a|}} \psi\left(\frac{t-b}{a}\right) \qquad a,b \in \mathbf{R}; a \neq 0$$

其中，$a$ 为伸缩因子；$b$ 为平移因子。

对于离散的情况，小波序列为：

$$\psi_{j,k}(t) = 2^{-j/2} \psi(2^{-j}t - k) \qquad j,k \in Z$$

对于任意的函数 $f(t) \in L_2(R)$ 的连续小波变换为：

$$W_f(a,b) = \langle f, \psi_{a,b} \rangle = |a|^{-1/2} \int_R f(t) \overline{\psi\left(\frac{t-b}{a}\right)} \mathrm{d}t$$

其逆变换为：

$$f(t) = \frac{1}{C_\psi} \int_{R^+} \int_R \frac{1}{a^2} W_f(a,b) \psi\left(\frac{t-b}{a}\right) \mathrm{d}a \mathrm{d}b$$

小波变换的时频窗口特性与短时傅里叶的时频窗口不一样，其窗口形状为两个矩形 [$b-aDy$，$b+aDy$] × [($\pm w_0-DY$)/$a$，($\pm w_0+DY$)/$a$]，窗口中心为（$b$，$\pm w_0/a$），时窗和频窗宽分别为 $aDy$ 和 $DY/a$。其中，$b$ 仅仅影响窗口在相平面时间轴上的位置；$a$ 不仅影响窗口在频率轴上的位置，也影响窗口的形状。

这样小波变换对不同的频率在时域上的取样步长是调节性的：在低频时，小波变换的时间分辨率较低，频率分辨率较高；在高频时，小波变换的时间分辨率较高，频率分辨率较低，这正符合低频信号变化缓慢而高频信号变化迅速的特点。

这便是它优于经典的傅里叶变换与短时傅里叶变换的地方。

从总体上来说，小波变换比短时傅里叶变换具有更好的时频窗口特性。
提示

### 15.1.3 常用的小波函数

与标准傅里叶变换相比，小波分析中所用到的小波函数具有不唯一性，即小波函数 y(x) 具有多样性。小波分析在工程应用中的一个十分重要的问题是最优小波基的选择问题，这是因为用不同的小波基分析同一个问题会产生不同的结果。

目前，主要是通过用小波分析方法处理信号的结果与理论结果的误差来判定小波基的好坏，并由此选定小波基。

根据不同的标准，小波函数具有不同的类型，这些标准通常有：

- $y$、$Y$、$f$ 和 $F$ 的支撑长度：当时间或频率趋向无穷大时，$y$、$Y$、$f$、和 $F$ 从一个有限值收敛到 0 的速度。
- 对称性：它在图像处理中对于避免移相是非常有用的。
- $y$ 和 $f$（存在的情况下）的消失矩阶数：对于压缩是非常有用的。
- 正则性：对信号或图像的重构获得较好的平滑效果是非常有用的。

在众多小波基函数（也称核函数）的家族中，有一些小波函数被实践证明是非常有用的。我们可以通过 waveinfo 函数获得工具箱中小波函数的主要性质，小波函数 $y$ 和尺度函数 $f$ 可以通过 wavefun 函数计算，滤波器可以通过 wfilters 函数产生。

MATLAB 中常用的小波函数如下所示。

（1）RbioNr.Nd小波

RbioNr.Nd 函数是 reverse 双正交小波。在 MATLAB 中，可输入 waveinfo('rbio')获得该函数的主要性质。

（2）Gaus小波

Gaus 小波是从高斯函数派生出来的，其表达式为：

$$f(x) = C_p \mathrm{e}^{-x^2}$$

其中，整数 $p$ 是参数，由 $p$ 的变化导出一系列的 $f(p)$，它满足如下条件：

$$\| f^{(p)} \|^2 = 1$$

在 MATLAB 中，可输入 waveinfo('gaus')获得该函数的主要性质。

（3）Dmey小波

Dmey 函数是 Meyer 函数的近似，可以进行快速小波变换。在 MATLAB 中，可输入 waveinfo('dmey')获得该函数的主要性质。

**（4）Cgau小波**

Cgau 函数是复数形式的高斯小波，是从复数的高斯函数中构造出来的，其表达式为：

$$f(x) = C_p \mathrm{e}^{-\mathrm{i}x}\mathrm{e}^{-x^2}$$

其中，整数 $p$ 是参数，由 $p$ 的变化导出一系列的 $f(\mathrm{p})$，它满足如下条件：

$$\| f^{(p)} \|^2 = 1$$

在 MATLAB 中，可输入 waveinfo('cgau')获得该函数的主要性质。

**（5）Cmor小波**

Cmor 是复数形式的 morlet 小波，其表达式为：

$$\psi(x) = \sqrt{\pi f_b}\, \mathrm{e}^{2i\pi f_c x} \mathrm{e}^{\frac{x}{f_b}}$$

其中，$f_b$ 是带宽参数，$f_c$ 是小波中心频率。

在 MATLAB 中，可输入 waveinfo('cmor')获得该函数的主要性质。

**（6）Fbsp小波**

Fbsp 是复频域 B 样条小波，表达式为：

$$\psi(x) = \sqrt{f_b}\,(\sin(\frac{f_b x}{m}))^m\, \mathrm{e}^{2i\pi f_c x}$$

其中，$m$ 是整数型参数；$f_b$ 是带宽参数；$f_c$ 是小波中心频率。

在 MATLAB 中，可输入 waveinfo('fbsp')获得该函数的主要性质。

**（7）Shan小波**

Shan 函数是复数形式的 shannon 小波。在 B 样条频率小波中，令参数 $m=1$ 就得到了 Shan 小波，其表达式为：

$$\psi(x) = \sqrt{f_b}\, \sin(f_b x)\mathrm{e}^{2j\pi f_c x}$$

其中，$f_b$ 是带宽参数；$f_c$ 是小波中心频率。

在 MATLABA 中，可输入 waveinfo('shan')获得该函数的主要性质。

# 15.2　Mallat 算法

Stephane Mallat 利用多分辨分析的特征构造了快速小波变换算法，即 Mallat 算法。

## 15.2.1　Mallat 算法原理

假定选择了空间 $\psi_m$ 和函数 $\phi$，且 $\phi_{0n}$ 是正交的，设 $\{\psi_{mn}; m, n \in Z\}$ 是相伴的正交小波基，$\phi$ 和 $\psi$ 是实的。把初始序列 $C^0 = \left(C_n^0\right)_{n \in Z} \in L_2(Z)$ 分解到相应于不同频带空间的层。

由数据列 $C^0 \in L_2(Z)$ 可构成函数 $f$：

$$f = \sum_n c_n^0 \phi_{0n}$$

它的每个分支分别对应于正交基 $\phi_{1n}$、$\psi_{1n}$，被扩展为

$$P_1 f = \sum_k C_k^1 \phi_{1k}$$

$$Q_1 f = \sum_k D_k^1 \psi_{1k}$$

序列 $C^1$ 表示原数据列 $C^0$ 的平滑形式，而 $D^1$ 表示 $C^0$ 和 $C^1$ 之间的信息差，序列 $C^1$、$D^1$ 可作为 $C^0$ 的函数用下式计算，由于 $\phi_{1n}$ 是 $V_1$ 的正交基，有

$$C_k^1 = <\phi_{1k}, P_1 f> = <\phi_{1k}, f> = \sum C_n^0 <\phi_{1k}, \phi_{0n}>$$

其中：

$$<\phi_{1k}, \phi_{0n}> = 2^{-1/2} \int \phi\left(\frac{1}{2}x - k\right)\phi(x-n)\mathrm{d}x$$
$$= 2^{-1/2} \int \phi\left(\frac{1}{2}x\right)\phi(x-(n-2k))\mathrm{d}x$$

还可以写作：

$$C_k^1 = \sum_n h(n-2k)C_n^0$$

简化为 $C^1 = HC^0$，其中：

$$h(n) = 2^{-1/2} \int \phi\left(\frac{1}{2}x\right)\phi(x-n)\mathrm{d}x$$

注意，这里的 $h(n)$ 包括正规化因子 $2^{-1/2}$，类似地 $D_k^1 = \sum_n g(n-2k)C_n^0$，简化为 $D^1 = DC^0$，其中：

$$g(n) = 2^{-1/2} \int \psi\left(\frac{1}{2}x\right)\phi(x-n)\mathrm{d}x$$

$H$、$G$ 是从 $L_2(Z)$ 到自身的有界算子：

$$(H_a)_k = \sum_n h(n-2k)a_n$$

$$(G_a)_k = \sum_n g(n-2k)a_n$$

对这个过程进行迭代，由于 $P_1 f \in V_1 = V_2 \oplus W_2$，有

$$P_1 f = P_2 f + Q_2 f$$
$$P_2 f = \sum_k C_k^2 \phi_{2k}$$

$$Q_2 f = \sum_k D_k^2 \psi_{2k}$$

因此，可以得到

$$C_k^2 = <\phi_{2k,} P_2 f> = <\phi_{2k}, P_1 f> = \sum_n C_n^1 <\phi_{2k}, <\phi_{j+1k}$$

从而可以验证 $\phi_{jn} > h(n-2k)$ 与 $j$ 无关。由此可得：

$$C_k^2 = \sum_n h(n-2k) C_n^1$$

或者

$$C^2 = HC^1$$

类似地，$D^2 = GC^1$。

此式显然可根据需要多次迭代，在每一步都可看到

$$P_{j-1} f = P_j f + Q_j f = \sum_k C_k^j \phi_{jk} + \sum_k D_k^j \varphi_{jk}$$

其中，$C^j = HC^{j-1}$，$D^j = GC^{j-1}$。

上述为 Mallat 算法的分解过程。迭代 $C^j$ 是原始 $C^0$ 越来越低的分解形式，每次采样点比它前一步减少一半，$D^j$ 包含了 $C^j$ 和 $C^{j-1}$ 之间的信息差。

Mallat 算法可在有限的 L 步分解后停止，即把 $C^0$ 分解为 $D^1, \cdots, D^L$ 和 $C^L$。若开始 $C^0$ 有 $N$ 个非零元，则在分解中非零元的总数（不算边的影响）是 $N/2 + N/4 + \cdots + N/2L + N/2L = N$。这说明，在每一步中 Mallat 算法都保持非零元总数。

算法的分解部分如下：

假若已知 $C^j$ 和 $D^j$，则：

$$P_{j-1} f = P_j f + Q_j f = \sum_k C_k^j \phi_{jk} + \sum_k D_k^j \varphi_{jk}$$

因而：

$$\begin{aligned}
C_n^{j-1} &= <\phi_{j-1n}, P_{j-1} f> \\
&= \sum_k C_k^j <\phi_{j-1n}, \phi_{jk}> + \sum_k D_k^j <\phi_{j-1n}, \varphi_{jk}> \\
&= \sum_k h(n-2k) C_k^j + \sum_k g(m-2k) D_k^j
\end{aligned}$$

或者

$$C^{j-1} = H^* C^j + G^* D^j$$

重构算法也是一个树状算法，而且与分解算法用的是同样的滤波系数。

算法的分解和重构结构图如图 15-2 和图 15-3 所示。

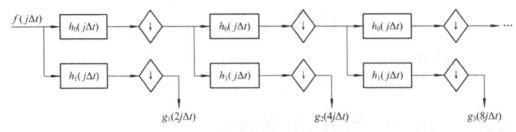

图 15-2　算法的分解

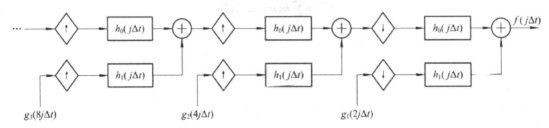

图 15-3　重构结构

## 15.2.2　Mallat 算法示例

小波分析一般按照以下 4 步进行：

（1）根据问题的需求，选择或设计小波母函数及其重构小波函数。

（2）确定小波变换的类型和维度（选择离散栅格小波变换还是序列小波变换，问题是一维的还是多维的）。

（3）选择恰当的 MATLAB 函数对信号进行小波变换，对结果进行显示、分析和处理。

（4）如果对变换结果进行了处理，可选择恰当的 MATLAB 函数对信号重建（重构）。

【例 15-2】　用 Mallat 算法进行小波谱分析。

首先定义频率分别为 5 和 10 的正弦波。程序如下所示：

```
clear;
f1=5;                    % 频率 1
f2=10;                   % 频率 2
fs=2*(f1+f2);            % 采样频率
Ts=1/fs;                % 采样间隔
N=12;                   % 采样点数
n=1:N;
y=sin(2*pi*f1*n*Ts)+sin(2*pi*f2*n*Ts);      % 正弦波混合
figure(1);
plot(y);
title('两个正弦信号')
figure(2)
stem(abs(fft(y)));
title('两信号频谱')
```

运行结束后得到的两个正弦信号混合曲线如图 15-4 所示，信号频谱如图 15-5 所示。

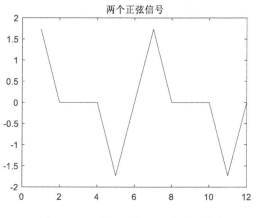
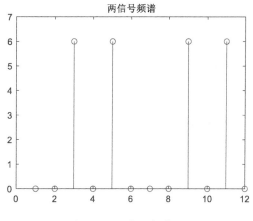

图 15-4　两个正弦信号混合效果曲线　　　　　图 15-5　两信号频谱

第二步是对所定义的波形进行小波滤波器谱分析。

```
h=wfilters('db6','l');                % 低通
g=wfilters('db6','h');                % 高通
h=[h,zeros(1,N-length(h))];           % 补零（圆周卷积，且增大分辨率便于观察）
g=[g,zeros(1,N-length(g))];           % 补零（圆周卷积，且增大分辨率便于观察）
figure(3);
stem(abs(fft(h)));
title('低通滤波器图')
figure(4);
stem(abs(fft(g)));
title('高通滤波器图')
```

得到低通和高通滤波器波形，如图 15-6 和图 15-7 所示。

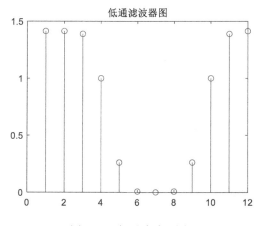
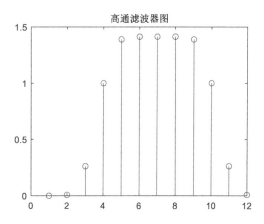

图 15-6　低通滤波器图形　　　　　　　图 15-7　高通滤波器图形

第三步是选择 Mallet 分解算法（圆周卷积的快速傅里叶变换实现）对波形进行处理。

```
sig1=ifft(fft(y).*fft(h));          % 低通(低频分量)
sig2=ifft(fft(y).*fft(g));          % 高通(高频分量)
figure(5);  % 信号图
subplot(2,1,1)
plot(real(sig1));
title('分解信号 1')
subplot(2,1,2)
plot(real(sig2));
title('分解信号 2')
figure(6);                          % 频谱图
subplot(2,1,1)
stem(abs(fft(sig1)));
title('分解信号 1 频谱')
subplot(2,1,2)
stem(abs(fft(sig2)));
title('分解信号 2 频谱')
```

运行程序后得到分解信号及其频谱，如图 15-8 和图 15-9 所示。

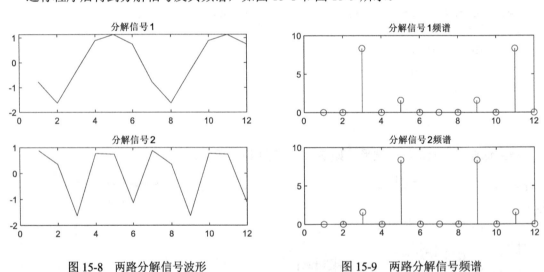

图 15-8　两路分解信号波形　　　　　　　　　　图 15-9　两路分解信号频谱

最后利用 Mallet 重构算法对变换结构进行处理，并对重构后的图形进行比较。

```
sig1=dyaddown(sig1);                % 2 抽取
sig2=dyaddown(sig2);                % 2 抽取
sig1=dyadup(sig1);                  % 2 插值
sig2=dyadup(sig2);                  % 2 插值
sig1=sig1(1,[1:N]);                 % 去掉最后一个零
sig2=sig2(1,[1:N]);                 % 去掉最后一个零
hr=h(end:-1:1);                     % 重构低通
gr=g(end:-1:1);                     % 重构高通
hr=circshift(hr',1)';               % 位置调整圆周右移一位
gr=circshift(gr',1)';               % 位置调整圆周右移一位
```

```
sig1=ifft(fft(hr).*fft(sig1));          % 低频
sig2=ifft(fft(gr).*fft(sig2));          % 高频
sig=sig1+sig2;                          % 源信号
figure(7);
subplot(2,1,1)
plot(real(sig1));
title('重构低频信号');
subplot(2,1,2)
plot(real(sig2));
title('重构高频信号');
figure(8);
subplot(2,1,1)
stem(abs(fft(sig1)));
title('重构低频信号频谱');
subplot(2,1,2)
stem(abs(fft(sig2)));
title('重构高频信号频谱');
figure(9)
plot(real(sig),'r','linewidth',2);
hold on;
plot(y);
legend('重构信号','原始信号')
title('重构信号与原始信号比较')
```

运行得到重构信号及其频谱，如图 15-10 和图 15-11 所示。

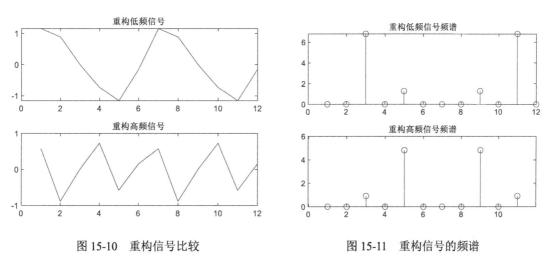

图 15-10　重构信号比较　　　　　　　　图 15-11　重构信号的频谱

由图 15-12 可以看出，重构信号与原始信号基本吻合，说明小波分析结果是有效的。

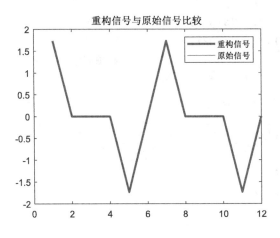

图 15-12 重构信号与原始信号比较

# 15.3 小波分析工具箱

小波分析工具箱是 MATLAB 的重要组成部分，不需要使用任何函数或者编写任何程序就可以形象直观地了解 MATLAB 的强大小波分析功能。

在 MATLAB 命令符下输入"waveletAnalyzer"后按回车键，就会出现小波工具箱窗口，如图 15-13 所示。

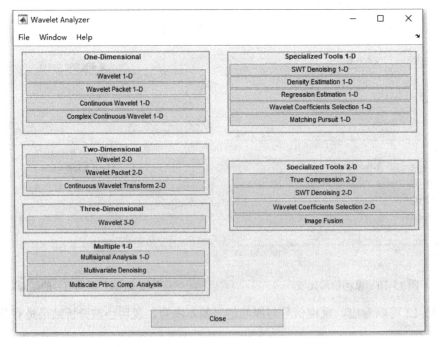

图 15-13 小波工具箱窗口

可以看出，小波工具箱的功能非常丰富，主要功能如表 15-1 所示。

表15-1　小波GUI的主要功能

| 主要功能 | 子　功　能 | 主要功能 | 子　功　能 |
|---|---|---|---|
| 一维小波分析 | 一维离散小波分析 | 一维小波分析专用工具 | 一维平稳小波消噪 |
| | 一维小波包变换 | | 一维小波变换密度估计 |
| | 一维连续小波分析 | | 一维小波变换回归估计 |
| | 一维连续复小波变换 | | 一维小波系数选取 |
| | | | 一维 FBM 产生 |
| 二维小波分析 | 二维离散小波变换 | 二维小波分析 | 二维平稳小波消噪 |
| | 二维离散小波包变换 | | 二维小波系数选择 |
| | | | 图像融合 |

提　示

在小波分析工具箱中，在执行一维小波回归估计、一维小波密度估计、一维小波系数选取及二维小波系数选取时，要在 MATLAB 的命令行工具中将延拓模式改为对称填充方式：

```
>> dwtmode('sym');
```

这些工具使用结束后，要用下面的命令将延拓模式切换到默认的"补零"模式：

```
>> dwtmode('mode');
```

# 15.4　小波分析用例

下面利用示例的方式展示在 MATLAB 中如何进行小波分析。

## 15.4.1　信号压缩

对一维信号进行压缩，可以选用小波分析和小波包分析两种方法，主要包括以下几个步骤。

**步骤01** 信号的小波（或小波包）分解。

**步骤02** 对高频系数进行阈值量化处理。对第 1 到 $N$ 层的高频系数，均可选择不同的阈值，并且用硬阈值进行系数的量化。

**步骤03** 对量化后的系数进行小波（或小波包）重构。

下面给出一个具体的实例，以便使读者对小波分析在信号压缩中的应用有一个较直观的印象。

【例 15-3】　利用小波分析对给定信号进行压缩处理。

使用函数 wdcbm( )获取信号压缩阈值，然后采用函数 wdencmp( )实现信号压缩。

```
clear
load nelec;                         %装载信号
index=1:512;
```

```
x=nelec(index);
[c,l]=wavedec(x,5,'haar');                        % 用小波 haar 对信号进行 5 层分解
alpha=1.4;
[thr,nkeep]=wdcbm(c,l,alpha);                    % 获取信号压缩的阈值
[xd,cxd,lxd,perf0,perfl2]=wdencmp('lvd',c,l,'haar',5,thr,'s');
% 对信号进行压缩
subplot(2,1,1);
plot(index,x);
title('初始信号');
subplot(2,1,2);
plot(index,xd);
title('经过压缩处理的信号');
```

程序运行结果如图 15-14 所示。

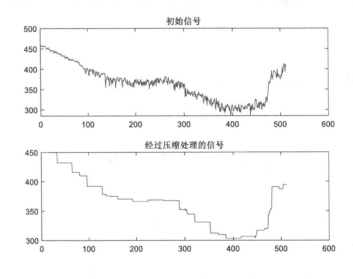

图 15-14　压缩处理前后结果比较图

　　信号压缩与去噪比的主要差别在第二步。一般地，有两种比较有效的信号压缩方法：第一种方法是对信号进行小波尺度的扩展，并且保留绝对值最大的系数，在这种情况下可以选择使用全局阈值，此时仅需要输入一个参数即可；第二种方法是根据分解后各层的效果来确定某一层的阈值，且每一层的阈值可以是互不相同的。

### 15.4.2　信号去噪

　　对信号去噪实质上是抑制信号中无用部分、增强信号中有用部分的过程。一般地，一维信号去噪的过程可分为如下 3 个步骤。

**步骤01**　一维信号的小波分解。选择一个小波并确定分解的层次，然后进行分解计算。

**步骤02**　小波分解高频系数的阈值量化。对各个分解尺度下的高频系数选择一个阈值进行软阈值量化处理。

**步骤03**　一维小波重构。根据小波分解的最底层低频系数和各层高频系数进行一维小波重构。

在这 3 个步骤中，最关键的是如何选择阈值以及进行阈值量化。在某种程度上，它关系到信号去噪的质量。

总体上，对于一维离散信号来说，其高频部分所影响的是小波分解的第一层细节，其低频部分所影响的是小波分解的最深层和低频层。如果对一个仅由白噪声所组成的信号进行分析，则可得出这样的结论：高频系数的幅值随着分解层次的增加而迅速衰减，且其方差也有同样的变化趋势。

小波分析工具箱中用于信号去噪的一维小波函数是 wden( )的 wdencmp( )。

小波分析进行去噪处理一般有下述 3 种方法。

（1）默认阈值去噪处理。该方法利用函数 ddencmp( )生成信号的默认阈值，然后利用函数 wdencmp( )进行去噪处理。

（2）给定阈值去噪处理。在实际的去噪处理过程中，阈值往往可通过经验公式获得，且这种阈值比默认阈值的可信度高。在进行阈值量化处理时可使用函数 wthresh( )。

（3）强制去噪处理。该方法是将小波分解结构中的高频系数全置为 0，即滤掉所有高频部分，然后对信号进行小波重构。这种方法比较简单，且去噪后的信号比较平滑，但是容易丢失信号中的有用成分。

【例 15-4】　利用小波分析对污染信号进行去噪处理以恢复原始信号。

在 MATLAB 命令行窗口中输入以下程序：

```
clear
load leleccum;                    %装载采集的信号 leleccum.mat
s=leleccum(1:1500);               %将信号中第 1～1500 个采样点赋给 s
ls=length(s);
%画出原始信号
subplot(2,2,1);
plot(s);
title('原始信号');grid;
%用 db1 小波对原始信号进行 3 层分解并提取系数
[c,l]=wavedec(s,3,'db1');
ca3=appcoef(c,l,'db1',3);
cd3=detcoef(c,l,3);
cd2=detcoef(c,l,2);
cd1=detcoef(c,l,1);
%对信号进行强制性去噪处理并图示结果
cdd3=zeros(1,length(cd3));
cdd2=zeros(1,length(cd2));
cdd1=zeros(1,length(cd1));
c1=[ca3 cdd3 cdd2 cdd1];
s1=waverec(c1,l,'db1');
subplot(2,2,2);
plot(s1);
title('强制去噪后的信号');
```

```
grid;
%用默认阈值对信号进行去噪处理并图示结果
%用 ddencmp()函数获得信号的默认阈值，使用 wdencmp()命令函数实现去噪过程
[thr,sorh,keepapp]=ddencmp('den','wv',s);
s2=wdencmp('gbl',c,l,'db1',3,thr,sorh,keepapp);
subplot(2,2,3);
plot(s2);
title('默认阈值去噪后的信号');grid;
%用给定的软阈值进行去噪处理
cd1soft=wthresh(cd1,'s',2.65);
cd2soft=wthresh(cd2,'s',1.53);
cd3soft=wthresh(cd3,'s',1.76);
c2=[ca3 cd3soft cd2soft cd1soft];
s3=waverec(c2,l,'db1');
subplot(2,2,4);
plot(s3);
title('给定软阈值去噪后的信号');
grid
```

信号去噪结果如图 15-15 所示。

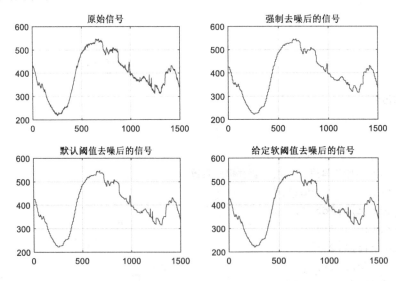

图 15-15    信号去噪结果

从得到的结果来看：应用强制去噪处理后的信号较为光滑，但是它很有可能丢了信号中的一些有用成分；默认阈值去噪和给定软阈值去噪这两种处理方法在实际应用中更为广泛一些。

在实际的工程应用中，大多数信号可能包含着许多尖峰或突变，而且噪声信号也并不是平稳的白噪声。对这种信号进行去噪处理时，传统的傅里叶变换完全是在频域中对信号进行分析，不能给出信号在某个时间点上的变化情况，因此分辨不出信号在时间轴上的任何一个突变。

小波分析能同时在时频域内对信号进行分析，所以它能有效地区分信号中的突变部分和噪声，从而实现对非平稳信号的去噪。

下面通过一个实例考察小波分析对非平稳信号的去噪。

【例 15-5】　利用小波分析对含噪余弦波进行去噪。

在 MATLAB 命令行窗口中输入以下命令：

```
clear
%生成余弦信号
N=100;
t=1:N;
x=cos(0.5*t);
%加噪声
load noissin;
ns=noissin;
%显示波形
subplot(3,1,1);
plot(t,x);
title('原始余弦信号');
subplot(3,1,2);
plot(ns);
title('含噪余弦波');
%小波去噪
xd=wden(ns,'minimaxi','s','one',4,'db3');
subplot(3,1,3);
plot(xd);
title('去噪后的波形信号');
```

信号去噪结果如图 15-16 所示。

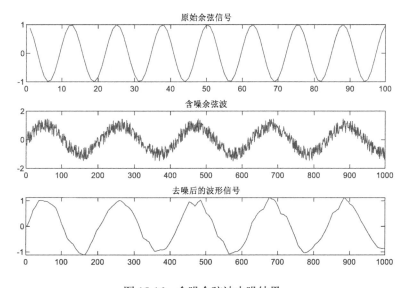

图 15-16　含噪余弦波去噪结果

从图 15-16 中可以看出：去噪后的信号大体上恢复了原始信号的形状，并明显地除去了噪声所引起的干扰。但是，恢复后的信号和原始信号相比有明显的改变。这主要是在进行去噪处理的过程中所用的分析小波和细节系数阈值不恰当。

在 MATLAB 的小波工具箱中，设置软或硬阈值的函数为 wthresh( )。该函数根据参数 sorh 的值计算分解系数的软阈值或硬阈值。其中，硬阈值对应于最简单的处理方法；软阈值具有很好的数学特性，并且所得到的理论结果是可用的。

# 15.5　小　　结

本章主要介绍了傅里叶变换和小波变换及其常用函数的相关知识，还介绍了小波分析中 Mallat 算法的原理及其用例。

小波工具箱是 MATLAB 的一个重要组成部分。通过小波工具箱，用户不需要使用任何函数或编写任何程序就可以形象直观地了解 MATLAB 的强大小波分析功能。本章限于篇幅只对小波工具箱做了简单的介绍，读者如果感兴趣可以自行查阅相关资料。

小波分析在信号处理中有很多应用，本章重点介绍了小波分析在信号压缩和信号去噪中的应用。

# 附录
----------
# MATLAB 基本命令

| 分　类 | 命　令 | 说　明 |
|---|---|---|
| 管理命令和函数 | help | 在线帮助文件 |
| | doc | 装入超文本说明 |
| | what | M、MAT、MEX 文件的目录列表 |
| | type | 列出 M 文件 |
| | lookfor | 通过 help 条目搜索关键字 |
| | which | 定位函数和文件 |
| | demo | 运行演示程序 |
| | path | 控制 MATLAB 的搜索路径 |
| 管理变量和工作空间 | who | 列出当前变量 |
| | whos | 列出当前变量（长表） |
| | load | 从磁盘文件中恢复变量 |
| | save | 保存工作空间变量 |
| | clear | 从内存中清除变量和函数 |
| | pack | 整理工作空间内存 |
| | size | 矩阵的尺寸 |
| | length | 向量的长度 |
| | disp | 显示矩阵或变量的值 |
| 与文件和操作系统有关的命令 | cd | 改变当前工作目录 |
| | dir | 目录列表 |
| | delete | 删除文件 |
| | getenv | 获取环境变量值 |
| | ! | 执行 DOS 操作系统命令 |
| | unix | 执行 UNIX 操作系统命令并返回结果 |
| | diary | 保存 MATLAB 任务 |
| 控制命令行窗口 | cedit | 设置命令行编辑 |
| | clc | 清命令行窗口 |
| | home | 光标置左上角 |

（续表）

| 分　类 | 命　令 | 说　明 |
| --- | --- | --- |
| 控制命令行窗口 | format | 设置输出格式 |
| | echo | 底稿文件内使用的回显命令 |
| | more | 在命令行窗口中控制分页输出 |
| 启动和退出 | quit | 退出 MATLAB |
| | startup | 引用 MATLAB 时所执行的 M 文件 |
| | matlabrc | 主启动 M 文件 |
| 指数函数 | exp | E 为底数 |
| | log | 自然对数 |
| | log10 | 10 为底的对数 |
| | log2 | 2 为底的对数 |
| | pow2 | 2 的幂 |
| | sqrt | 平方根 |
| 圆整函数和求余函数 | ceil | 向正无穷圆整 |
| | fix | 向零圆整 |
| | floor | 向负无穷圆整 |
| | rem | 求余数 |
| | round | 向靠近整数圆整 |
| | sign | 符号函数 |
| 矩阵变换函数 | fiplr | 矩阵左右翻转 |
| | fipud | 矩阵上下翻转 |
| | fipdim | 矩阵特定维翻转 |
| | rot90 | 矩阵反时针 90 翻转 |
| | diag | 产生或提取对角阵 |
| | tril | 产生下三角 |
| | triu | 产生上三角 |
| | det | 行列式的计算 |
| 其他函数 | min | 最小值 |
| | mean | 平均值 |
| | std | 标准差 |
| | sort | 排序 |
| | norm | 欧氏长度 |
| | max | 最大值 |
| | median | 中位数 |
| | diff | 相邻元素的差 |
| | length | 个数 |
| | sum | 总和 |
| 三角函数 | sin | 正弦 |
| | sinh | 双曲正弦 |
| | asin | 反正弦 |

（续表）

| 分　　类 | 命　　令 | 说　　明 |
|---|---|---|
| 三角函数 | asinh | 反双曲正弦 |
| | cos | 余弦 |
| | cosh | 双曲余弦 |
| | acos | 反余弦 |
| | acosh | 反双曲余弦 |
| | tan | 正切 |
| | tanh | 双曲正切 |
| | acsch | 反双曲余割 |
| | cot | 余切 |
| | coth | 双曲余切 |
| | atan | 反正切 |
| | atan2 | 四象限反正切 |
| | atanh | 反双曲正切 |
| | sec | 正割 |
| | sech | 双曲正割 |
| | asec | 反正割 |
| | asech | 反双曲正割 |
| | csc | 余割 |
| | csch | 双曲余割 |
| | acsc | 反余割 |
| | acot | 反余切 |
| | acoth | 反双曲余切 |
| 复数函数 | abs | 绝对值 |
| | argle | 相角 |
| | conj | 复共轭 |
| | image | 复数虚部 |
| | real | 复数实部 |
| 数值函数 | fix | 朝零方向取整 |
| | floor | 朝负无穷大方向取整 |
| | ceil | 朝正无穷大方向取整 |
| | round | 朝最近的整数取整 |
| | rem | 除后余数 |
| | sign | 符号函数 |
| 操作符和特殊字符 | zeros | 零矩阵 |
| | ones | 全"1"矩阵 |
| | eye | 单位矩阵 |
| | rand | 均匀分布的随机数矩阵 |
| | n | 正态分布的随机数矩阵 |
| | linspace | 线性间隔的向量 |

（续表）

| 分　类 | 命　令 | 说　明 |
|---|---|---|
| 操作符和特殊字符 | logspace | 对数间隔的向量 |
|  | meshgrid | 三维图形的 $x$ 和 $y$ 数组 |
|  | : | 规则间隔的向量 |
| 特殊变量和常数 | ans | 当前的答案 |
|  | eps | 相对浮点精度 |
|  | realmax | 最大浮点数 |
|  | realmin | 最小浮点数 |
|  | pi | 圆周率值 3.1415926535897…… |
|  | i，j | 虚数单位 |
|  | inf | 无穷大 |
|  | nan | 非数值 |
|  | flops | 浮点运算次数 |
|  | nargin | 函数输入变量数 |
|  | nargout | 函数输出变量数 |
|  | computer | 计算机类型 |
|  | why | 简明的答案 |
| $x$–$y$ 图形 | plot | 线性图形 |
|  | loglog | 对数坐标图形 |
|  | semilogx | 半对数坐标图形（$x$ 轴） |
|  | polar | 极坐标图 |
|  | bar | 条形图 |
|  | stem | 离散序列图或杆图 |
|  | stairs | 阶梯图 |
|  | errorbar | 误差条图 |
|  | semilogy | 半对数坐标图形（$y$ 轴） |
|  | fill | 绘制二维多边形填充图 |
|  | hist | 直方图 |
|  | rose | 角度直方图 |
|  | compass | 区域图 |
|  | feather | 箭头图 |
|  | fplot | 绘图函数 |
|  | comet | 星点图 |
| 图形注释 | title | 图形标题 |
|  | xlabel | $x$ 轴标记 |
|  | ylabel | $y$ 轴标记 |
|  | text | 文本注释 |
|  | gtext | 用鼠标设置文本 |
|  | grid | 网格线 |